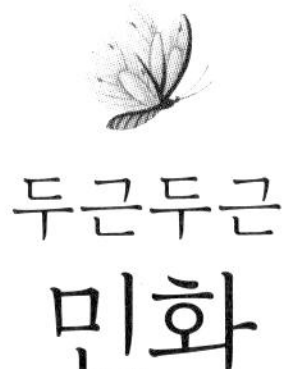

두근두근
민화

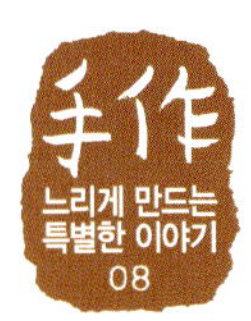

전통 모란도에서 모던 문자도까지
소망을 담아 삶을 채색하다

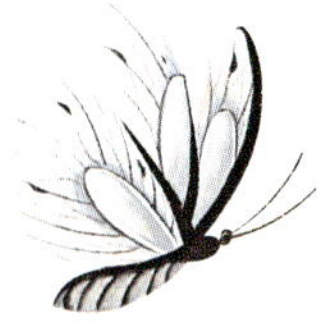

두근두근 민화

이영선 지음

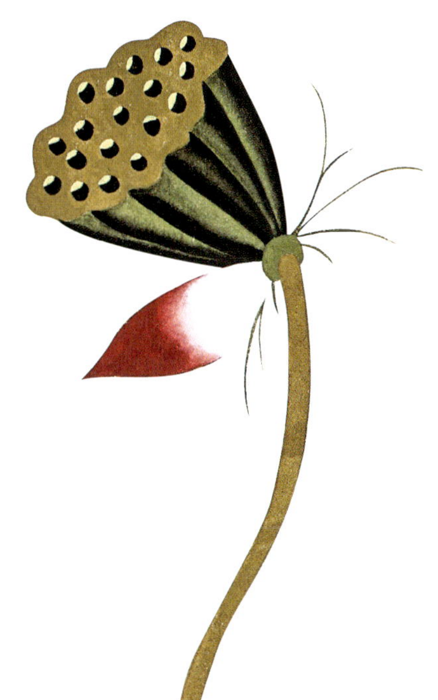

팜파스

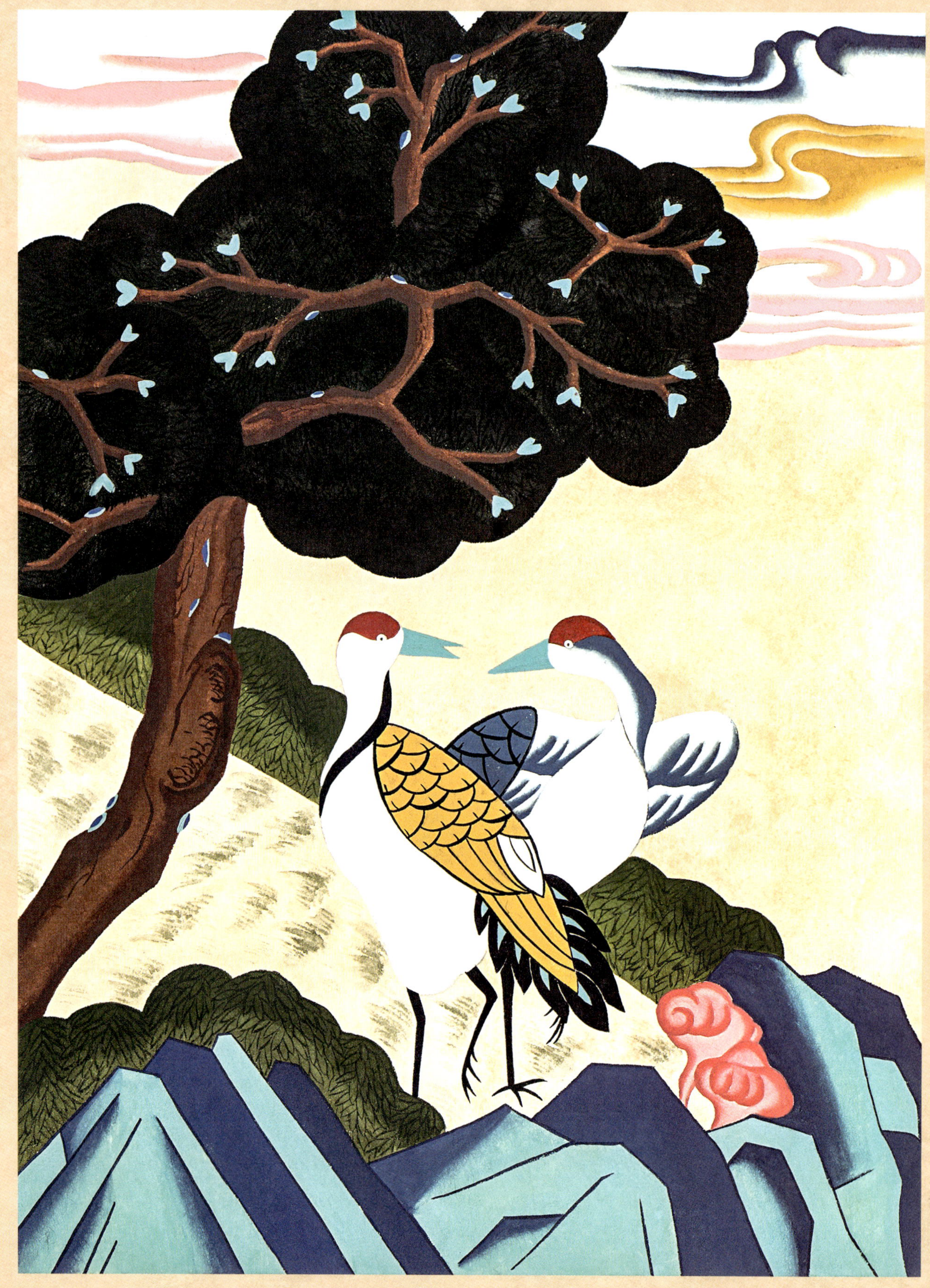

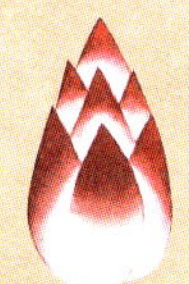

우리 삶에 대한
질문과 답,
동양화 그리고 민화

동양화에는 수련을 통해 그려지는 수묵 위주의 그림들과 자유롭게 덧칠하면서 그리는 채색화, 민화가 있습니다. 형식은 다르지만 두 그림 모두 우리가 어떻게 살아야 하는가에 대한 질문과 답이 들어 있습니다. 수묵 위주의 사군자나 산수화가 정신적 안정을 얻고 화평한 삶을 추구하기 위해 그려졌다면, 민화는 우리들이 행복하게 살기를 바라는 마음이 담긴 아기자기하고 따뜻한 그림입니다.

예로부터 우리 선조들은 행복하게 살기를 바라는 마음으로 한 쌍의 원앙처럼 다정한 부부, 석류 알처럼 많은 자손을 가진 행복한 가정, 아이가 건강하고 성공하기를 바라는 부모의 마음, 행복하게 오래 살기를 바라는 간절한 소망 등을 자연의 모습을 빌려 거리낌 없이 표현해왔습니다. 이제 여러분의 소망을 직접 물들여보며 꽃 한 송이, 새 한 마리에 담긴 이야기를 들어보세요. 민화가 주는 따뜻함을 느껴볼 수 있습니다.

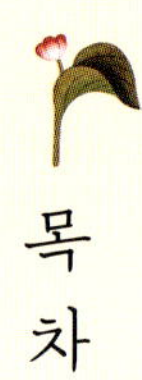

목
차

내 마음 속 소망의 그림, 민화

민화에서 가장 많이 그려지는 부귀의 꽃, 모란도

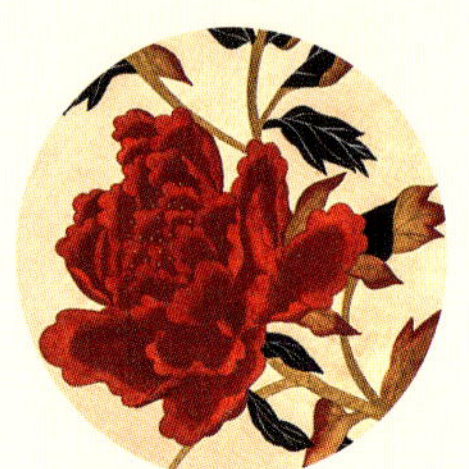
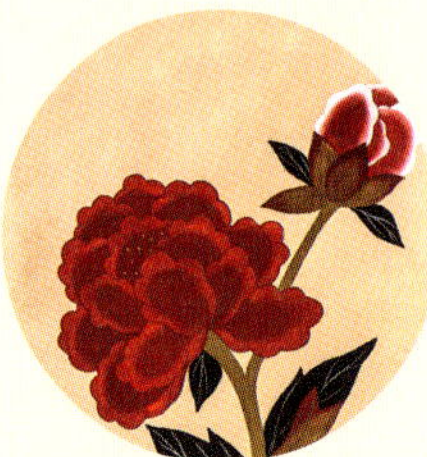
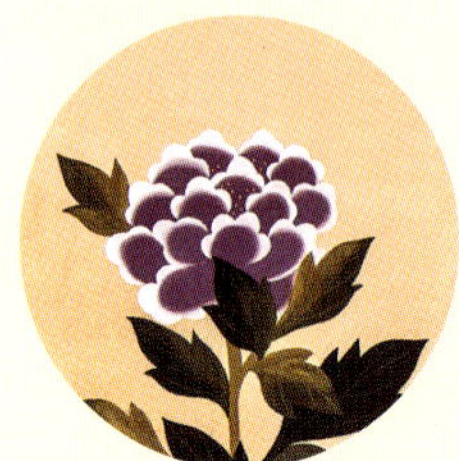

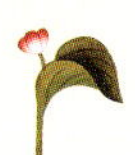

꽃 하나로 많은 바람을 충족시켜주는 연화도

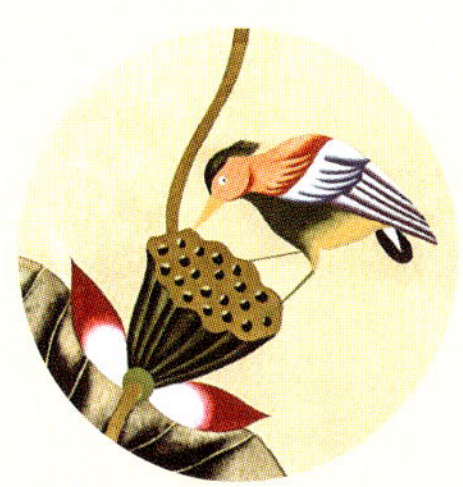
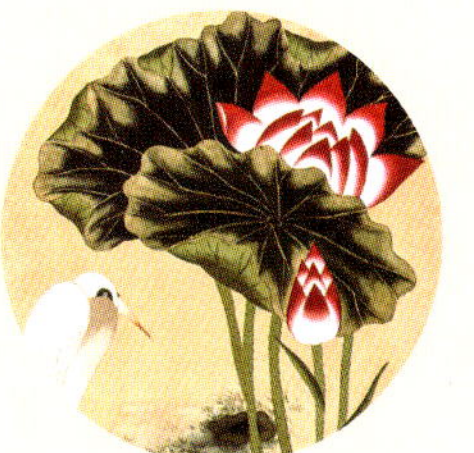

소망을 담은 그림, 문자도

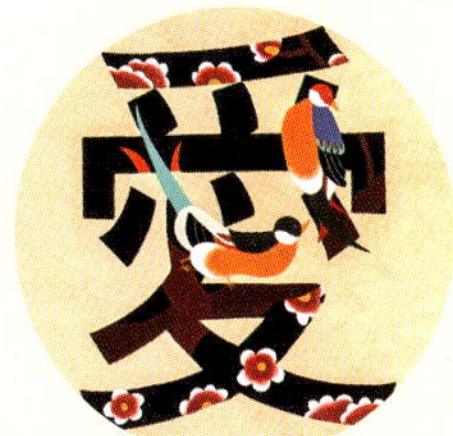
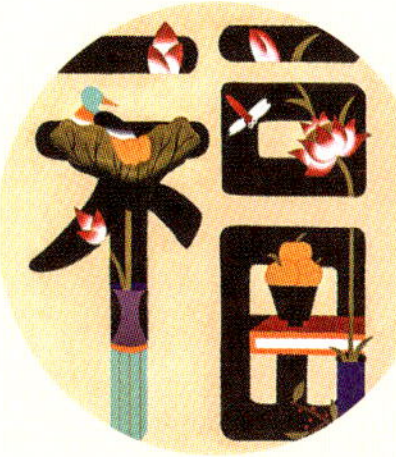
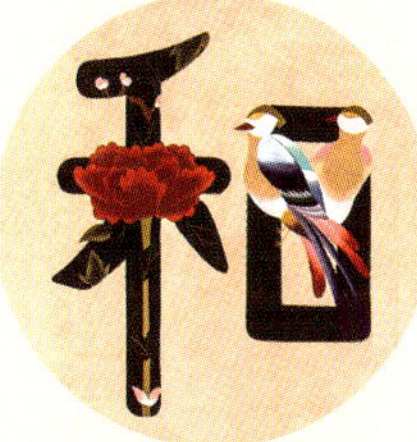
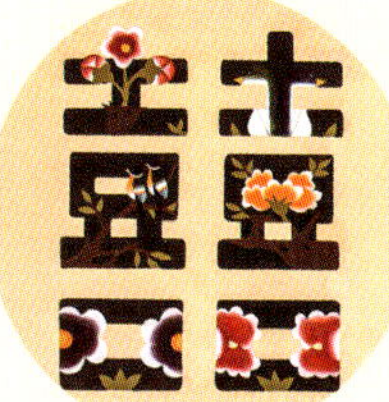

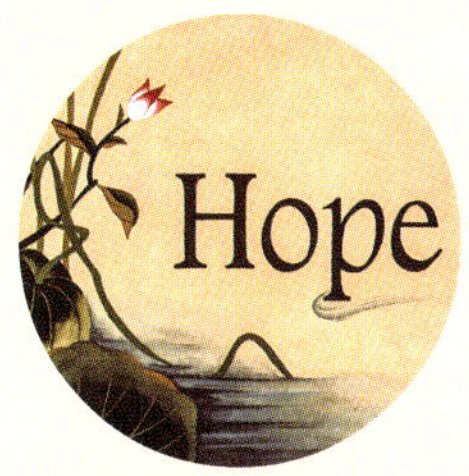
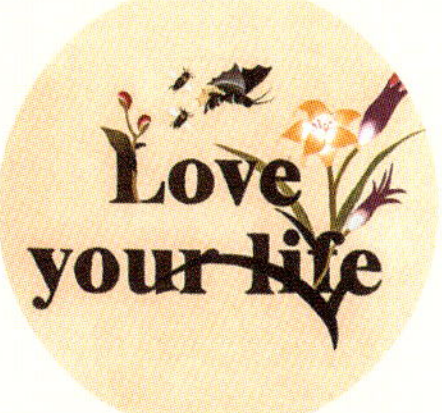
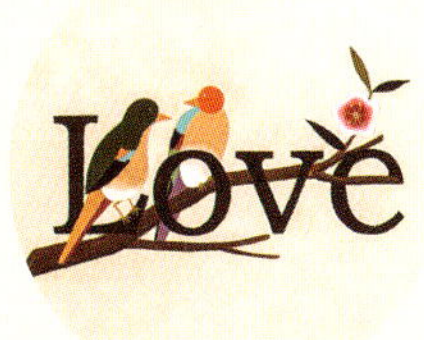

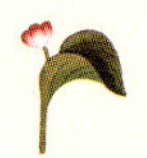

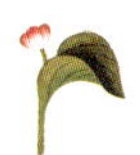

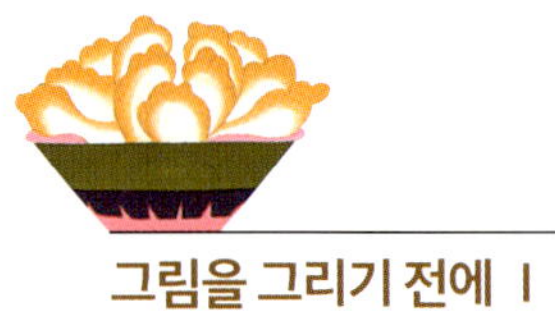

동양화 재료의
기초 지식

종이

한지는 우리나라 고유의 종이로 닥나무를 원료로 사용한다는 특징이 있어요.
한지는 원료에 따라, 그리고 만드는 방법에 따라, 또 크기와 두께에 따라 다양한
종류가 있는데 채색을 입히기에는 닥으로 만든 순지 중에서도 크고 두껍고 단
단한 종이인 장지에 그리는 것이 좋아요. 그 중에서도 장지 2장을 합지한 이합
장지를 사용하는 것이 적당하고, 더 두꺼운 채색을 원할 경우에는 더 깊은 느낌
을 낼 수 있는 삼합장지를 사용해도 좋아요.
그 밖에도 채색을 입힐 수 있는 다양한 한지들이 있어서 여러 종류의 한지를 접
해보며 자신의 그림 특성에 잘 맞는 종이를 골라보세요. 그리고 종이는 같은 제
품이라도 만들 때마다 조금씩 다를 수 있기 때문에 마음에 드는 종이가 나왔을
때 다량으로 구입해두는 것을 추천해요!

◆ 종이를 보관할 때는 습한 곳을 피해주세요. 습기를 먹게 되면 종이가 푸석푸석하게 되어 붓
　질이 잘 안 될 수 있어요!

붓

붓의 종류는 털의 종류와 길이, 굵기와 길이의 비, 2종류 이상의 서로 다른 동물
의 털을 섞어 만드는 방법, 심재의 유무에 따라 구분할 수 있어요. 채색화용 붓
은 탄력을 좋게 하기 위해서 기본적으로 수묵화용 붓에 비하여 아주 짧고 작으
며, 심재를 넣는 일이 많아요. 사용하는 털의 종류는 주로 족제비, 양, 말, 사슴,

너구리, 토끼 등이 쓰이고 있는데 종류에 따라 표현 효과도 달라질 수 있어요.

우리가 이 책에서 주로 사용할 붓은 유연한 선묘에 용이하고, 섬세하고 세밀한 부분을 묘사할 수 있는 세필붓과 부드럽게 색의 단계를 표현하기에 용이한 채색붓, 넓은 면적을 고르게 칠하기에 용이한 평붓입니다. 각 붓은 직경에 따라 대, 중, 소로 다시 한 번 크기가 나눠지기 때문에 그리는 그림 크기에 맞는 붓을 골라 사용하세요.

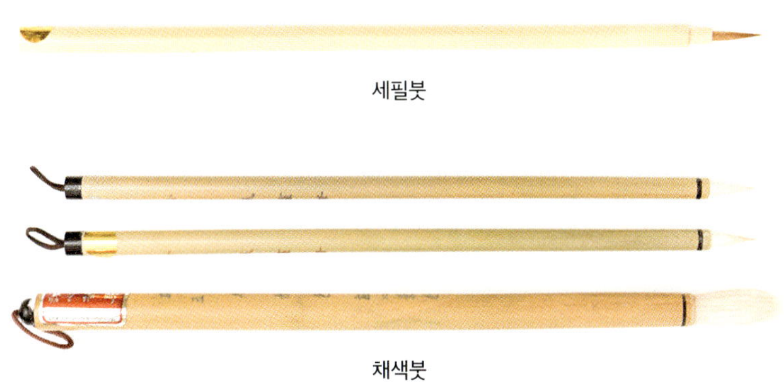

세필붓

채색붓

◆ 붓 사용 시 주의사항

- 붓을 처음 구매하여 사용할 때는 미지근한 물에 담가 붓에 붙어 있던 접착제를 깨끗이 풀어낸 후 사용해주세요.
- 물감이나 먹, 아교가 묻은 상태로 보관하게 되면 붓털의 성질이 변하기 때문에 사용한 붓은 반드시 깨끗하게 빨아서 물기를 제거한 뒤 눕히거나 매달아서 말려주세요. 붓통에 꽂아 붓털이 위로 가게 두고 말리는 것은 좋지 않아요!

먹

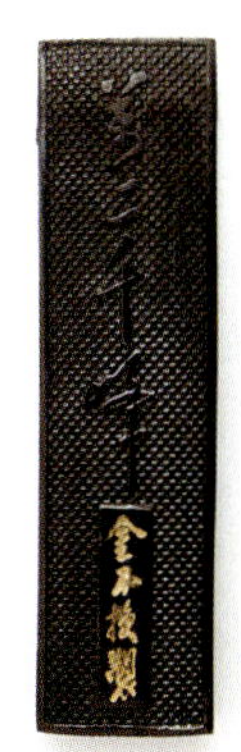

먹은 주로 수묵화에서 사용되지만, 채색화에서도 부분적으로 사용되고 있어요. 먹의 기본 색은 검은색이지만, 어떤 원료를 사용했느냐에 따라 쥐색, 청색, 갈색 등으로 먹빛이 세분화될 수 있어요. 먹은 그을음을 아교로 굳혀서 만드는데, 그을음의 주원료는 소나무와 식물성 기름을 꼽을 수 있습니다. 소나무를 주원료로 한 먹을 송연먹, 식물성 기름을 주원료로 한 먹을 유연먹이라 부르는데 좀 더 자세히 살펴보면 다음과 같아요.

식물 중에서 송연먹은 나무의 송진이 타면서 만들어내는 그을음으로 만든 먹으로, 먹색이 맑고 깊으며 아교가 적다는 특징이 있어요. 유연먹은 식물의 씨에서 얻은 기름을 태워 만드는데, 옛날에 조정에 바치던 고급 먹이에요. 그 밖에 우리가 보통 사용하는 싼 먹이 대체로 광물을 원료로 만들어진 것입니다.

◆ 먹 사용 시 주의사항

- 먹 자체는 수분을 가지고 계속 호흡하기 때문에, 완전히 건조되었다고 생각되는 먹이라고 하더라도 사계절을 지나면서 습기를 흡수하기도 하고 방출하기도 해요. 그렇기 때문에 습도 조절이 잘 되는 오동나무 상자에 담아 보관하는 것이 제일 좋아요.
- 종류가 다른 먹을 섞어서 갈면 의외로 깊은 먹 맛을 느낄 수 있어요!
- 먹색은 투명감이 가장 중요하기 때문에 탁한 먹은 사용하지 않는 것이 좋아요. 또한 먹에서 나쁜 냄새가 나거나 부패한 경우에도 사용하지 마세요!

채색물감

• 튜브물감

안료와 아교, 방부제 등을 혼합하여 튜브에 담은 것으로 입자가 가늘고 아교와 안료의 비율이 일정하기 때문에 사용하기 편리해요. 취미로 그리거나 입시미술을 그릴 때, 대중적으로 많이 사용하는 물감이에요.

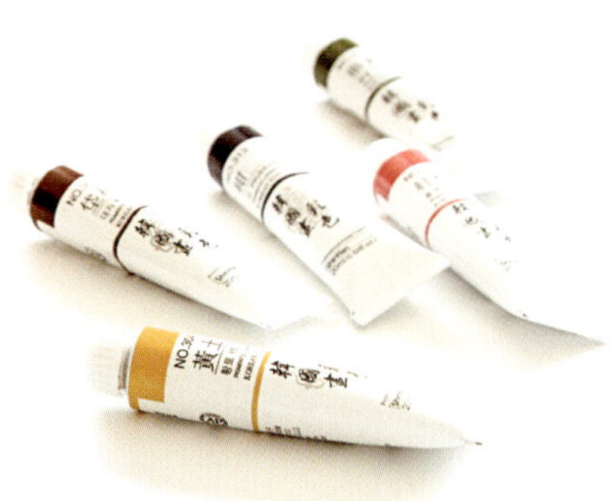

- **접시물감**

안교에 아교 물을 풀어서 사기접시에 부어
군힌 물감으로 사용하기에 편리하지만 입
자가 곱기 때문에 채색화보다는 수묵화에
담채용으로 많이 사용돼요. [1]

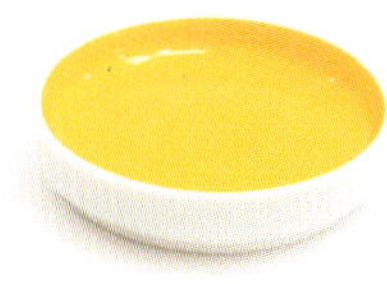

- **봉채**

예전부터 사용해오던 물감으로 안료를 벌꿀 등으
로 굳혀 손가락 정도 굵기의 막대기 형태로 만들어
진 물감이에요. 접시에 물을 넣어 먹처럼 갈아서 사
용해요. 소품 제작이나 담채 등 소량을 사용할 때
편리한 물감이에요. [2]

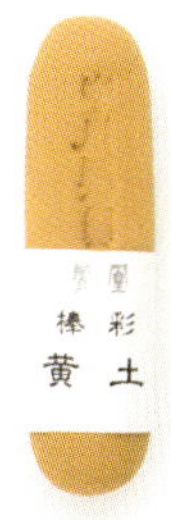

- **분채**

고착제가 혼합되어 있지 않은 정제된 천연안료 그 자체의 물감이에요. 사용할
때마다 안료 가루를 아교 물에 개어서 써야 하기 때문에 제작 준비에 시간이 많
이 소요된다는 번거로움이 있어요. 하지만 입자가 굵어 색상이 선명하고, 아교
물의 양, 색의 농도 등을 작가가 마음대로 조절할 수 있으며 색의 혼합이 쉽다는
장점이 있어 널리 사용되고 있어요.

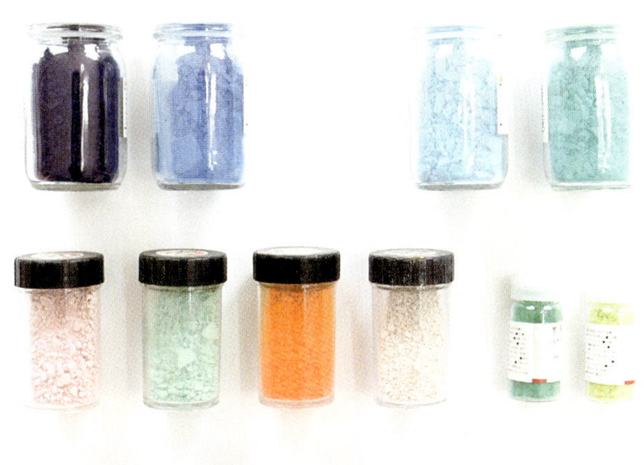

1) 조용진, 『채색화 기법』 미진사, 1992. pp.53-54
2) 조용진, 『채색화 기법』 미진사, 1992. pp.54-55

- **석채**

석채(石彩)는 암채(岩彩)라고도 하며 색깔을 지닌 천연의 광석을 빻아서 만든 돌가루예요. 깊이 있고 고운 채색이 가능한 아주 우수한 안료지만, 산지가 제한되어 있어 채굴량이 적기 때문에 구하기가 어렵고 비싼 물감이기도 해요.

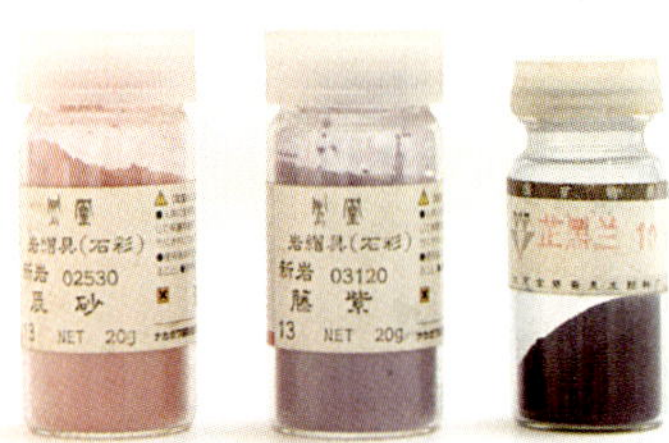

아교

아교는 안료를 화면에 정착시켜주는 접착제로 동양화를 아교 그림이라고 이야기해도 좋을 만큼 동양화 속에서 큰 역할을 하고 있어요. 아교는 지금과 같은 풀이 등장하기 전에 선조들이 자연물에서 추출하여 만든 접착제로 동물의 가죽, 근육, 뼈 등에서 얻은 콜라겐을 포함하고 있어요.

◆ **아교의 종류**

- 막대아교 : 막대 모양의 길고 딱딱한 상태로 방부제가 들어 있지 않아, 아교 중에 가장 많이 사용되고 있는 종류예요. 일반적으로 10~15g 정도의 무게여서 1L의 반수를 만들 때 따로 저울에 재볼 필요 없이 막대 아교 하나만 불리면 됩니다.

- 알아교 : 알맹이 상태로 순도, 투명도가 높고 접착력도 비교적 강한 편이에요. 방부제가 많이 포함되어 있지만, 막대아교에 비해 사용하기 편리해요.

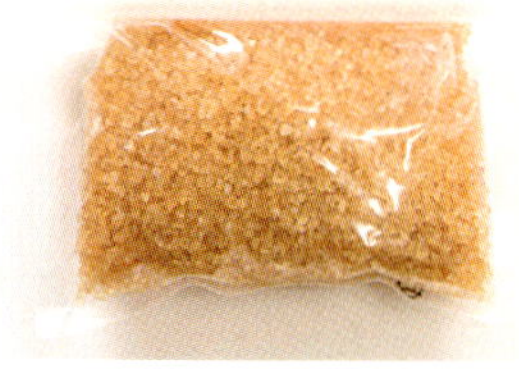

- 병아교 : 액체상태의 아교로, 따로 아교 물을 만들어야 하는 번거로움이 없어 사용하기에 가장 편리하지만, 방부제가 많이 포함되어 있어요. 시중에 판매되는 것 중에는 포르말린이 들어있는 것도 있어 주의해서 사용해야 합니다.[3]

그 외 그리기에 필요한 재료
백반, 밀가루풀, 커피, 치자열매

필요한 도구

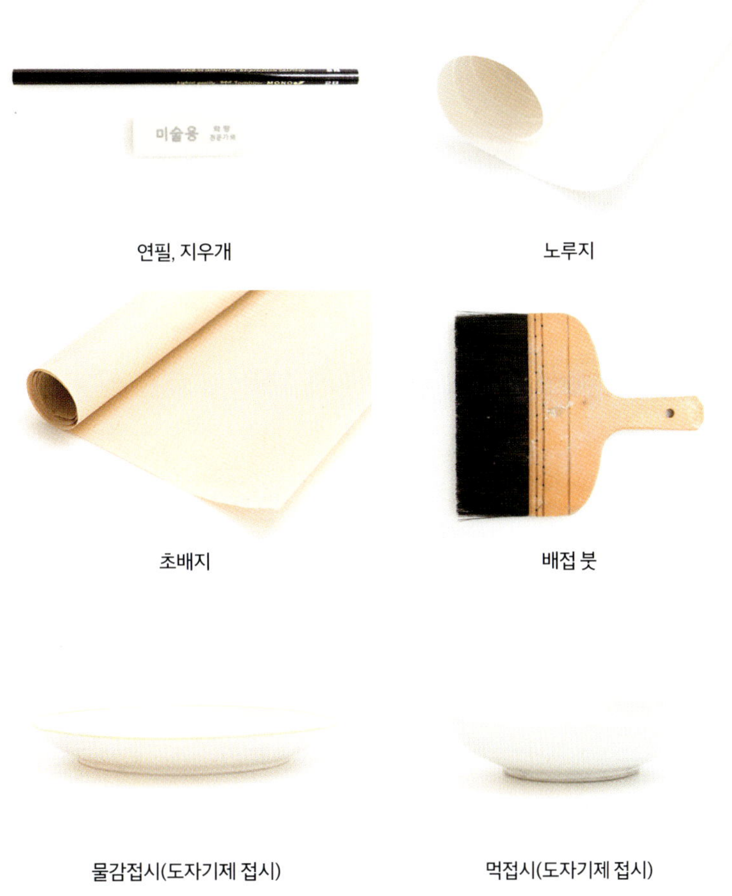

연필, 지우개

노루지

초배지

배접 붓

물감접시(도자기제 접시)

먹접시(도자기제 접시)

3) 「소지(素地) 처리 및 재료기법」 김식

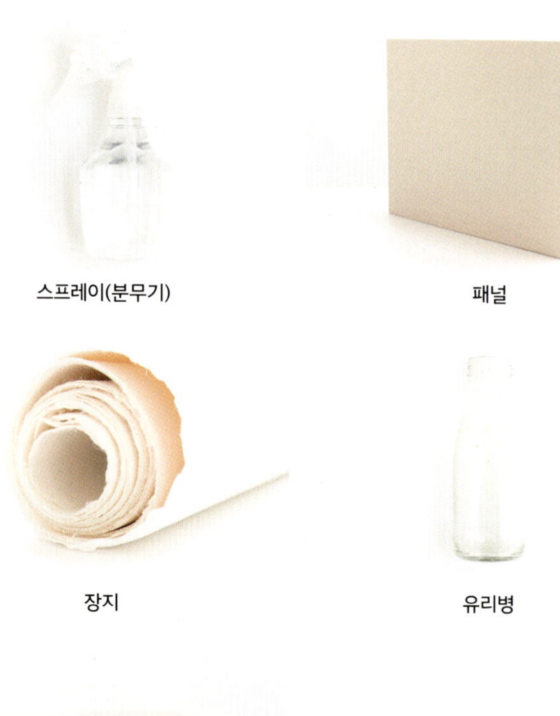

스프레이(분무기)

패널

장지

유리병

볼

• 온라인

민화화실bliss 스토어팜

<두근두근 민화> 책의 도안과 같은 크기의 화판들을 배접, 아교반수, 그리고 밑색의 옵션으로 선택하여 구매할 수 있어요.
또, 아교반수 이합장지 전지사이즈(76x144cm(±1cm))를 함께 구매할 수 있어 연습용으로 가볍게 그리시거나, 족자 등의 배접을 원하시는 경우, 크기에 맞게 재단하여 그려보실 수도 있습니다.
구매 시, 전사 작업에 용이한 재단된 노루지 한 장도 함께 드리며, 그 외에 원하시는 사이즈대로 주문하여 구매할 수 있어요. 책을 참고하여, 또 다양하게 동양채색화를 그려보세요!
https://smartstore.naver.com/bliss_out

서예백화점(삼보당)

서예, 문인화, 민화에 두루 조예가 깊으신 사장님이 운영하시는 35년 된 필방이에요. 조예가 깊으신 만큼, 재료에 대한 해박한 지식과 다양한 종류로 필방을 가득 채워놓으셨다고 해요! 지류, 붓, 안료 등이 다양하게 구비되어 있고, 특별히 문인화나 공필화에 대한 서적도 필방 한 켠을 빛내주고 있어서 시간가는 줄 모르고 재료를 구경할 수 있는 필방이에요! 실제로 끊임없이 붓과 지류를 직접 연구하고 계셔서 더욱 믿고 구매할 수 있는 곳입니다. 인터넷으로도 모두 구매가 가능해요!
부산광역시 동래구 충렬대로 249-1, 051-555-7707, http://www.sambodang.co.kr/

• 오프라인

백제한지

인사동에서 40년간 자리를 지키고 있는 백제한지는 필방의 이름답게 한지의 종류가 많아 여러 박물관과도 꾸준히 거래하고 있는 곳입니다. 다양한 한지의 종류를 직접 눈으로 보고 손으로 만져보고 싶은 분들에겐 반가운 필방이 되어줄 거예요.
서울 종로구 인사동5길 15-1, 02-734-3966

성문당필방

인사동에 위치한 아담한 사이즈에 필방이지만 없는 게 없는 곳이에요. 인간문화재 장인이 직접 붓을 매기 때문에 가격 대비 붓의 성능이 좋아요. 장인의 손길이 배어 있는 붓을 사용해보고 싶다면 이곳을 추천합니다. 뿐만 아니라 벼루와 먹에 대한 해박한 지식도 보유하고 계시니 사장님과 대화하며 좀 더 자신의 그림에 맞는 재료를 공부하며 선택하기에도 좋아요!
서울시 종로구 인사동 14-1, 02-735-4059

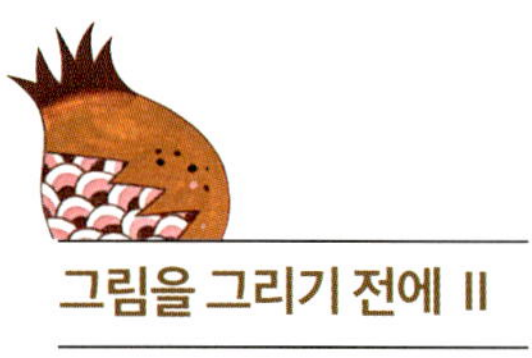

기본 익히기

배접하기

배접은 그림이나 글씨 등의 작품을 더 잘 보존하고 보관하기 위하여 족자, 두루마기, 액자 등으로 표장하는 기술을 말해요. 원래 우리나라에서는 족자나 병풍의 배접 방법을 많이 사용해왔고, 패널에 배접하는 방법과 배접이라는 용어 자체는 일본에서부터 사용되어 오다가 지금은 우리나라에서도 일반화되었어요. 그림 그리기에 앞서, 그려질 그림을 소중히 보관하기 위해 배접은 필요한 과정이에요.

◆ **준비물** 밀가루 풀, 스프레이(분무기), 초배지가 붙여진 패널, 장지, 배접 붓

1. 밀가루 풀, 스프레이, 패널, 장지, 배접 붓을 준비하세요.

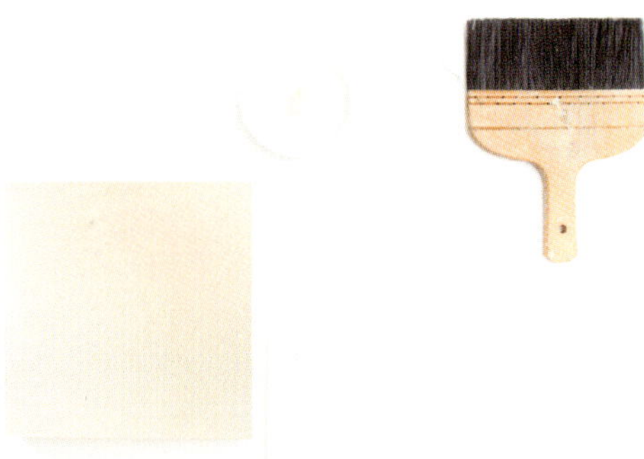

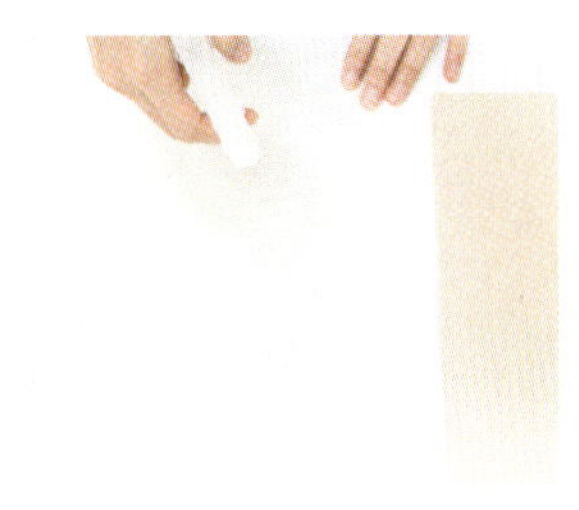

2. 장지를 패널보다 좀 더 여유 있는 크기로 잘라 스프레이로 물을 분사시켜 촉촉이 적셔줍니다. 종이는 젖어 있을 때 팽창하고, 마르면 수축하는 성질이 있으므로 물에 적셔 배접해야 더 팽팽하게 붙일 수 있습니다.

- 종이를 재단할 때는 그림의 윗면이 아닌, 옆면에 배접하기 때문에 그림을 그릴 종이의 크기보다 가로, 세로 각 3cm 정도씩 여유 있게 재단하세요.
- 종이를 너무 흠뻑 적시면 붙이는 과정에서 쉽게 찢어질 수 있으니 촉촉하게 젖도록 멀리서 분사시킵니다.

3. 밀가루풀을 패널의 옆면에 고루 발라주세요. 반드시 그림이 그려질 윗면이 아닌, 네 개의 옆면에 발라주세요.

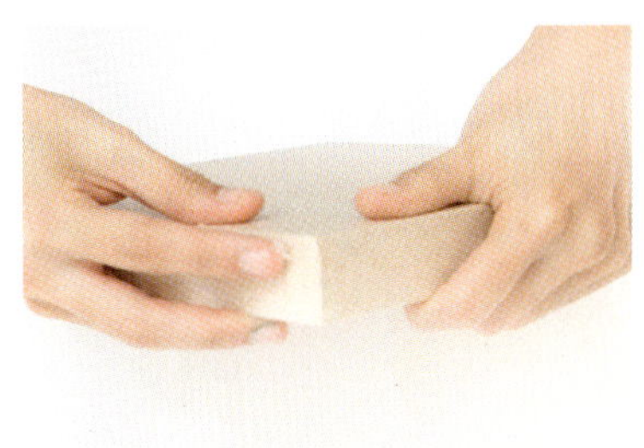

4. 촉촉이 적셔준 종이를 패널 위에 여유분의 크기를 잘 맞춰 올려주세요.

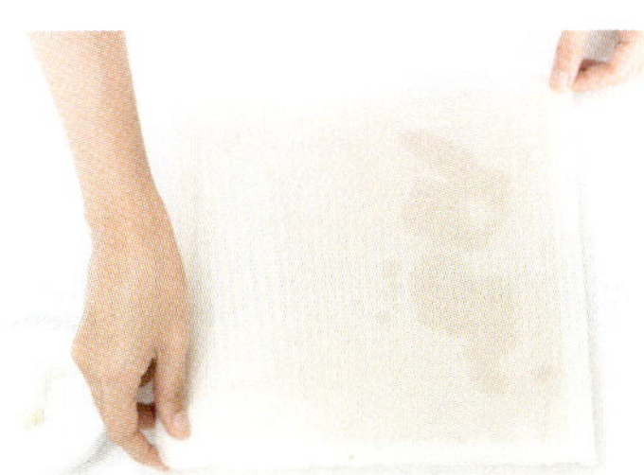

5. 먼저 한 면을 손가락의 힘으로 조금씩 잡아당겨 팽팽하게 고정시켜주세요. 그 다음에는 반대쪽 면을 당겨 붙여주고, 그다음에는 좌우의 순서로 네 면을 모두 붙여주세요. 너무 세게 당기면 종이가 찢어질 수 있으니 조심조심 당겨주세요.

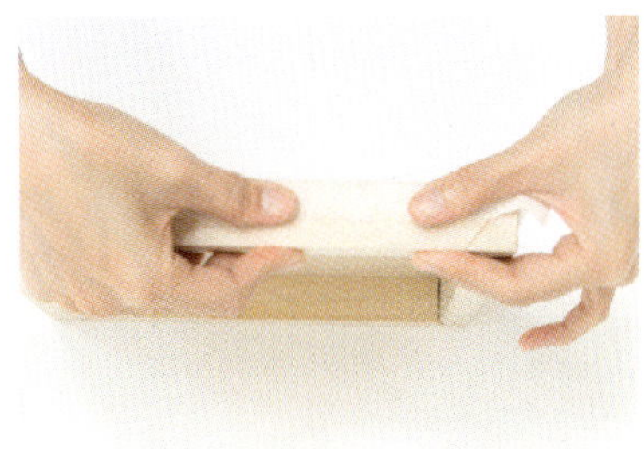 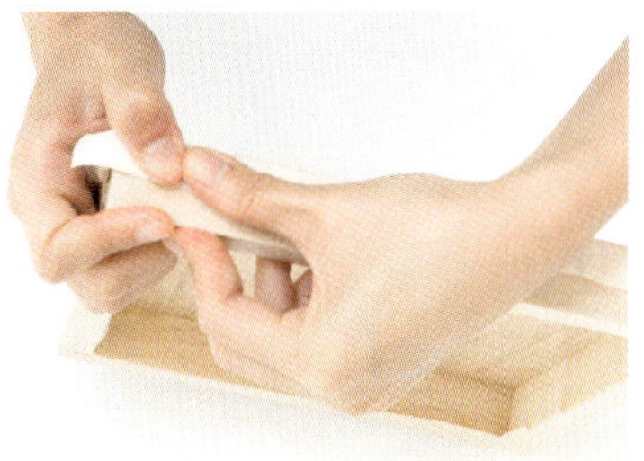

6. 모서리 부분은 쉽게 뜰 수 있기 때문에, 한 번 더 당겨 잘 붙을 수 있게 해주세요.

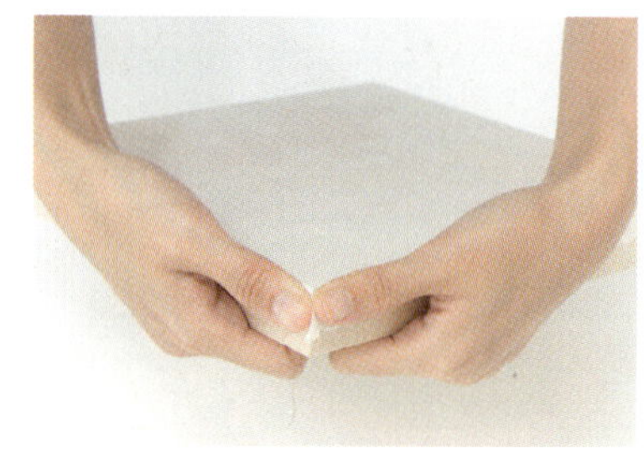

7. 모서리에 튀어나온 종이 부분은 옆면으로 넘겨 밀가루풀로 붙여주세요.

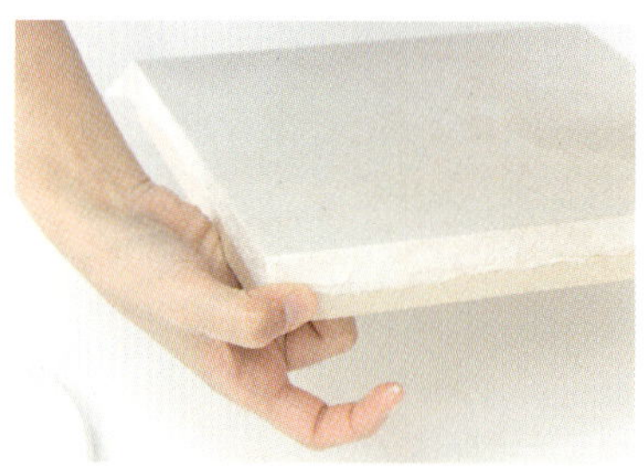

8. 배접이 완성되었습니다!

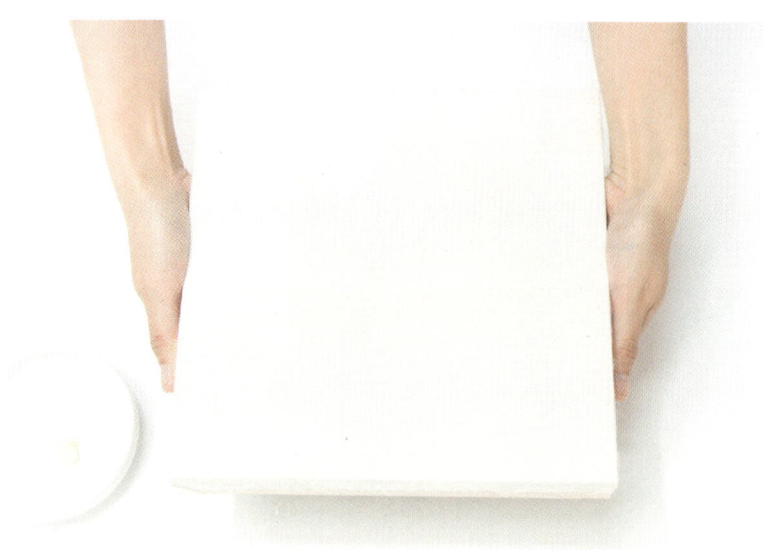

반수 칠하기

반수는 물에 아교와 백반을 섞어 만든 것으로, 물감이 종이에 번지거나 흡수되는 것을 막아주는 역할을 해요. 그래서 수묵화처럼 쉽게 번지지 않아 깔끔하게 채색할 수 있고, 여러 번 덧칠해서 채색해도 종이 표면에서 물감이 떨어지지 않게 해주는 중요한 과정이에요. 종이뿐만 아니라 나무, 견, 금·은박 등의 여러 기저 물에도 반수 처리를 해주면 그림을 그릴 수 있어요. 이때 아교의 비율이 낮으면 점성이 떨어져 채색이 떨어질 수 있고, 아교의 비율이 너무 높으면 변색이 생기거나 그림에 균열이 생길 수 있으니 다음의 비율을 잘 따라주세요.

◆ **준비물** 물 500ml(80~90℃의 뜨거운 물), 알아교, 7~8g(혹은 막대아교 1/2개), 백반 5g, 평붓, 500ml 이상의 대야, 유리병
- 위의 반수 비율은 장지 2합 정도의 두께에 적당한 농도입니다. 반수의 농도는 사용되는 기저 물에 따라 두꺼운 종이는 좀 더 강하게, 얇은 종이나 견은 좀 더 약하게 해주세요.
- 위의 반수 비율은 총 500ml의 반수를 만드는 비율입니다. 1L의 반수를 만들려면, 물 1L, 알아교 15g(혹은 막대아교 1개), 백반 5g의 비율을 사용해주세요.

1. 유리병에 알아교 7~8g과 물 200ml를 넣고 반나절 정도 불려주세요. 시간이 지날수록 선명했던 알갱이가 물에 풀어지는 것을 육안으로 확인할 수 있습니다. 이때 중탕 가능한 머그컵이나 유리병을 사용해주세요.

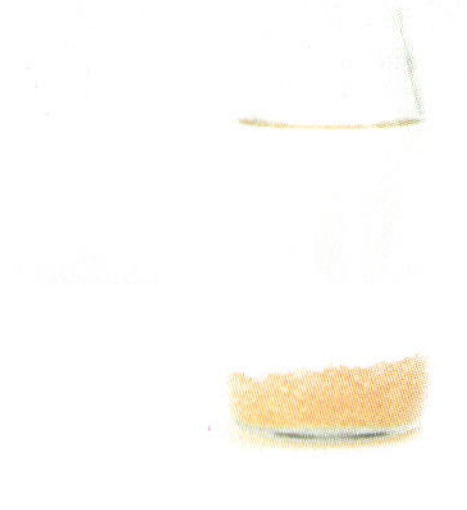

2. 물 300ml를 전기포트에 넣고 팔팔 끓여주세요.

3. 500ml 이상 들어가는 큰 대야에 2번 과정의 뜨거운 물 300ml를 넣고, 1번 과정의 불린 아교 액을 중탕시켜주세요.

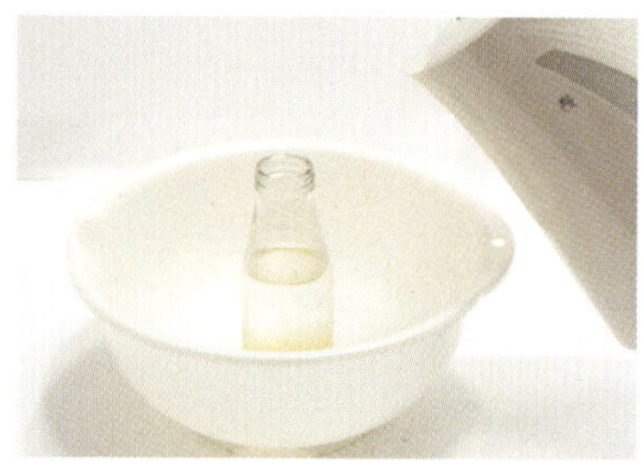 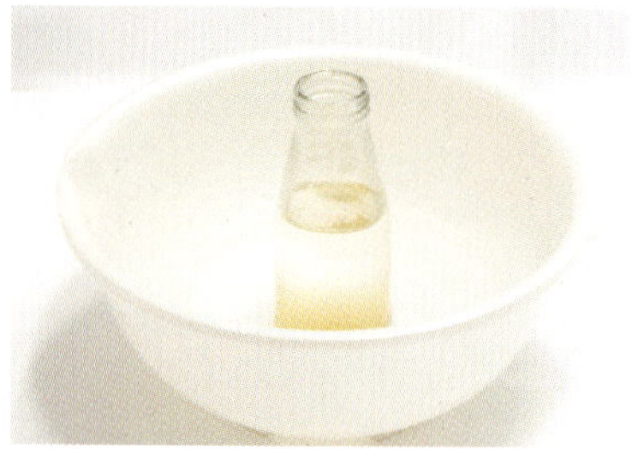

4. 아교 액이 완전히 중탕되어 녹으면 대야에 있는 300ml의 물에 부어 500ml의 반수를 만들어주세요.

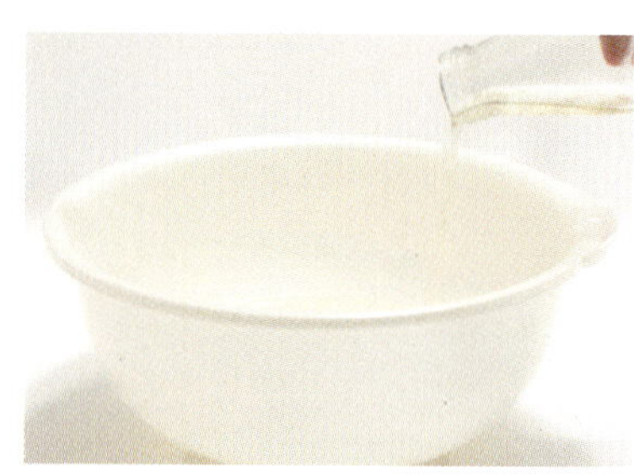

5. 마지막으로 백반 5g을 넣고 잘 저어 녹여주세요. 반수 만들기가 완성되었습니다! 백반을 적게 넣으면 반수가 안 되는 경우가 있으니 넉넉하게 넣어주세요. 백반이 녹는 순간에 구린 냄새가 날 수 있습니다. 잘되고 있는 과정이니 걱정하지 마세요!

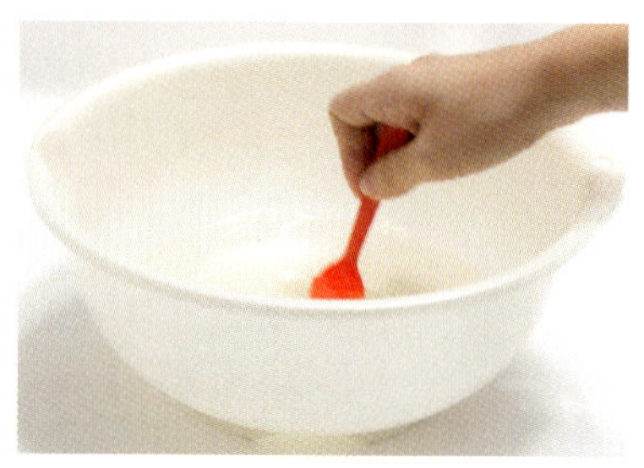

6. 식기 전에 뜨거운 상태에서 넓적한 평붓을 사용하여 한쪽 방향으로 종이가 완전히 적셔지도록 칠해주세요.
반수는 반드시 70℃ 정도의 뜨거운 상태에서 칠해야 합니다.
될 수 있으면 천천히 칠해 종이가 반수에 완전히 적셔지도록 칠해줍니다.

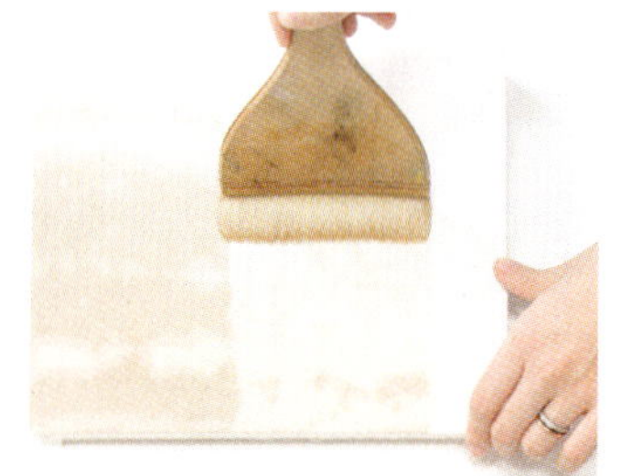

• 종이를 반수할 경우 깨끗한 모포 위에 놓고 칠해줍니다(밑에 있는 얼룩이나 색이 묻어나올 수 있어요).

7. 반수 칠하기가 완성되었습니다.

• 될 수 있으면 날씨가 좋은 날을 택하여 빠르게 말리면 좋아요.

반수가 잘됐는지 안 됐는지 확인할 때에는 반수한 종이에 물을 분사시켜보세요. 물이 스며들어가면 반수가 잘 안 된 상태이고, 물방울이 맺히면 잘된 상태입니다. 반수가 잘되지 않았을 경우에는 처음 칠한 반수가 완전히 건조된 상태에서 차갑게 식힌 반수로 차가운 반수 칠하기를 한 번 더 해주세요.

• 처음 칠한 반수 위에 다시 뜨거운 반수를 칠할 경우, 먼저 칠한 반수가 녹아 문제를 일으킬 수 있습니다.

밑색 칠하기

◆ **준비물** 커피, 치자열매, 평붓, 볼(유리병)

1. 말린 치자열매를 물에 담가 치자 물을 우려주세요.

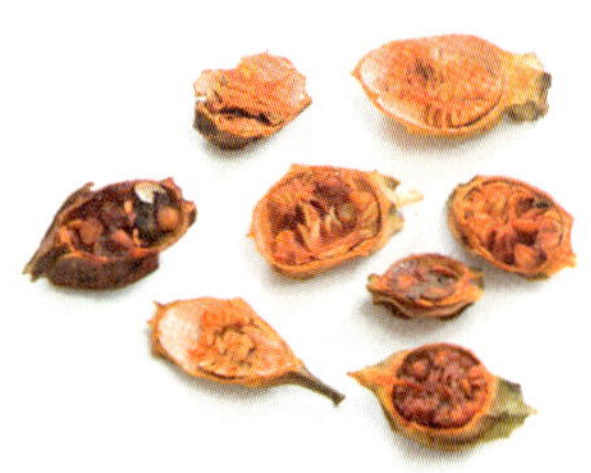
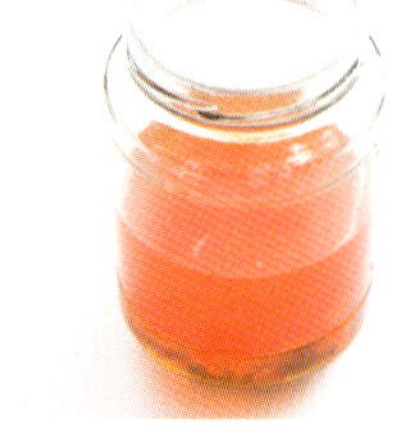

2. 커피도 물에 담가 커피 물을 만들어주세요.

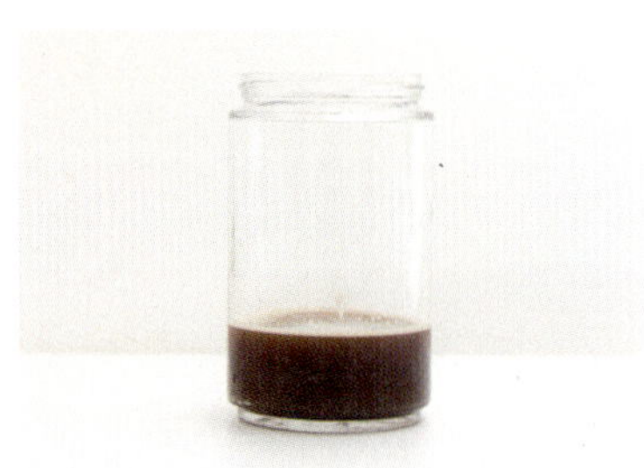

3. 1번 과정과 2번 과정을 섞어 밑색을 완성합니다!

- 치자 물은 밑색을 맑게 해주는 역할을 하지만, 비율이 높을수록 밑색이 노랗게 될 수 있습니다. 치자 물과 커피 물을 원하는 비율대로 섞어 만들어주세요.

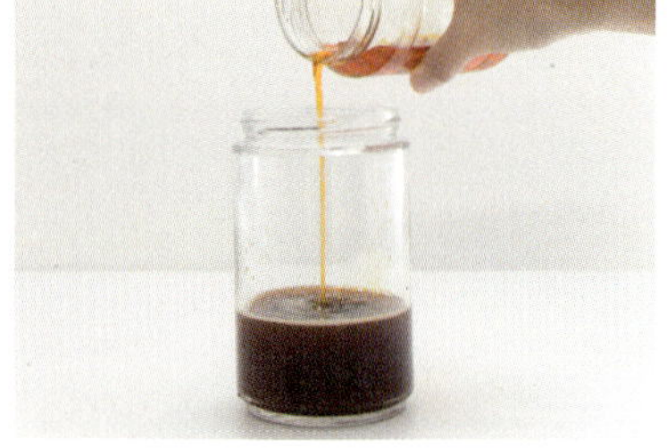

4. 평붓을 이용해 얼룩지지 않게 고루 칠해주세요.

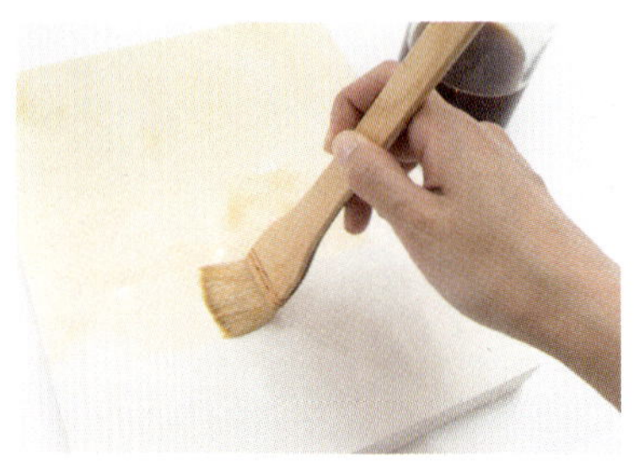

5. 밑색 칠하기가 완성되었습니다!

밑그림 그리기

1. 그림을 그리게 될 장지가 아닌, 노
루지에 먼저 스케치를 한 뒤 뒷면에
연필로 먹지를 만들어주세요.

• 지우개질은 장지를 쉽게 상하게 할 수 있기
  때문에, 반드시 노루지에 먼저 스케치해주
  세요.

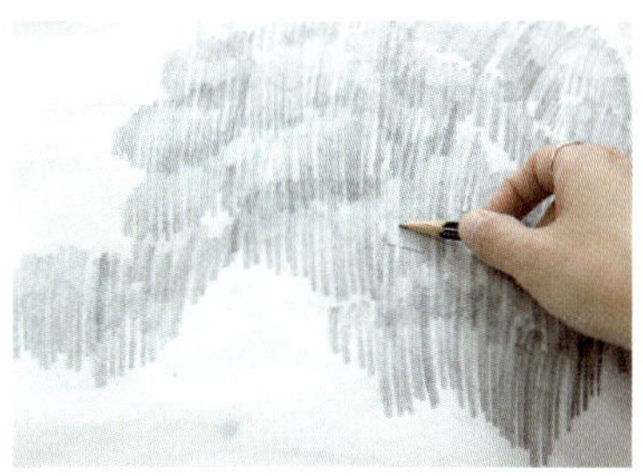

2. 먹지 작업이 완성된 도안을 패널
에 잘 맞춰 올려주고, 힘을 주면서 볼
펜으로 꼼꼼히 따라 그려 스케치가 잘
배길 수 있게 해주세요.

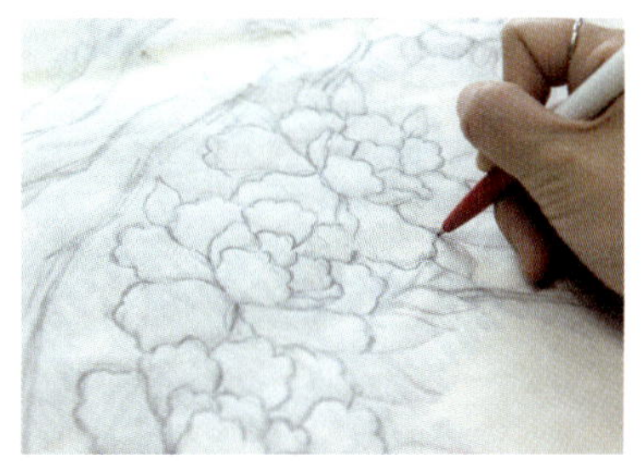

3. 배겨진 자국을 따라, 세필붓을 이용하여 다시 한 번 선을 그어주세요. 보통은 연한 먹물로 긋는 것이 일반적이지만, 꽃이나 열매는 물감을 이용해 그에 맞는 색선을 그어주면 좀 더 화사한 분위기로 그림을 그릴 수 있어요.

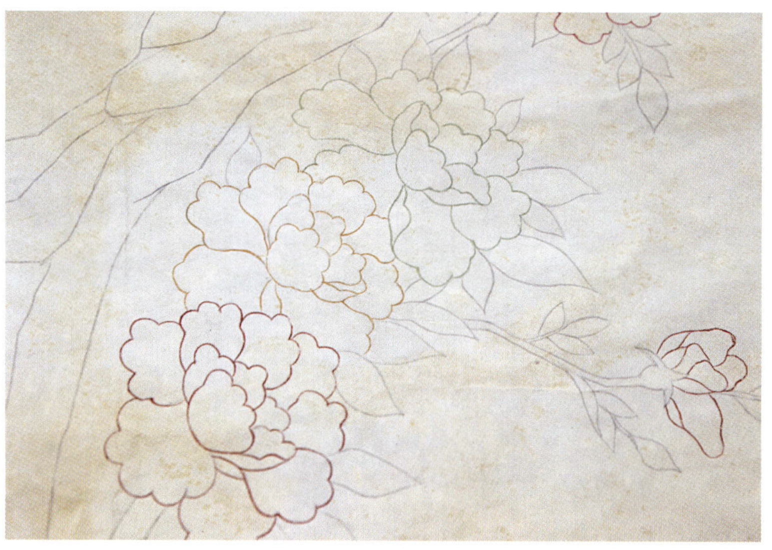

다시 한 번 정리하면, ① 먼저 노루지에 스케치를 하고, ② 노루지에 스케치한 것을 먹지를 대고 장지에 따라 그리고, ③ 마지막으로 스케치를 붓으로 그리는, 총 3번의 스케치 과정을 거친 뒤 채색에 들어갑니다.

바림하기

'바림'은 동양화 채색기법으로, 색을 단계적으로 점점 엷게 하거나 점점 진하게
하는 그러데이션 기법이에요. 물감을 적신 붓과 마른 붓을 양손에 들고 번갈아
터치해가면 그림에 풍성한 입체감을 줄 수 있어요! 모란 꽃송이를 통해 바림의
단계를 살펴볼게요.

• 꽃송이 바림

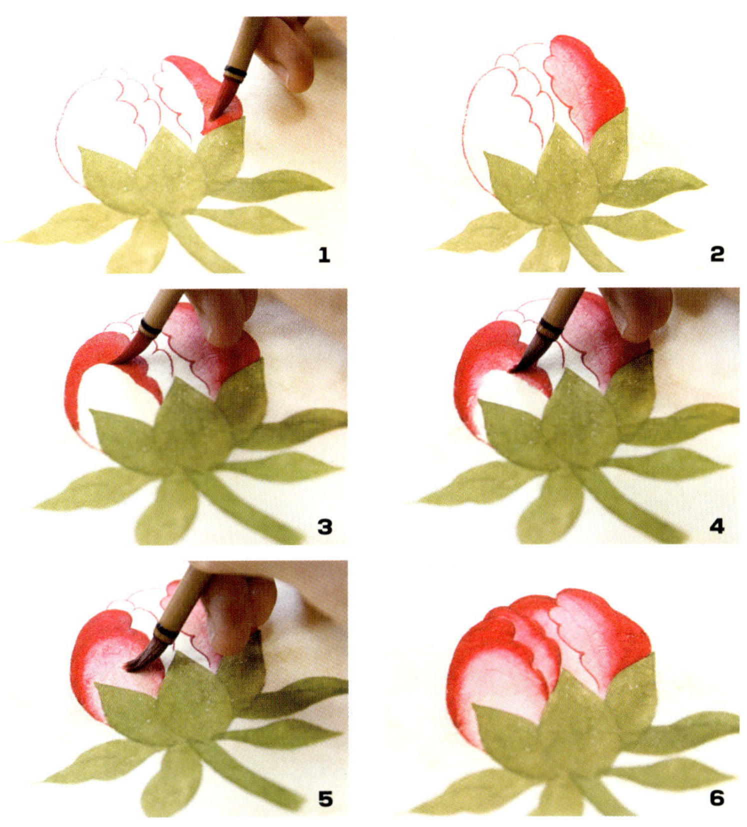

• 이파리 바림

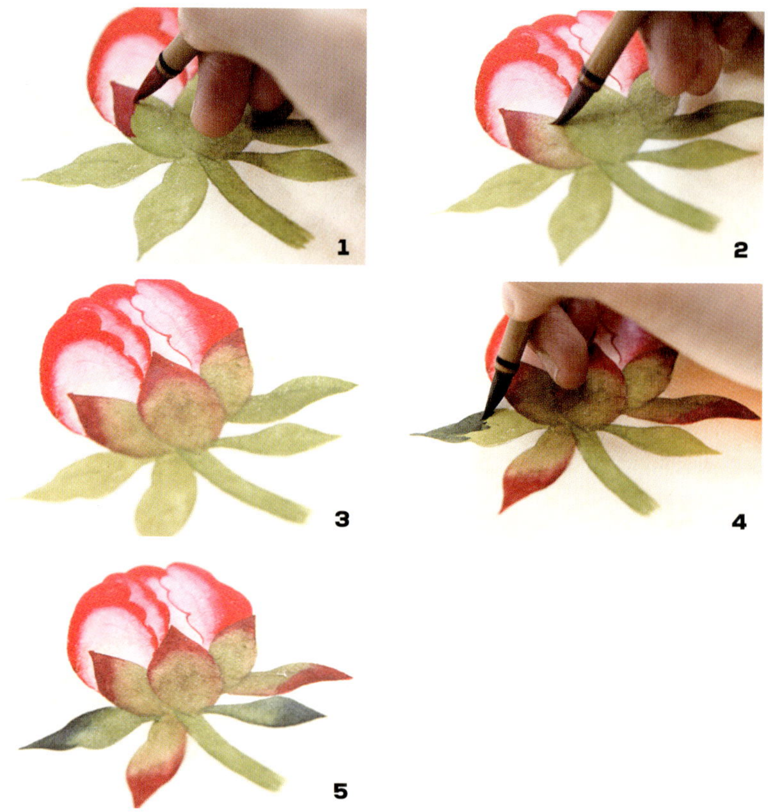

• 호분 바림

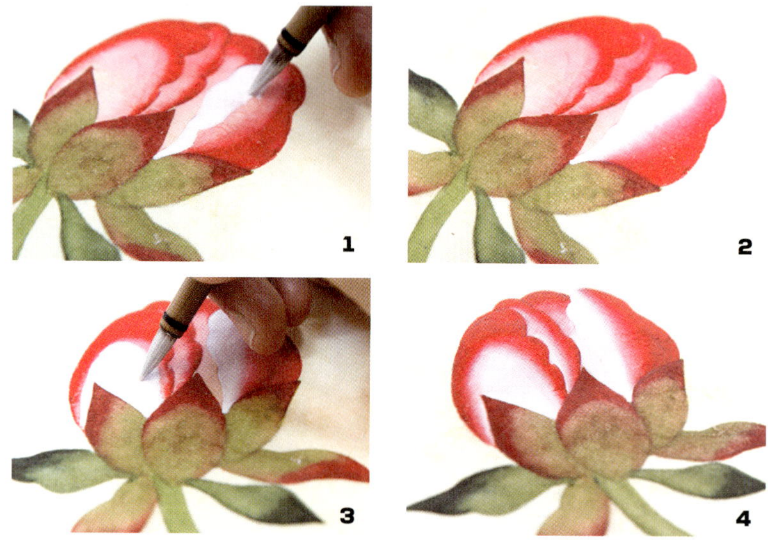

안료 개는 방법(분채, 석채)

1. 접시에 안료를 넣고 곱게 갈아주세요. 안료를 곱게 갈기 위해 막자사발을 이용해도 됩니다. 가루가 잘 개어지지 않으면 물감을 칠할 때 가루째 표면에 붙는 경우가 있으니, 깔끔한 채색을 위해 곱게 갈아주세요.

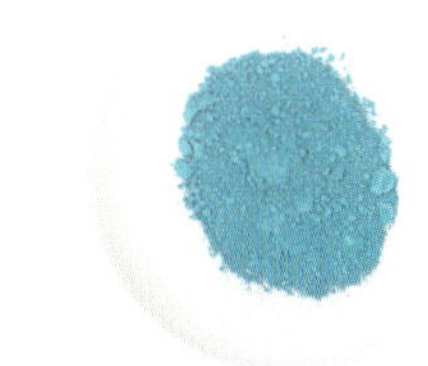

2. 가루가 된 분채에 아교물을 한 방울씩 떨어뜨려 가며 잘 개어준 뒤, 물을 조금씩 넣어가면서 농도를 맞춰주세요.

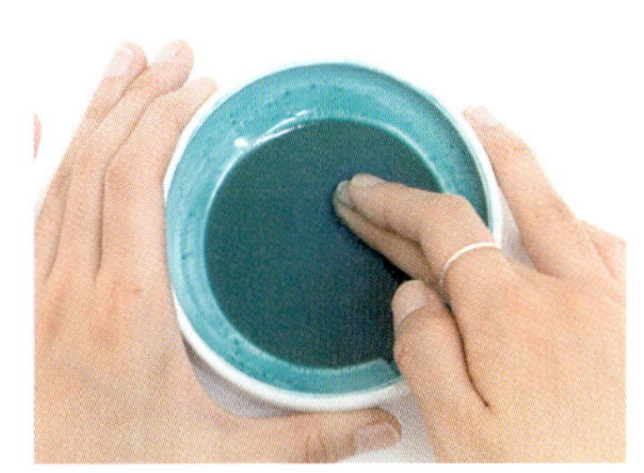

3. 완성되었습니다.

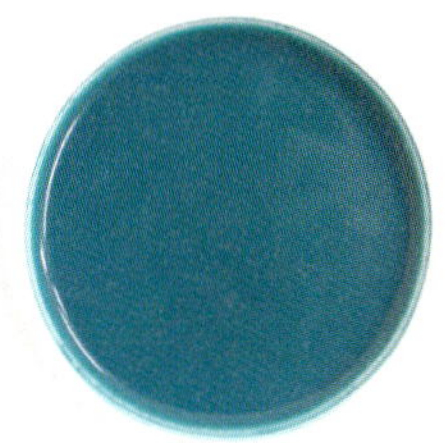

◆ 아교물을 만드는 비율(물 200cc : 막대아교 3개 정도)
  • 물 200cc에 막대아교 3개 정도를 타월이나 신문지에 말아서 작은 조각을 낸 다음, 하루 정도 물에 담가 묵 상태가 되면 직화를 피해 중탕으로 끓여주세요. 이때 온도는 70℃ 정도가 적당하며, 천천히 아교가 녹도록 해주세요. 아교를 너무 높은 온도에서 녹이면 접착력이 떨어지게 되므로 주의하세요!
  • 부패된 아교는 냄새가 심하게 나며 서늘한 곳에 두어도 젤리나 묵 같은 상태가 되지 않아요. 부패한 아교는 미련 없이 바로 버려주세요.

◆ 동양화 안료와 아교는 일정한 혼합비율로 섞는 것이 아니라 제각기 안료에 맞는 아교의 농도가 있기 때문에, 아교 농도 조절에 익숙해지기까지 많은 시간과 노력이 필요해요. 혼합비율이 잘 맞지 않으면 발색이 잘되지 않거나, 물감이 종이 표면에서 박락되는 원인이 될 수 있

으니 신경 써서 주의해주세요![4]

◆ 장지 위에 분채를 채색할 때는 안료를 섞어서 쓰는 혼색보다는 한두 가지나 그 이상의 원색을 한 층 한 층 담하게 쌓아 올리면, 같은 색이라도 더 다양하고 깊이 있는 색감을 얻을 수 있어요.

◆ 쓰다 남은 안료 처리 방법
1. 작업이 끝난 후 사용하다 남은 안료는 반드시 물을 뜨겁게 끓여서 접시에 가득 부어 주세요.
2. 뜨거운 물에 의해 안료에 섞여 있던 아교가 분리되는데, 안료는 밑으로 가라앉고 아교는 위로 뜨게 됩니다. 안료가 침전되면 윗물을 버리고 접시에 남은 안료는 말려두세요.
쓰다 남은 안료가 그대로 방치되어 단단하게 굳은 것은 사용하지 않는 것이 좋습니다.

호분

호분은 하얀 물감으로 물감의 발색을 잘되게 하기 위하여 밑색으로도 사용하는 색이에요. 그렇지만 동양화 안료 중에서도 특히 박락되기 쉬운 안료이기 때문에 개는 방법을 잘 알아둘 필요가 있어요. 또한 호분의 부드러운 백색 느낌을 제대로 얻기 위해서 아교의 혼합비율이 중요해요.

호분 안료 개는 방법

1. 호분을 곱게 갈아주세요.

2. 접시에 호분을 놓고 아교를 조금씩 넣어가며 덩어리를 만들어주세요.

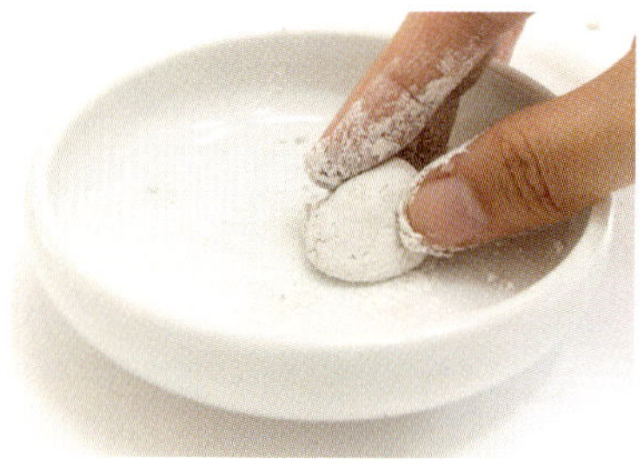

4) 「소지(素地) 처리 및 재료기법」 김식

3. 덩어리를 손으로 주무르거나 접시
에 두드려서 부드러워지게 만들어주
세요. 많이 두드릴수록 좋습니다.

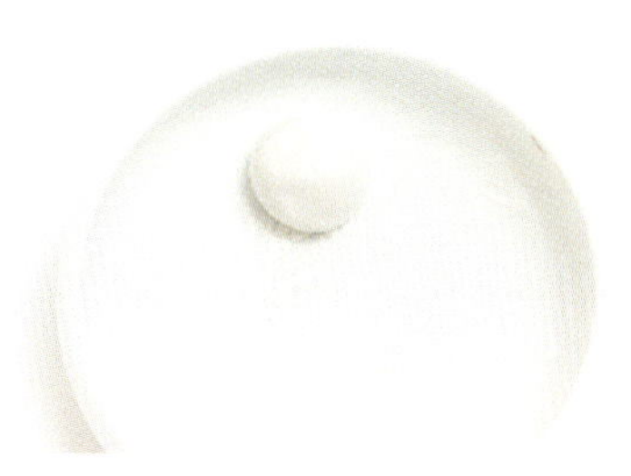

4. 부드러워진 호분 덩어리를 접시 가
운데 붙이고 나서 호분 위에 따뜻한
물을 살짝 흘려버린 뒤 미지근한 물을
조금씩 넣어가면서 서서히 문질러 풀
어주세요.
따뜻한 물을 살짝 흘려버리는 것은 호

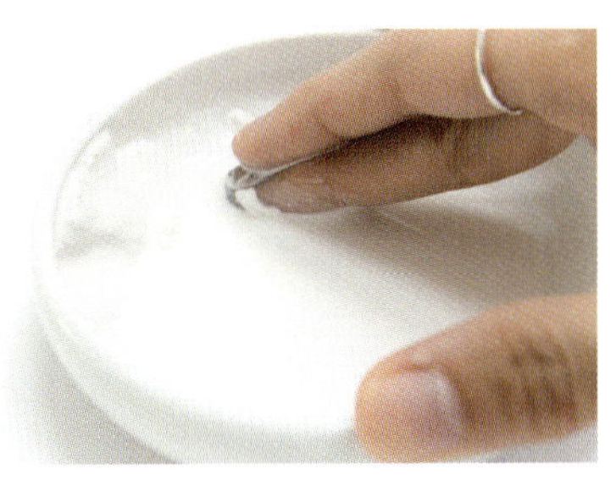

분의 덩어리를 두드리거나 주무르면 아교가 덩어리 표면으로 나와 미끈거리게
되는데, 표면에 나와 있는 아교를 씻어내어 호분의 발색을 좋게 하기 위한 방법
입니다.

5. 완성되었습니다!

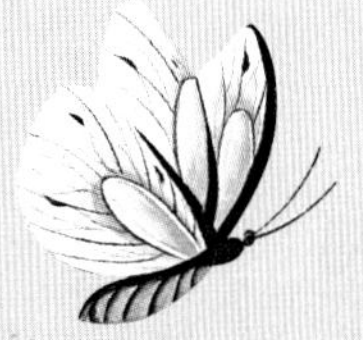

민화

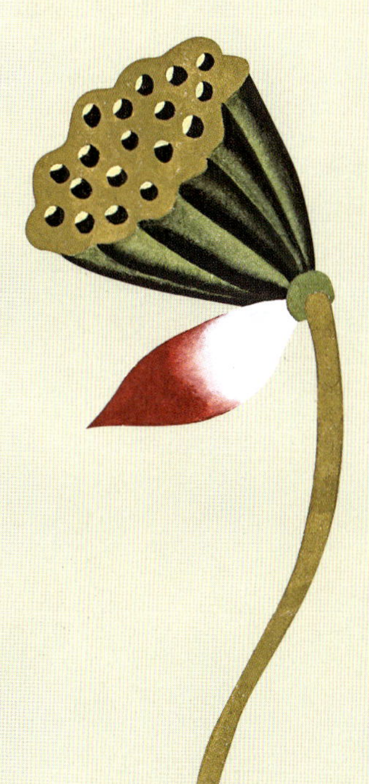

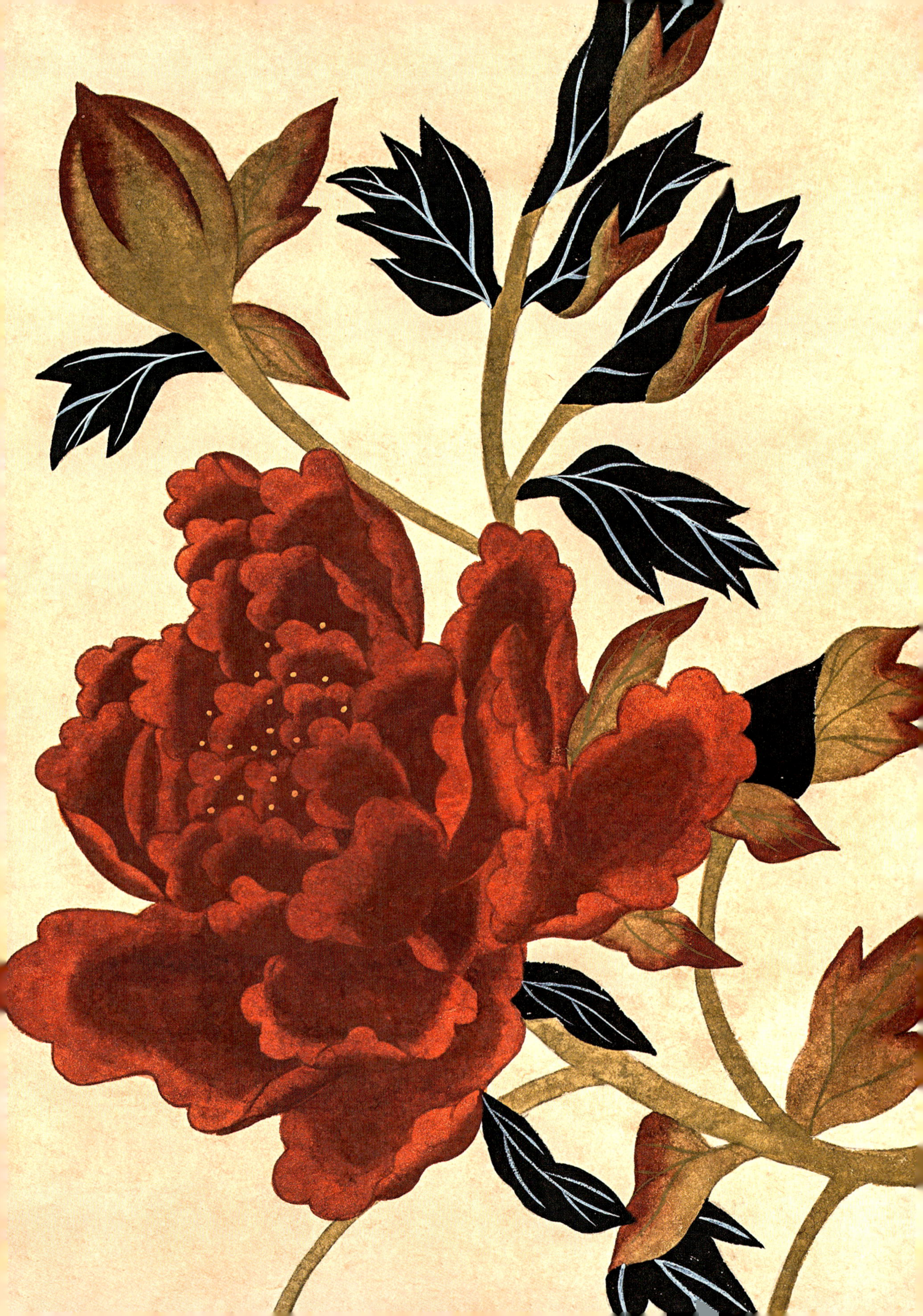

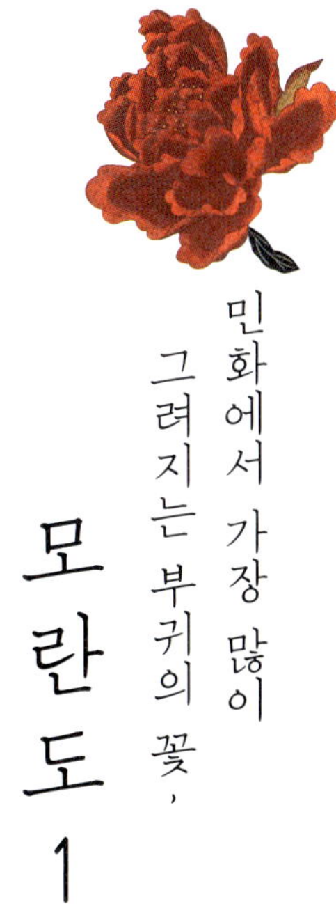

모란도 1

민화에서 그려지는 수많은 꽃 중에 가장 많이 그려지는 꽃은 바로 모란이에요. 모란은 독립적인 화목으로도 많이 그려지고, 화조도에 함께 그려지거나, 화병에 꽂혀 책가도의 일부로 그려지기도 해요. 화병에 꽂혀 있거나 나란히 그려지거나 상관없이 화병과 같이 그려진 모란은 '부귀와 평안'의 의미를 지닙니다. 이처럼 모란은 궁중에서부터 민간까지 널리 사랑받은 길상적인 소재로, 현재 다양한 종류와 방대한 양이 남아 있는 그림이에요.

준비물

3호 패널, 연필, 볼펜, 물통, 먹물, 먹접시, 물감접시, 민화붓 2필, 세필붓 1필

필요한 물감색 : 호분, 황, 황토, 주황, 양홍#2, 맹황, 백록, 수감, 대자

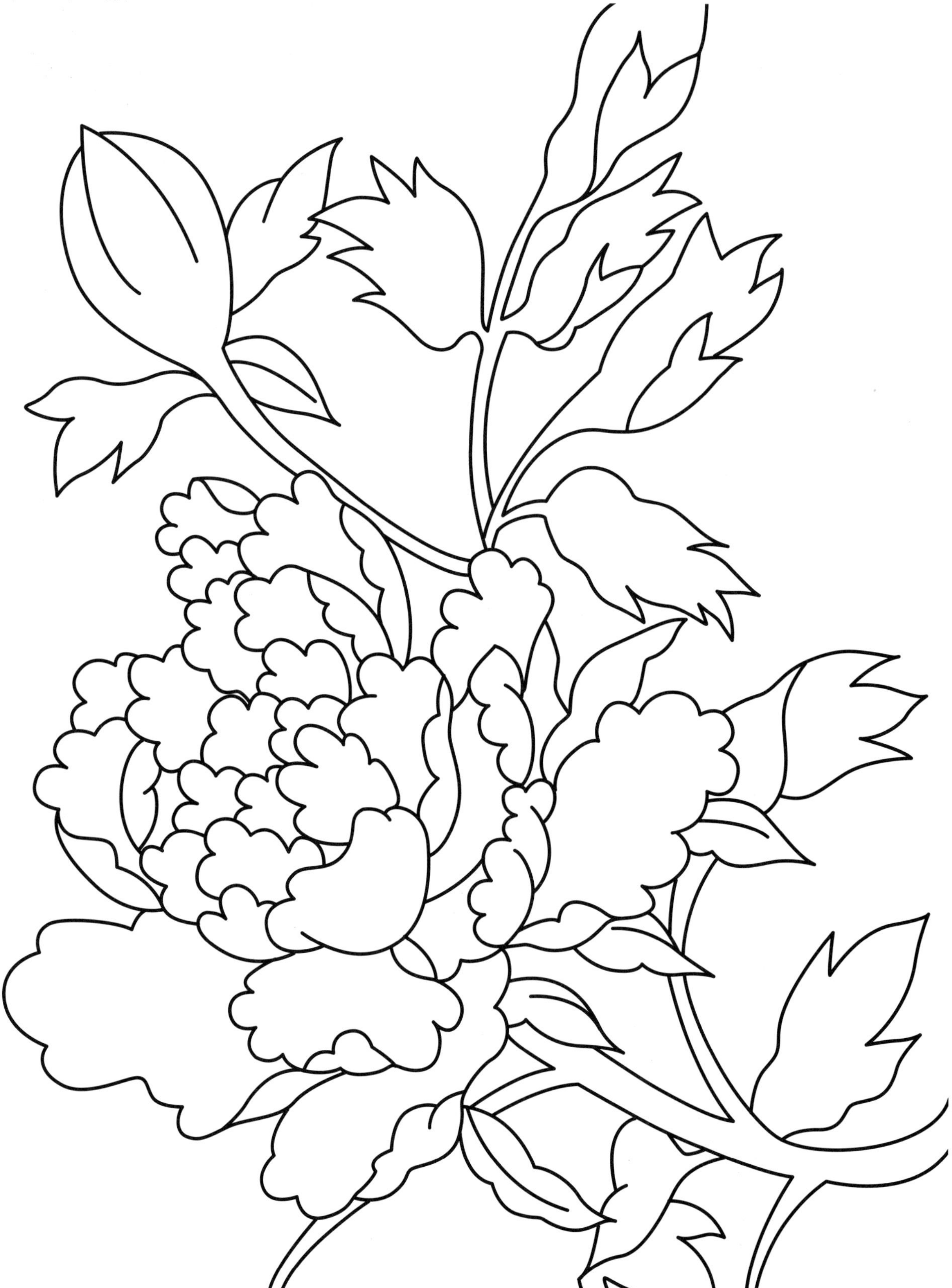

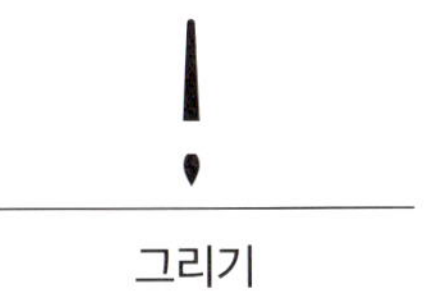

그리기

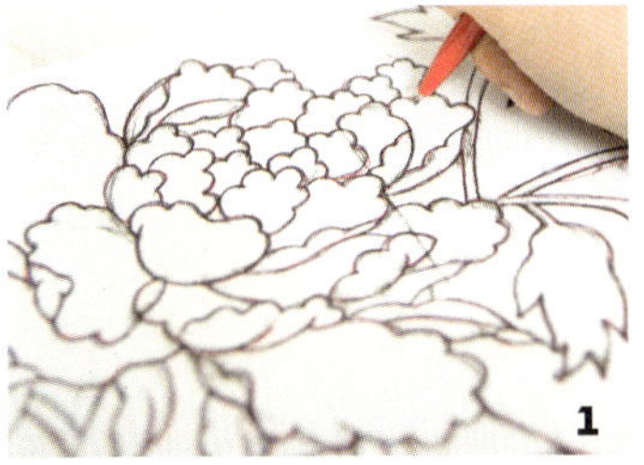

먹지 작업이 완성된 도안을 패널에 잘 맞춰 올려주고 힘을 주면서 볼펜으로 꼼꼼히 따라 그려 밑그림이 잘 배겨날 수 있게 해주세요.

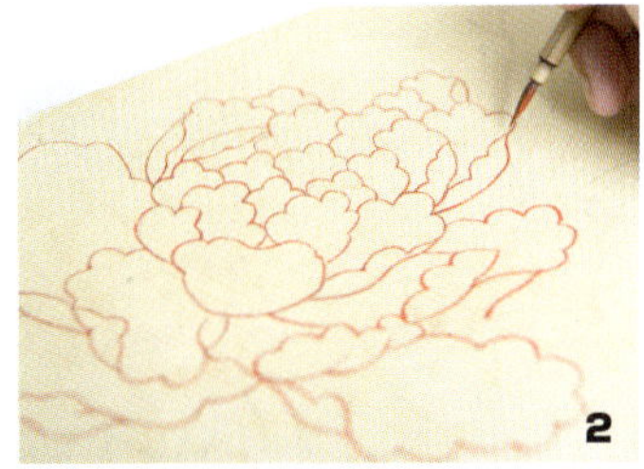

스케치가 배겨진 자국을 따라 양홍색과 대자색을 섞어 가운데 붉은 모란 꽃송이의 외곽선을 그려주세요.

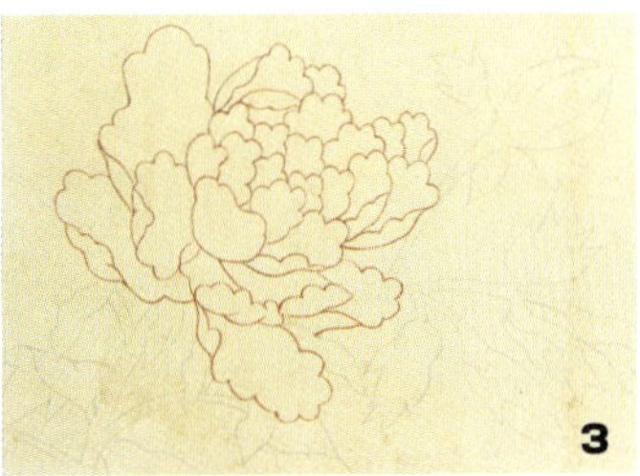

연한 먹물로 이파리와 줄기 부분의 외곽선을 그어 선긋기 작업을 마무리해주세요.

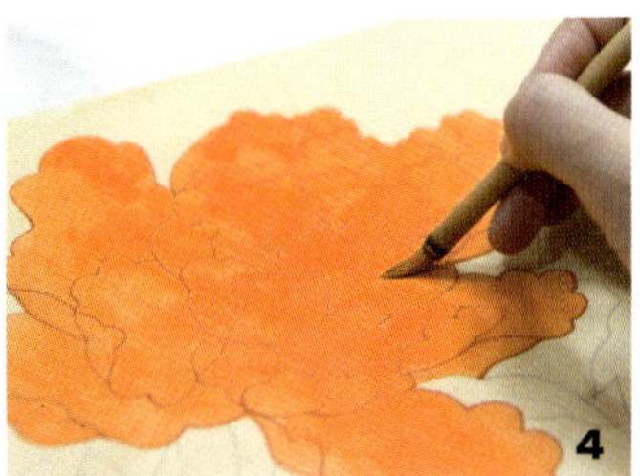

2번 과정의 물감이 완전히 마르면 주황색으로 붉은 모란 꽃송이 전체를 꼼꼼히 초벌채색하세요.

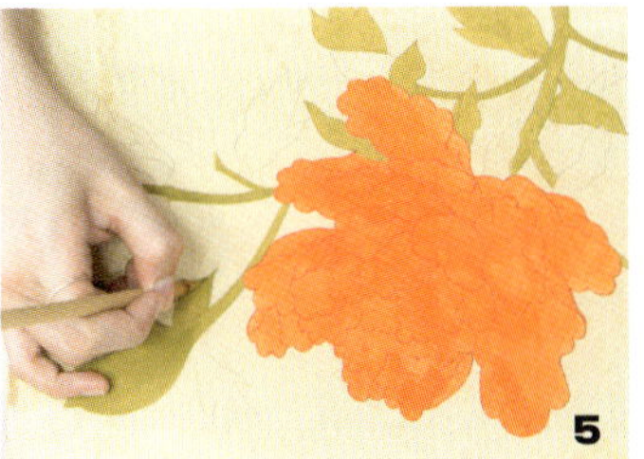

황토색과 맹황색을 섞어 줄기와 연한 이파리 부분을 초벌채색하세요.

맹황색과 수감색을 섞어 진한 이파리 부분도 꼼꼼히 채색하세요.

4번 과정이 완전히 마르면 양홍색으로
초벌채색을 한 번 더 해주세요.

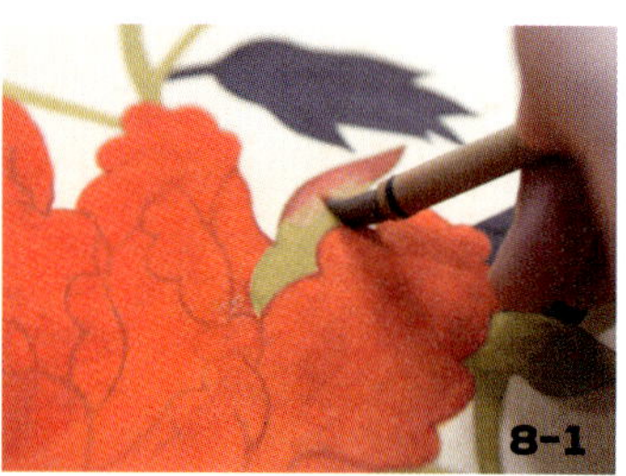

양홍색으로 봉오리와 연한 이파리의 1/5 부분씩을 채색하고, 물붓을 이용하여 바깥
쪽에서 안쪽으로 점점 엷게 풀어주는 바림 과정을 채색하세요.

| TIP | '바림'은 동양화 채색기법으로, 색을 단계적으로 점점 엷게 하거나 점점 진하게 하는
그러데이션 기법입니다. 물감을 적신 붓과 마른 붓을 양손에 들고 번갈아 터치해가며 그림
에 입체감을 줍니다.

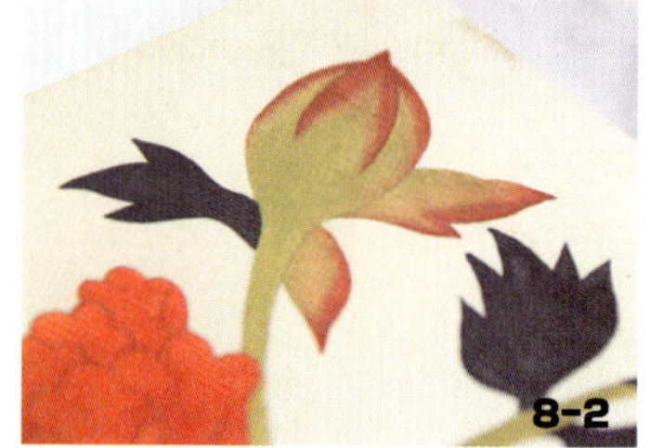

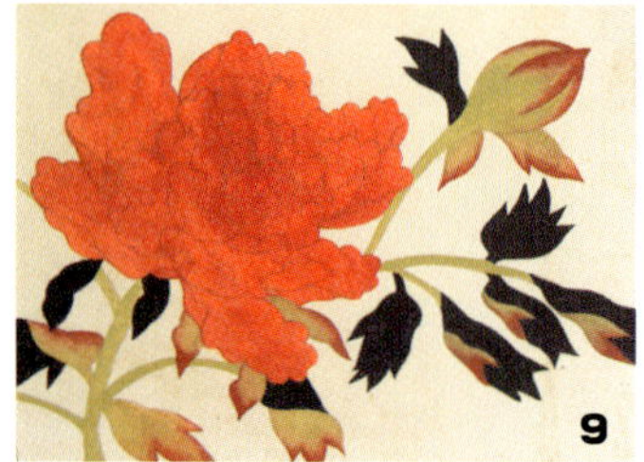

이파리의 바림채색이 완성되었습니다!

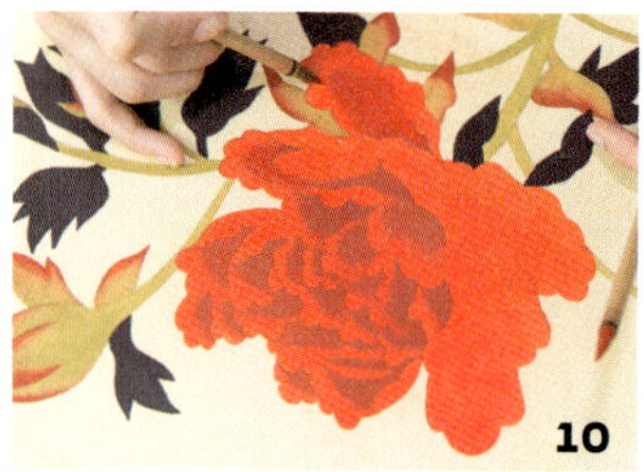

양홍색과 대자색을 섞어 붉은 모란 꽃
송이 각 잎의 2/3 부분씩을 채색하고, 물
붓을 이용하여 가운데 부분에서 바깥쪽
으로 점점 엷게 풀어주는 바림 과정을
채색하세요.

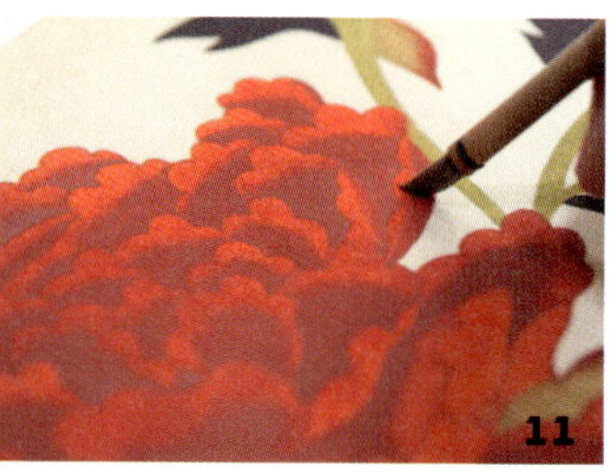

같은 색으로 꽃잎이 뒤집어진 부분도
각 잎의 1/3 부분씩을 채색하고 물붓을
이용하여 바깥쪽에서 안쪽으로 점점 엷
게 풀어주는 바림 과정을 채색하세요.

백록색과 호분색을 섞어 세필붓을 이용
하여 모란의 진한 이파리 부분에 잎맥
을 그어주세요.

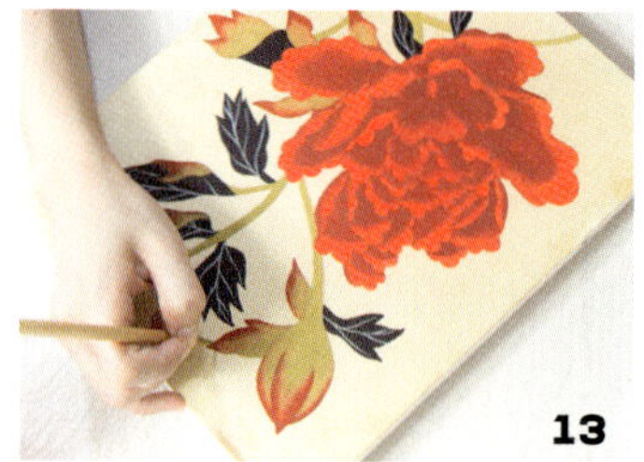

황토색에 맹황색을 좀 더 많이 섞은 색으
로 연한 이파리에도 잎맥을 그어주세요.

| TIP | 연한 이파리의 잎맥은 이파리 초벌
채색보다 조금 더 진한 색으로 그어주는 게
자연스러운 느낌을 연출할 수 있습니다.

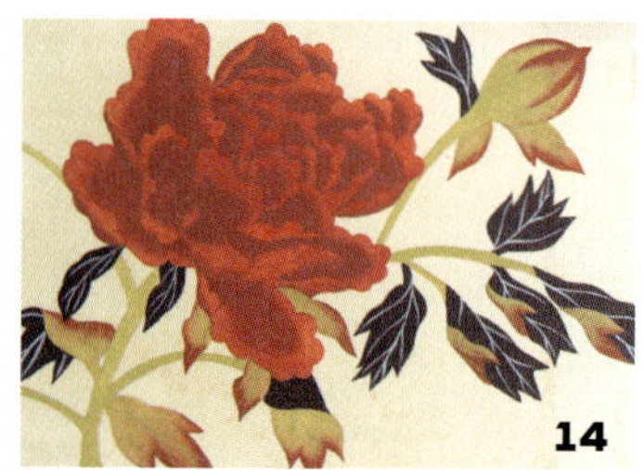

바림과 잎맥이 완성되었습니다!

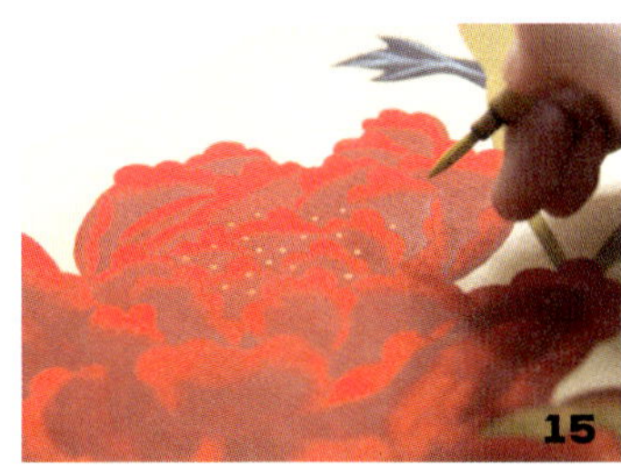

황색과 황토색을 섞어 모란꽃 가운데
부분에 꽃술을 동그랗게 그려주세요.

모란도가 완성되었습니다!

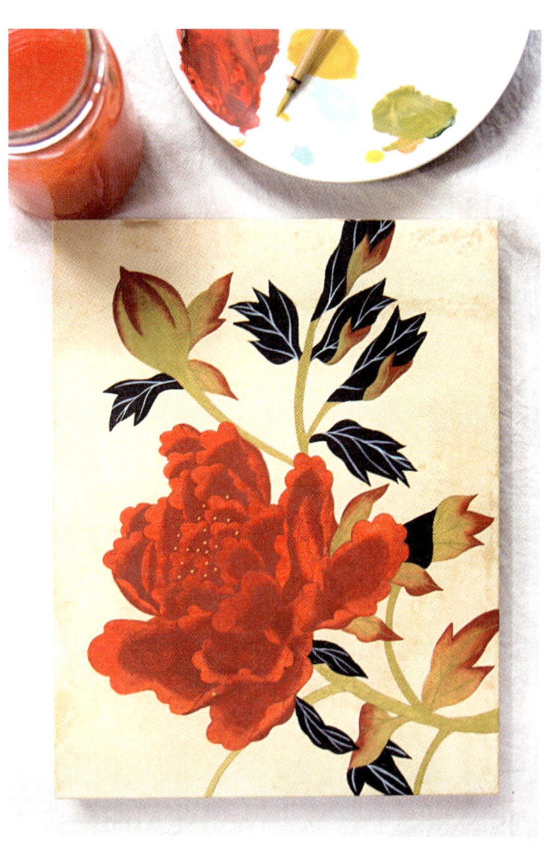

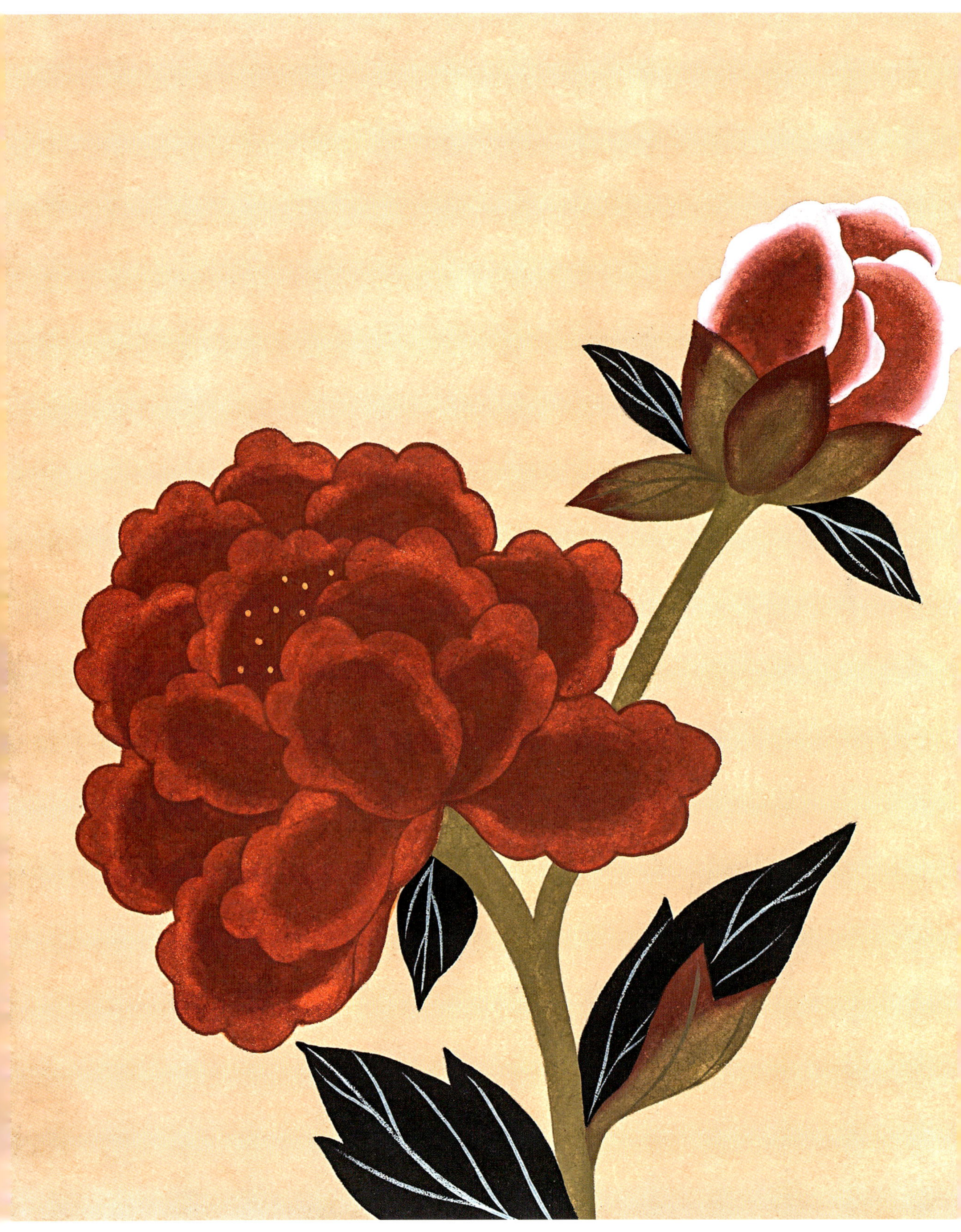

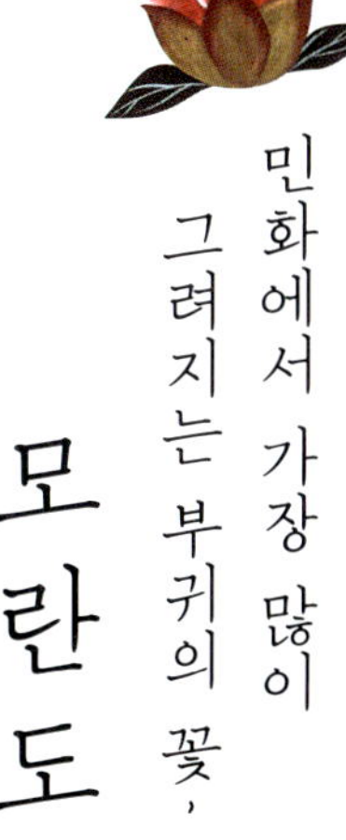

모란도 2

거침없이 시원시원하며 화려한 모란은 부귀의 꽃으로 사랑받은 화목이에요. 모란은 이러한 상징성으로 인해 궁중의례의 장소를 꾸미는 장식용 병풍부터 혼례용 의상까지 널리 그려져 왔어요. 모란도 병풍은 대부분 좌우 대칭형 구도를 보여주고 있는데, 구도나 표현을 단순화시키거나 형태를 과장시키는 것은 민화의 대표적인 표현 특징이라고 볼 수 있지요. 이 그림은 모란의 이러한 단순한 표현을 잘 보여주고 있는 그림이에요.

준비물

22x22cm 패널, 연필, 볼펜, 물통, 먹물, 먹접시, 물감접시, 민화붓 2필, 세필붓 1필

필요한 물감색 : 호분, 황, 황토, 주황, 홍매, 양홍#2, 맹황, 백록, 수감, 대자

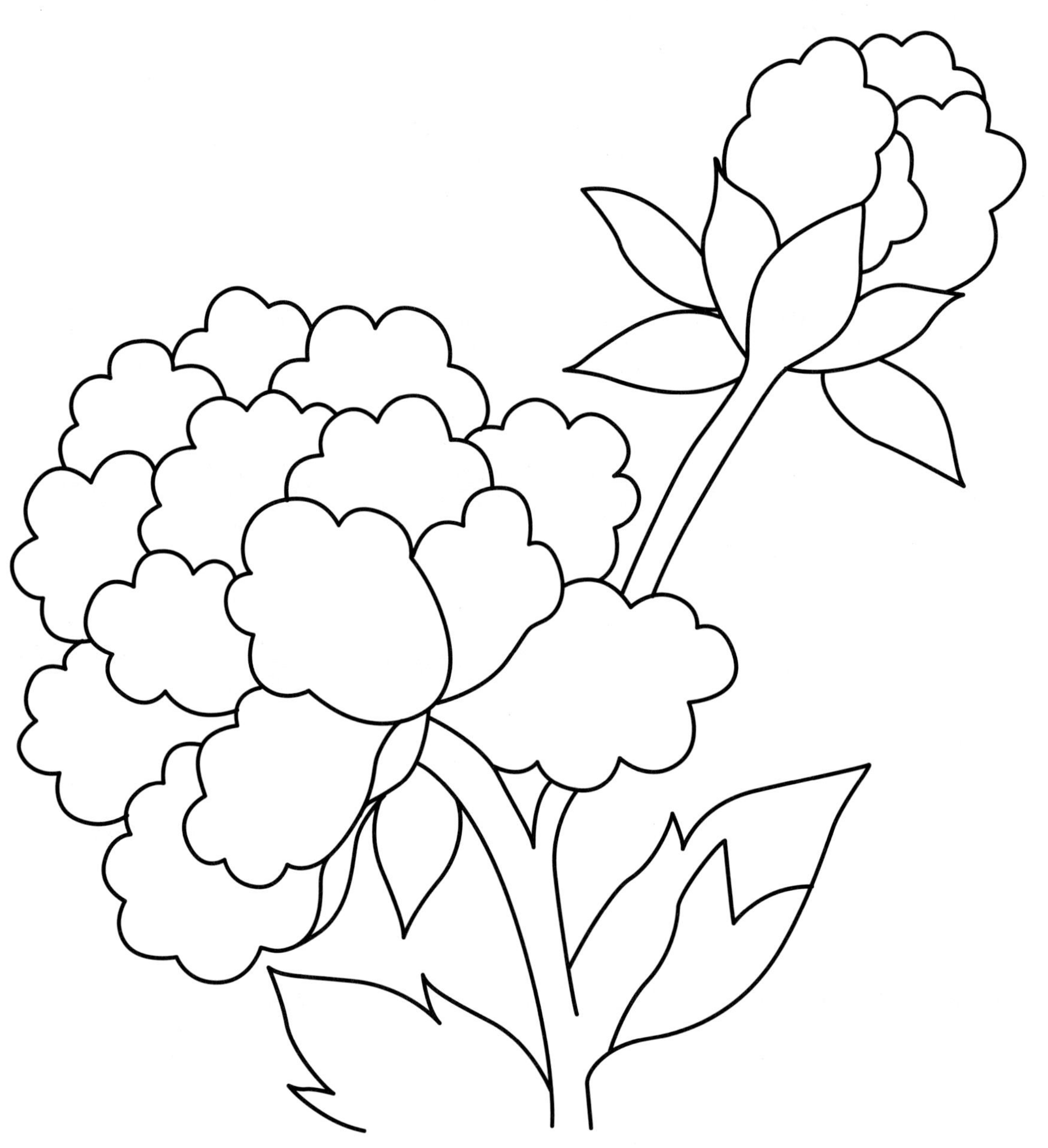

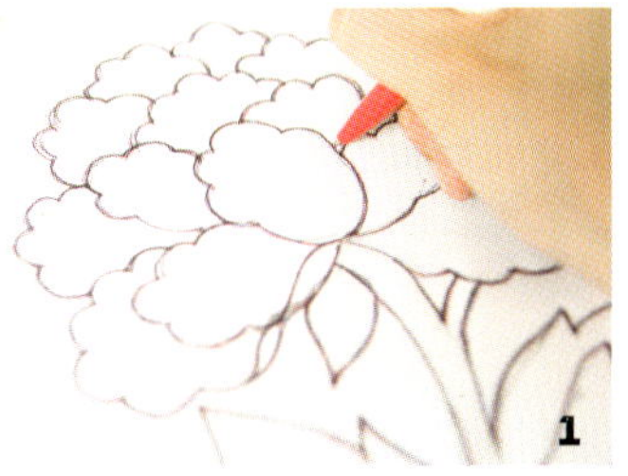

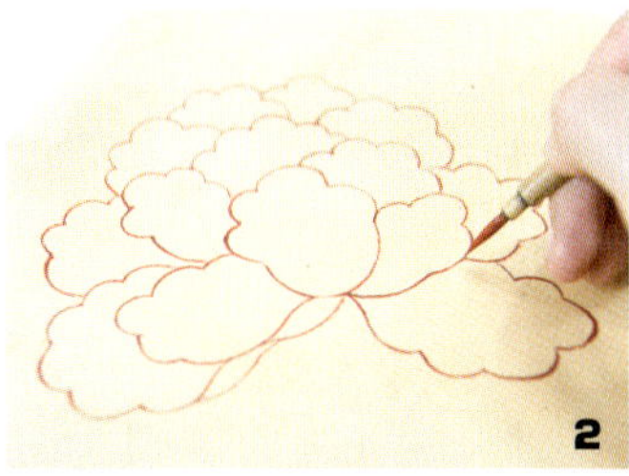

먹지 작업이 완성된 도안을 패널에 잘 맞춰 올려주고 힘을 주면서 볼펜으로 꼼꼼히 따라 그려 밑그림이 잘 배겨날 수 있게 해주세요.

스케치가 배겨진 자국을 따라 양홍색과 대자색을 섞어 가운데 붉은 모란 꽃송이 외곽선을 그려주세요.

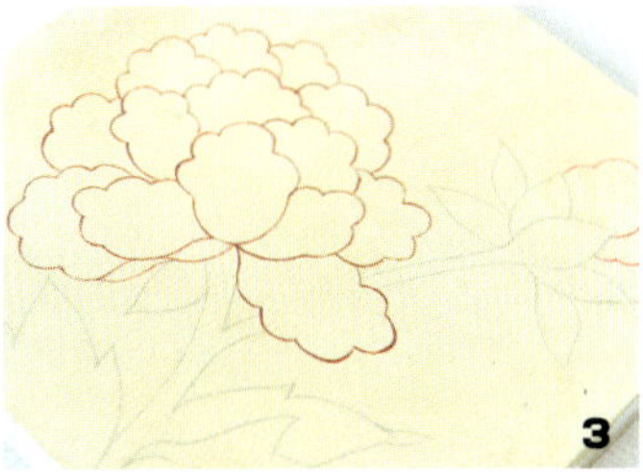

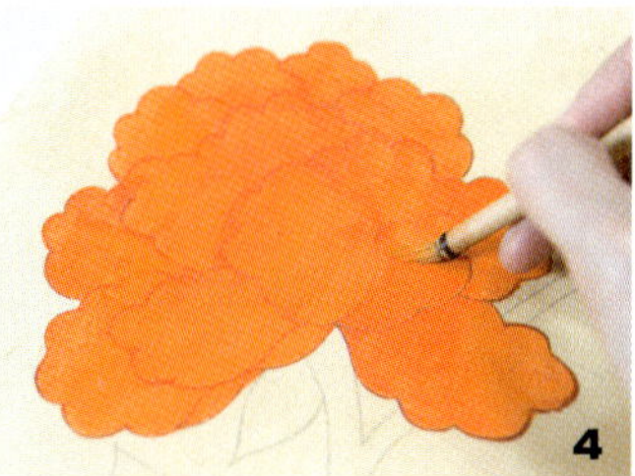

홍매색으로 위에 꽃봉오리를, 연한 먹물로 이파리와 줄기 부분의 외곽선을 그어 선긋기 작업을 마무리해주세요.

2번 과정의 물감이 완전히 마르면 주황색으로 붉은 모란 꽃송이 전체를 꼼꼼히 초벌채색하세요.

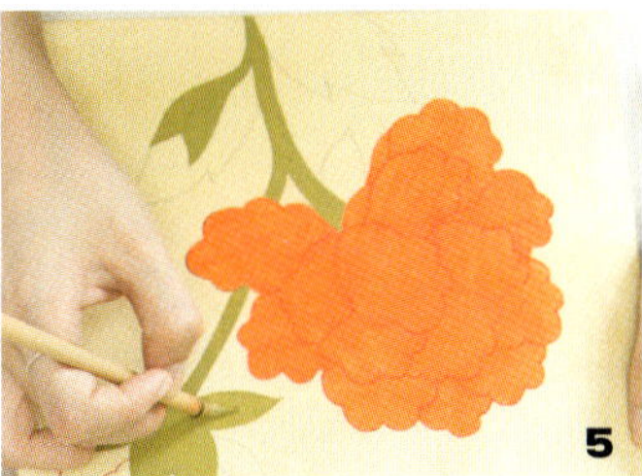

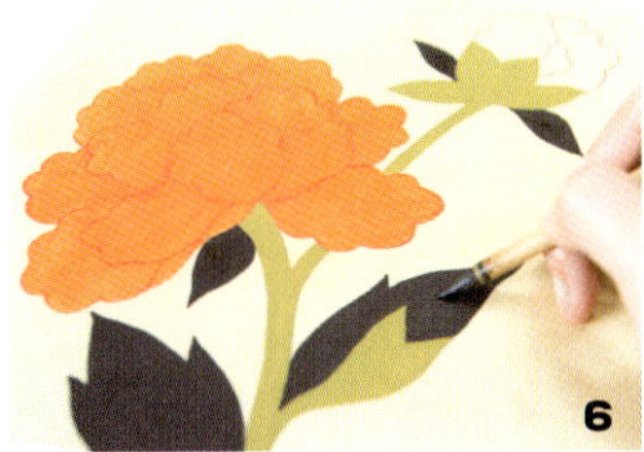

황토색과 맹황색을 섞어 줄기와 연한 이파리 부분을 초벌채색하세요.

맹황색과 수감색을 섞어 진한 이파리 부분을 꼼꼼히 채색하세요.

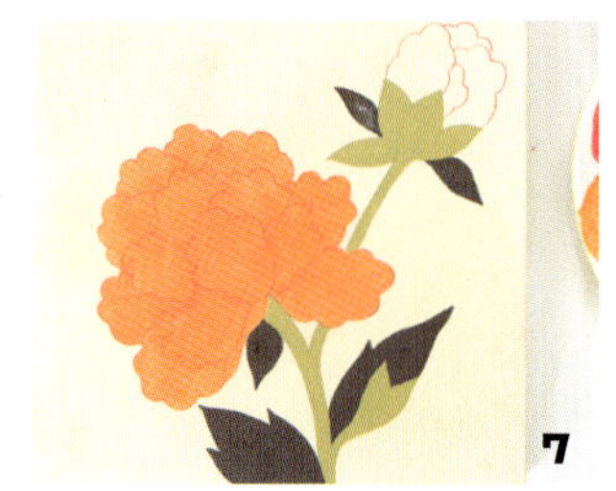

중간 과정입니다!

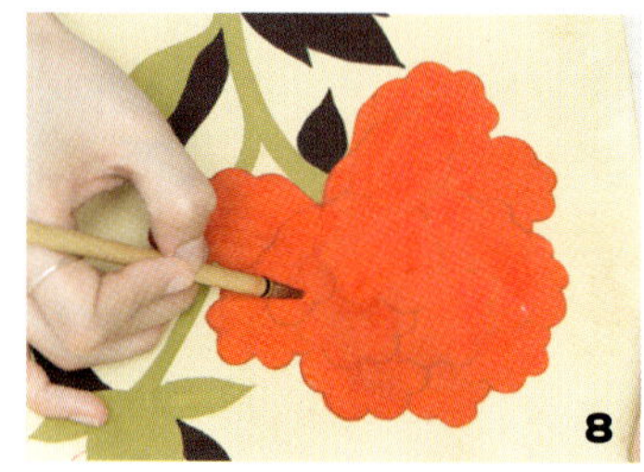

4번 과정의 물감이 완전히 마르면 양홍색으로 초벌채색을 한 번 더 해주세요.

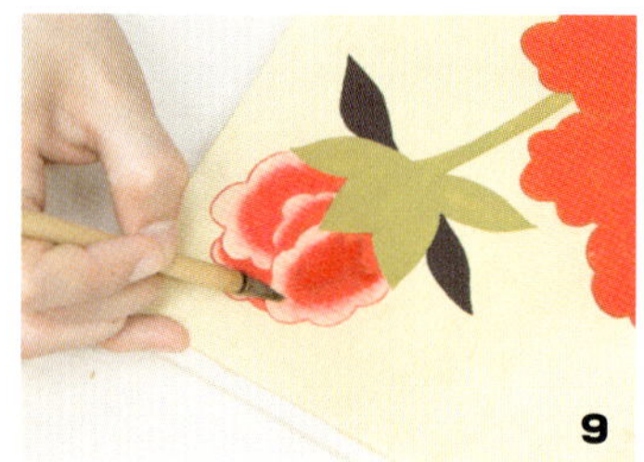

홍매색으로 꽃봉오리 각 잎의 2/3 부분씩을 채색하고 물붓을 이용하여 가운데 부분에서 바깥쪽으로 점점 엷게 풀어주는 바림 과정을 채색하세요.

| TIP | 동양화 물감 중 호분은 가장 쓰기 어려운 색입니다. 9번 과정의 색 부분을 미리 넓게 채색해 나중에 호분의 면적을 줄여주는 것이 깔끔하게 그러데이션 넣기에 좋습니다.

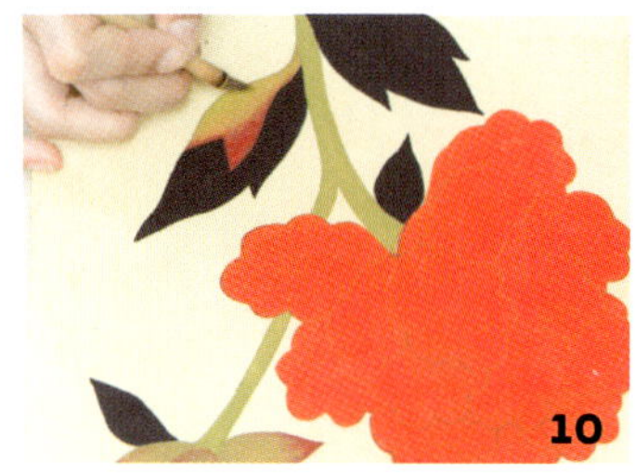

홍매색으로 연한 이파리 부분도 1/5 부분을 채색하고 물붓을 이용하여 바깥쪽에서 안쪽으로 점점 엷게 풀어주는 바림 과정을 채색하세요.

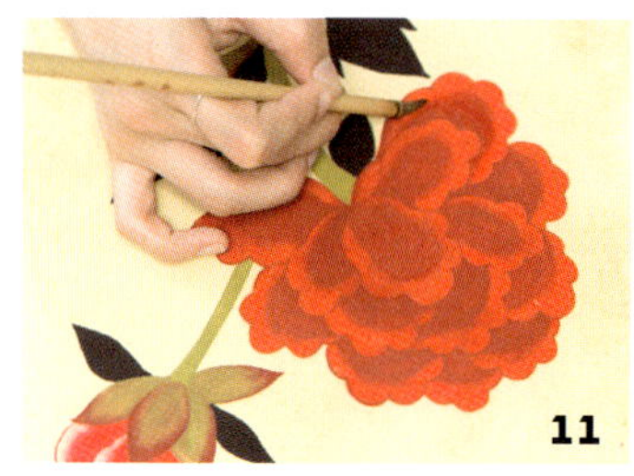

양홍색과 대자색을 섞어 붉은 모란 꽃송이 각 잎의 2/3 부분씩을 채색하고 물붓을 이용하여 가운데 부분에서 바깥쪽으로 점점 엷게 풀어주는 바림 과정을 채색하세요.

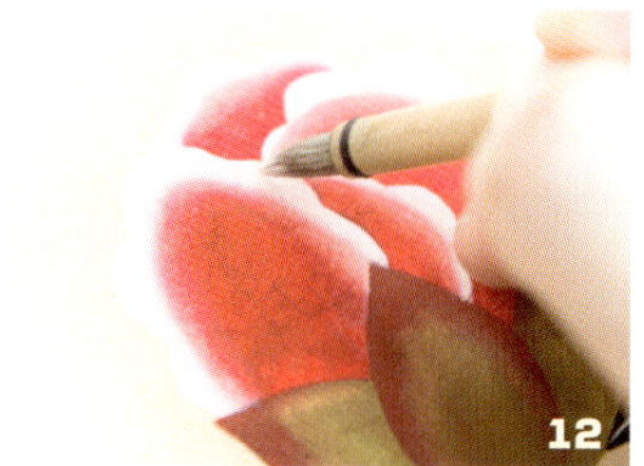

9번 과정의 물감이 완전히 마르면 호분색으로 거꾸로 바림을 넣어 중간에서 자연스럽게 만나도록 풀어주세요.

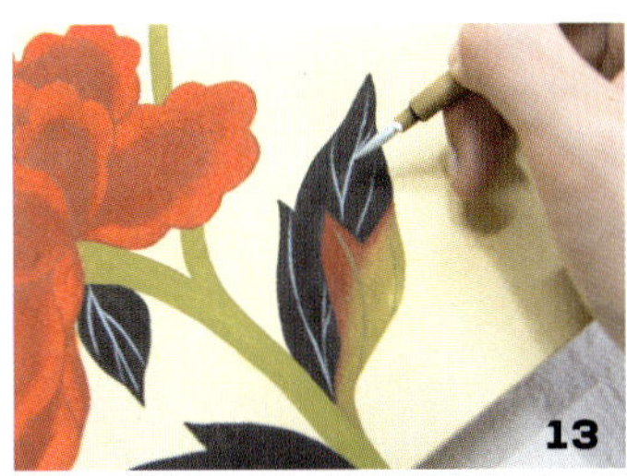

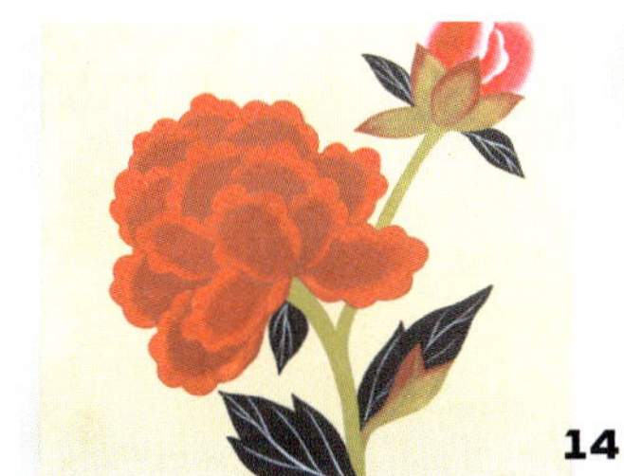

백록색에 호분색을 섞은 색으로 모란의 진한 이파리 부분에 잎맥을 그어주고, 황토색에 맹황색을 좀 더 많이 섞은 색으로 연한 이파리에도 잎맥을 그어주세요.

| TIP | 연한 이파리의 잎맥은 이파리 초벌 채색보다 조금 더 진한 색으로 그어주는 게 자연스러운 느낌을 연출할 수 있습니다.

잎맥이 완성되었습니다!

황색과 황토색을 섞어 모란꽃 가운데 부분에 꽃술을 동그랗게 그려주세요.

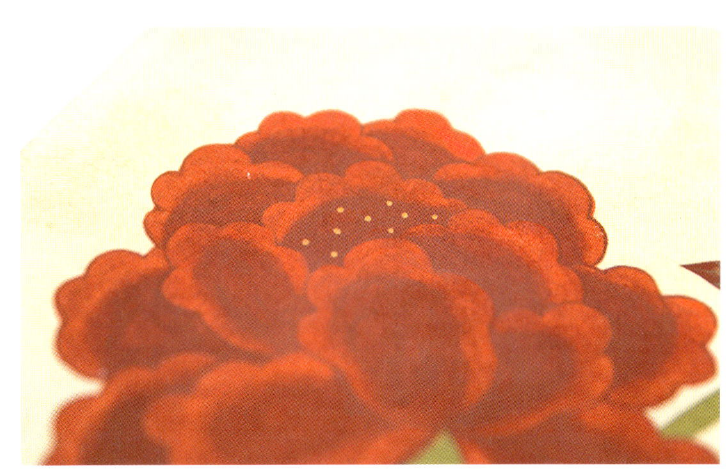

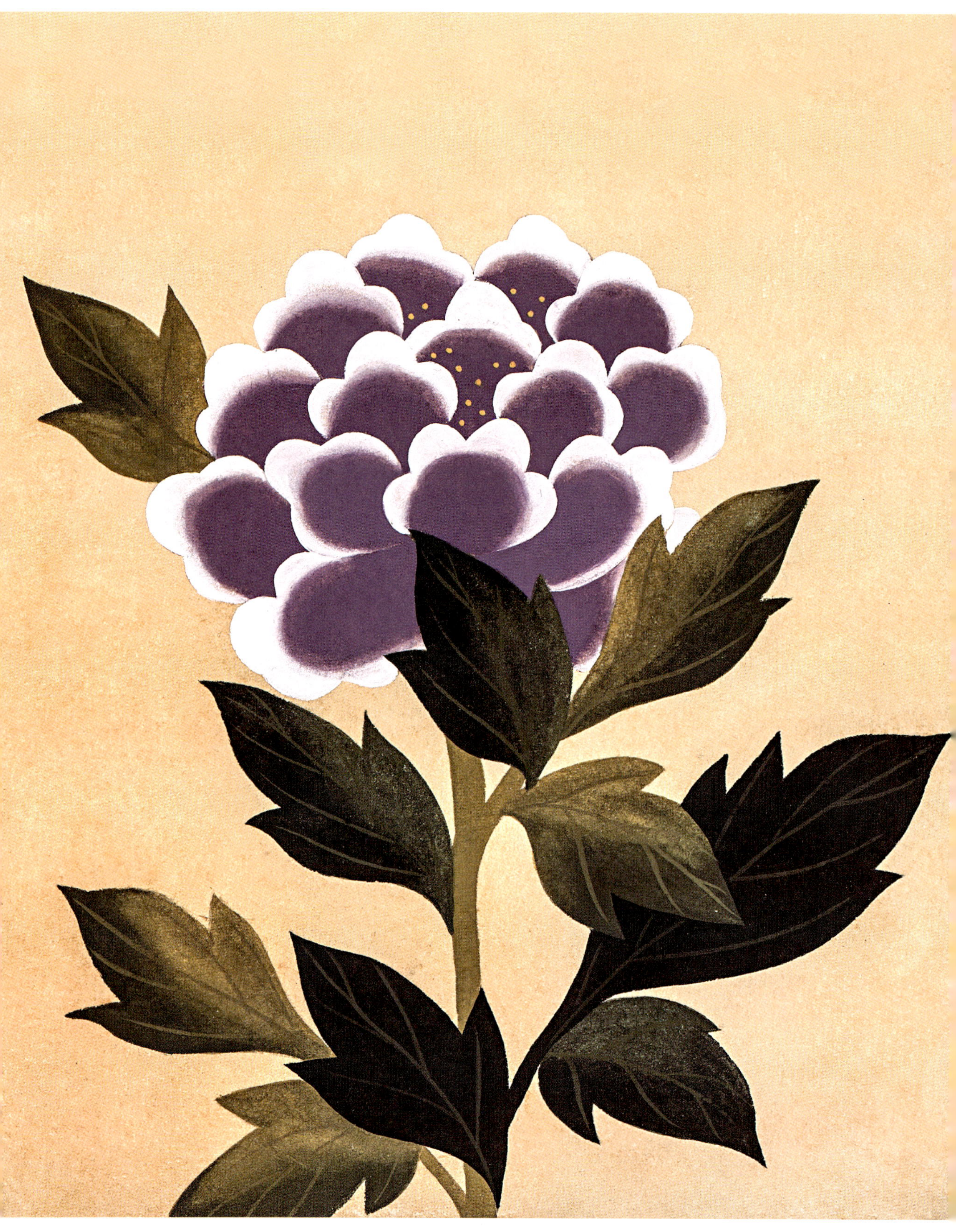

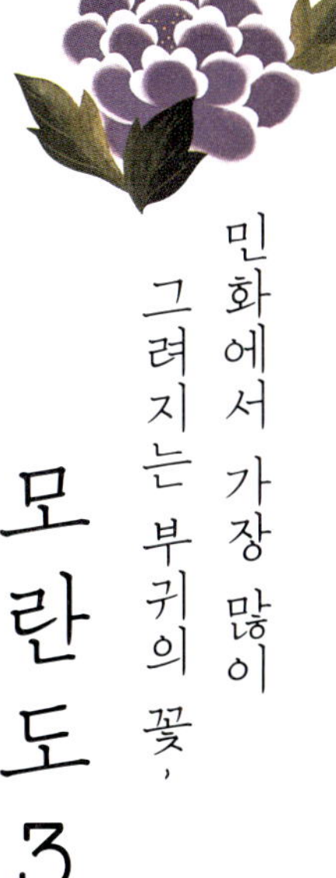

모란은 꽃색이 붉어 丹(붉을 단) 자를 사용했지만, 그림 속에서는 다채로운 색상으로 표현되고 있어요. 민화에서는 사생적인 느낌보다 자유롭고 추상적으로 표현되는 그림들을 많이 찾아볼 수 있는데, 꽃뿐만 아니라 모란과 종종 함께 그려지는 괴석의 모양과 색감, 그리고 이끼까지도 재미있고 특색 있는 표현들을 찾아볼 수 있죠. 모란은 여자, 괴석은 남자에 비유하여 부부 화합을 상징하는 그림으로, 모란이 괴석과 함께 그려지는 그림은 '괴석 모란도'라고 해요. 이처럼 모란에 등장하는 모든 소재는 각각의 상징적 의미를 간직하여 화면을 구성하고 있어요!

준비물

22X22cm 패널, 연필, 볼펜, 물통, 먹물, 먹접시, 물감접시, 민화붓 2필, 세필붓 1필

필요한 물감색 : 호분, 황, 황토, 홍매, 맹황, 군청, 수감

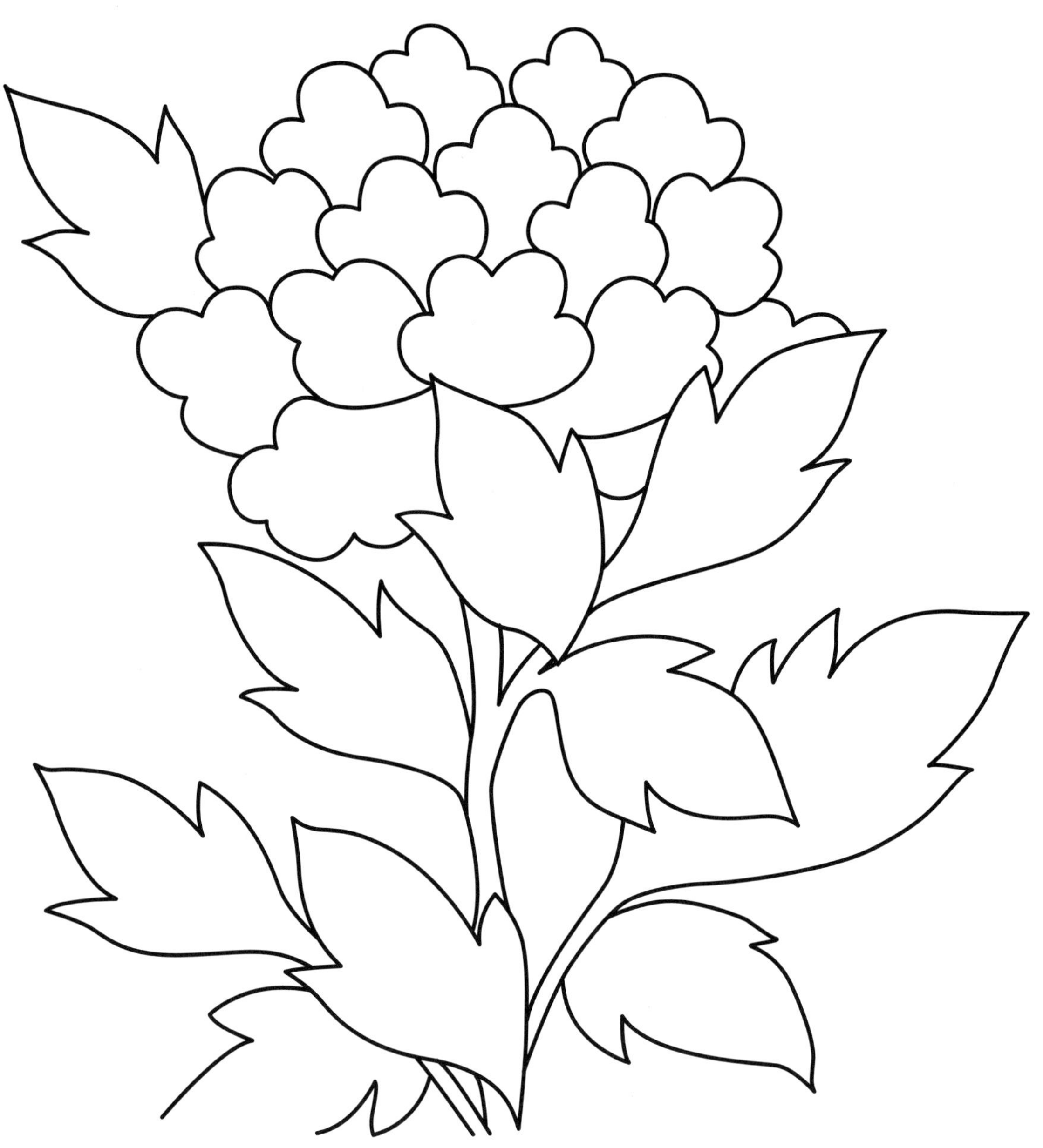

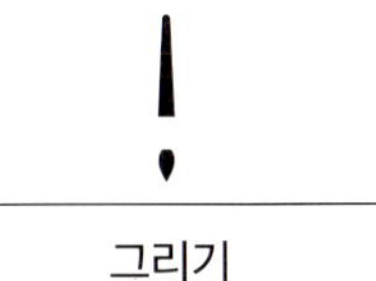

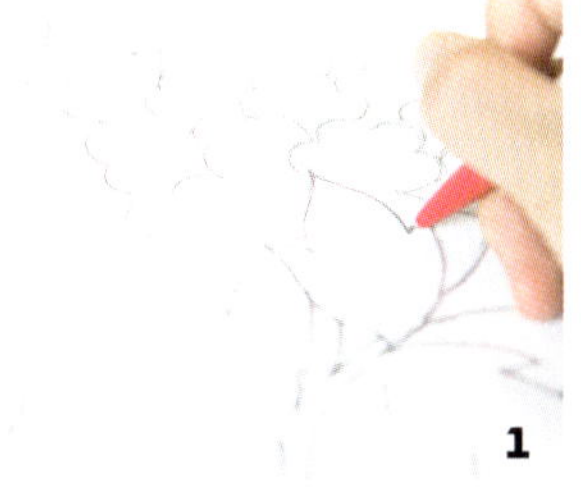

1. 먹지 작업이 완성된 도안을 패널에 잘 맞춰 올려주고 힘을 주면서 볼펜으로 꼼꼼히 따라 그려 밑그림이 잘 배겨날 수 있게 해주세요.

2. 스케치가 배겨진 자국을 따라 홍매색, 군청색, 호분색을 섞어 가운데 모란 꽃송이 외곽선을 그려주세요.

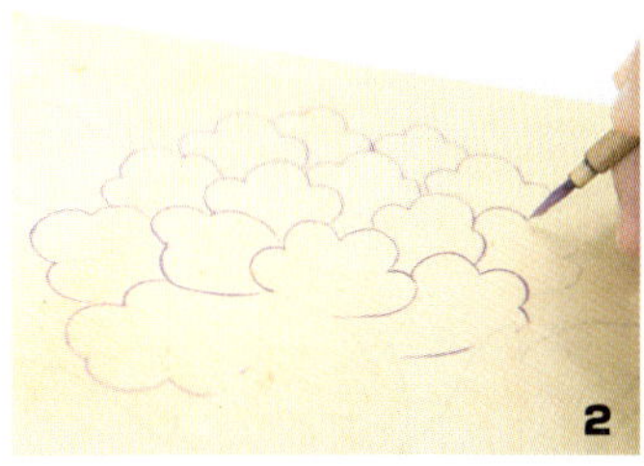

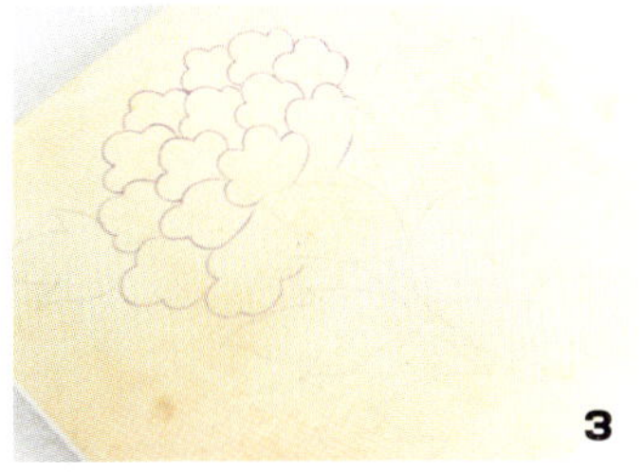

3. 연한 먹물로 이파리와 줄기 부분의 외곽선을 그어 선긋기 작업을 마무리해주세요.

4. 황토색과 맹황색을 섞어 줄기와 연한 이파리 부분을 초벌채색하세요.

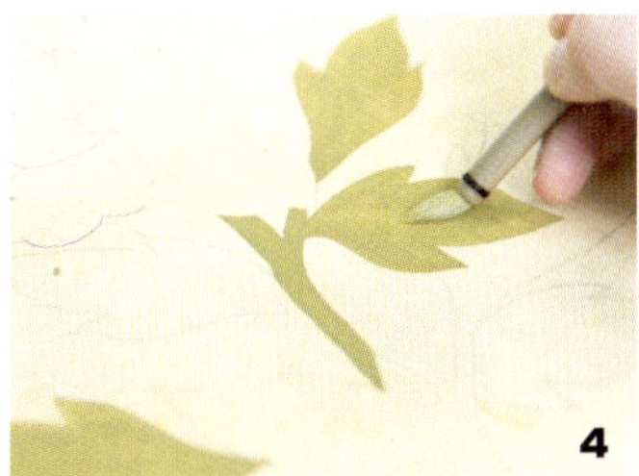

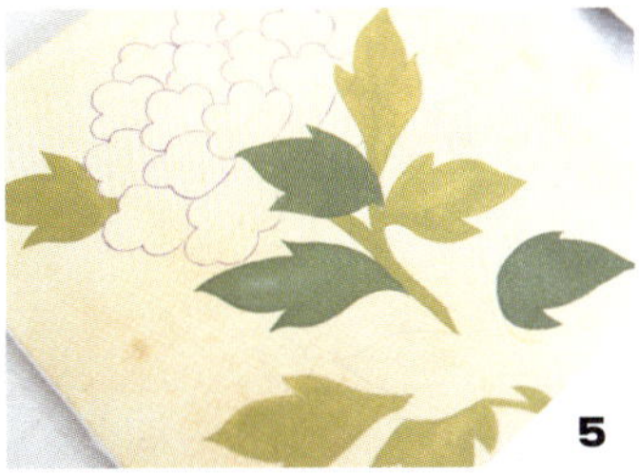

5. 4번 과정의 색에 수감색을 좀 더 섞어 중간 이파리 부분도 초벌채색하세요.

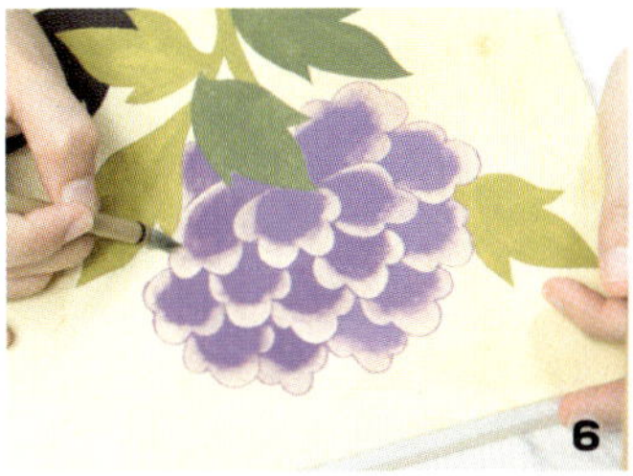

6. 맹황색과 수감색을 섞어 진한 이파리 부분도 채색해주세요. 그리고 2번 과정의 색으로 모란 꽃송이 각 잎의 2/3 부분씩을 채색하고 물붓을 이용하여 가운데 부분에서 바깥쪽으로 점점 엷게 풀어주는 바림 과정을 채색하세요.

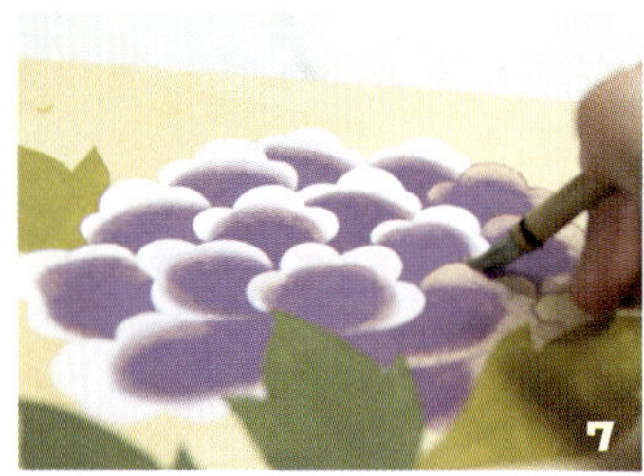

6번 과정의 물감이 완전히 마르면 호분 색으로 거꾸로 바림을 넣어 중간에서 자연스럽게 만나도록 풀어주세요.

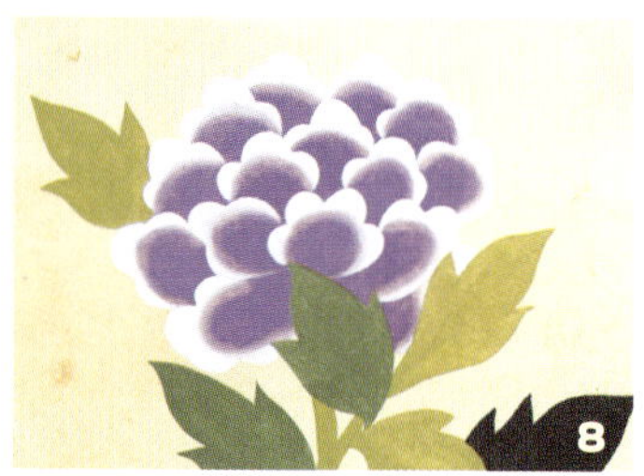

모란 꽃송이의 자연스러운 바림이 완성 되었습니다.

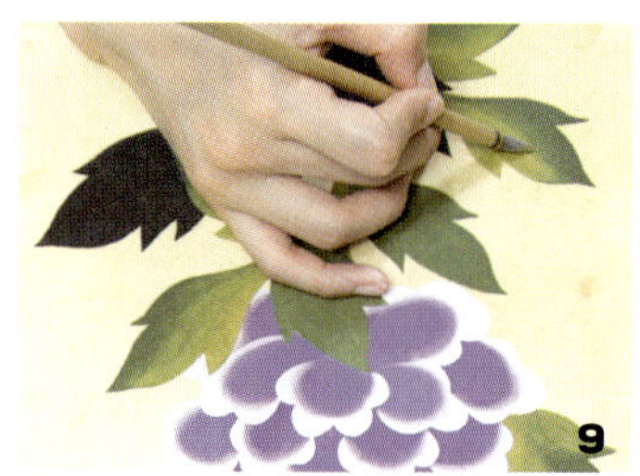

5번 과정의 색으로 연한 이파리의 1/5 부분씩을 채색하고 물붓을 이용하여 바 깥쪽에서 안쪽으로 점점 엷게 풀어주는 바림 과정을 채색하세요.

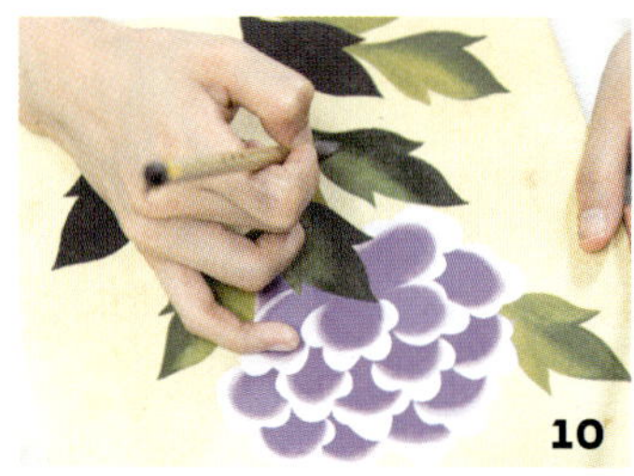

6번 과정의 진한 이파리색으로 중간 이 파리의 1/5 부분씩을 채색하고 물붓을 이용하여 바깥쪽에서 안쪽으로 점점 엷 게 풀어주는 바림 과정을 채색하세요.

황토색에 맹황색을 좀 더 많이 섞은 색 으로 연한 이파리와 중간 이파리의 잎 맥을, 수감색을 좀 더 섞은 색으로 진한 이파리의 잎맥을 그어주세요.

| TIP | 각 이파리의 바림색보다 좀 더 연한 색으로 그어주시는 것이 밝고 자연스러운 느낌을 연출하실 수 있습니다.

잎맥이 완성되었습니다!

13

14

황색과 황토색을 섞어 모란꽃 가운데 부분에 꽃술을 동그랗게 그려주세요.

모란도가 완성되었습니다!

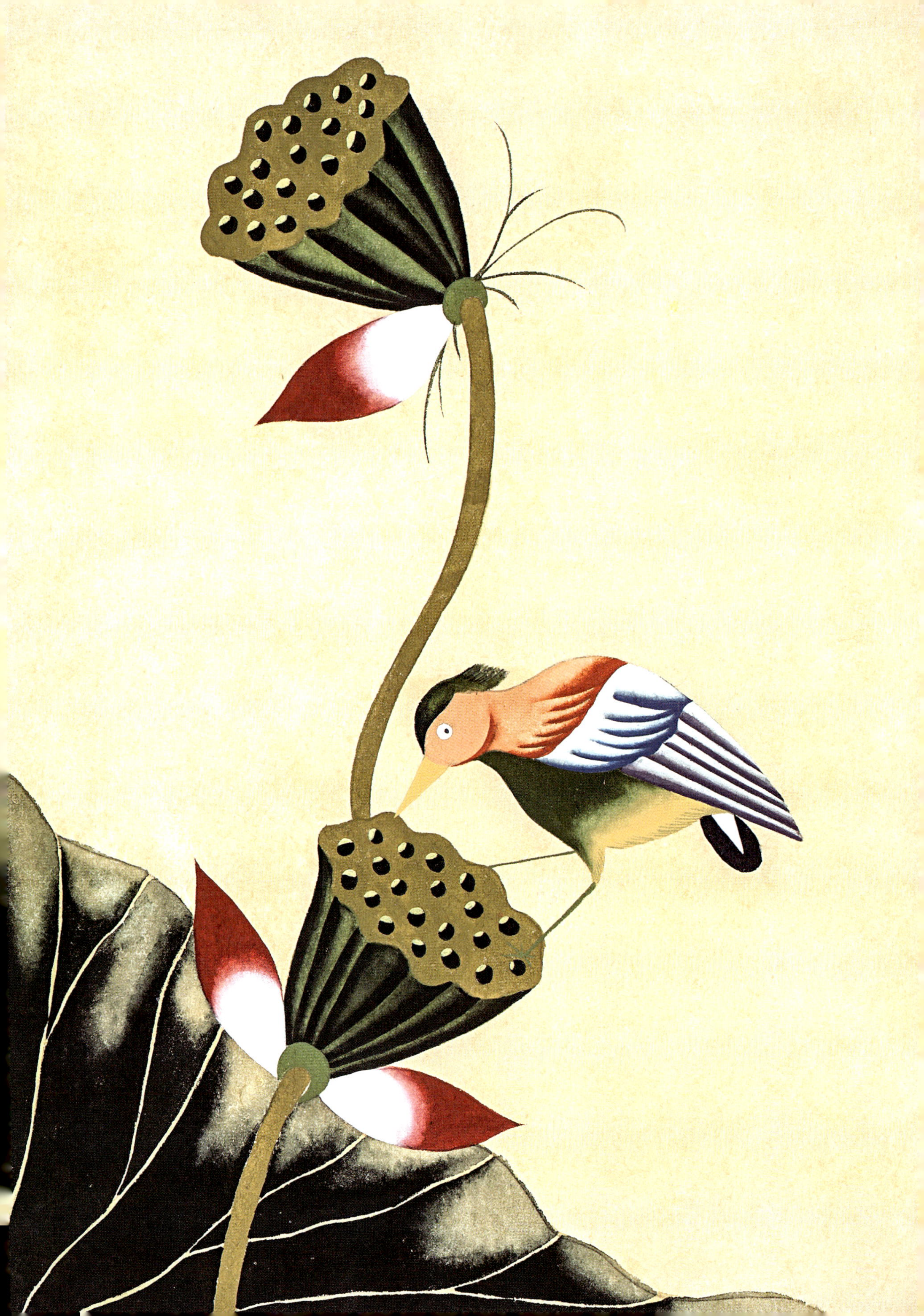

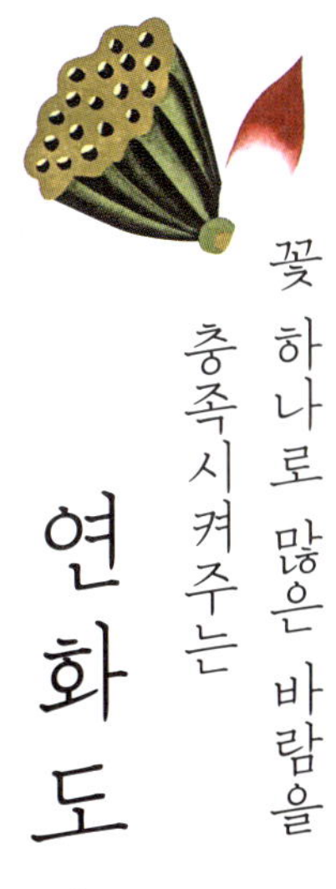

연화도 1

초기에 연화 그림은 대부분 수묵으로 그려졌고, 출세와 관련된 그림이 많았어요. 화사하게 연꽃을 묘사하거나 크고 시원한 연잎을 주인공으로 내세우기보다는, 이 그림처럼 연과를 주인공으로 내세운 그림들이 바로 출세와 관련된 그림 중 하나라고 볼 수 있죠. 연의 과일을 뜻하는 연과(蓮果)가 '연이어 과거에 급제함'을 뜻하는 연과(連科)와 발음이 비슷하여 그려졌기 때문이에요. 요즘 말로 하면 국가고시의 1, 2차 시험에 연속 합격하라는 뜻이지요. 이 외에도 한자 속에 으뜸 값(甲) 자가 있는 오리, 등갑을 갖고 있는 게, 일품(一品)을 뜻하는 두루미, 궁궐의 궐(闕) 자와 같은 발음의 한자를 쓰는 쏘가리가 함께 그려져 있는 그림도 모두 출세와 관련된 그림이에요! 연꽃만 그리는 것보다 이런 소재들과 함께 그리면 화면의 구성, 그림의 내용 모두 다양해지는 효과를 얻을 수 있었기 때문에 연화도는 연꽃을 중심으로 점차 크기도 커지고, 함께 곁들여 그리는 소재도 많아지는 형식으로 발전하게 되었어요.

준비물

26x35cm 패널, 연필, 볼펜, 물통, 먹물, 먹접시, 물감접시, 민화붓 2필, 세필붓 1필

필요한 물감색 : 호분, 황, 황토, 주황, 홍매, 맹황, 백록, 군청, 수감

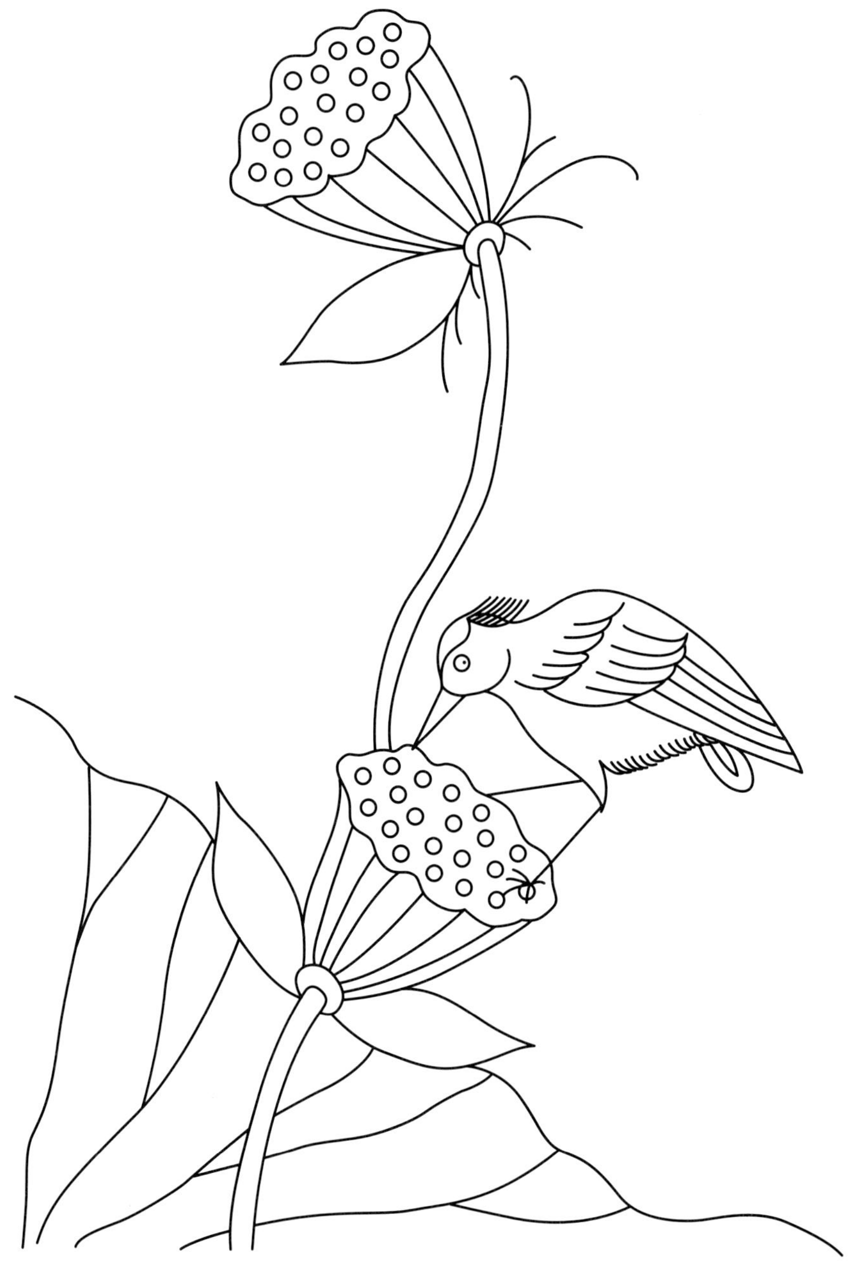

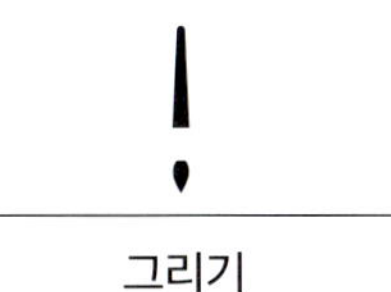

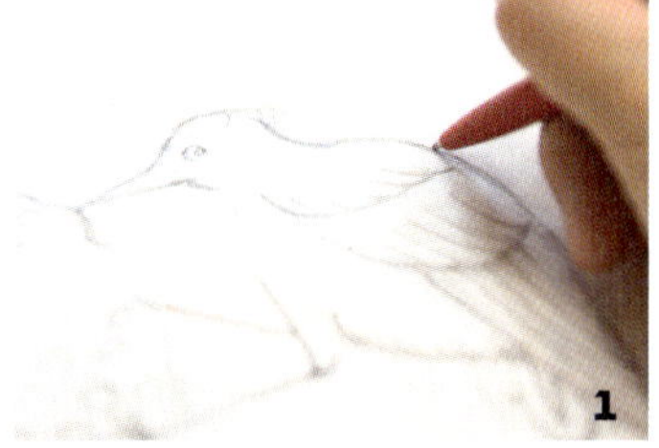

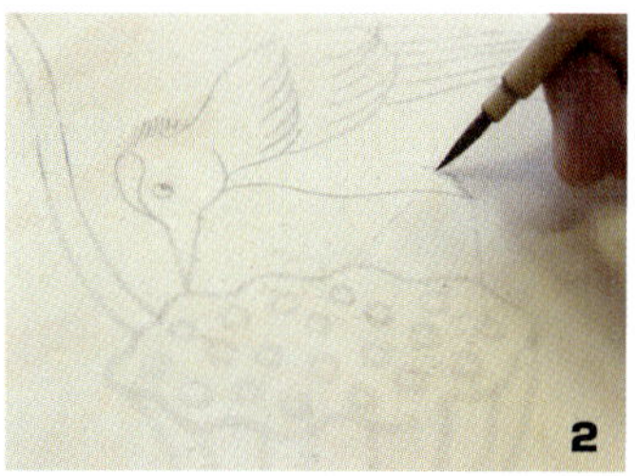

1. 먹지 작업이 완성된 도안을 패널에 잘 맞춰 올려주고 힘을 주면서 볼펜으로 꼼꼼히 따라 그려 밑그림이 잘 배겨날 수 있게 해주세요.

2. 연한 먹물로 연꽃잎을 제외한 연잎과 연밥, 줄기, 새의 외곽선을 그어주세요.

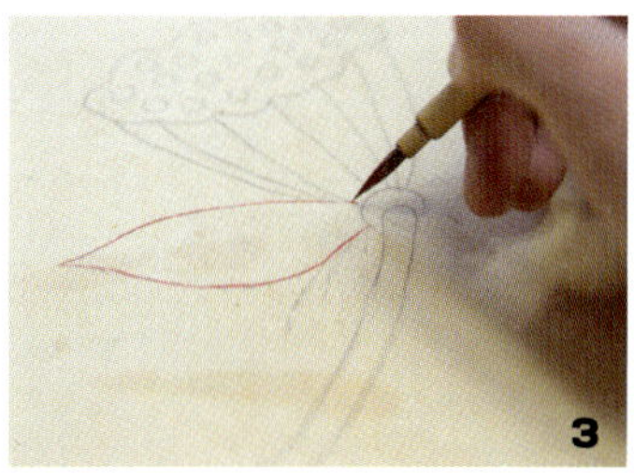

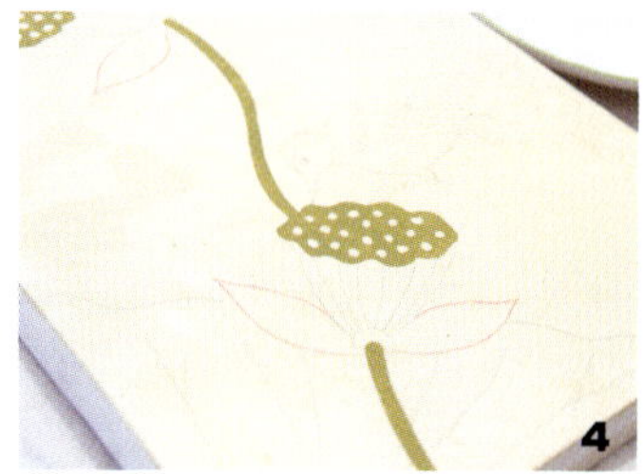

3. 홍매색으로 연꽃잎의 외곽선을 그어 선 긋기의 작업을 마무리해주세요.

4. 황토색과 맹황색을 섞어 줄기와 연밥의 윗부분을 꼼꼼히 채색하세요.

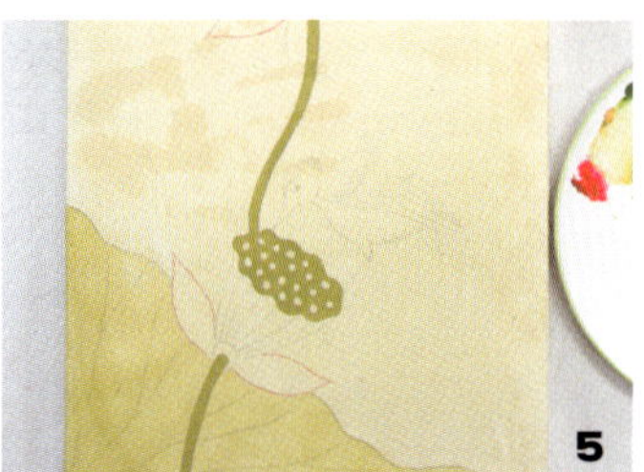

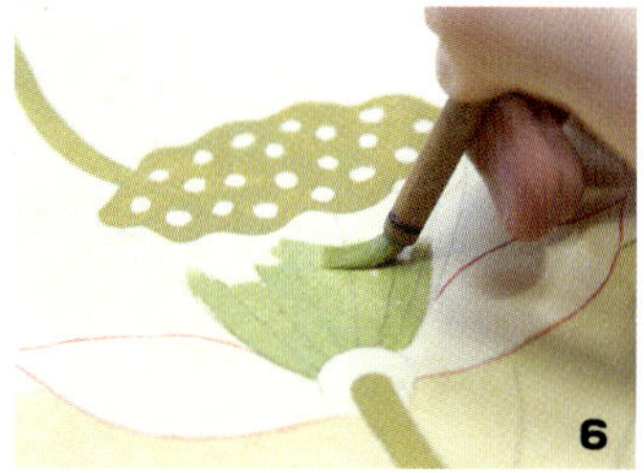

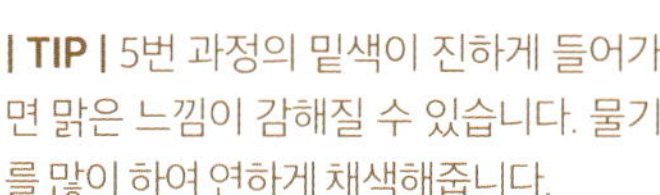

5. 4번 과정과 같은 색에 물을 많이 섞어 연하고 담하게 연잎 전체를 초벌채색하세요.

| TIP | 5번 과정의 밑색이 진하게 들어가면 맑은 느낌이 감해질 수 있습니다. 물기를 많이 하여 연하게 채색해줍니다.

6. 황토색, 맹황색, 백록색을 섞어 연밥의 옆면을 채색하세요.

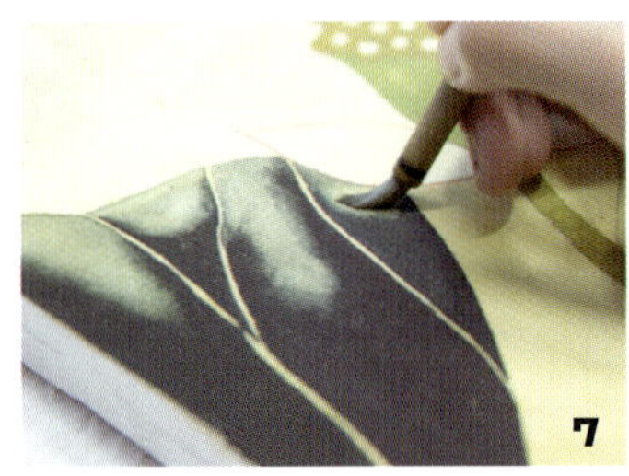

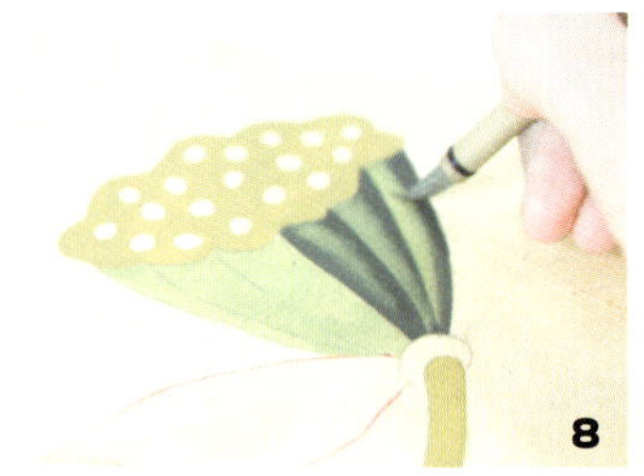

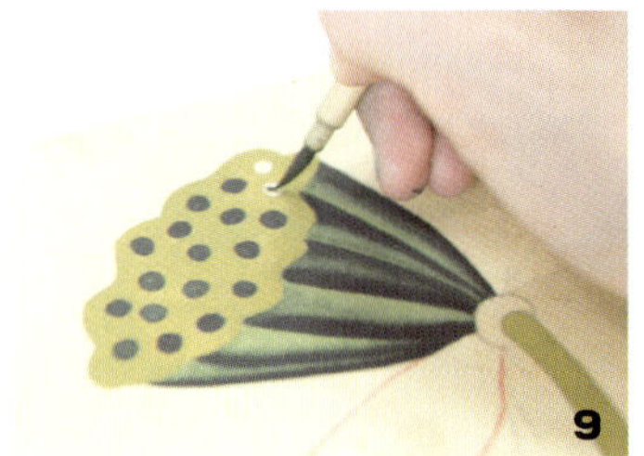

맹황색과 수감색을 섞어 연잎에 잎맥 부분을 남겨가면서 V자 모양으로 안쪽에서 바깥쪽으로 점점 얇게 풀어주는 바림 과정을 채색하세요.

| TIP | 나중에 잎맥을 그어주는 것보다, 바림할 때 잎맥 부분을 남겨가면서 바림을 넣어주면 더 맑은 느낌을 연출할 수 있습니다.

6번 과정의 색에 수감색을 좀 더 섞은 뒤, 연밥의 마디마다 1/2씩 채색하고 물붓을 이용하여 바깥쪽에서 안쪽으로 점점 얇게 풀어주는 바림 과정을 채색하세요.

8번 과정과 같은 색으로 연씨 부분을 꼼꼼히 채색하세요.

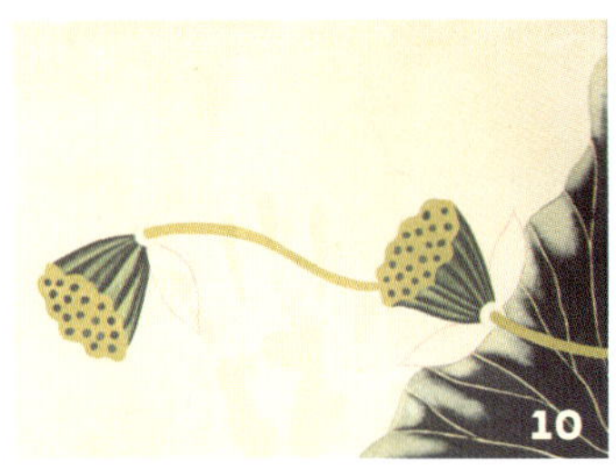

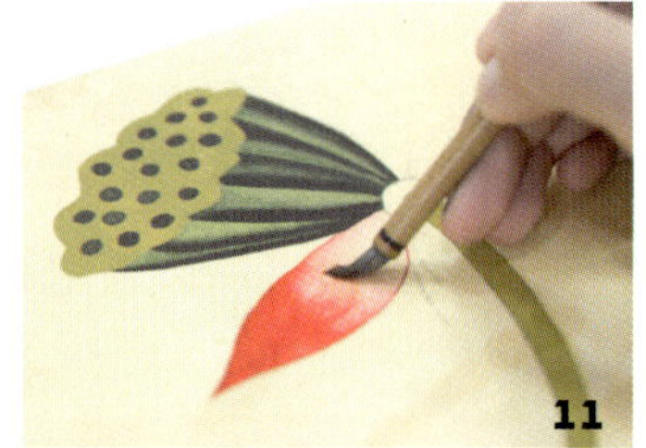

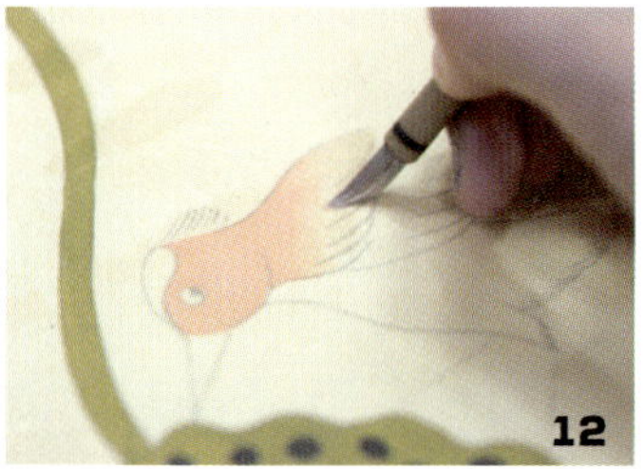

중간 과정 모습입니다!

홍매색으로 연꽃잎의 1/2 부분을 채색하고 물붓을 이용하여 바깥쪽에서 안쪽으로 점점 얇게 풀어주는 바림 과정을 채색하세요.

호분색, 황토색, 주황색을 섞어 새의 얼굴 쪽에서 뒷날개 방향으로 점점 얇게 풀어주는 바림 과정을 채색하세요.

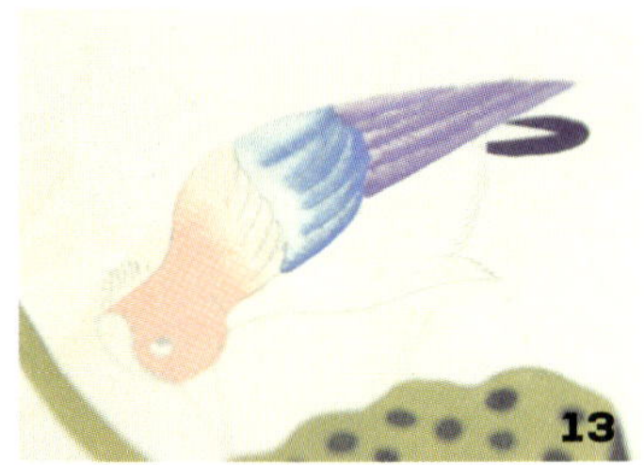

백록색과 군청색을 섞어 중간날개 부분을, 호분색과 홍매색, 군청색을 섞어 아랫날개 부분에 각각 깃털 모양에 맞춰 아래쪽에서 위쪽으로 점점 엷게 풀어주는 바림 과정을 채색하세요.

맹황색으로 새 머리 깃털과 몸통 부분에도 각각 방향대로 점점 엷게 풀어주는 바림 과정을 채색하세요.

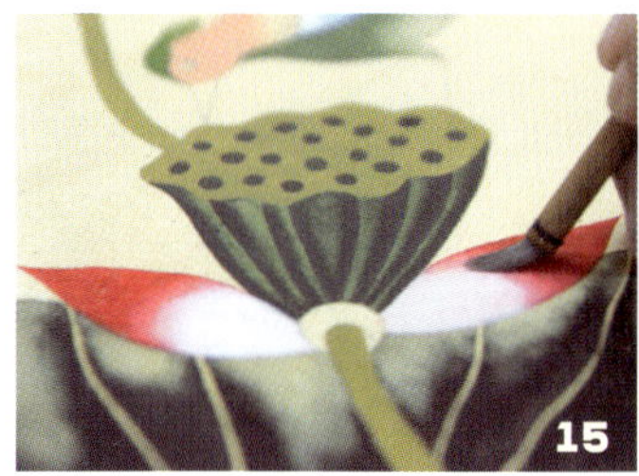

11번 과정의 물감이 완전히 마르면 호분색으로 거꾸로 바림을 넣어 중간에서 자연스럽게 만나도록 풀어주세요.

13번 과정의 새 날개 부분도 호분색으로 거꾸로 바림을 넣어 중간에서 자연스럽게 만나도록 풀어주세요.

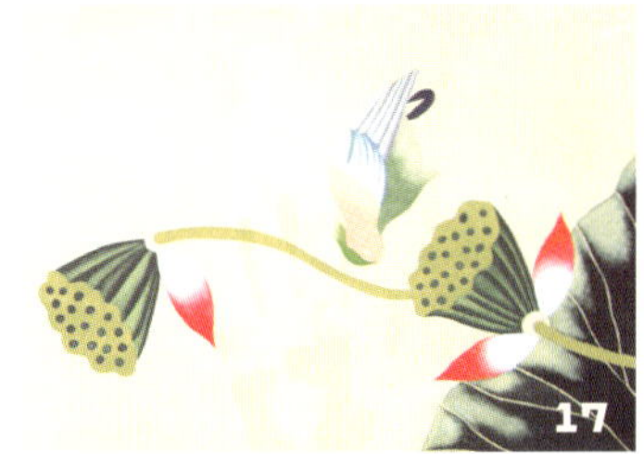

중간 과정 모습입니다!

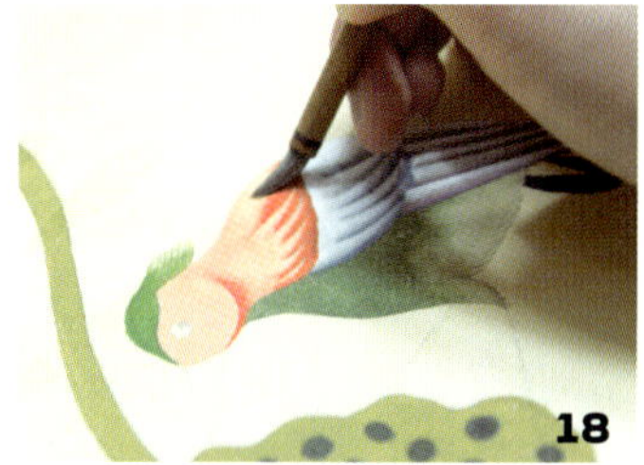

주황색과 홍매색을 섞어 새 얼굴 밑부분과 윗날개 부분에 각각 바림 과정을 채색하세요.

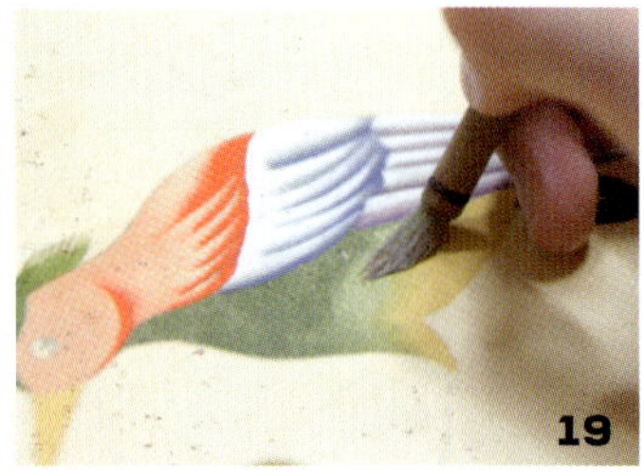

호분색, 황색, 황토색을 섞어 새 몸통 부
분에도 거꾸로 바림을 넣어 중간에서
자연스럽게 만나도록 풀어주고, 같은
색으로 새 부리 부분은 전체적으로 꼼
꼼히 채색하세요.

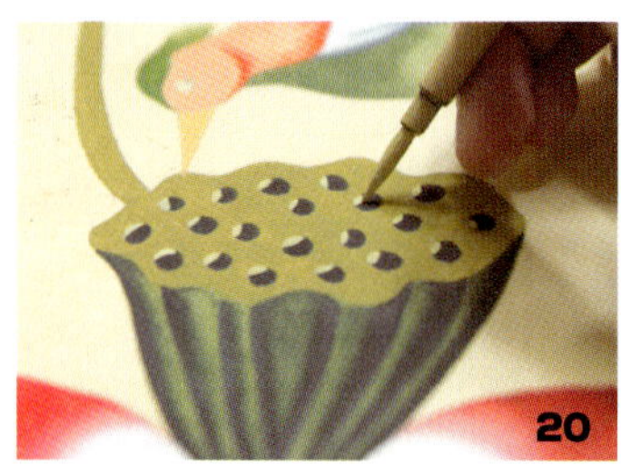

19번 과정과 같은 색으로 세필붓을 이
용하여 동그랗게 연씨를 그려주세요.

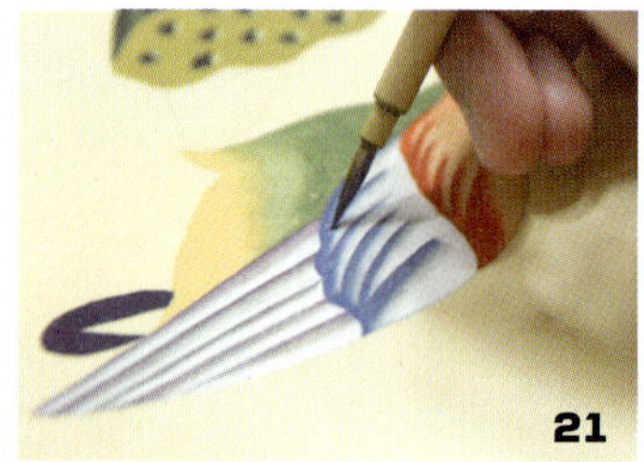

13번 과정에서 사용했던 백록색+군청
색 바림을 중간 날개에 한 번 더 반복하
여 깃털 모양을 뚜렷하게 그려주세요.

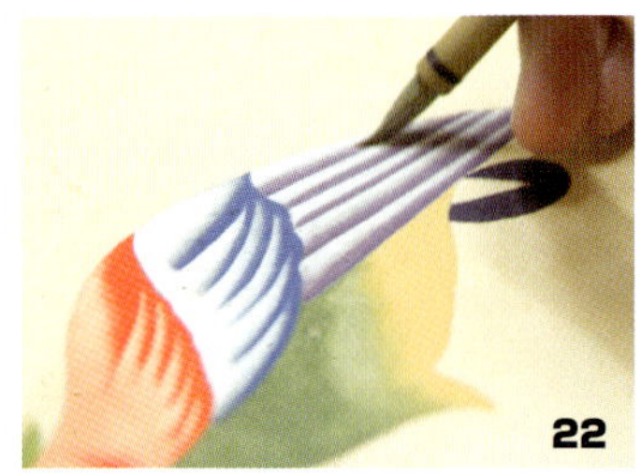

마찬가지로 아래날개에도 13번 과정의
호분색+홍매색+군청색 바림을 한 번
더 반복하여 깃털 모양을 뚜렷하게 그
려주세요.

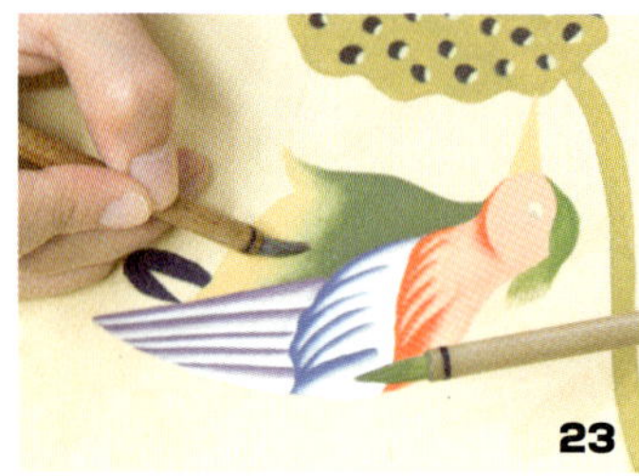

14번 과정의 맹황색 바림도 한 번 더 반
복하여 채색하세요.

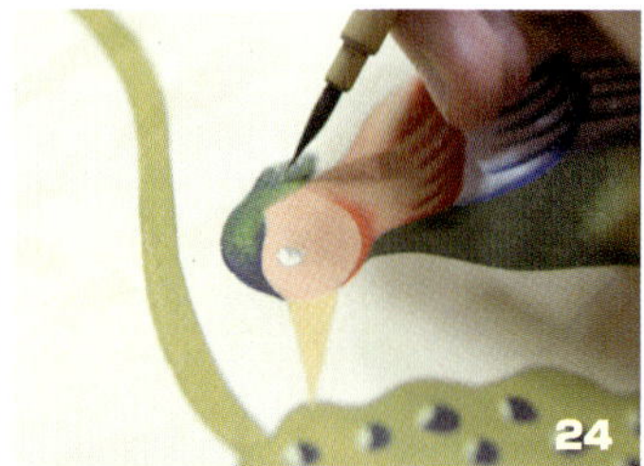

맹황색과 군청색을 섞어 새 머리 깃털
부분에 앞쪽에서 뒤쪽으로 점점 엷게
풀어주는 바림 과정을 채색해주고, 세
필붓을 이용하여 뒤 깃털의 디테일 선
을 그어주세요.

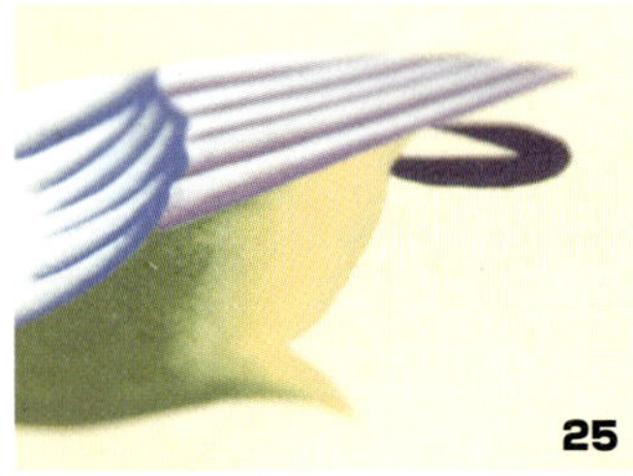

24번 과정과 같은 색으로 새 꽁지 부분
을 채색하세요.

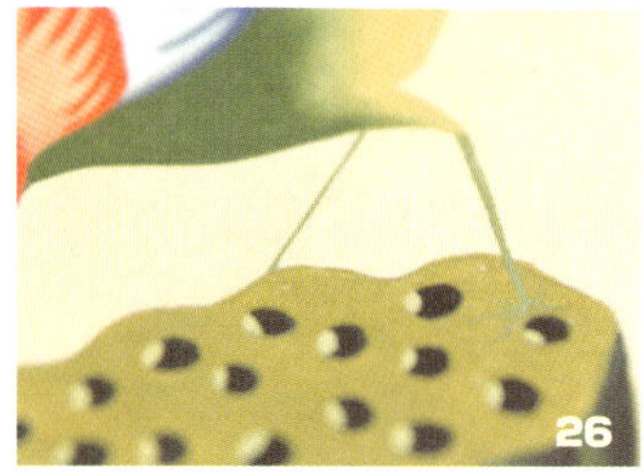

19번 과정의 색에 맹황색을 좀 더 섞어
새 다리를 그려주세요.

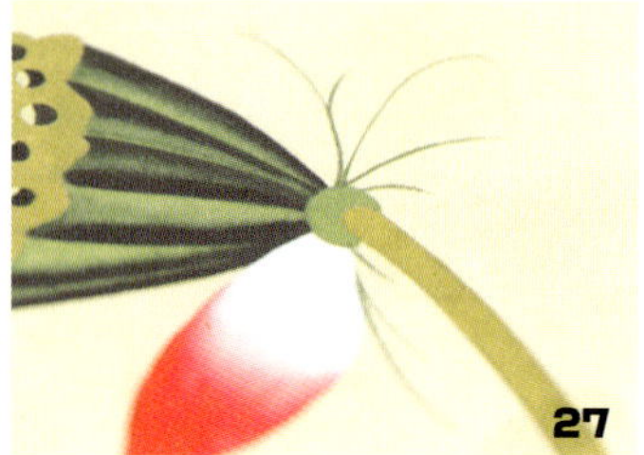

26번 과정과 같은 색으로 연밥 밑에 디
테일 선을 그려주세요.

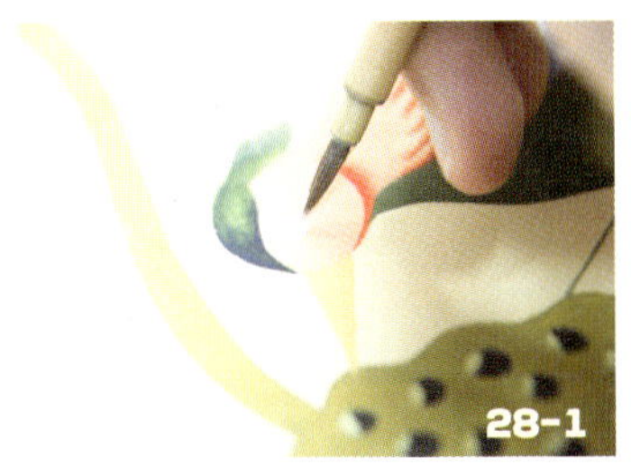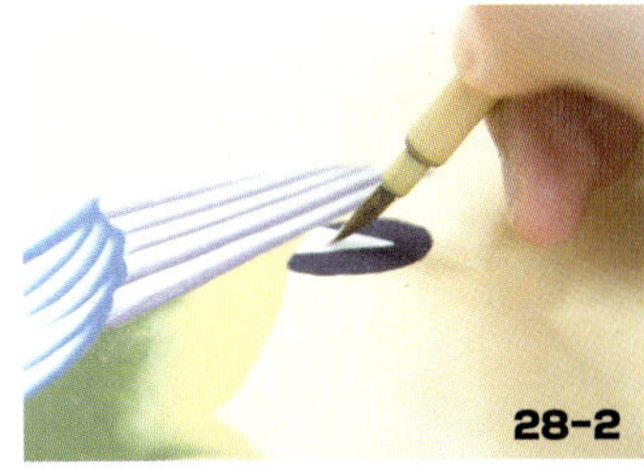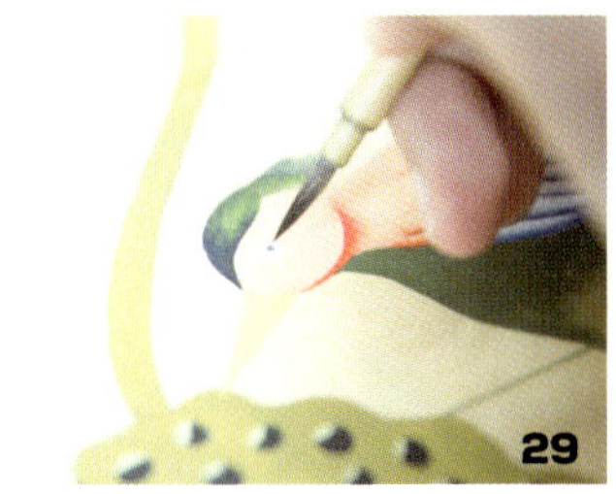

호분색으로 새 눈과 꽁지 가운데 깃털 부분을 채색하세요.

먹으로 새의 눈동자를 동그랗게 그려주
세요.

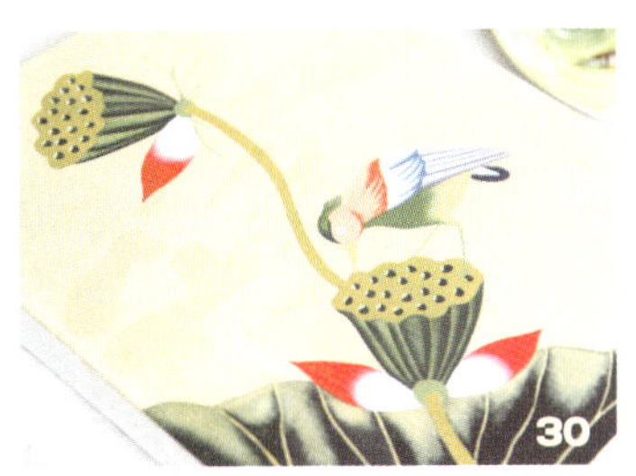

연화도 그림이 완성되었습니다!

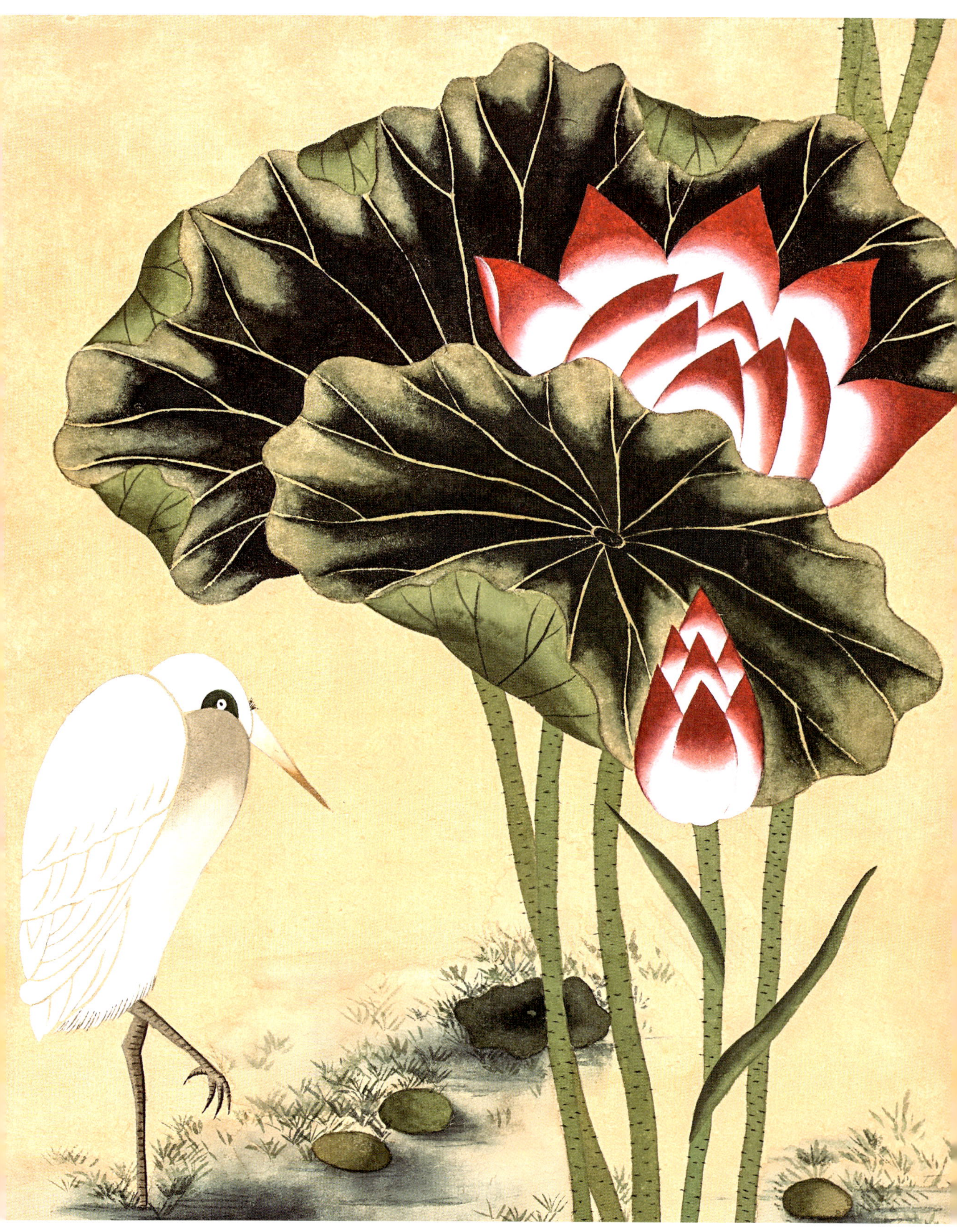

준비물

32x41.2cm 패널, 연필, 볼펜, 물통, 먹물,
먹접시, 물감접시, 민화붓 2필, 세필붓 1필

필요한 물감색 : 호분, 황토, 홍매, 맹황, 백
록, 군청, 수감, 고동, 흑

화조도에 그려지는 여러 꽃과 새 중에는 늘 함께 어우러지는
소재들이 있는데 연꽃은 원앙, 백로와 함께 짝을 이뤄 그려져
왔어요. 금슬이 좋은 원앙은 민화에서 귀한 자식을 뜻하는 소
재로, 연꽃과 원앙이 같이 그려진 그림은 '생생하게 꽃을 피운
연못(生蓮)에서 좋은 자식이 연이어 생기라(連生)'는 바람을 담
은 그림이에요. 연꽃과 백로가 함께 그려진 그림은 일로연과(一
路連科)라 읽어요. 한 마리의 백로인 일로(一鷺)가 한 걸음이라는
일로(一路)와 독음이 같고, 연 열매인 연과(蓮顆)가 연속 등과(連
科)와 독음이 같기 때문이죠. 이번엔 출세와 관련된 그림이 되
어 한 걸음에 과거에 연속 등과하라고 말하는 그림으로, 과거
시험을 보기 위해 길 떠나는 사람들에게 쓰는 인사말이었다고
해요. 이처럼 연화도는 연꽃이 피어 있는 연못에 어떤 소재들
과 함께 그려지느냐에 따라 부부화합, 출세, 부귀영화 등의 다
양한 소망이 담긴 그림이 될 수 있어요.

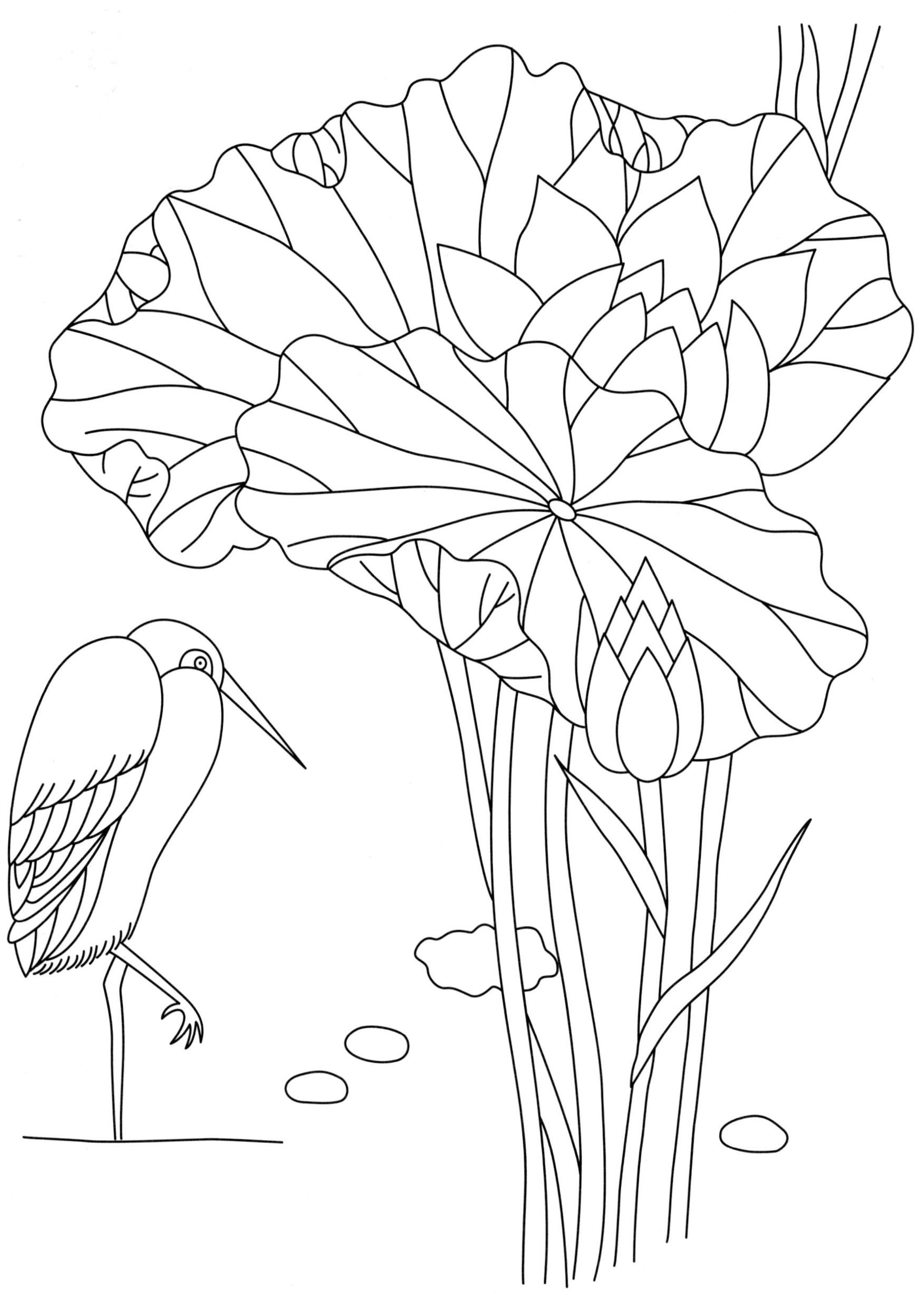

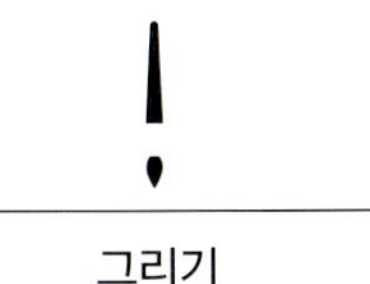

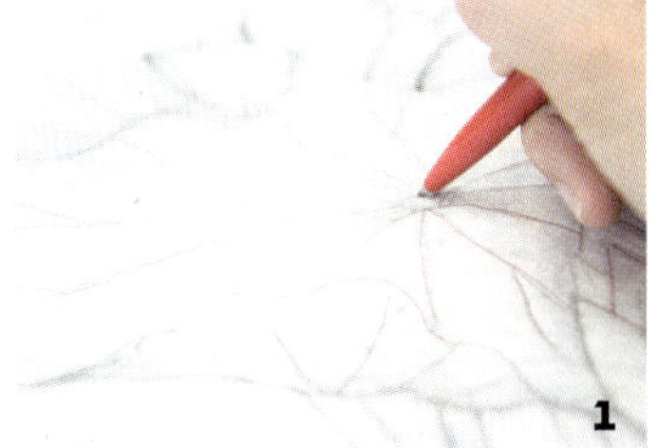

먹지 작업이 완성된 도안을 패널에 잘 맞춰 올려주고 힘을 주면서 볼펜으로 꼼꼼히 따라 그려 밑그림이 잘 배겨날 수 있게 해주세요.

연한 먹물로 연꽃잎을 제외한 연잎과 줄기, 새의 외곽선을 그어주고, 홍매색으로 연꽃잎의 외곽선을 그어 선긋기의 작업을 마무리해주세요.

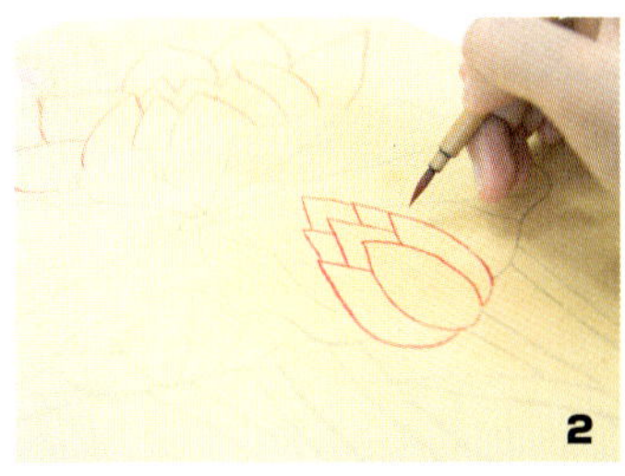

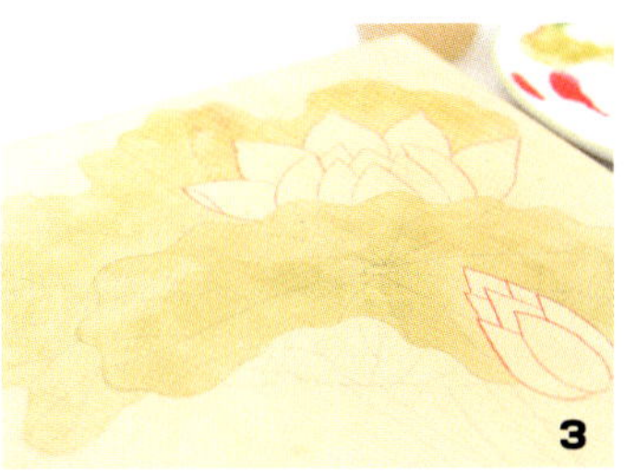

황토색과 맹황색에 물을 많이 섞어 연하고 담하게 두 연잎 전체를 꼼꼼히 채색해주세요.

| TIP | 3번 과정의 밑색이 진하게 들어가면 그림의 맑은 느낌이 덜해질 수 있습니다. 물기를 많이 하여 연하게 채색해줍니다.

3번 과정과 같은 색으로 밑에 조그만 연잎 두 개도 전체를 초벌채색하세요.

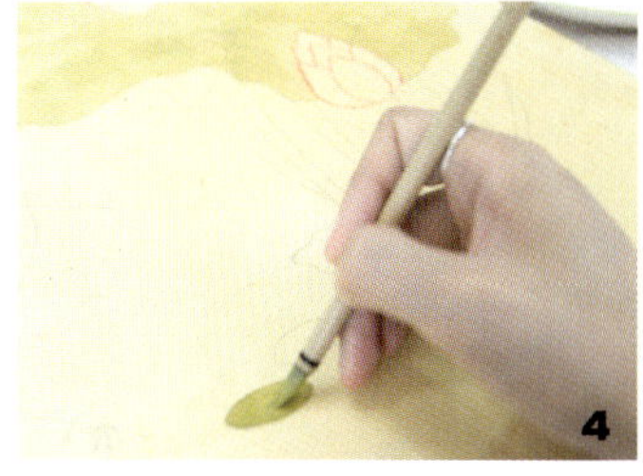

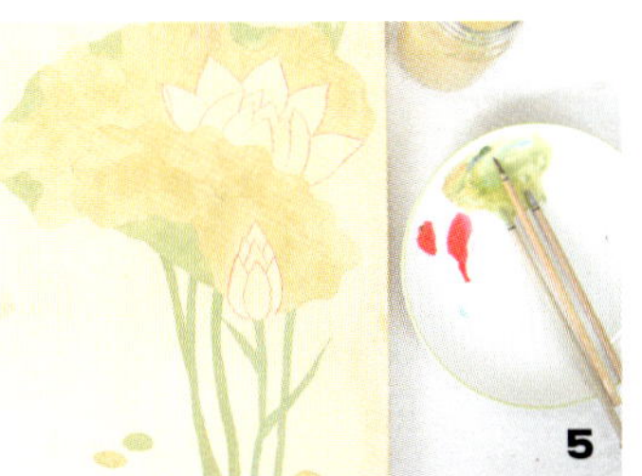

황토색, 맹황색, 백록색을 섞어 연잎의 뒤집어진 부분과 줄기 부분, 그리고 밑에 조그만 연잎 한 개 부분 전체를 초벌채색하세요.

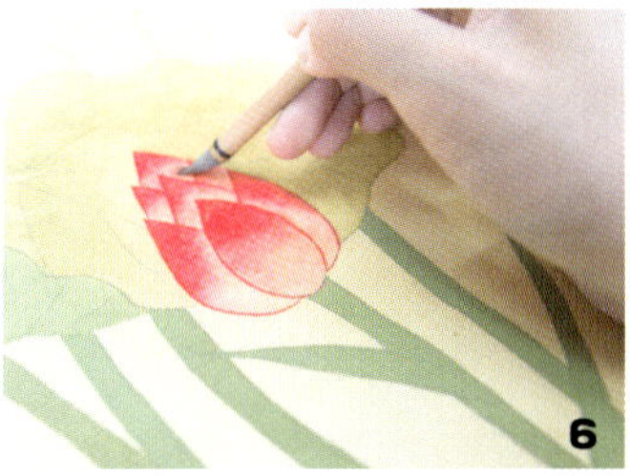

홍매색으로 연꽃잎의 2/5 부분을 채색하고 물붓을 이용하여 위쪽에서 아래쪽으로 점점 엷게 풀어주는 바림 과정을 채색하세요.

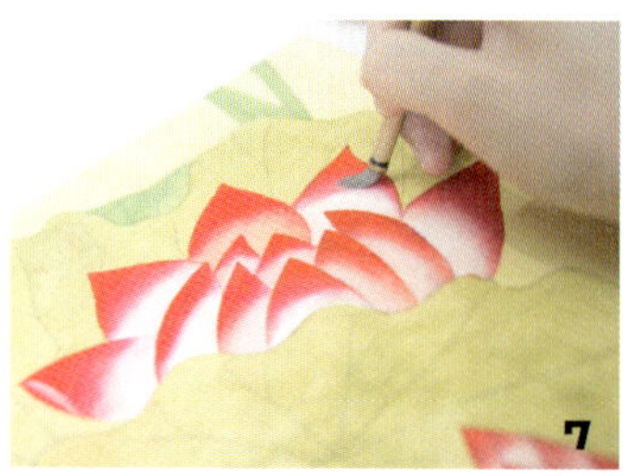

7

6번 과정의 물감이 완전히 마르면 호분 색으로 거꾸로 바림을 넣어 중간에서 자연스럽게 만나도록 풀어주세요.

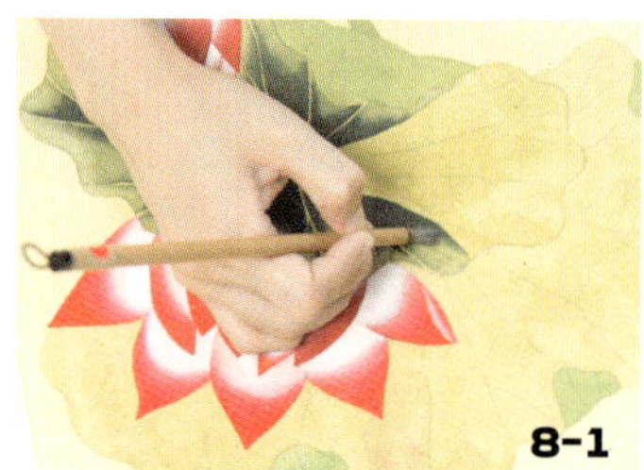

8-1

맹황색, 백록색, 수감색을 섞어 아랫쪽 연잎에 잎맥 부분을 남겨가면서 V자 모양으로 안쪽에서 바깥쪽으로 점점 엷게 풀어주는 바림 과정을 채색하세요.

| TIP | 나중에 잎맥을 그어주는 것보다, 바림할 때 잎맥 부분을 남겨가면서 바림을 넣어주면 더 맑은 느낌을 연출할 수 있습니다.

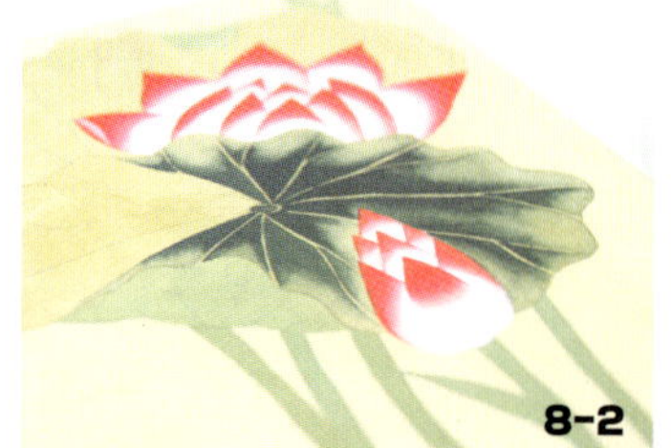

8-2

9

연잎 바림이 완성된 모습입니다!

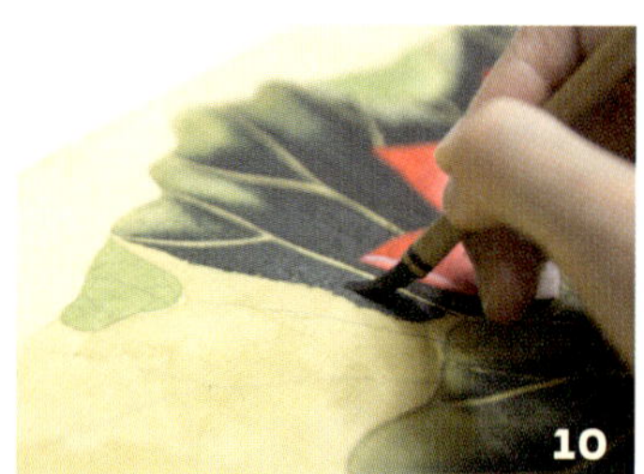

10

맹황색과 수감색을 섞어 위쪽 연잎도 잎맥 부분을 남겨가면서 V자 모양으로 안쪽에서 바깥쪽으로 점점 엷게 풀어주는 바림 과정을 채색하세요.

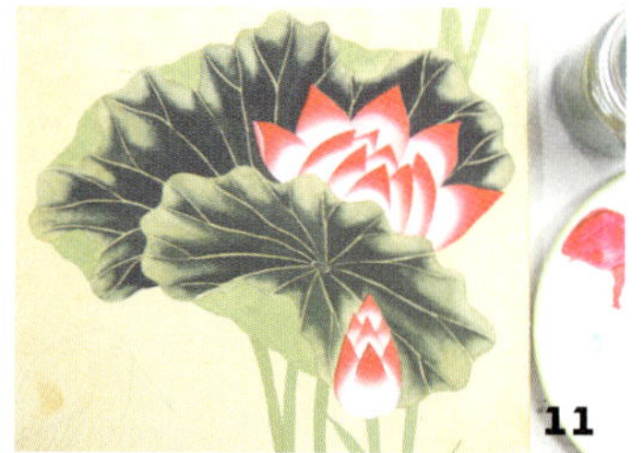

11

두 연잎 바림이 완성된 모습입니다!

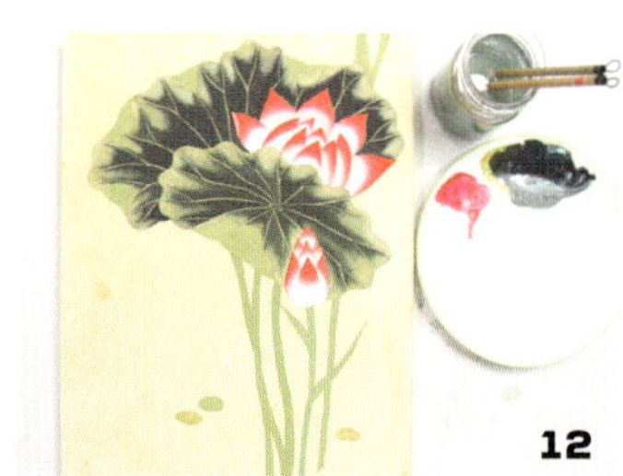

12

연화도 중간 과정의 모습입니다.

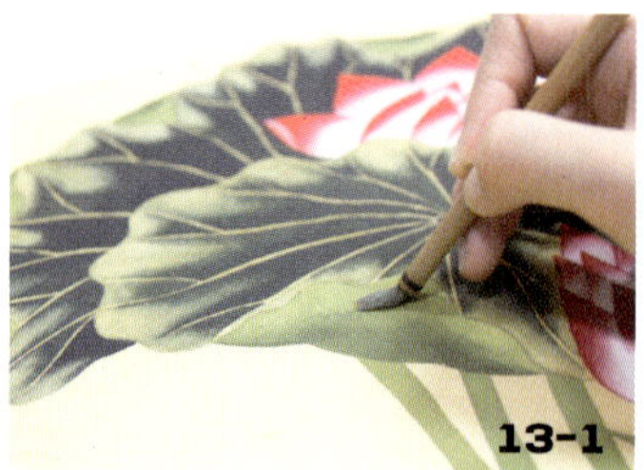

13-1

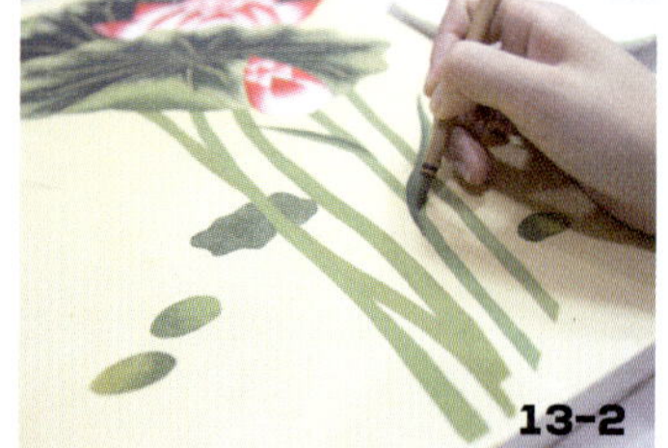

13-2

5번 과정의 색에 수감색을 좀 더 섞어 연잎의 뒤집어진 부분에 각각 바깥쪽에서 안쪽으로 점점 엷게 풀어주는 바림 과정을 채색해주고, 그림 하단에 위치한 줄기에서 나오는 두 개의 이파리 부분에도 위쪽에서 아래쪽으로 점점 엷게 풀어주는 바림 과정을 채색하세요. 같은 색으로 마지막으로 그림 하단에 위치한 연잎은 바림 없이 전체적으로 꼼꼼히 채색주세요.

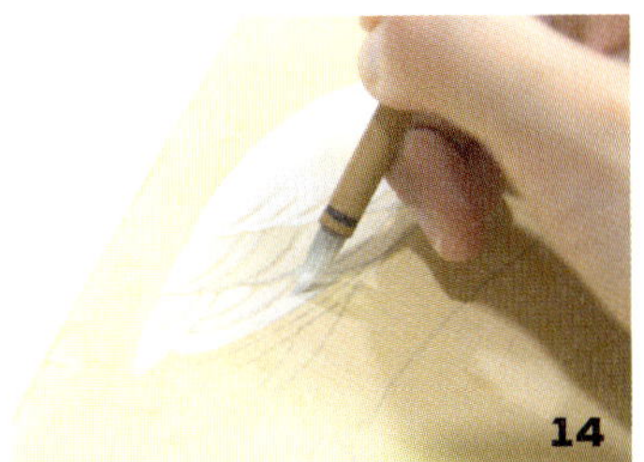

호분색으로 새 머리와 깃털 부분에 선 자국을 남겨가며 도안에 맞춰 꼼꼼히 채색하세요.

호분색으로 새 부리는 안쪽에서 바깥쪽으로, 새 몸통은 아래쪽에서 위쪽으로 점점 엷게 풀어주는 바림 과정을 채색하세요.

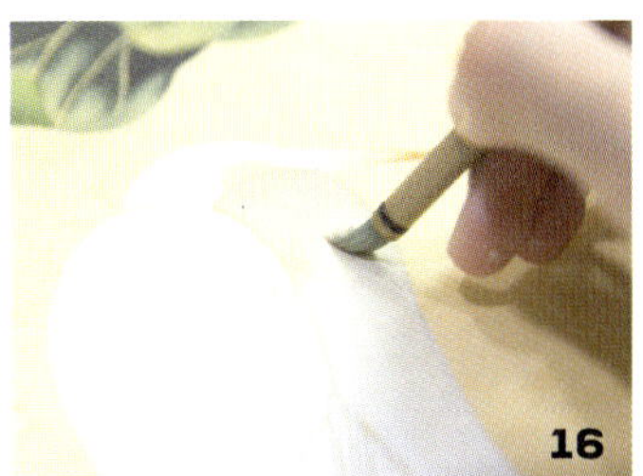

15번 과정의 물감이 완전히 마르면 호분색, 황토색, 흑색을 섞어 새 몸통 부분에 거꾸로 바림을 넣어 중간에서 자연스럽게 만나도록 풀어주세요.

16번 과정과 같은 색으로 새 다리를 꼼꼼히 채색하고, 황토색으로 새 부리 부분에 거꾸로 바림을 넣어 중간에서 자연스럽게 만나도록 풀어주세요.

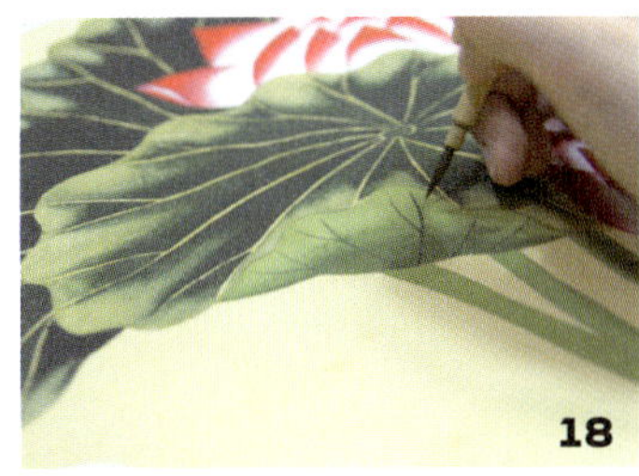

13번 과정의 색에 수감색을 좀 더 섞어 연잎의 뒤집어진 부분에 잎맥을 그려주세요.

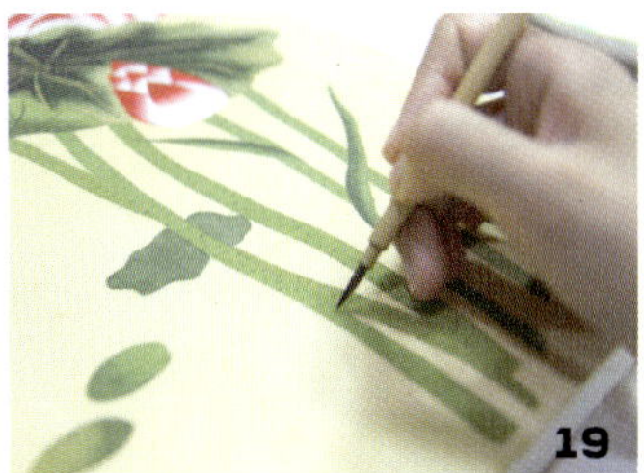

18번 과정과 같은 색으로 세필붓을 이용하여 연줄기의 가시 부분을 그려주세요.

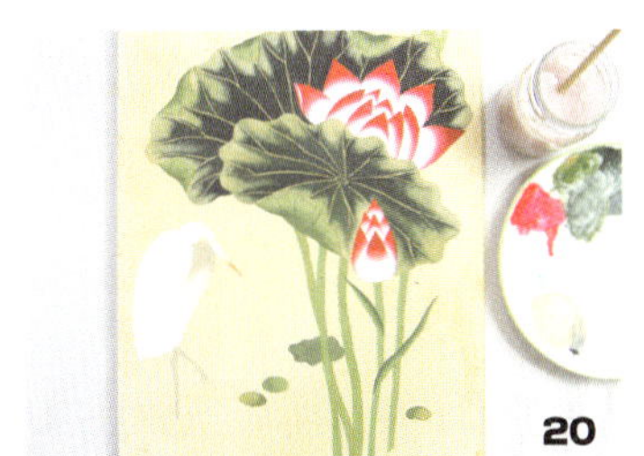

연화도 중간 과정 모습입니다!

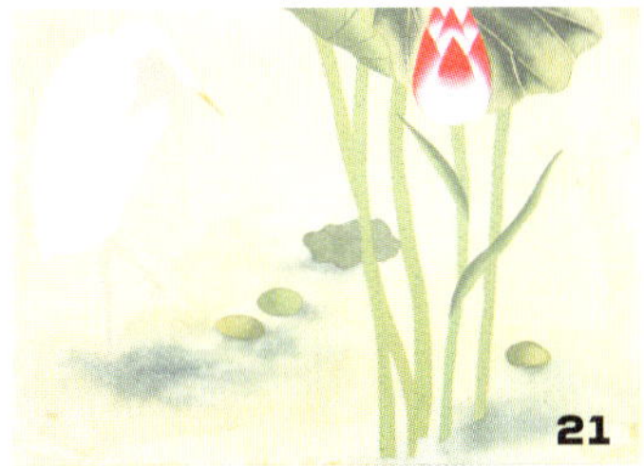

백록색, 군청색, 수감색을 섞어 연잎 아랫부분에 바림채색을 이용하여 잔잔한 물을 표현해주세요.

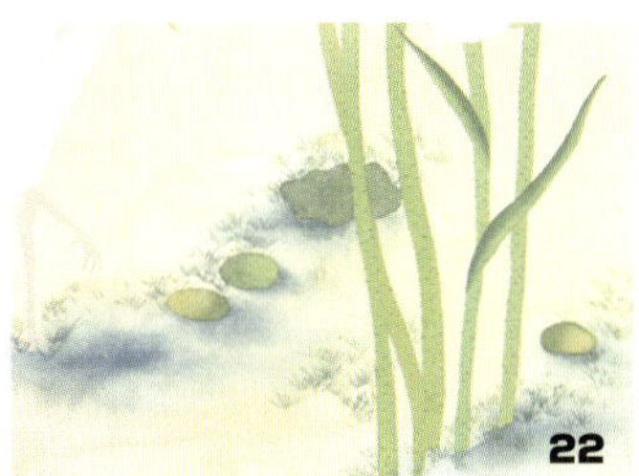

황토색, 맹황색, 백록색, 수감색을 조금씩 다른 비율로 섞은 여러 가지 색으로 밑에 물풀을 그려주세요.

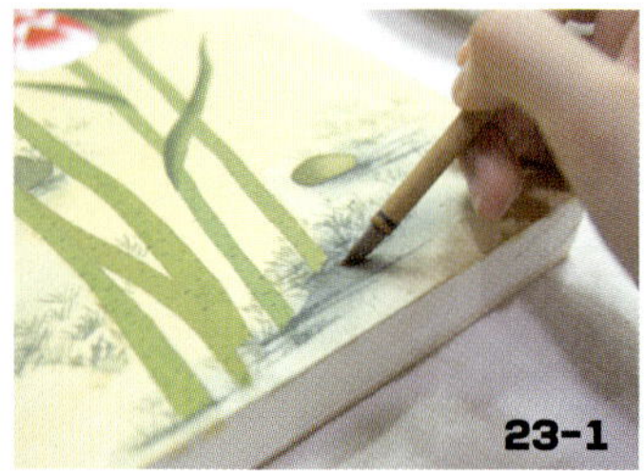 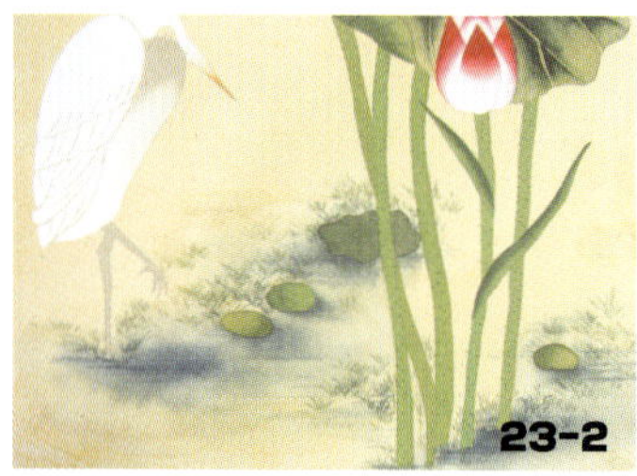 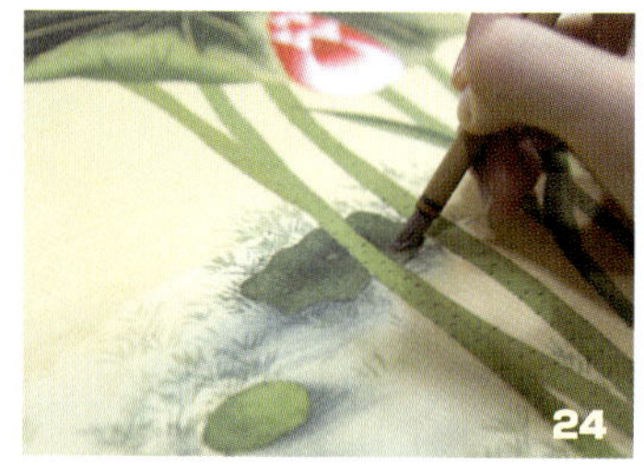

21번 과정의 색에 수감색을 좀 더 섞어 물결을 그려주고 바림을 넣어 좀 더 깊이 있는 물을 표현해주세요.

13번 과정의 색에 수감색을 좀 더 섞어 하단에 위치한 제일 큰 연잎을 안쪽에서 바깥쪽으로 점점 엷게 풀어주는 바림 과정을 채색하세요.

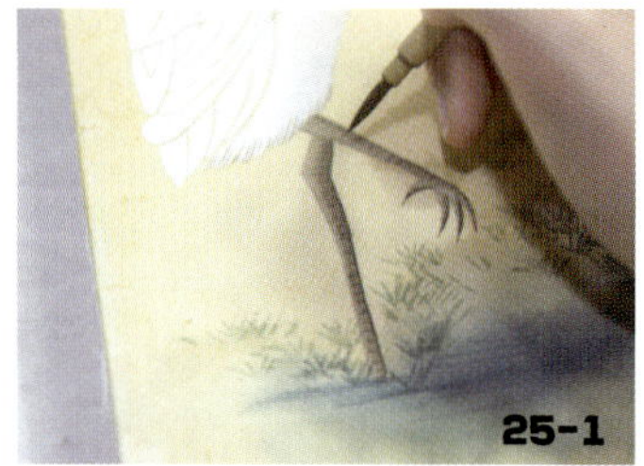 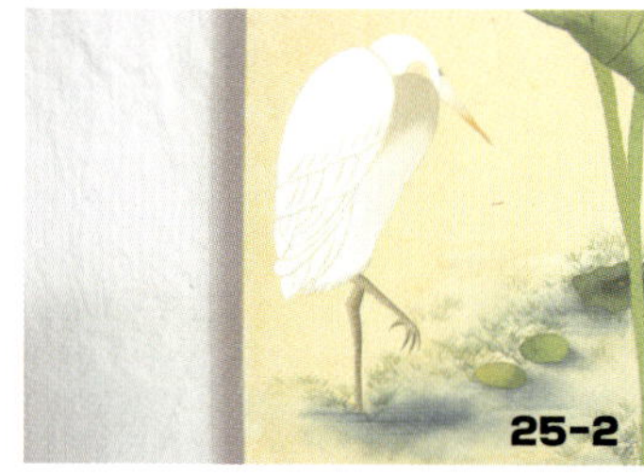 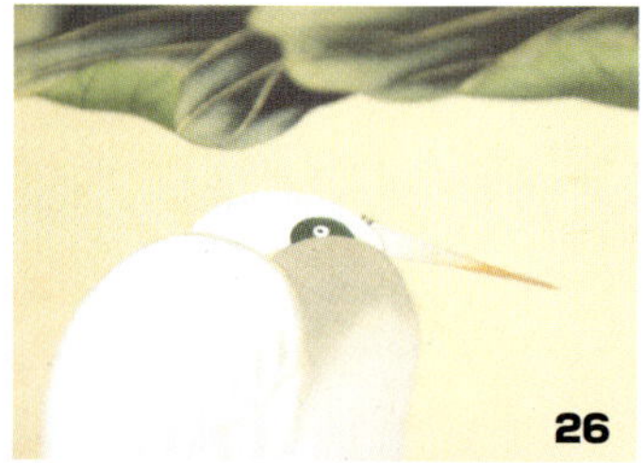

호분색, 황토색, 고동색, 흑색을 섞어 세필붓을 이용하여 새 다리 부분과 머리 위 잔털 등 새의 디테일 선을 그려주세요.

24번 과정과 같은 색으로 새의 눈두덩이를, 그리고 호분색으로 새 눈을, 그리고 흑색으로 눈동자를 그려주세요.

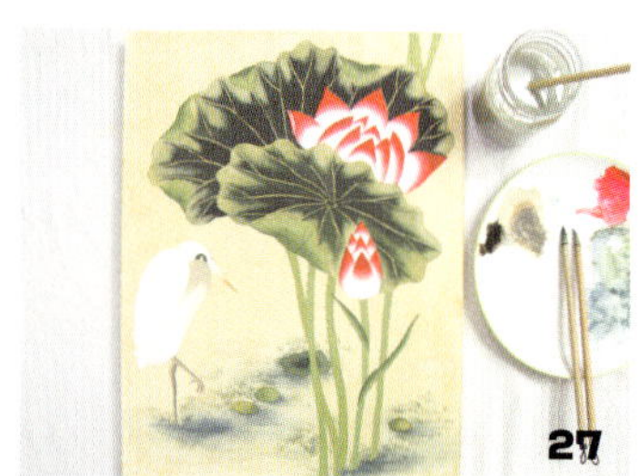

연화도 그림이 완성되었습니다!

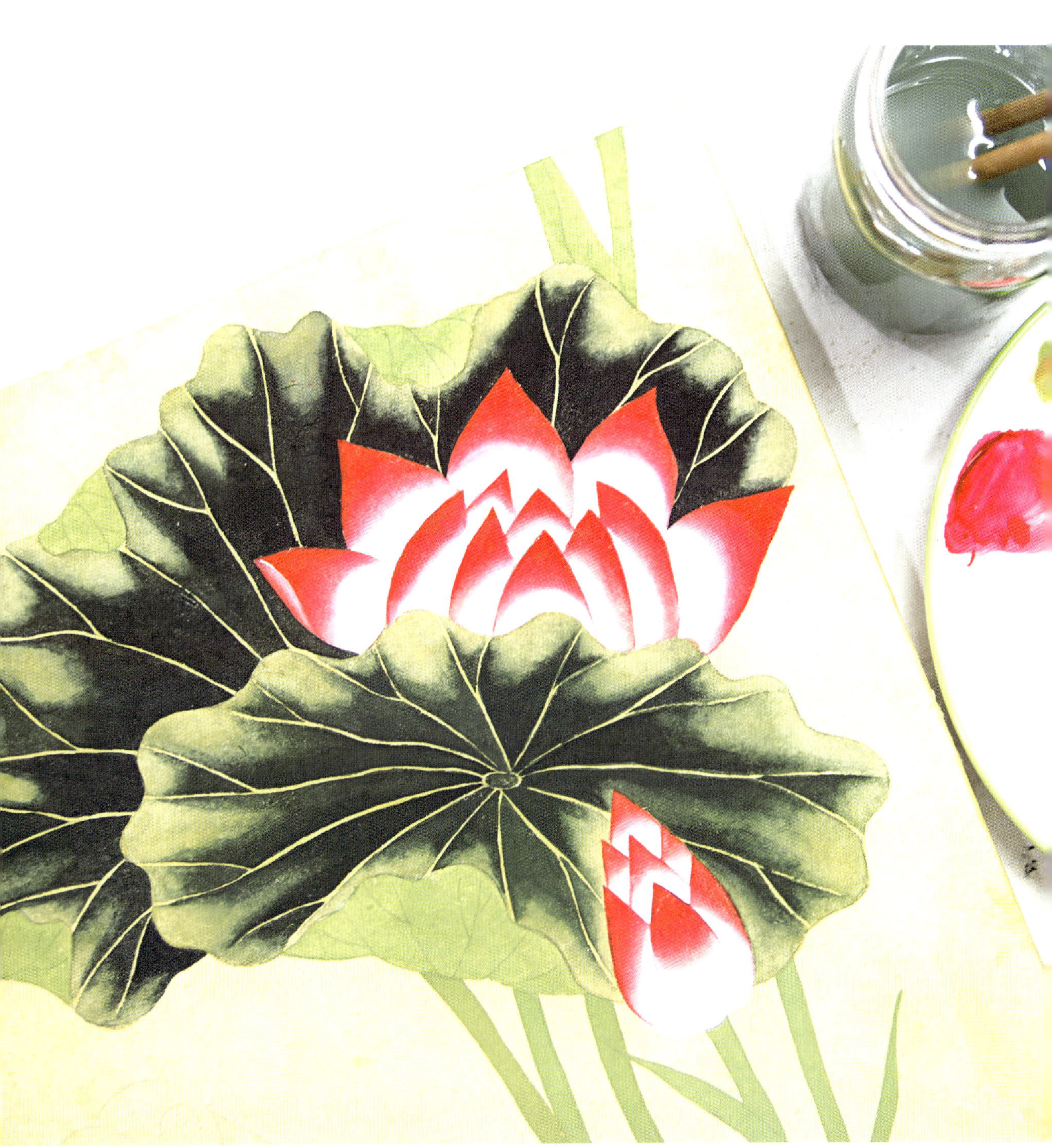

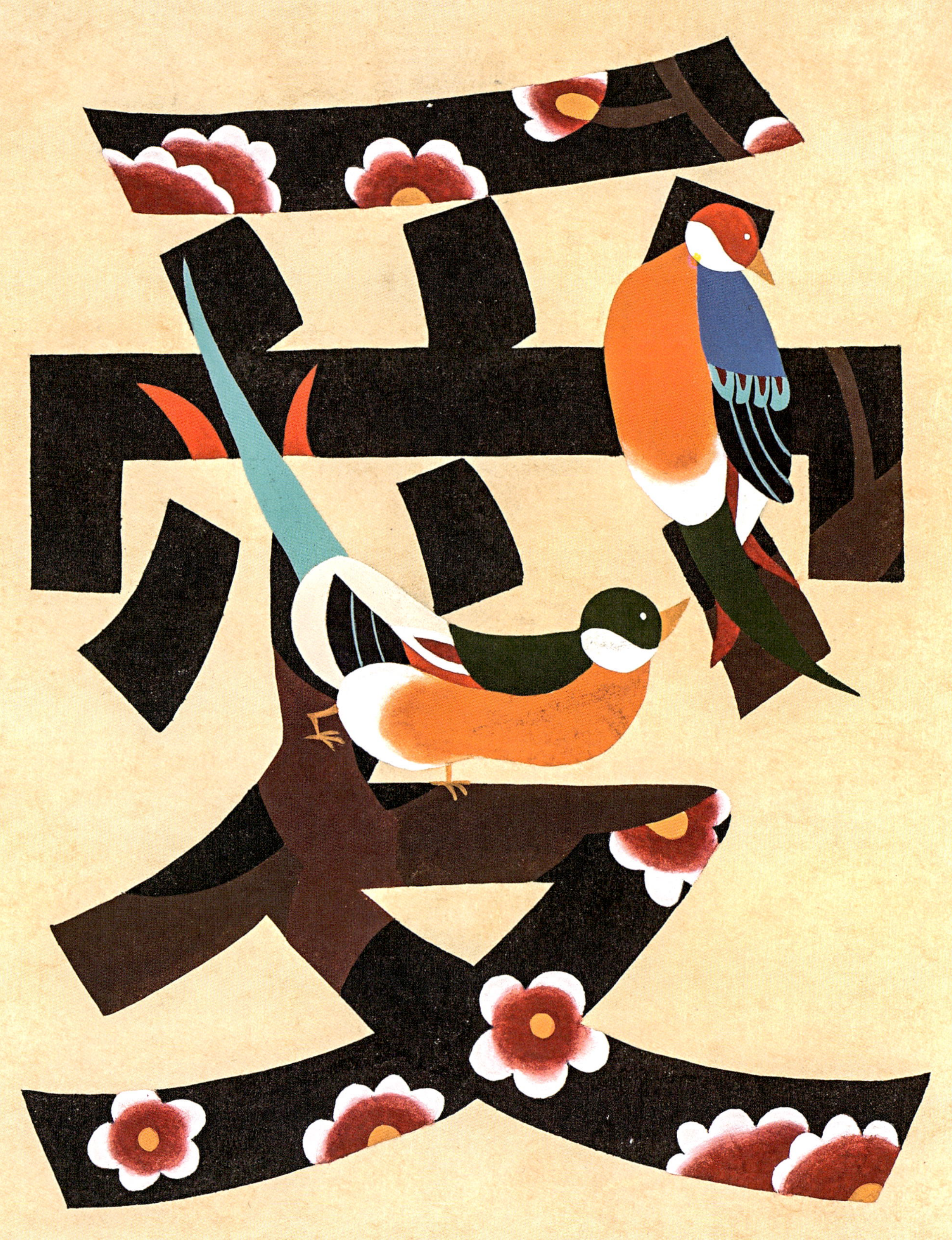

사랑애 (愛)

문자도는 교훈적이고 길상적인 의미를 지닌 글자에 회화적인 요소를 가미시켜 그린 그림으로, 이 그림 역시 소망하는 것을 이루고자 하는 의도에서 제작되었어요. 감정과 생각을 솔직하게 표현해온 민화다운 그림이죠. 민화는 점점 더 서민들 생활 곳곳으로 저변화되면서 윤리문자의 교훈적인 내용을 담아내던 모양에서 서민들의 의식과 감정을 반영하는 그림으로 다양화되고, 자유로워지는 특징을 보여주게 됩니다. 그래서 지금까지도 꾸준히 창작될 가능성이 가득한 그림이죠. 우선 꽃이 가득 피고 다정한 새가 있는 사랑을 새롭게 그려볼까요!

준비물

3호 패널, 연필, 볼펜, 물통, 먹물, 먹접시, 물감접시, 민화붓 2필, 세필붓 1필

필요한 물감색 : 호분, 황, 황토, 주황, 홍매, 맹황, 백록, 군청, 수감, 대자, 고동

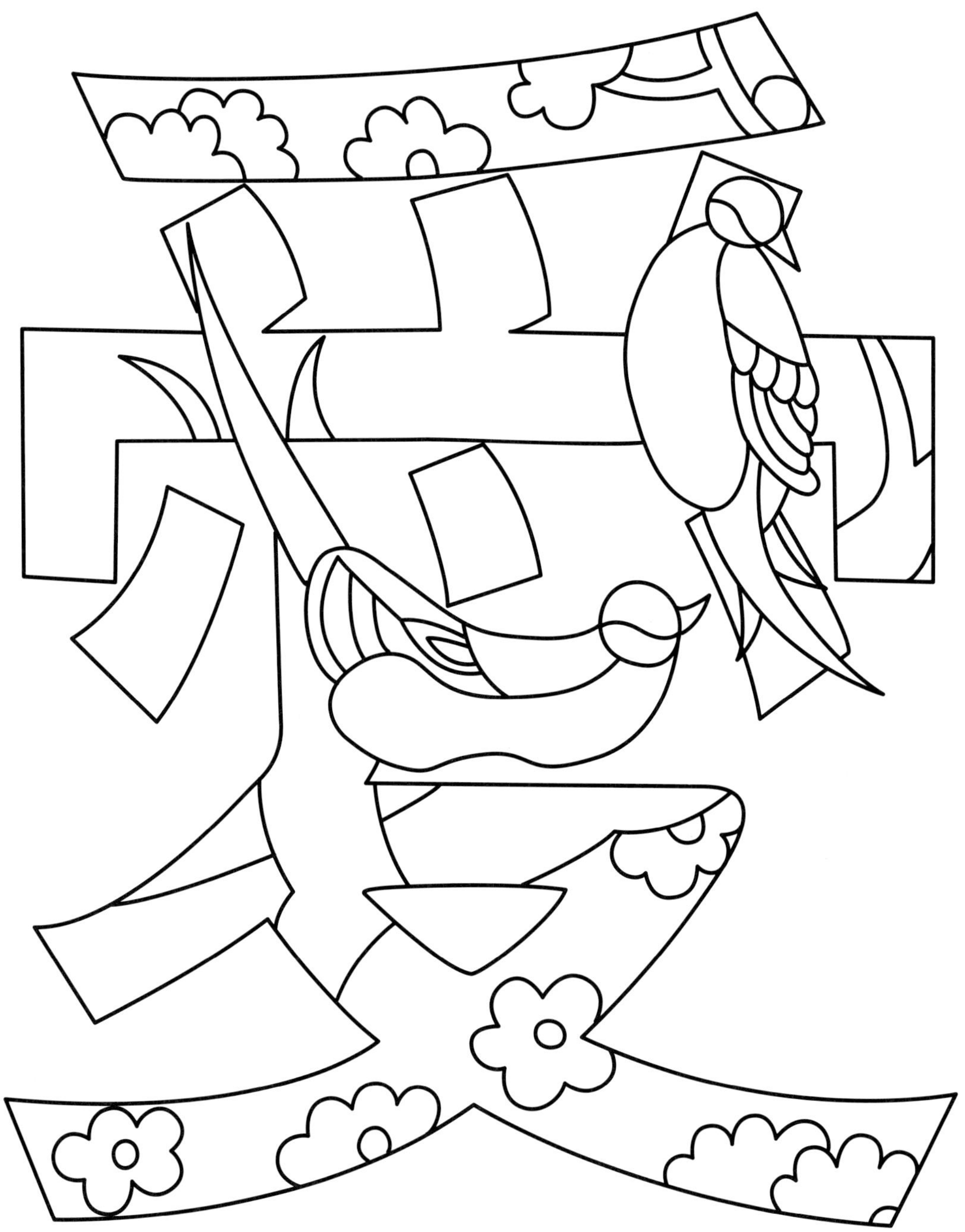

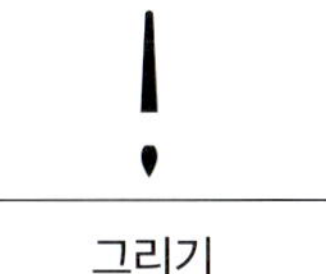

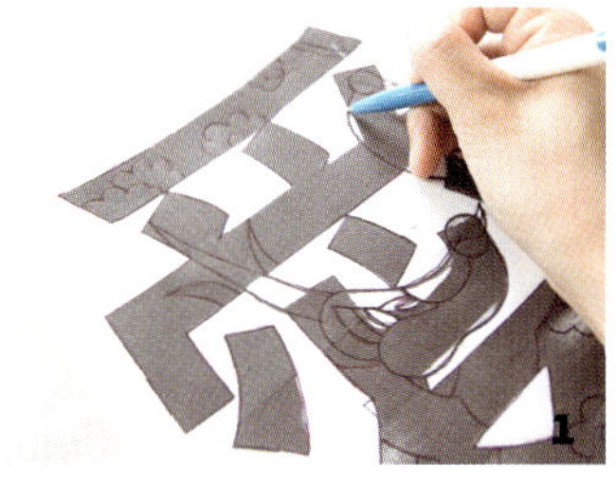

1

먹지 작업이 완성된 도안을 패널에 잘 맞춰 올려주고 힘을 주면서 볼펜으로 꼼꼼히 따라 그려 밑그림이 잘 배겨날 수 있게 해주세요.

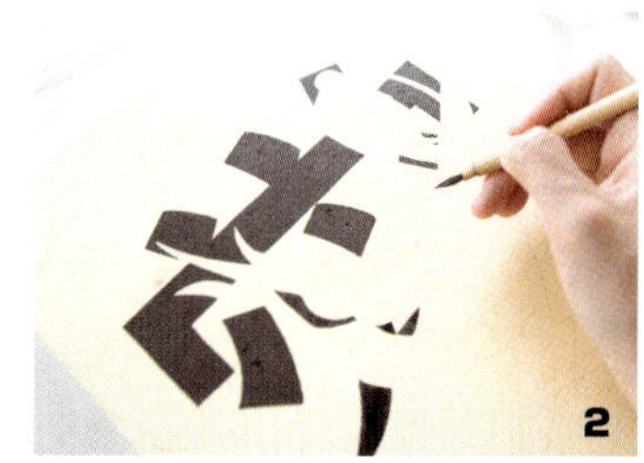

2

배겨진 자국을 따라 글자 부분을 먹으로 꼼꼼히 채색하세요.

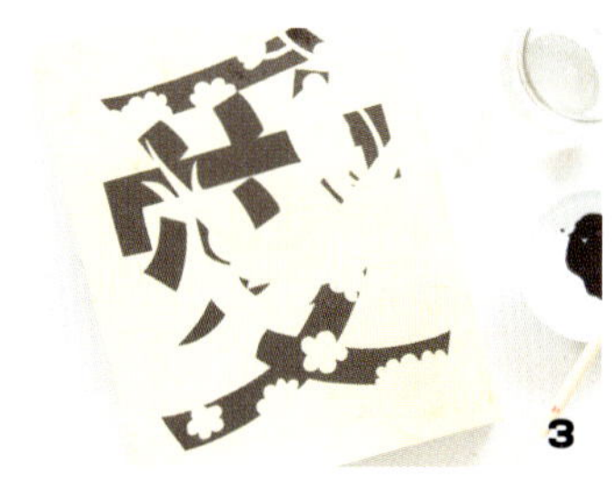

3

글자 부분 채색이 완성되었습니다!

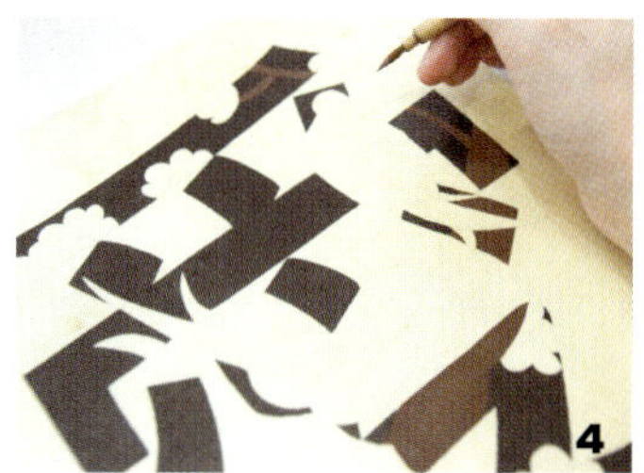

4

황토색, 대자색, 고동색을 섞어 나무 부분을 채색하세요.

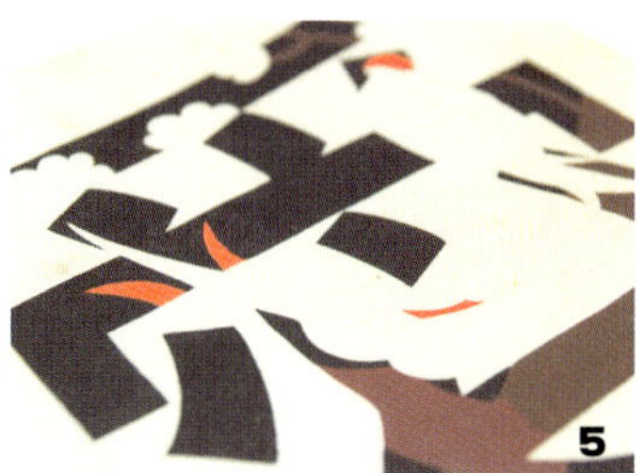

5

대자색으로 바위 부분을, 주황색과 홍매색을 섞은 색으로 위쪽 새의 머리와 아래쪽 새의 양 꼬리, 그리고 가운데 깃털 부분을 채색하세요.

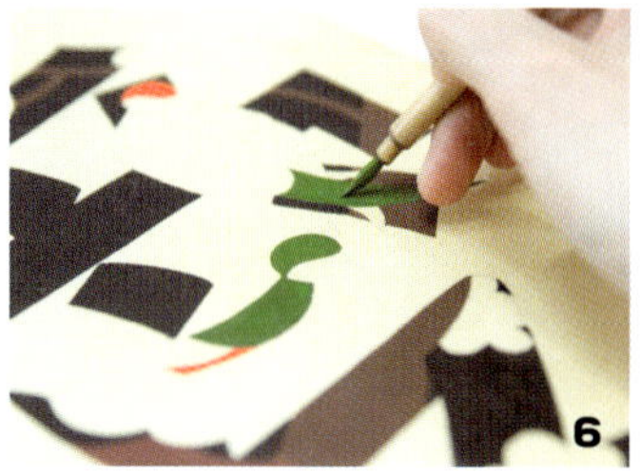

6

맹황색으로 위쪽 새의 가운데 긴 꼬리 부분과 아래쪽 새의 머리와 큰 날개 부분을 채색하세요.

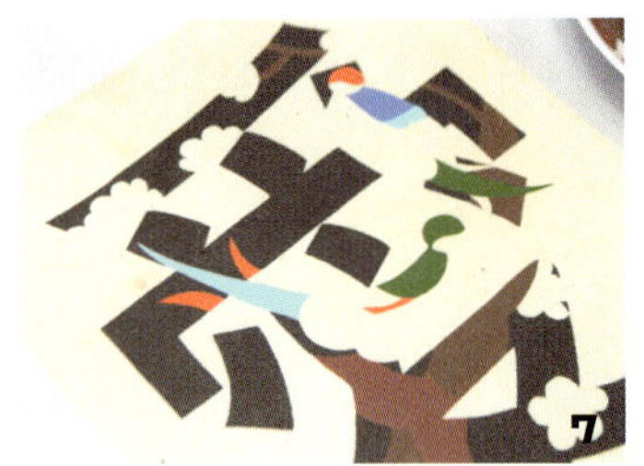

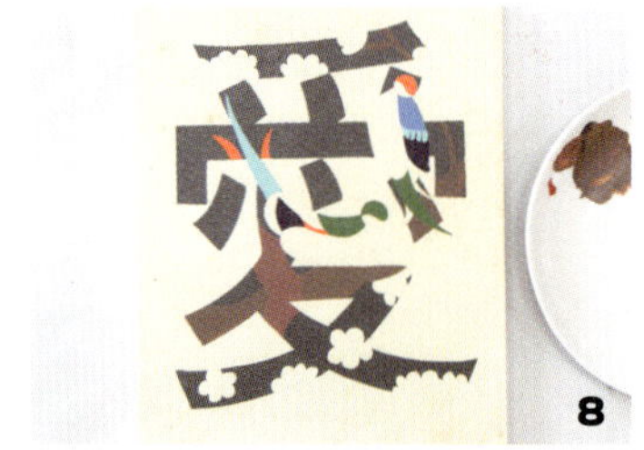

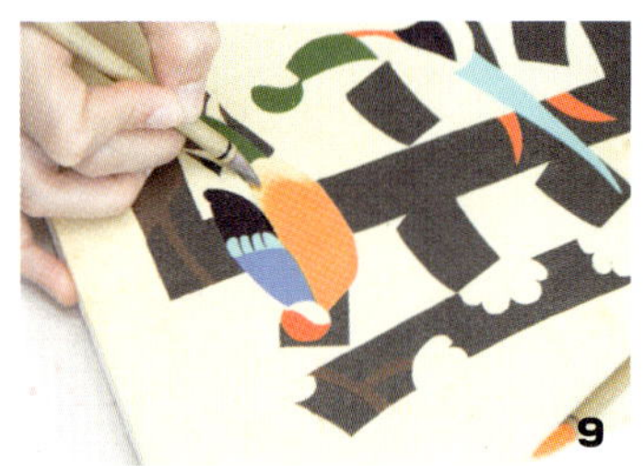

백록색으로 아래쪽 새의 가운데 긴 꼬리 부분과 위쪽 새 날개의 가운데 부분을, 백록색과 군청색을 섞은 색으로 위쪽 새의 윗날개 부분을 채색하세요.

군청색과 수감색을 섞어 위쪽 새의 날개 아랫부분과 아래쪽 새의 뒤쪽 날개 부분을 채색하세요.

황토색과 주황색을 섞어 새 몸통의 2/3 부분을 채색하고 물붓을 이용하여 위쪽에서 아래쪽으로 점점 엷게 풀어주는 바림 과정을 채색하세요.

| TIP | 동양화 물감 중 호분은 가장 쓰기 어려운 색입니다. 9번 과정의 색 부분을 미리 넓게 채색해 나중에 호분의 면적을 줄여주면 바림채색을 깔끔하게 완성할 수 있습니다.

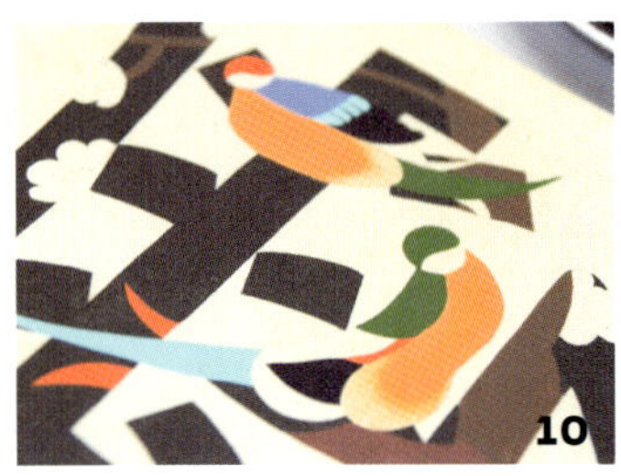

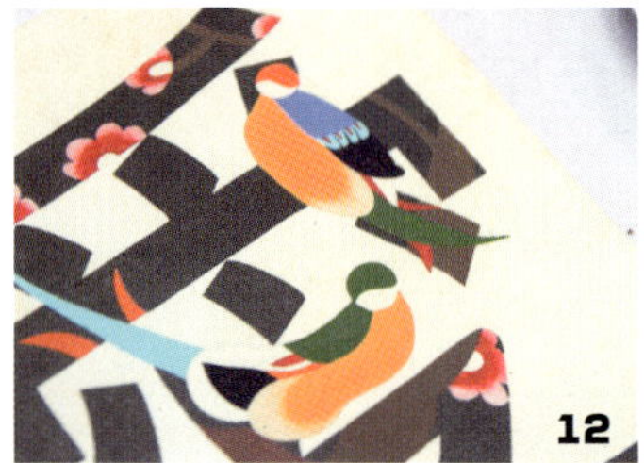

새 몸통 부분의 바림이 완성되었습니다!

홍매색으로 꽃송이의 2/3 부분을 채색하고, 물붓을 이용하여 가운데 부분에서 바깥쪽으로 점점 엷게 풀어주는 바림 과정을 채색하세요.

홍매색으로 위쪽 새 부분의 양쪽 꼬리와 아래쪽 새 가운데 깃털 부분을 채색하세요.

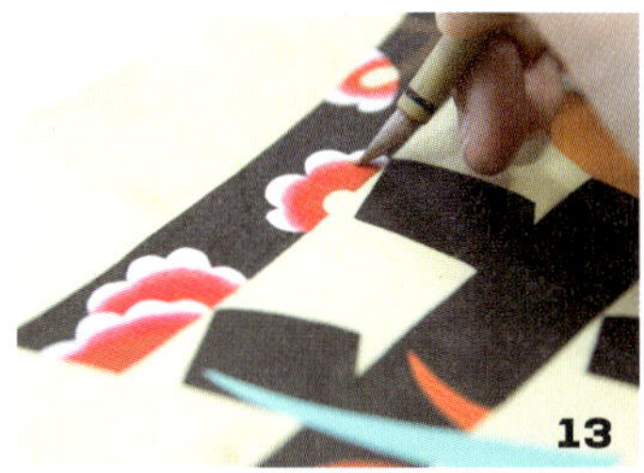

11번 과정의 물감이 완전히 마르면 호분색으로 거꾸로 바림을 넣어 중간에서 자연스럽게 만나도록 풀어주세요.

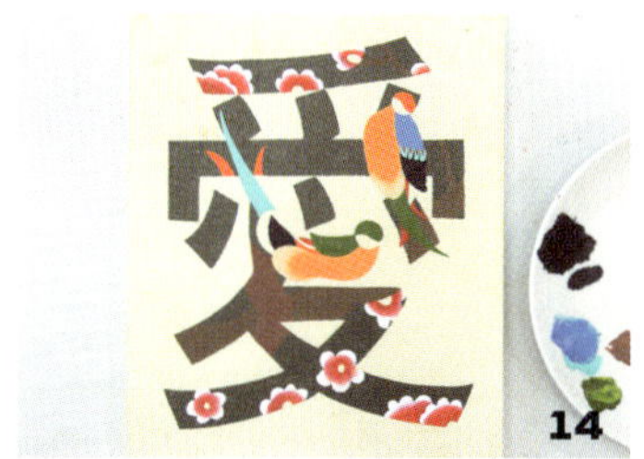

자연스러운 바림이 완성되었습니다!

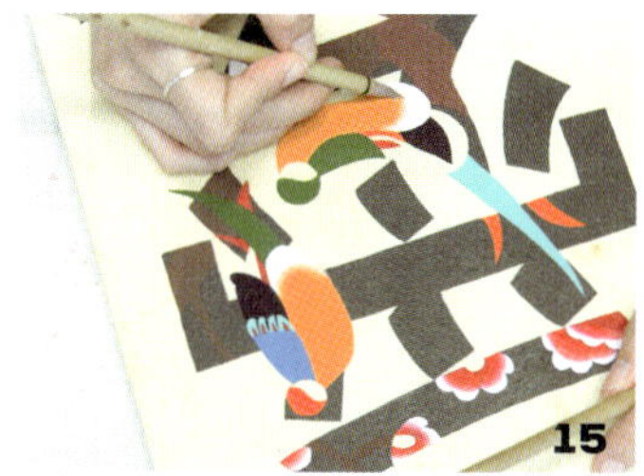

새 몸통에도 호분색으로 거꾸로 바림을 넣어 중간에서 자연스럽게 만나도록 풀어주세요.

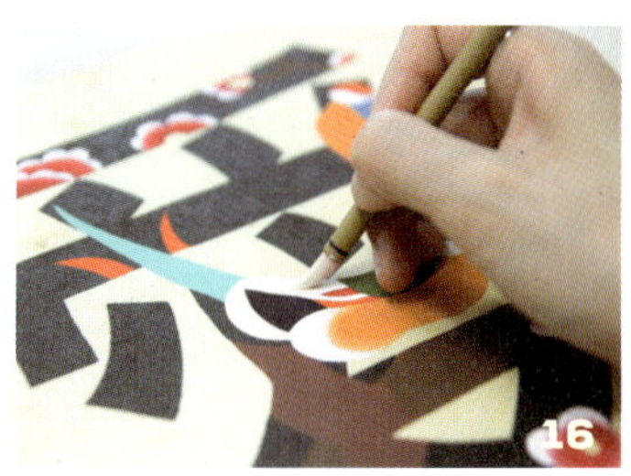

황토색과 호분색을 섞어 아래쪽 새의 엉덩이 부분을 채색하세요.

황색과 황토색을 섞어 꽃의 가운데 동그라미 부분을 채색하세요.

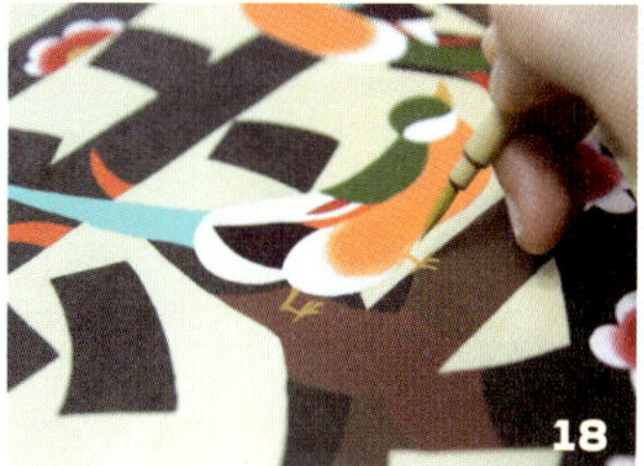

17번 과정과 같은 색으로 새 부리를 채색하고, 세필붓으로 새 다리도 그려주세요.

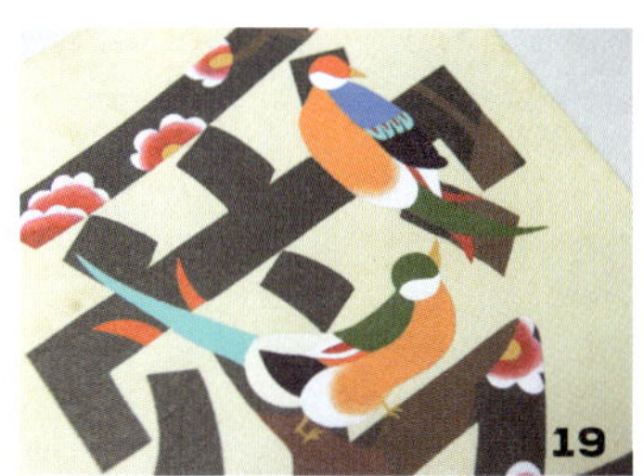

중간 과정 모습입니다.

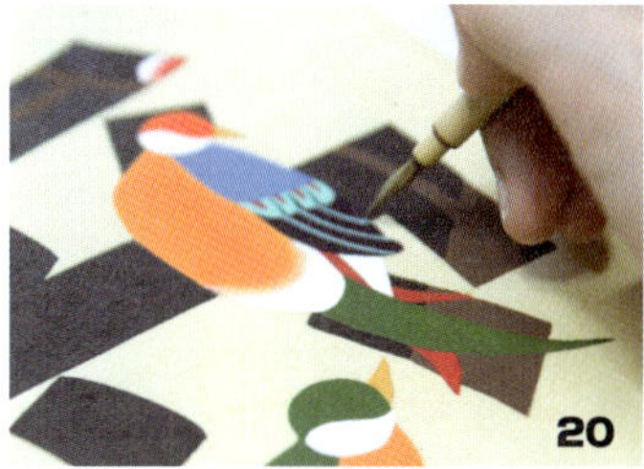

백록색으로 8번 과정 부분의 디테일 선을 그어주세요.

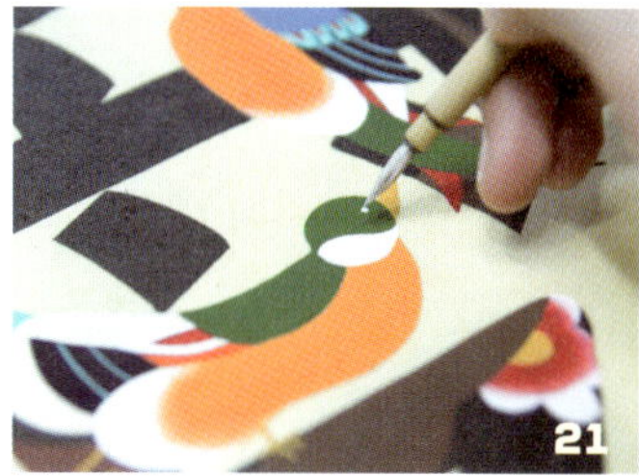

호분색으로 새 눈을 동그랗게 그려주면 완성됩니다!

| TIP | 마지막으로 글자부분의 선을 먹물로 다시 한 번 정리해 깔끔하게 그림을 완성할 수 있습니다.

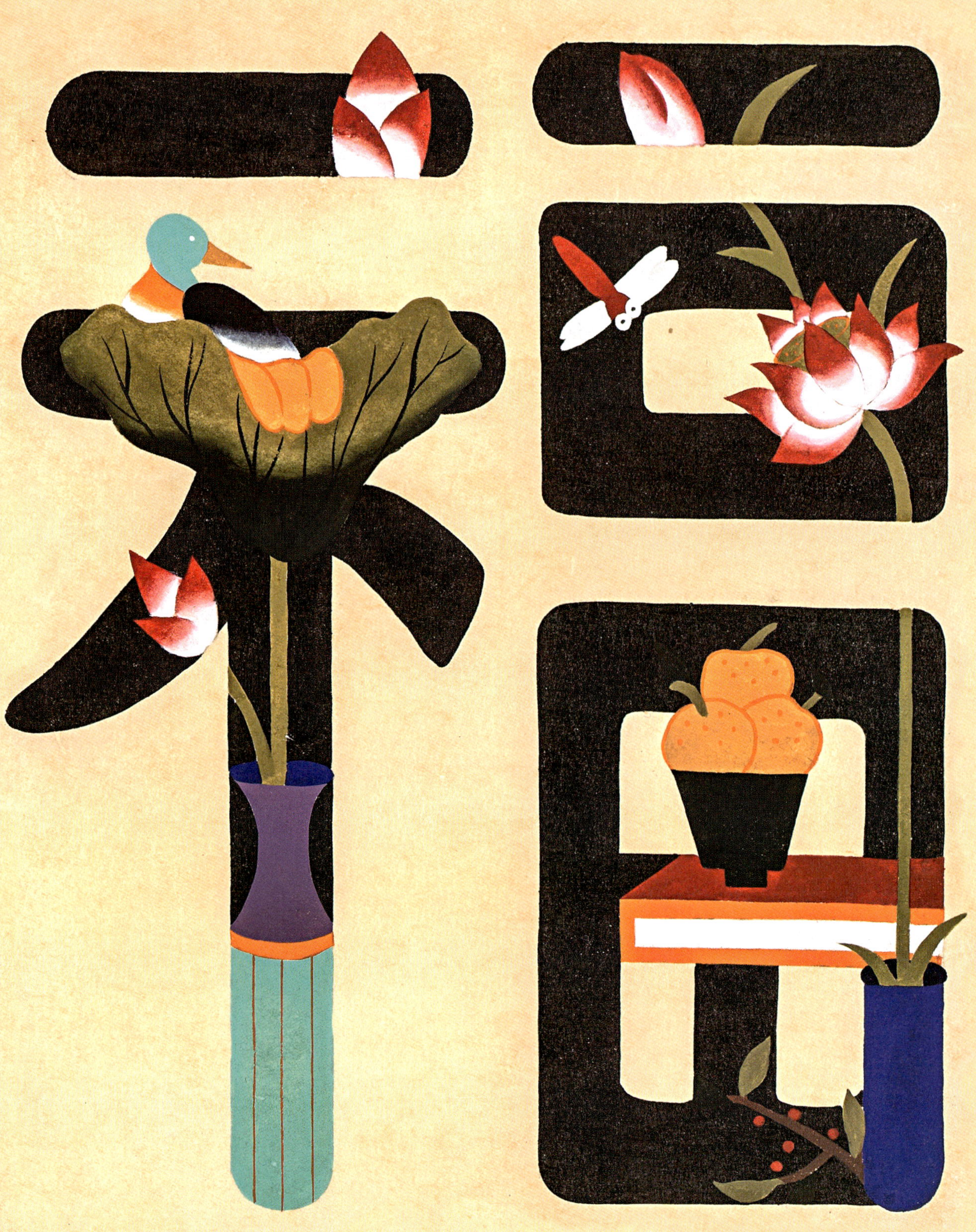

소망을 담은 그림, 문자도 2

복 복
(福)

복(福)과 수(壽)는 문자도로, 그리고 화병의 무늬나 책가도에 곁
들여지는 접시 등에 자주 그려져 민화에서 쉽게 볼 수 있는 글
자예요. 그래서 문자도에는 다양한 서체의 수(壽) 자와 복(福) 자
를 화면에 행과 열을 맞추어 가득 쓴 '백수백복도'라는 그림도
있어요. 수(壽)와 복(福)을 반복하여 써서 장식함으로써 오래 살
고 복 많이 받기를 기원하는 주술적 의미를 담고 있죠. 비슷
한 의미로 '강녕(康寧)', '부귀(富貴)', '다남(多男)' 등을 그린 다양
한 길상적 문자도가 있어요. 이런 그림들은 대체로 모란도, 연
화도, 신선도 등과 결합하며 훨씬 회화적인 모습을 보여줍니다.
선조들이 간절히 바라며 그리고 그렸던 글자 '복', 함께 그려보
아요!

준비물

3호 패널, 연필, 볼펜, 물통, 먹물, 먹접시,
물감접시, 민화붓 2필, 세필붓 1필

필요한 물감색 : 호분, 황토, 주황, 홍매, 양
홍#2, 맹황, 백록, 군청, 수감, 대자, 고동

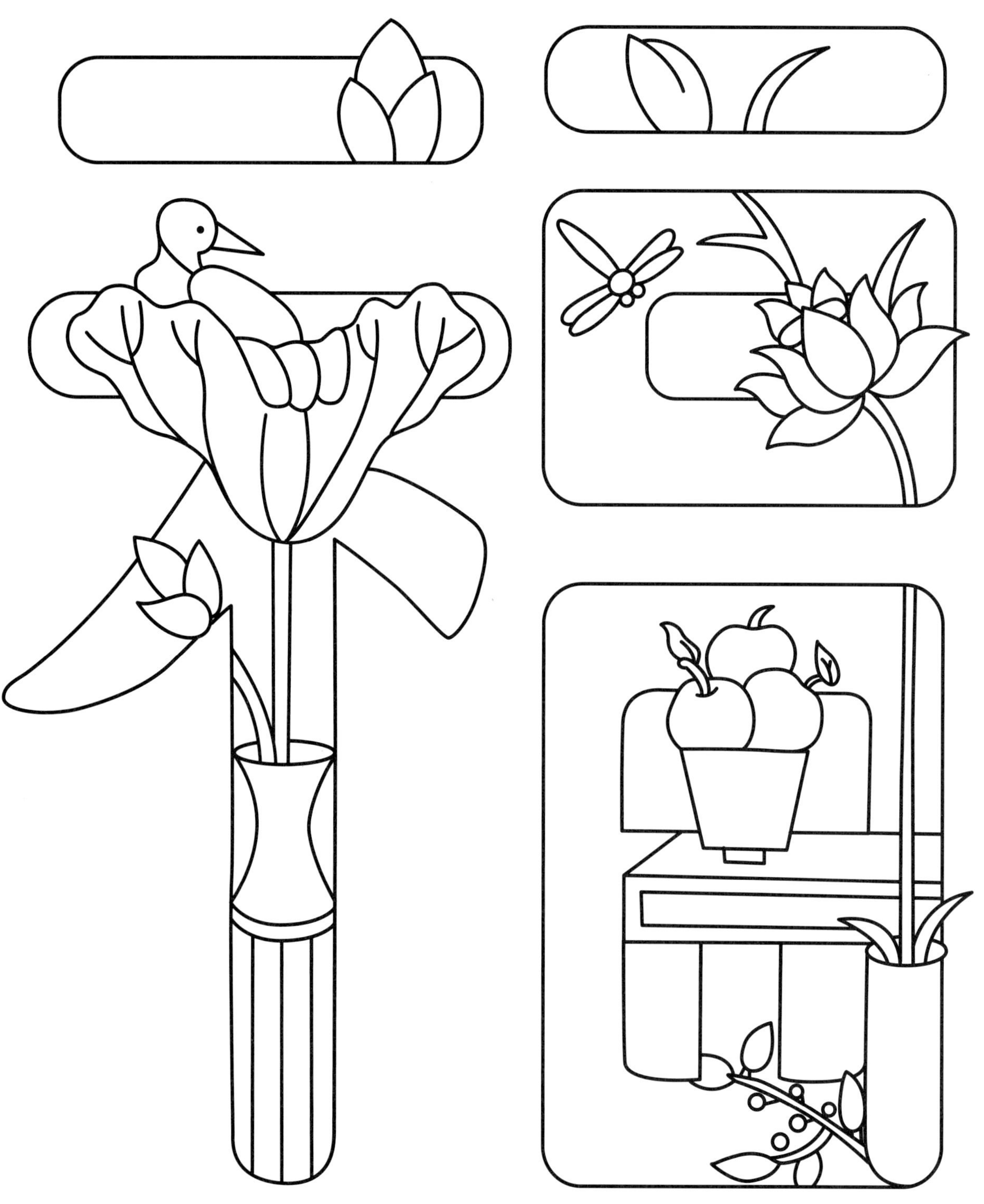

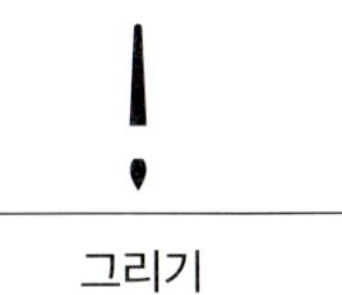

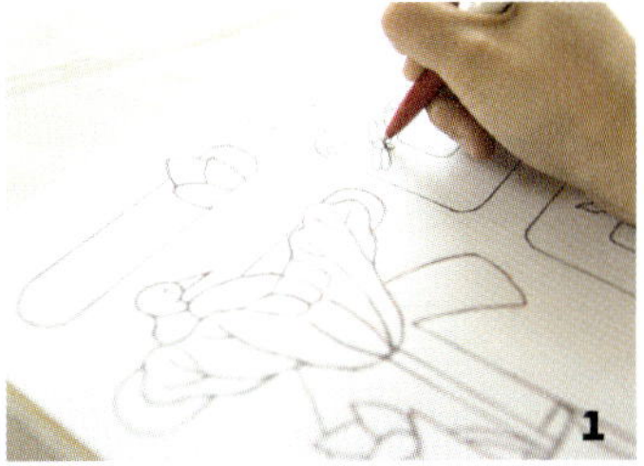

먹지 작업이 완성된 도안을 패널에 잘 맞춰 올려주고 힘을 주면서 볼펜으로 꼼꼼히 따라 그려 밑그림이 잘 배겨날 수 있게 해주세요.

배겨진 자국을 따라 글자 부분을 먹으로 꼼꼼히 채색하세요.

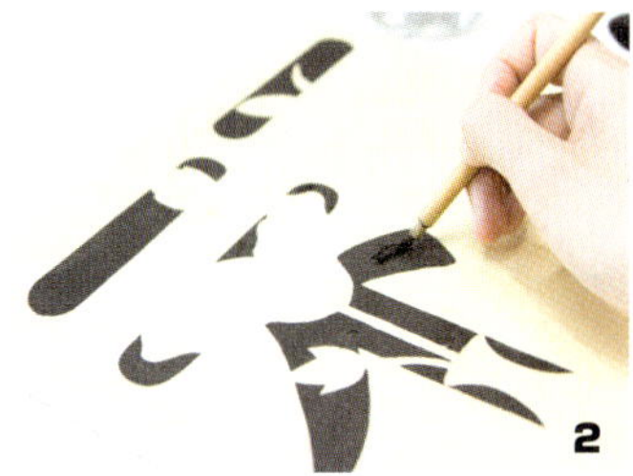

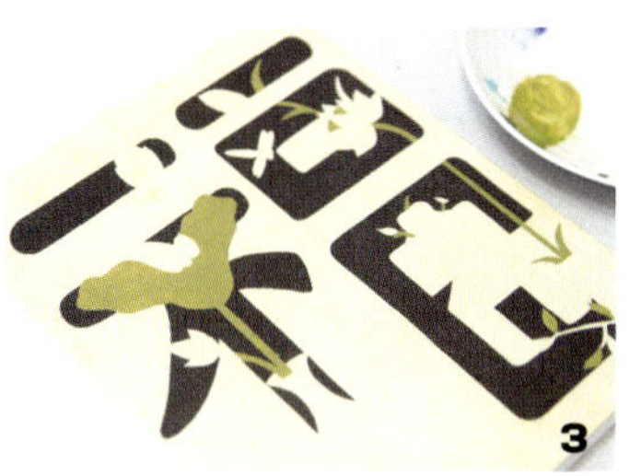

황토색과 맹황색을 섞어 연잎과 연밥, 줄기 부분과 오른쪽 하단에 배 꼭지, 화병 뒤로 보이는 가지의 연한 이파리 부분을 채색하세요.

황토색으로 왼쪽의 새 부리와 연잎의 뒤집어진 부분, 오른쪽에 그려진 배 부분을 초벌채색하세요.

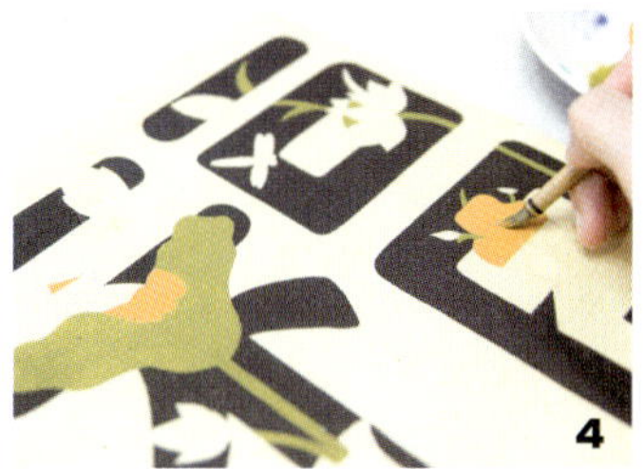

백록색으로 새 머리와 왼쪽 화병의 아랫부분을 채색하세요.

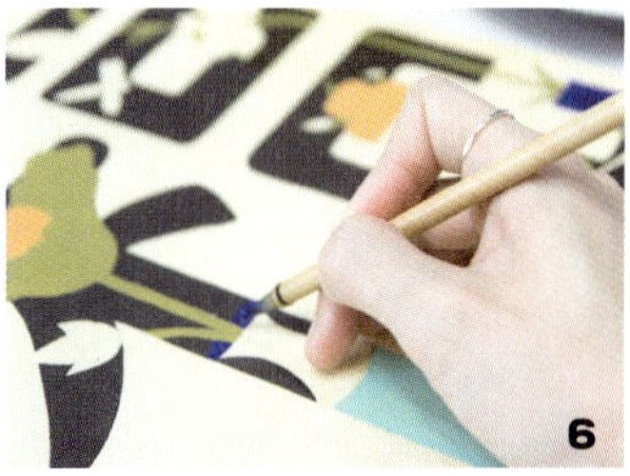

군청색으로 왼쪽 화병 안쪽 부분과 오른쪽 화병 전체를 채색하세요.

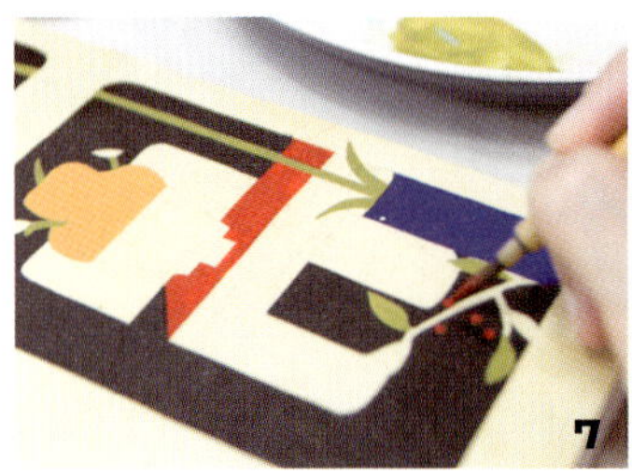

양홍색으로 잠자리 몸통과 책의 윗부분, 그리고 오른쪽 가지의 동그란 열매를 그려주세요.

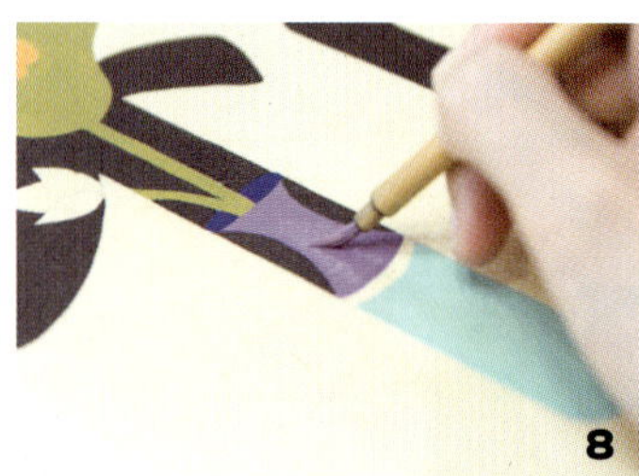

홍매, 군청, 호분색을 섞어 왼쪽 화병의 윗부분을 채색하세요.

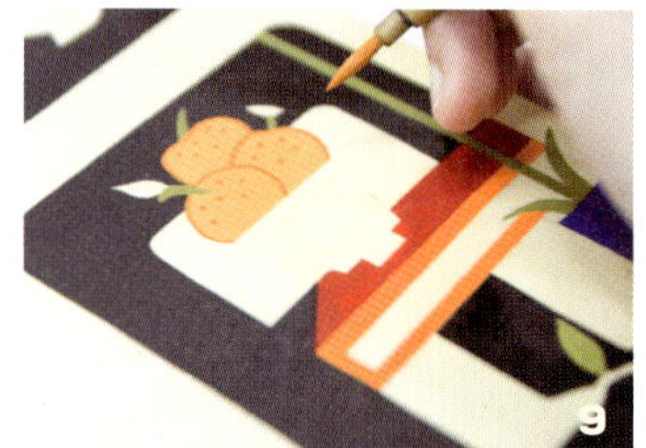

주황색으로 책의 두께 부분을 채색하세요. 그 위 배의 외곽선을 긋고 과피의 동그란 무늬를 함께 그려주세요.

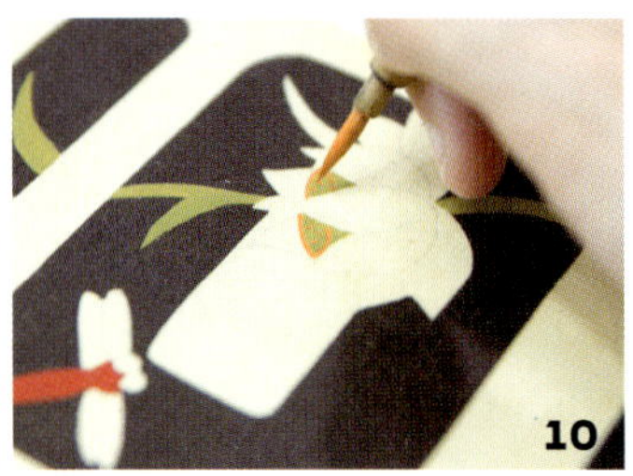

주황색으로 연꽃 안에 연밥의 외곽선도 그어주세요.

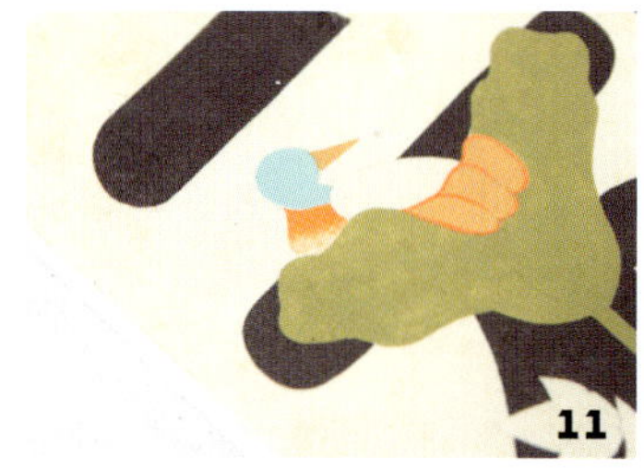

주황색으로 새의 몸통 부분의 2/3 부분을 채색하고 물붓을 이용하여 위쪽에서 아래쪽으로 점점 얇게 풀어주는 바림 과정을 채색합니다. 연잎의 뒤집어진 부분의 외곽선도 함께 그어주세요.

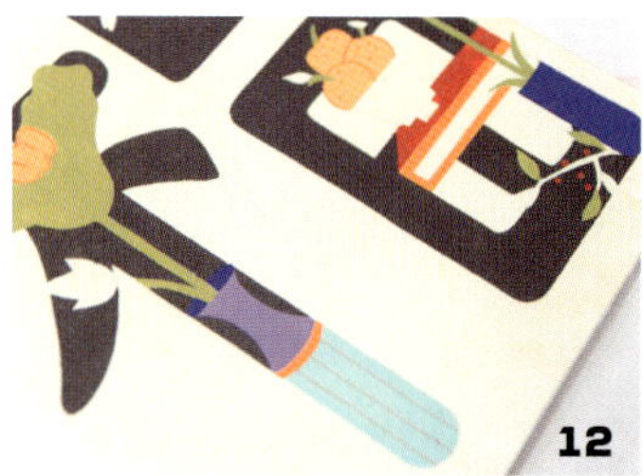

주황색으로 왼쪽 화병의 가운데 무늬와 세로 줄무늬도 함께 그려 주황색 채색을 마무리해주세요.

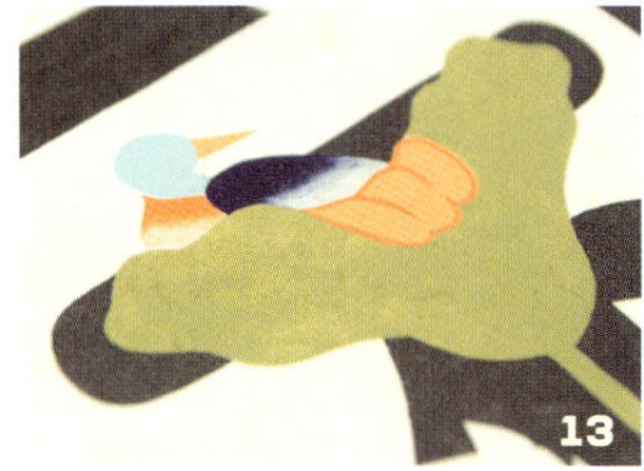

군청색과 수감색을 섞어 새의 날개도 2/3 부분을 채색하고, 물붓을 이용하여 위쪽에서 아래쪽으로 점점 얇게 풀어주는 바림 과정을 채색해주세요.

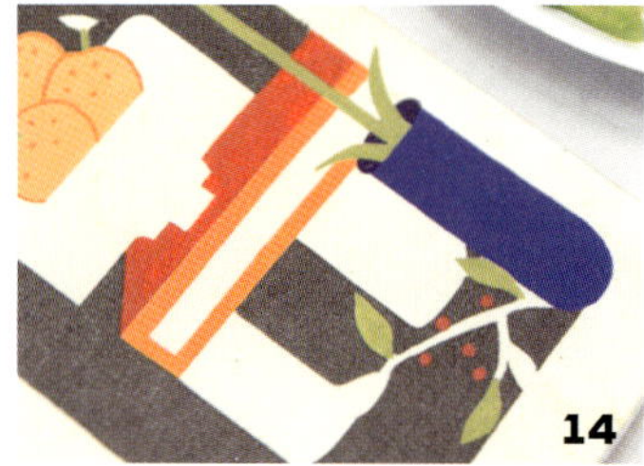

13번 과정과 같은 색으로 오른쪽 화병의 안쪽 부분을 채색하세요.

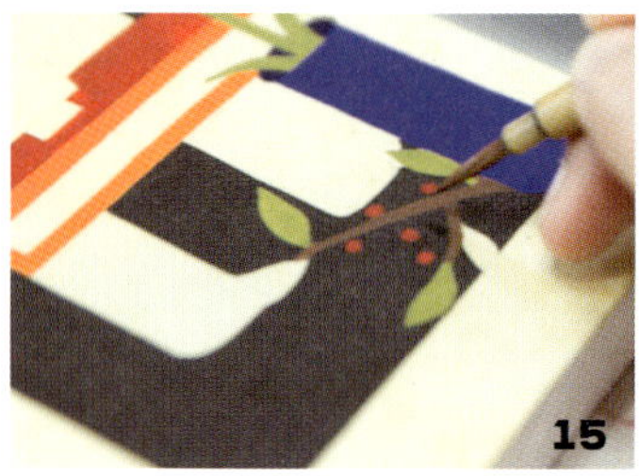

황토색, 대자색, 고동색을 섞어 오른쪽 아래에 나뭇가지 부분을 채색하세요.

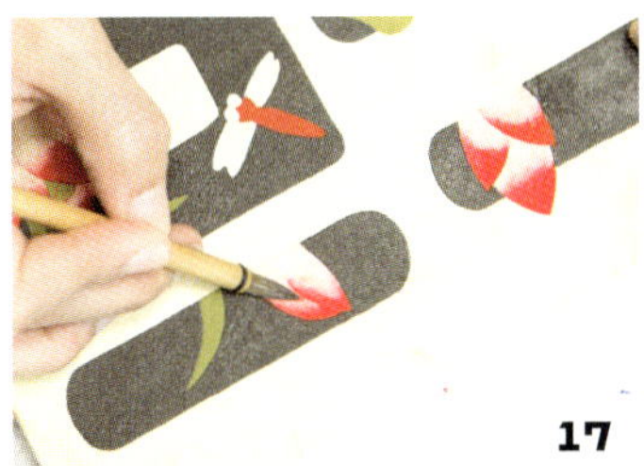

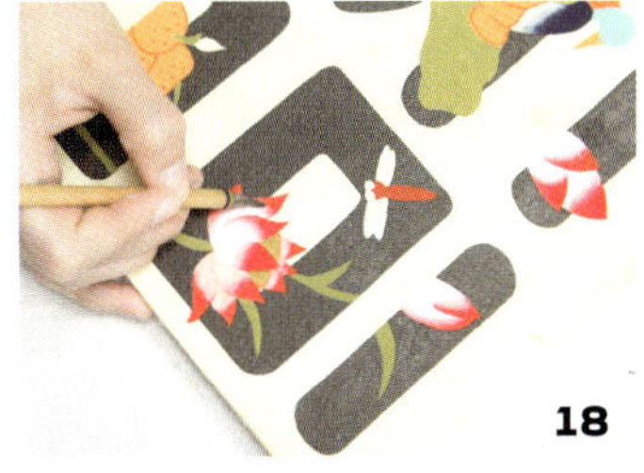

홍매색으로 연꽃 각 잎의 2/3 부분을 채색하고, 물붓을 이용하여 위쪽에서 아래쪽으로 점점 엷게 풀어주는 바림 과정을 채색하세요.

| TIP | 동양화 물감 중 호분은 가장 쓰기 어려운 색입니다. 16~17번 과정의 색 부분을 미리 넓게 채색해 나중에 호분의 면적을 줄여주면 깔끔하게 그러데이션 넣기에 좋습니다.

16~17번 과정의 물감이 완전히 마르면 호분색으로 거꾸로 바림을 넣어 중간에서 자연스럽게 만나도록 풀어주세요.

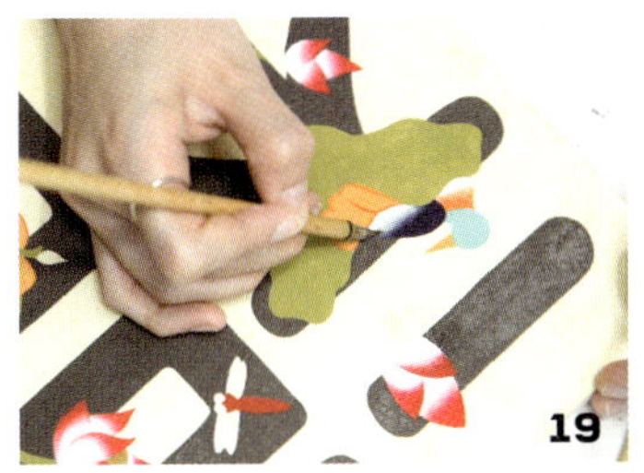

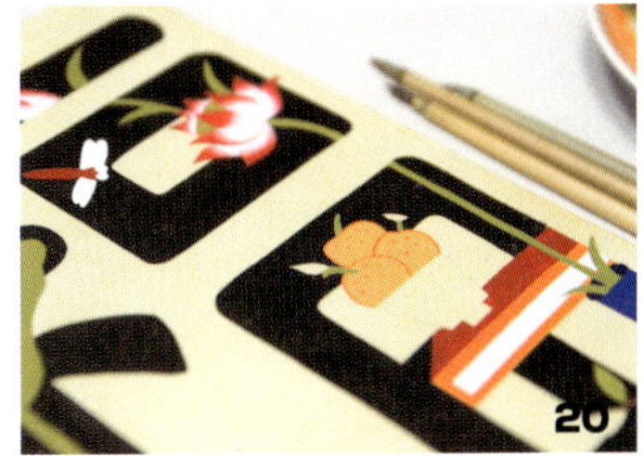

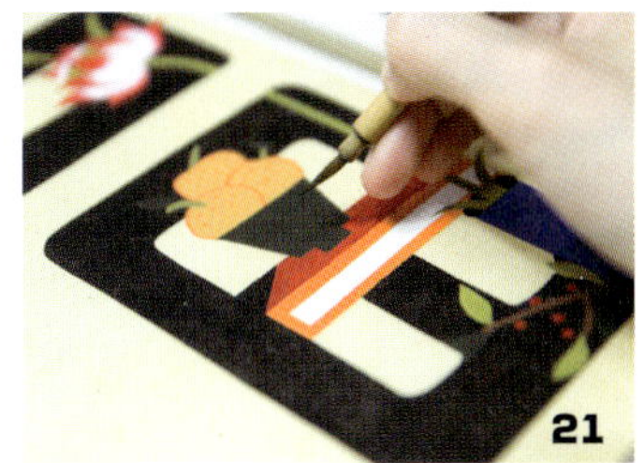

새의 몸통과 날개 부분도 호분색으로 거꾸로 바림을 넣어 중간에서 자연스럽게 만나도록 풀어주고, 세필붓을 이용하여 새 눈도 동그랗게 그려주세요.

호분색으로 잠자리의 양 눈과 날개, 책장 부분도 꼼꼼히 채색하세요.

맹황색과 수감색을 섞어 배 접시와 이파리, 그리고 밑에 나뭇가지의 진한 이파리 부분도 꼼꼼히 채색하세요.

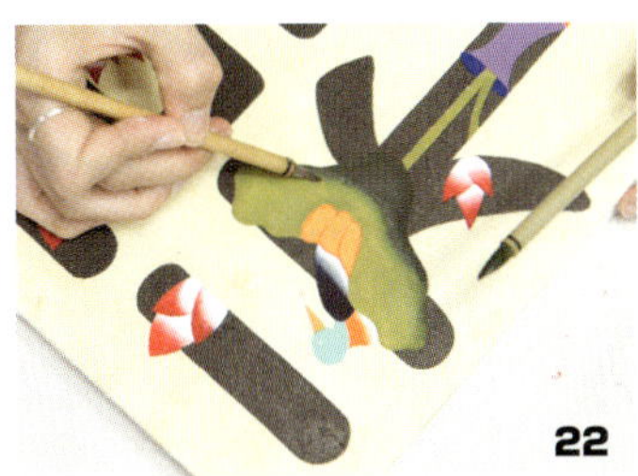

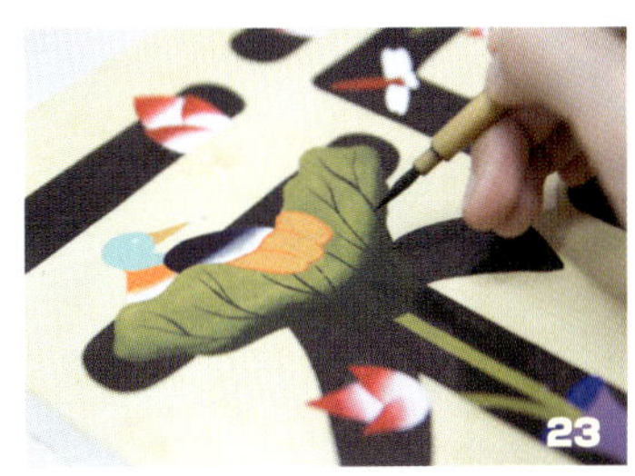

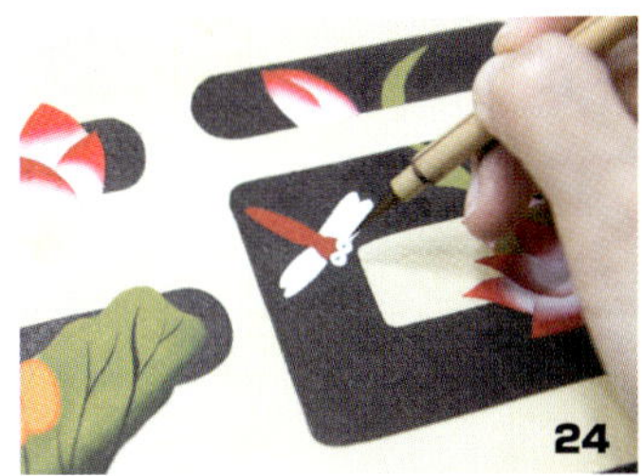

21번 과정과 같은 색으로 연잎에 2/5 부분을 채색하고 물붓을 이용하여 아래쪽에서 위쪽으로 점점 엷게 풀어주는 바림과정을 채색하세요.

21번 과정의 색에 수감색을 좀 더 섞어 연잎의 잎맥을 그려주세요.

먹으로 잠자리의 눈동자를 그려 그림을 마무리해주세요.

| TIP | 마지막으로 글자부분의 선을 먹물로 다시 한 번 정리해 깔끔하게 그림을 완성할 수 있습니다.

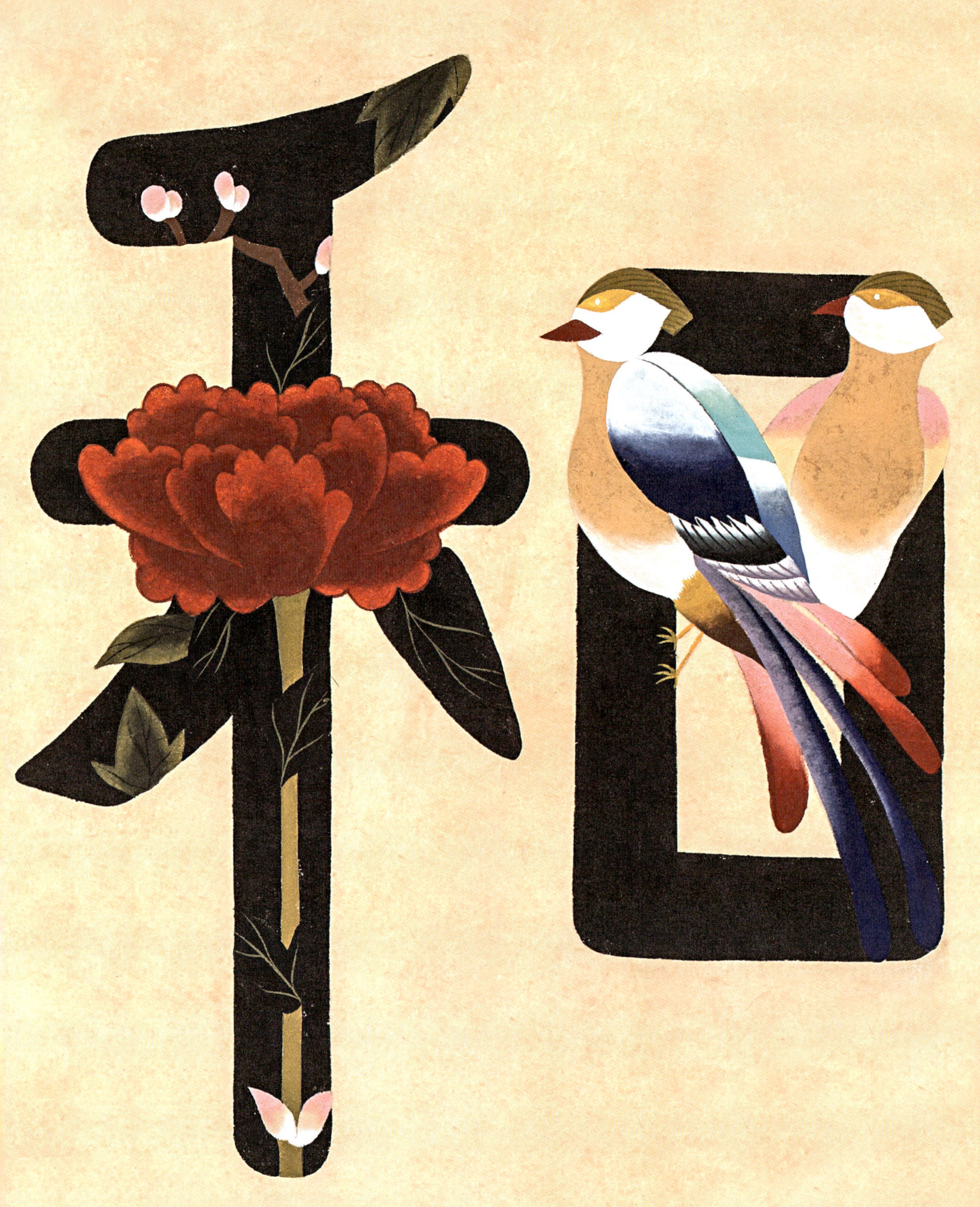

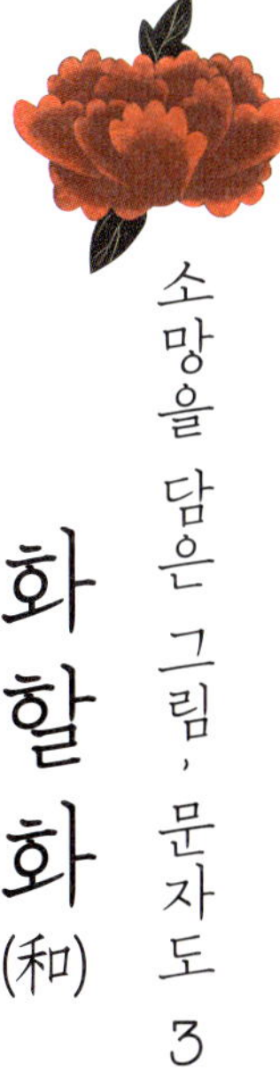

화할 화 (和)

문자도는 다른 민화와 마찬가지로 길상적인 성격을 갖고 있는 그림들도 있지만. 윤리성을 강조한 효제 문자도가 가장 많은 양을 차지하고 있어요. 부모님을 섬기는 도리를 말하는 효(孝), 형제간의 우애 있음을 말하는 제(悌), 임금이나 국가를 향해 우러나오는 정성 충(忠), 사람 간의 믿음 신(信), 존경을 표현하는 예(禮), 올바름의 의(義), 청렴함의 염(廉)과 부끄러움의 치(恥), 이렇게 여덟 글자가 8폭 병풍으로 그려진 것이 많아요. 공부만 하면 딱딱하다고 느낄 수 있는 윤리 규범들을 이렇게 재미있는 그림으로 그려낸 선조들의 창의성과 재치가 놀라운 그림들이에요!

준비물

3호 패널, 연필, 볼펜, 물통, 먹물, 먹접시, 물감접시, 민화붓 2필, 세필붓 1필

필요한 물감색 : 호분, 황, 황토, 주황, 홍매, 양홍#2, 맹황, 백록, 군청, 수감, 대자

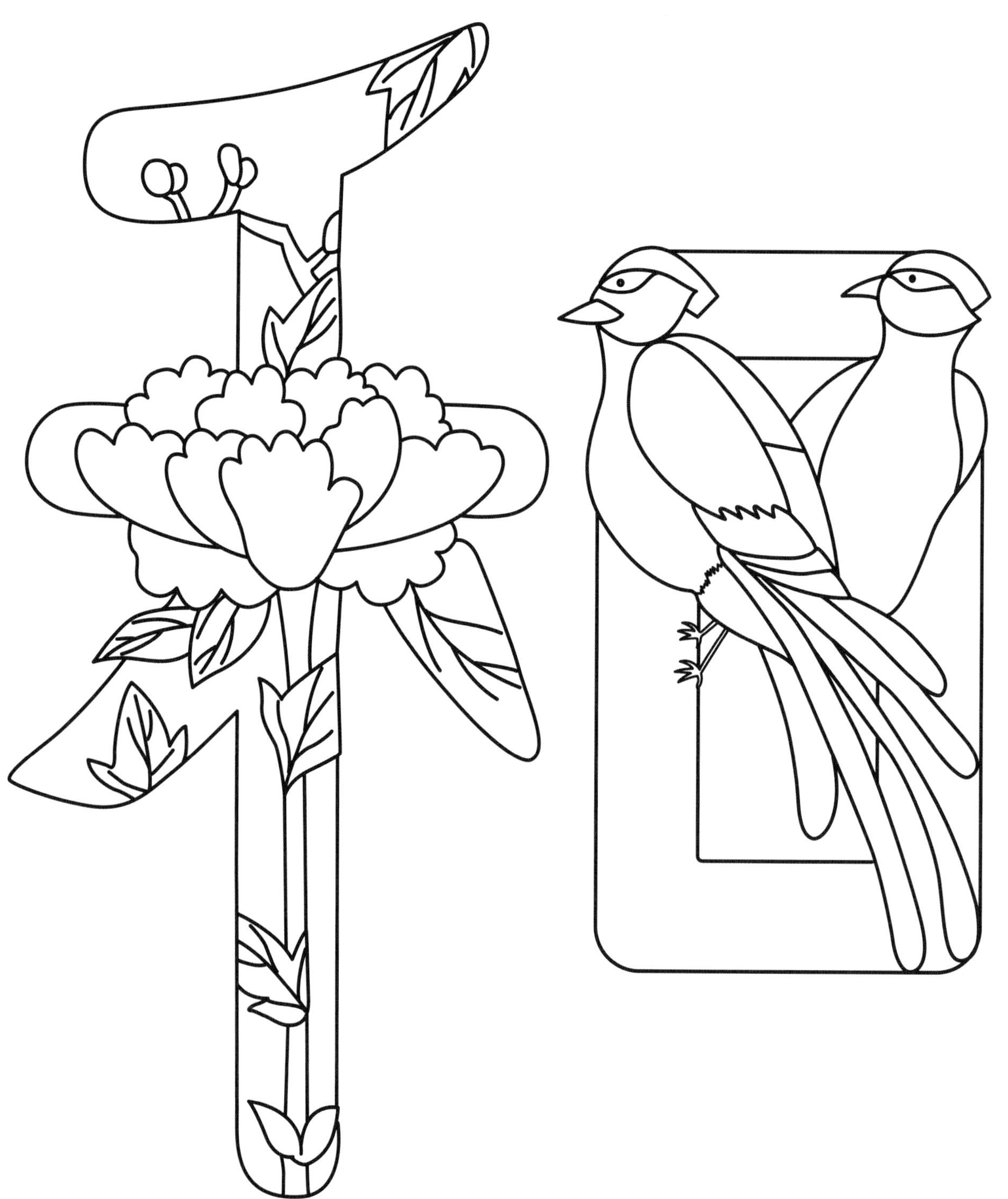

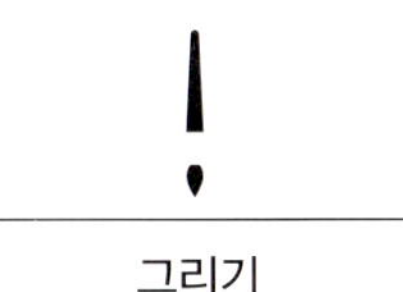

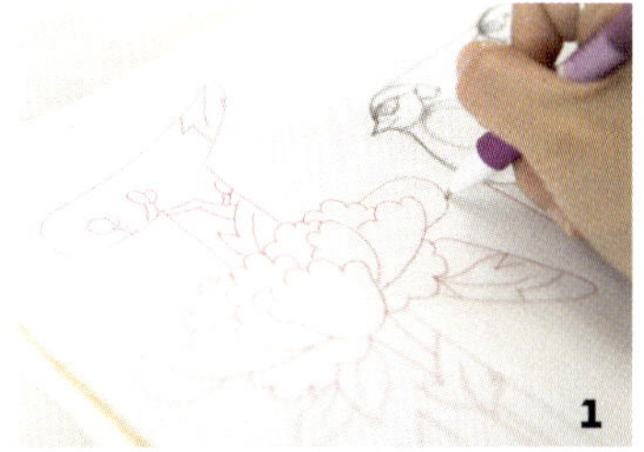

1

먹지 작업이 완성된 도안을 패널에 잘 맞춰 올려주고 힘을 주면서 볼펜으로 꼼꼼히 따라 그려 밑그림이 잘 배겨날 수 있게 해주세요.

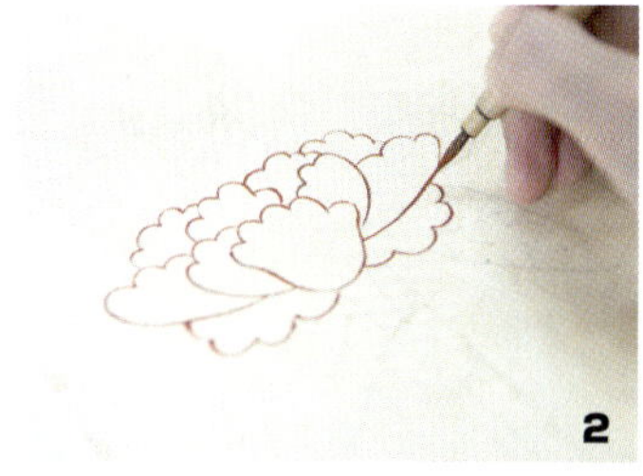

2

양홍색과 대자색을 섞어 모란꽃에 선을 그어주세요.

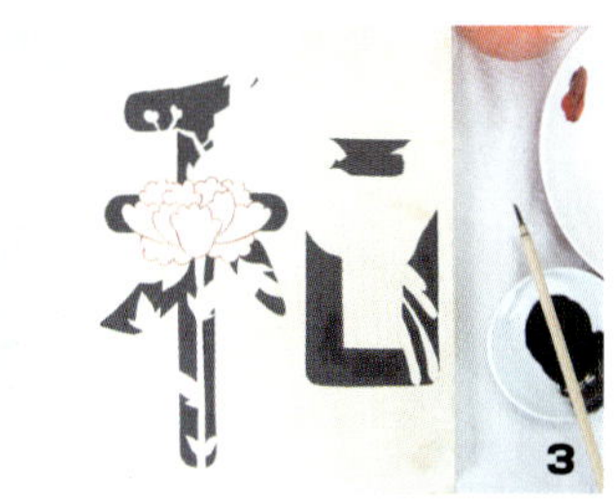

3

배겨진 자국을 따라 글자 부분을 먹으로 꼼꼼히 채색하세요.

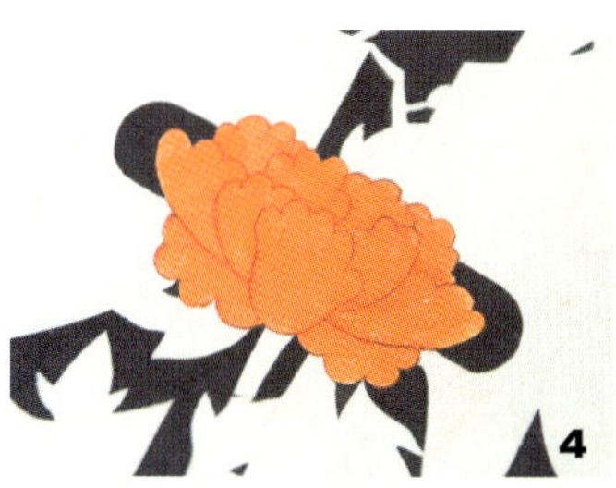

4

주황색으로 모란꽃 부분을 초벌채색하세요.

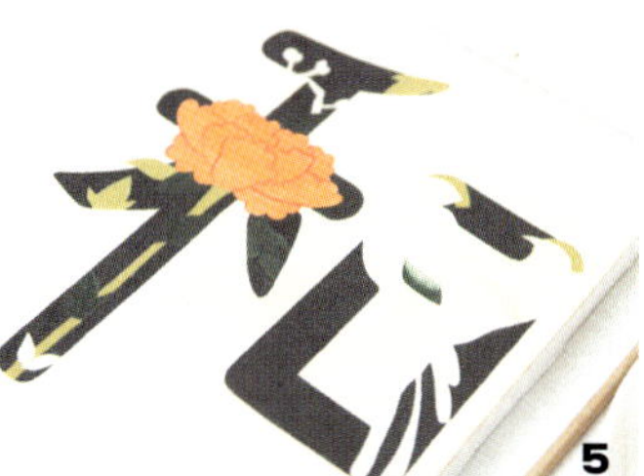

5

황토색과 맹황색을 섞어 모란꽃의 연한 이파리와 새 머리 부분을 채색하세요. 맹황색과 수감색을 섞어 모란꽃의 진한 이파리도 채색하고, 왼쪽 새 날개의 가운데 부분을 아래쪽에서 위쪽으로 점점 엷게 풀어주는 바림 과정을 채색하세요.

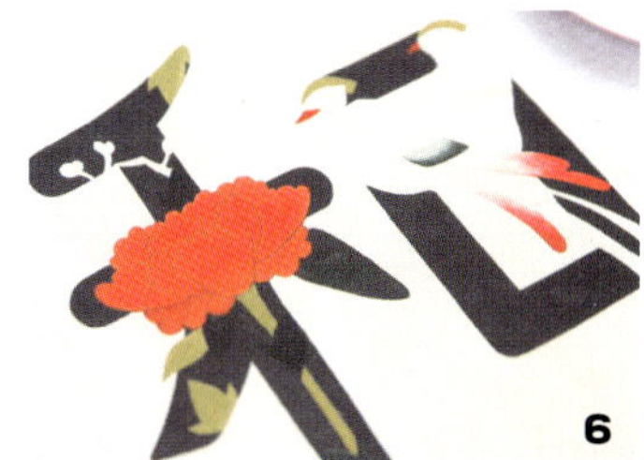

6

4번 과정이 완전히 마르면 양홍색으로 모란꽃에 초벌채색을 한 번 더 해주세요. 그리고 두 마리 새의 부리 부분을 꼼꼼히 채색해주세요. 같은 색으로 왼쪽 새의 양쪽 짧은 꼬리 부분을 아래쪽에서 위쪽으로 점점 엷게 풀어주는 바림 과정도 채색하세요.

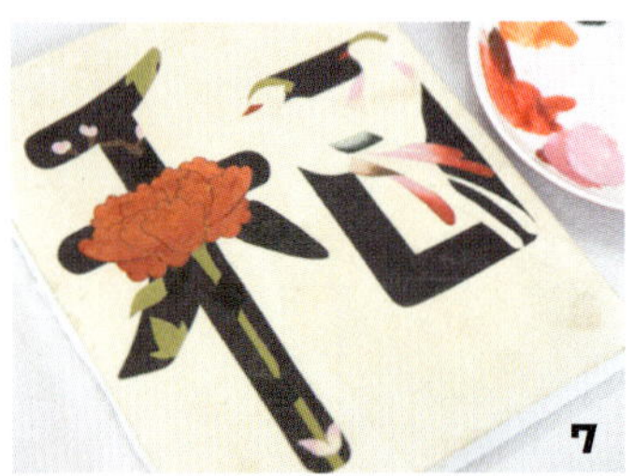 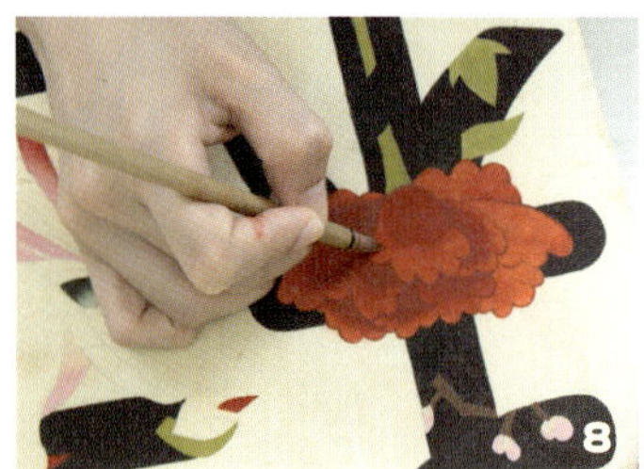 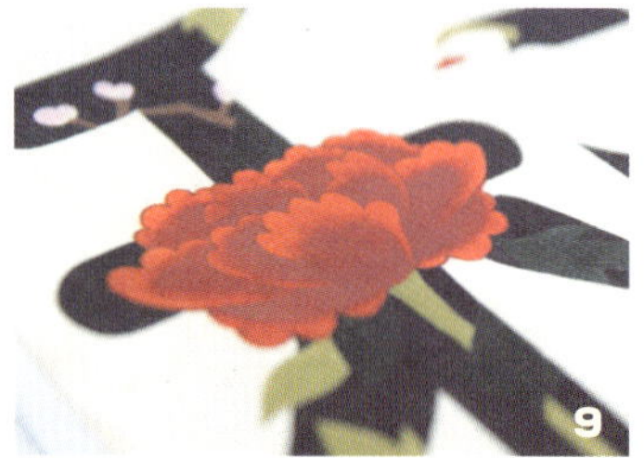

홍매색, 황토색, 호분색을 섞어 왼쪽의 작은 꽃봉오리들과 오른쪽 새의 날개를 위쪽에서 아래쪽으로 점점 엷게 풀어주는 바림 과정을 채색하세요. 6번 과정이 완전히 마르면 같은 색으로 왼쪽 새의 양쪽 짧은 꼬리 부분에 거꾸로 바림을 넣어 중간에서 자연스럽게 만나도록 풀어주세요.

양홍색과 대자색을 섞어 붉은 모란 꽃송이 각 잎의 2/3부분씩을 채색하고 물붓을 이용하여 가운데 부분에서 바깥쪽으로 점점 엷게 풀어주는 바림과정을 채색하세요.

모란꽃 바림이 완성되었습니다!

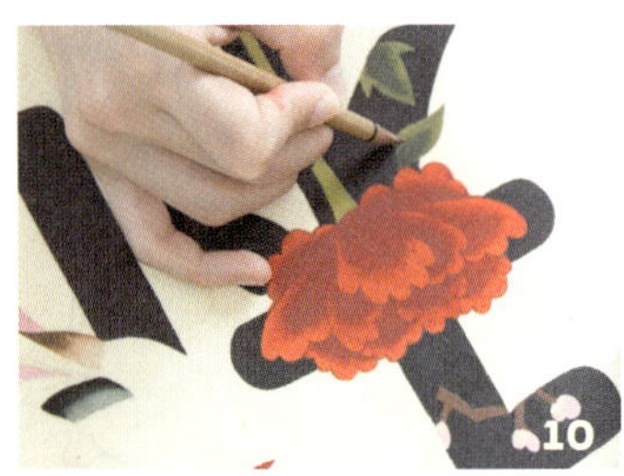 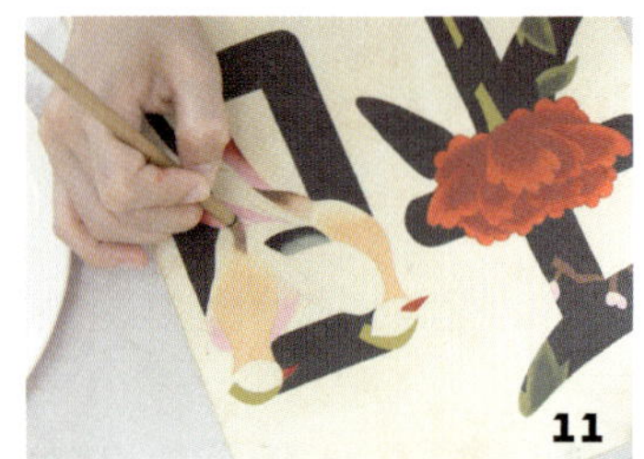 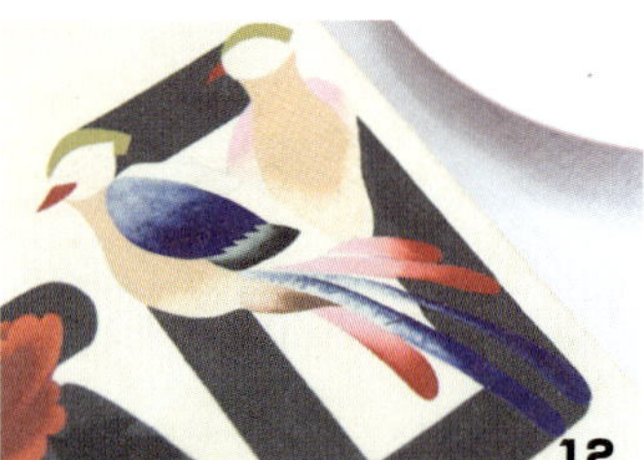

황토색, 맹황색, 수감색을 섞어 모란꽃의 연한 이파리 부분도 가운데서 바깥쪽으로 점점 엷게 풀어주는 바림 과정을 채색한 뒤 황토색, 대자색, 고동색을 섞어 모란가지 부분을 꼼꼼히 채색하세요.

황토색과 호분색을 섞어 두 마리 새의 몸통 부분을 위쪽에서 아래쪽으로 점점 엷게 풀어주는 바림 과정을 채색해주고, 황토색과 대자색을 섞어 왼쪽 새 꼬리 안쪽 부분도 아래쪽에서 위쪽으로 점점 엷게 풀어주는 바림 과정을 채색하세요.

군청색과 수감색을 섞어 왼쪽 새의 큰 날개 부분과 두 개의 긴 꼬리 부분에 아래쪽에서 위쪽으로 점점 엷게 풀어주는 바림 과정을 채색하세요.

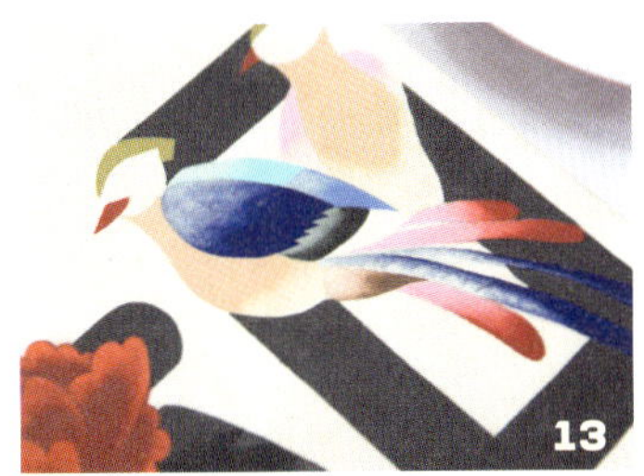

백록색으로 왼쪽 새 큰 날개 옆 윗 깃털 부분을, 백록색과 군청색을 섞어 왼쪽 새 큰 날개 옆 아래 깃털 부분을 아래쪽에서 위쪽으로 점점 옅게 풀어주는 바림 과정으로 채색하세요.

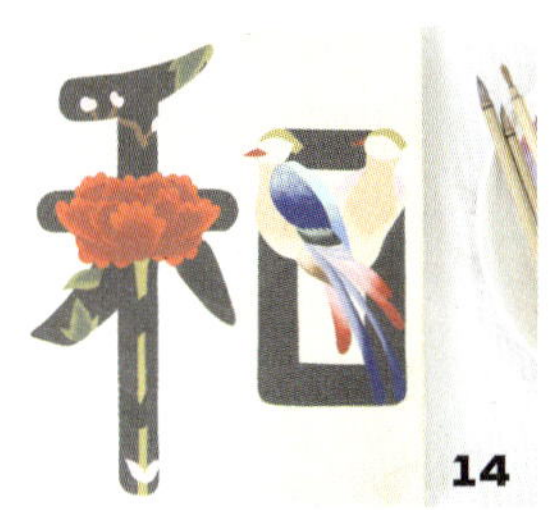

홍매색, 군청색, 호분색을 섞어 날개 깃털의 제일 아랫부분도 아래쪽에서 위쪽으로 점점 옅게 풀어주는 바림 과정을 채색하세요.

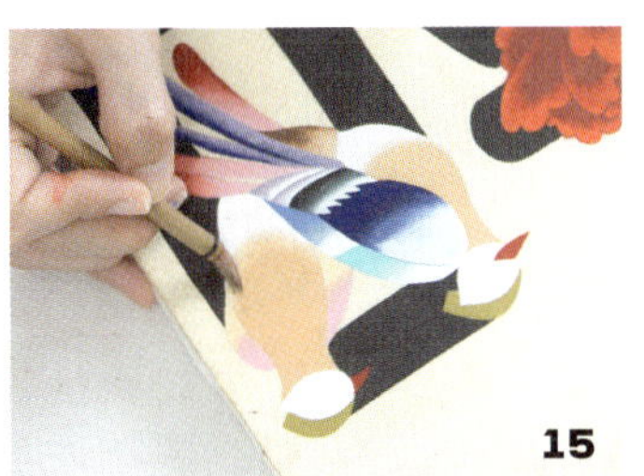

황색, 황토색, 호분색을 섞어 오른쪽 새의 양쪽 날개 부분에, 그리고 호분색으로 7~14번(8~9번 모란꽃을 제외한) 과정을 모두 거꾸로 바림을 넣어 중간에서 자연스럽게 만나도록 풀어주세요. 바림채색이 끝나면 호분색으로 두 마리 새의 얼굴을 꼼꼼히 채색하세요.

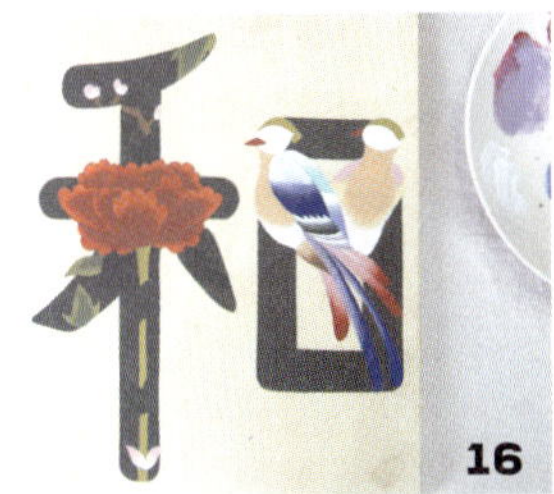

호분 바림이 완성되었습니다!

황토색과 맹황색을 섞어 모란 진한 이파리의 잎맥을, 맹황색과 수감색을 섞어 모란 연한 이파리의 잎맥을 그어주세요.

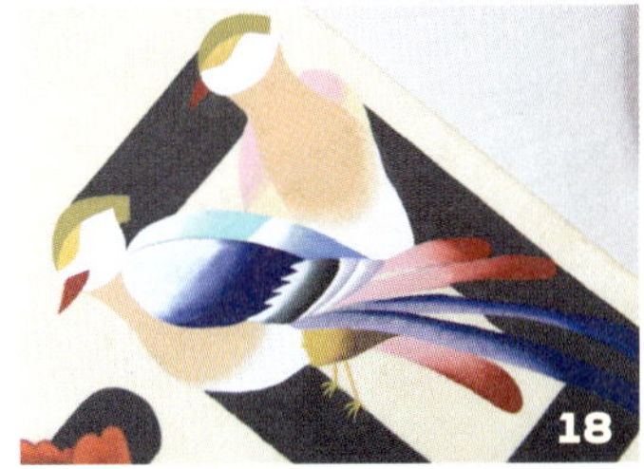

황토색으로 새 얼굴의 위쪽 무늬를 채색하고, 세필붓을 이용하여 새 다리도 그어주세요. 같은 색으로 11번 과정의 꼬리 안쪽 부분에 거꾸로 바림을 넣어 중간에서 자연스럽게 만나도록 풀어주세요.

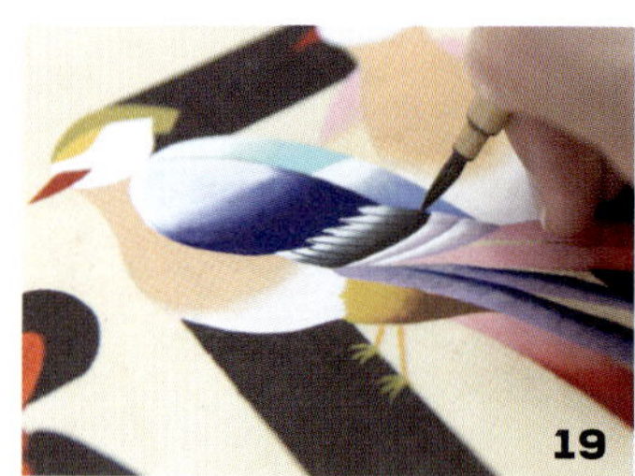

맹황색과 수감색을 섞어 왼쪽 새 날개의 가운데 부분에 디테일 선을 그어주세요(5번 과정과 같은 색, 같은 부분입니다).

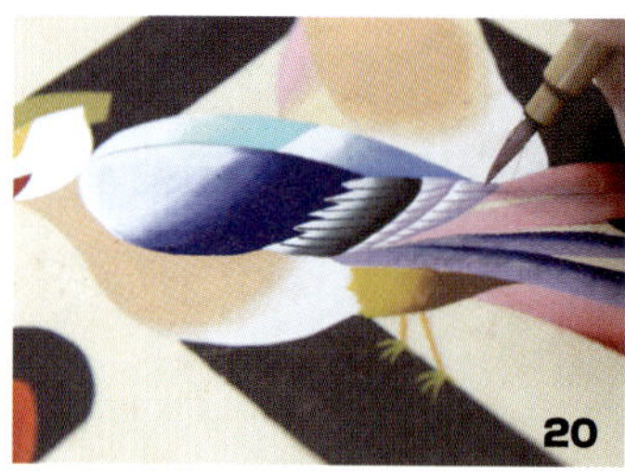

홍매색, 군청색, 호분색을 섞어 날개 깃털의 제일 아랫부분도 디테일 선을 그어주세요(14번 과정과 같은 색, 같은 부분입니다).

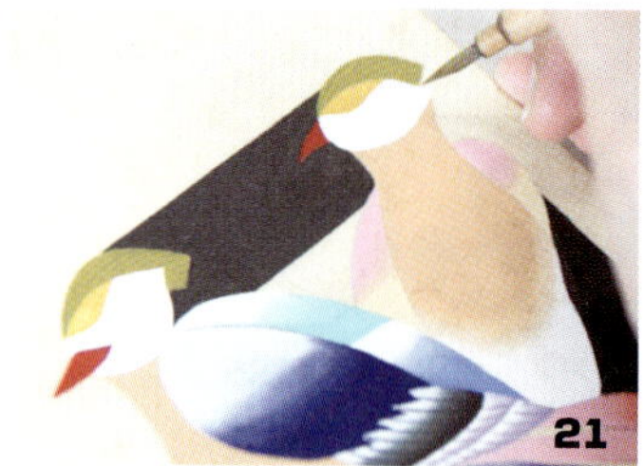

황토색에 맹황색을 좀 더 많이 섞어 새 머리 부분에도 디테일 선을 그어주세요.

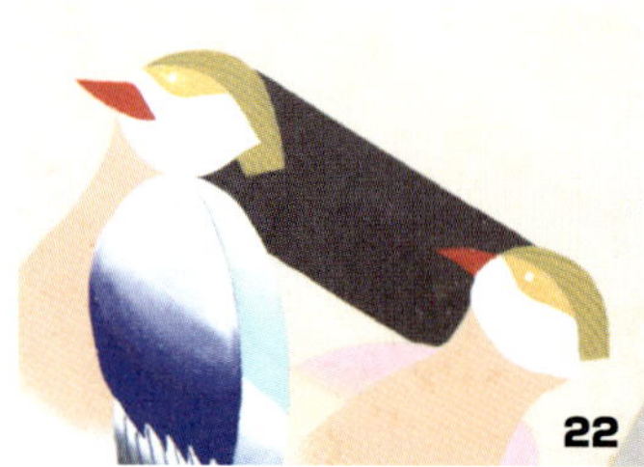

세필붓을 이용하여 호분색으로 새 눈을 그려주면 그림이 완성됩니다!

| TIP | 마지막으로 글자부분의 선을 먹물로 다시 한 번 정리해 깔끔하게 그림을 완성할 수 있습니다.

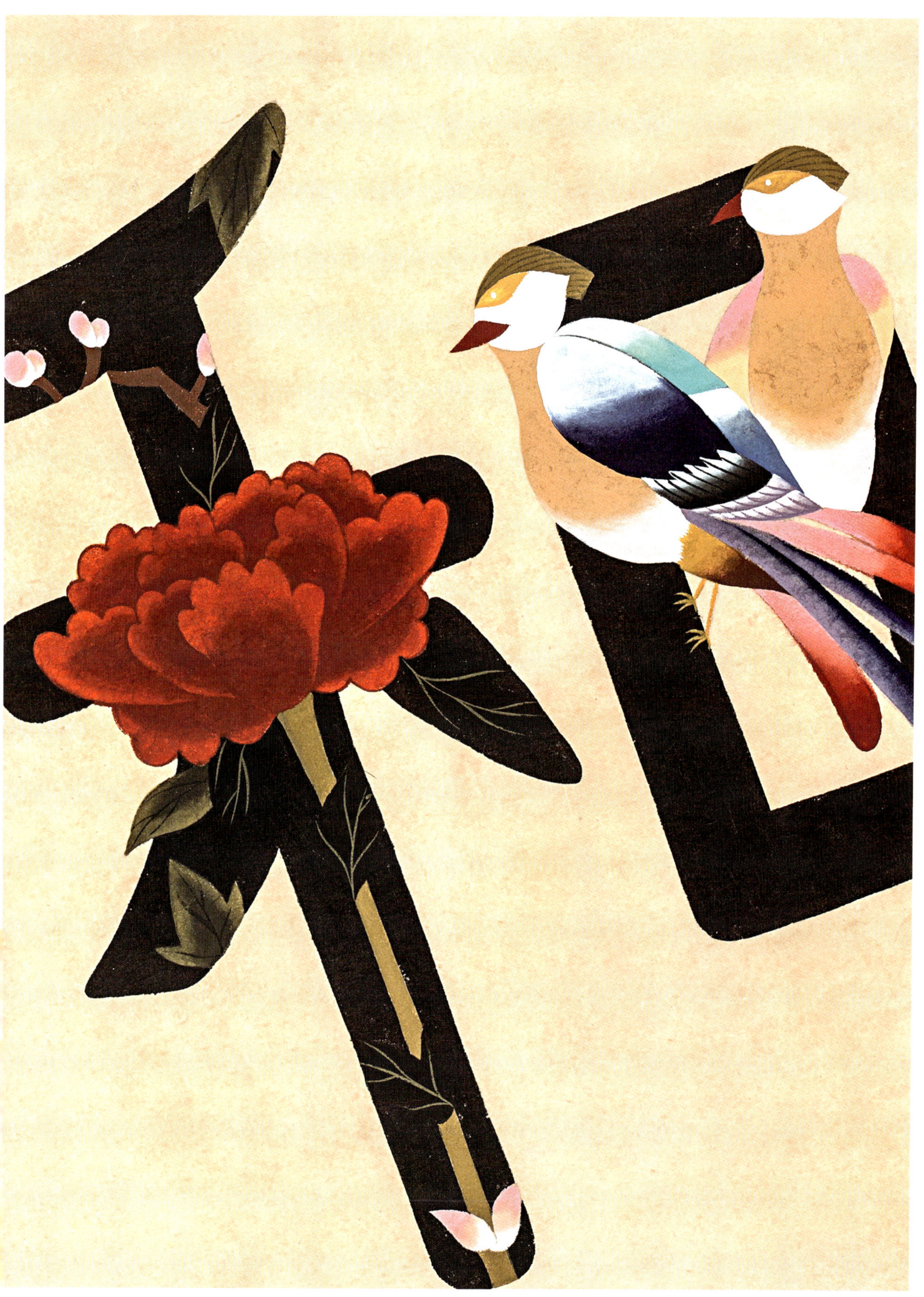

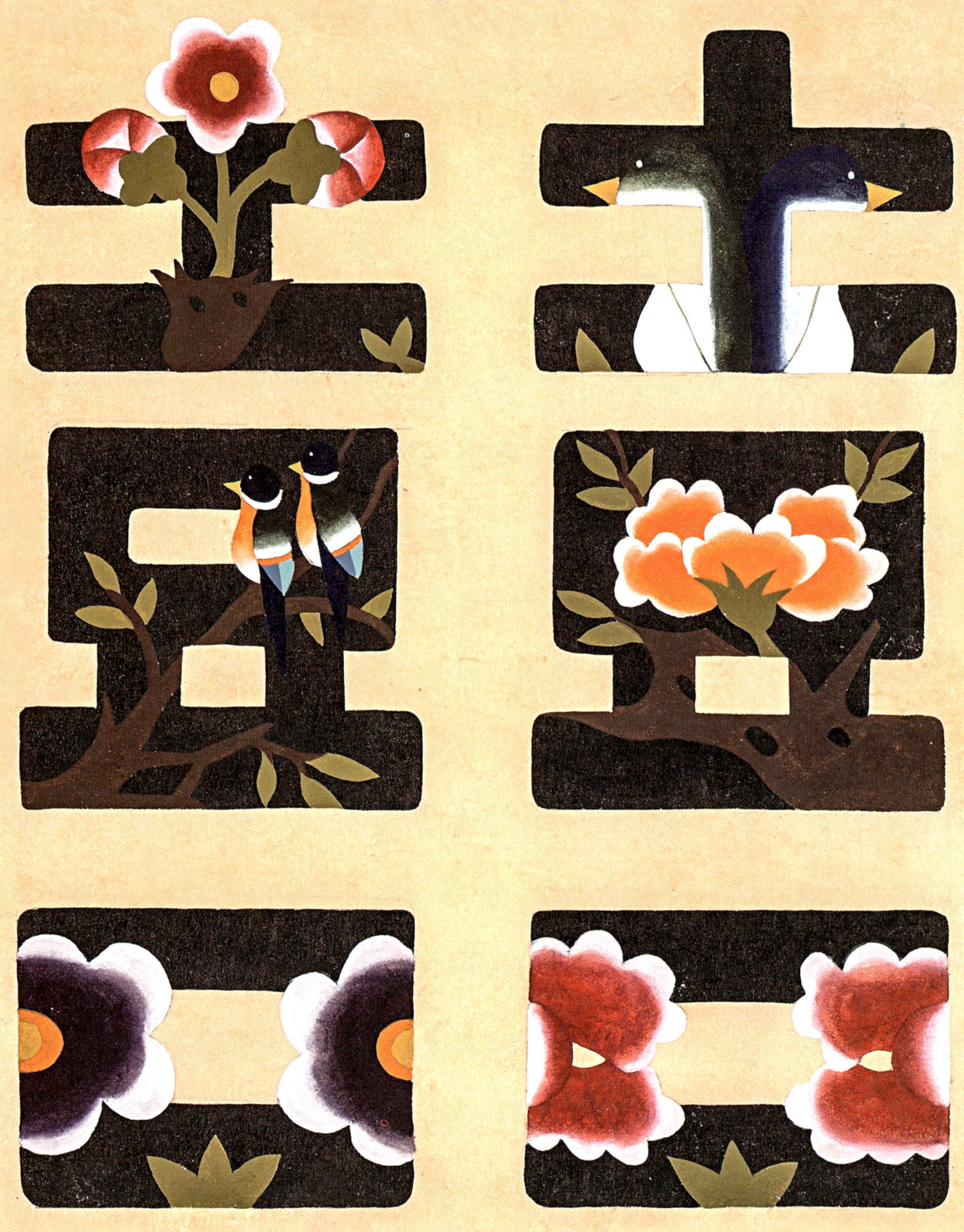

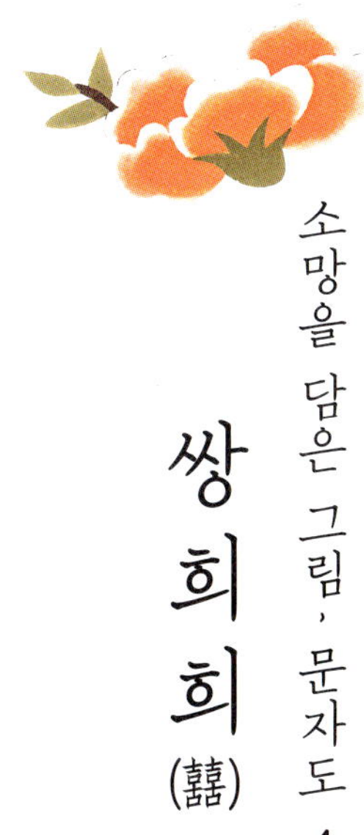

문자도는 글씨 같은 그림, 그림 같은 글씨로 보통 글자의 의미와 관련된 고사의 내용 등을 글자에 그려 넣은 재미있는 그림이에요. 시간이 지나면서는 점차 글자의 형태보다는 그림을 꾸며주는 도안의 장식성에 치중하며 화려해지는 모습을 보이고 있어요. 그래서 글자에 어우러지게 그려진 꽃이나 새에 예쁜 색을 넣어주고, 글자 획 위에도 화려하게 선묘를 그려주는 아름다운 그림들을 볼 수 있게 되었어요. 꽃이 사방에 활짝 피고, 새들은 다정한 기쁘고 기쁜 날을 알록달록 예쁘게 물들여 보세요.

준비물

3호 패널, 연필, 볼펜, 물통, 먹물, 먹접시, 물감접시, 민화붓 2필, 세필붓 1필

필요한 물감색 : 호분, 황, 황토, 주황, 홍매, 맹황, 백록, 군청, 수감, 대자, 고동

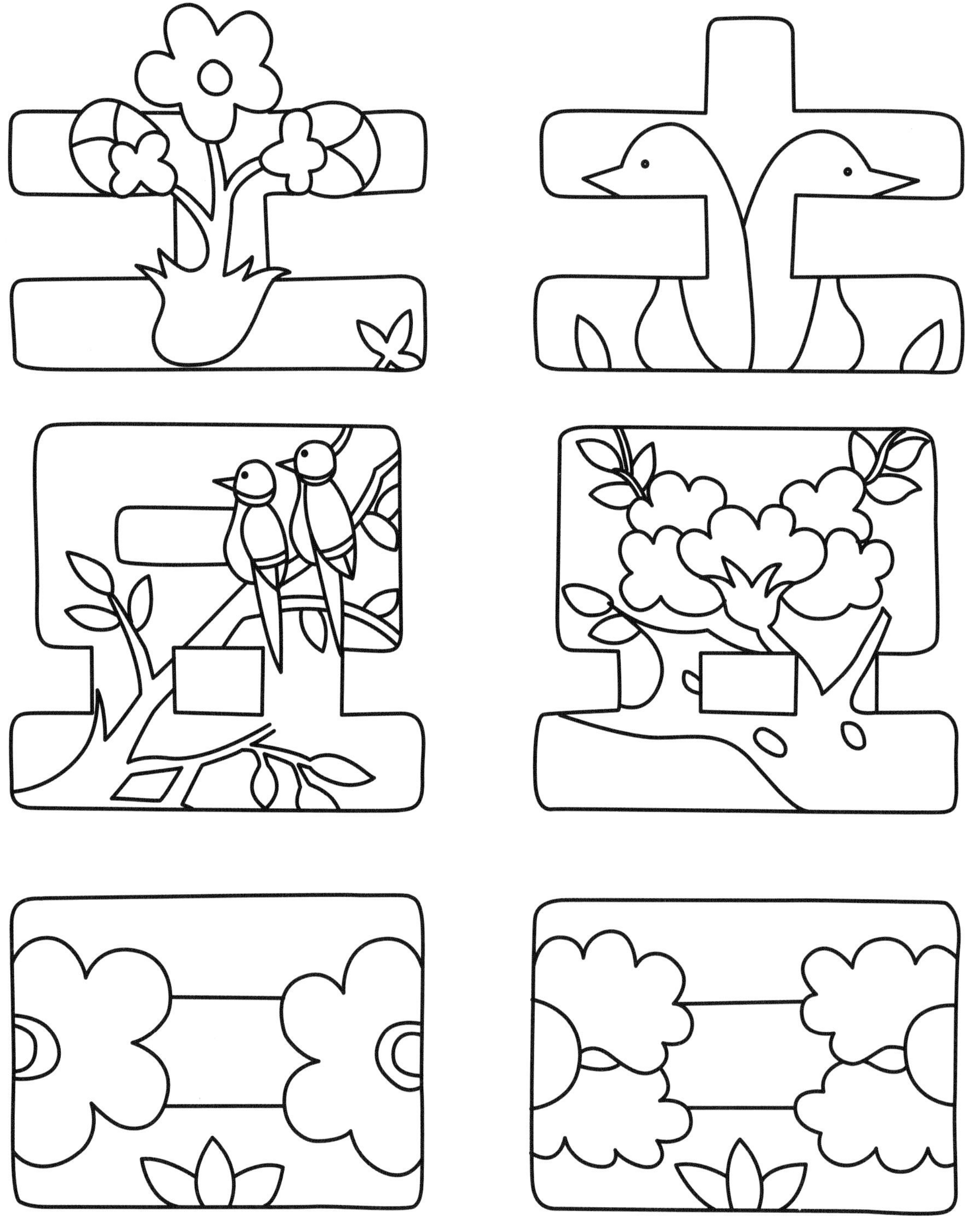

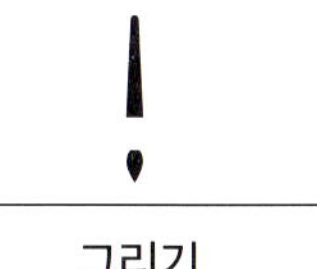

먹지 작업이 완성된 도안을 패널에 잘 맞춰 올려주고 힘을 주면서 볼펜으로 꼼꼼히 따라 그려 밑그림이 잘 배겨날 수 있게 해주세요.

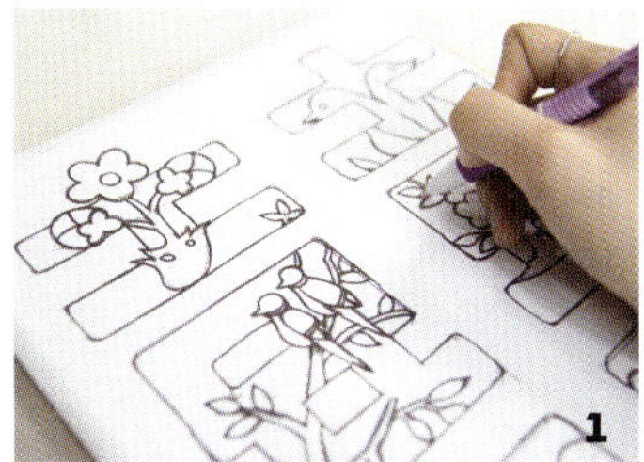

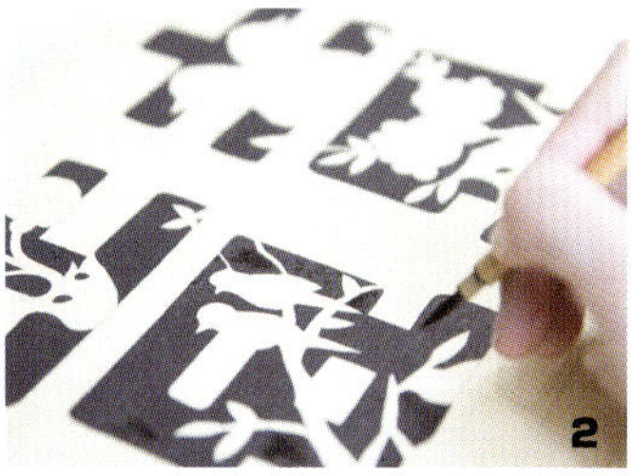

배겨진 자국을 따라 글자 부분을 먹으로 꼼꼼히 채색하세요.

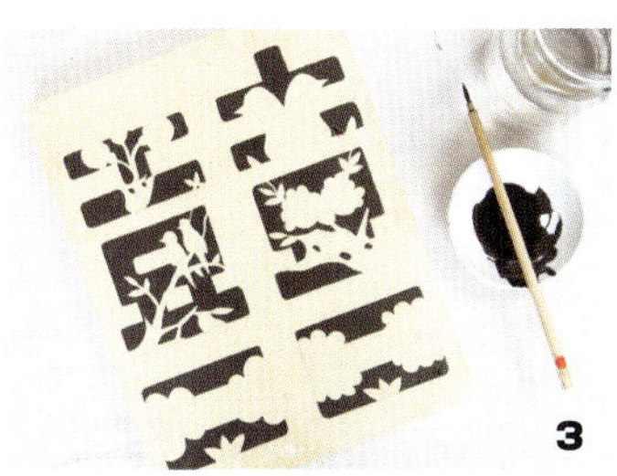

글자 부분 채색이 완성되었습니다!

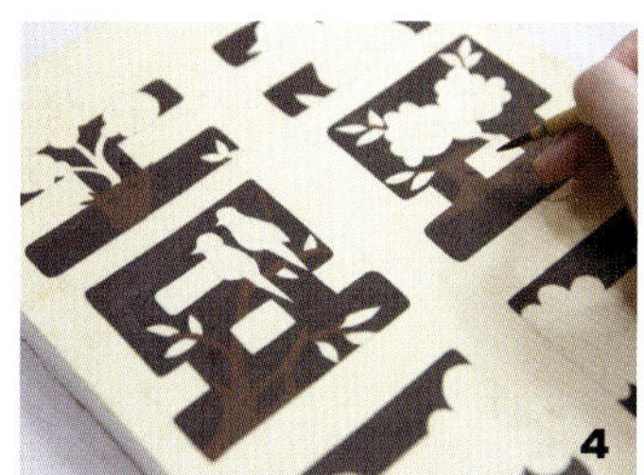

황토색, 대자색, 고동색을 섞어 나뭇가지 부분을 채색하세요.

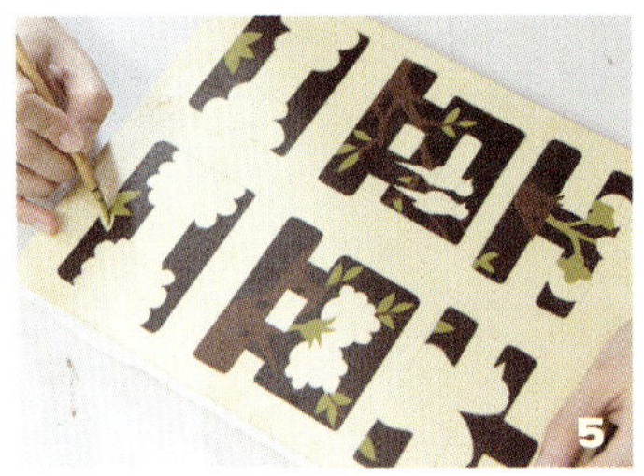

황토색과 맹황색을 섞어 이파리 부분을
채색하세요.

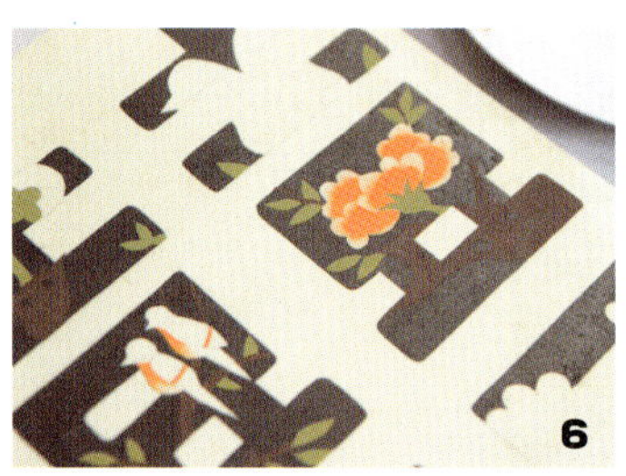

주황색으로 가운데 모란꽃의 2/3 부분
을 채색하고 물붓을 이용하여 가운데
부분에서 바깥쪽으로 점점 엷게 풀어주
는 바림과정을 채색하세요. 같은 색으
로 가운데 새 몸통 부분은 위쪽에서 아
래쪽으로 점점 엷게 풀어주는 바림과정
을 채색하고, 새 날개의 가운데 무늬도
함께 그려주세요.

| **TIP** | 동양화 물감 중 호분은 가장 쓰기
어려운 색입니다. 9번 과정의 색 부분을 미
리 넓게 채색해 나중에 호분의 면적을 줄
여주면 깔끔하게 그러데이션 넣기에 좋습
니다.

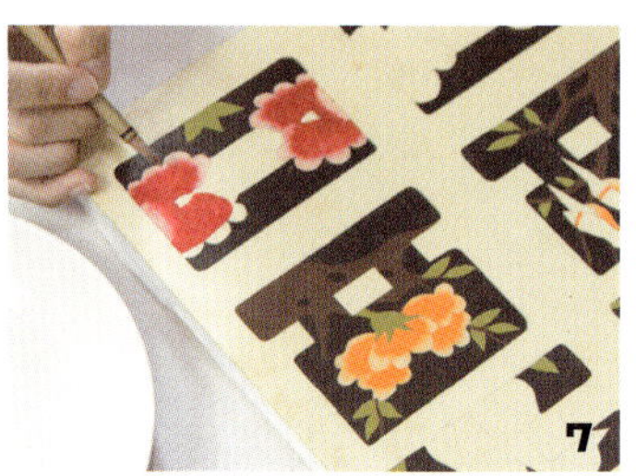

홍매색으로 오른쪽 아래 꽃과 왼쪽 위
의 꽃 2/3 부분씩을 채색하고 물붓을 이
용하여 가운데 부분에서 바깥쪽으로 점
점 엷게 풀어주는 바림 과정을 채색하
세요. 단, 왼쪽 위의 봉우리들은 봉우리
끝쪽에서 줄기 쪽으로 엷게 풀어주는
바림 방향으로 채색하세요.

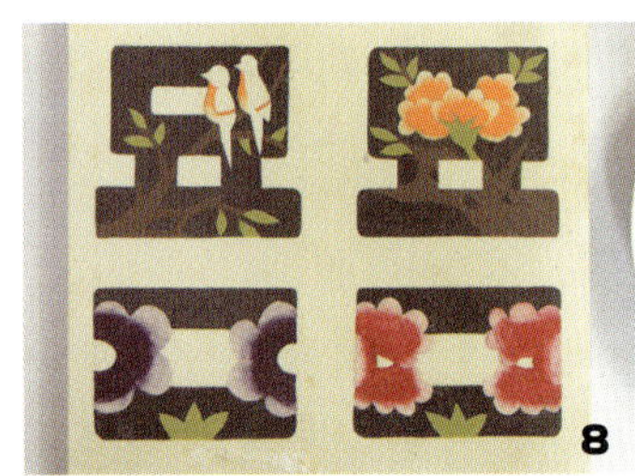

홍매색과 군청색을 섞어 왼쪽 아래 꽃도
2/3 부분을 채색하고, 물붓을 이용하여
가운데 부분에서 바깥쪽으로 점점 엷게
풀어주는 바림 과정을 채색하세요.

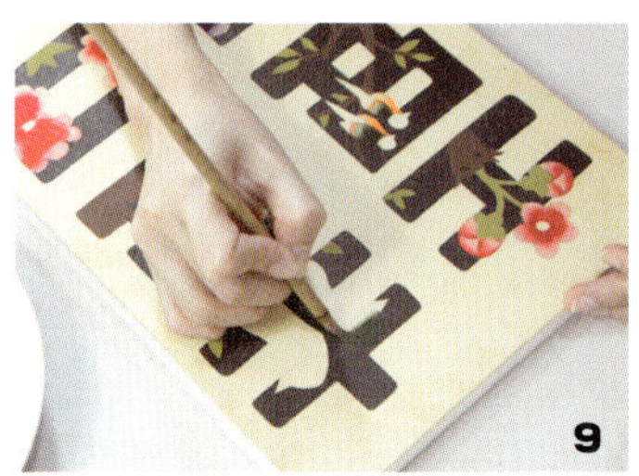

맹황색과 수감색을 섞어 왼쪽 가운데
새 두 마리 날개 부분의 2/3 부분을 채색
하고, 물붓을 이용하여 위쪽에서 아래
쪽으로 점점 엷게 풀어주는 바림 과정
을 채색하세요. 같은 색으로 오른쪽 위
의 새 두 마리 중, 왼쪽에 위치한 새 부분
도 두 마리의 새가 마주한 안쪽에서 바
깥쪽으로 점점 엷게 풀어주는 바림 과
정을 채색하세요.

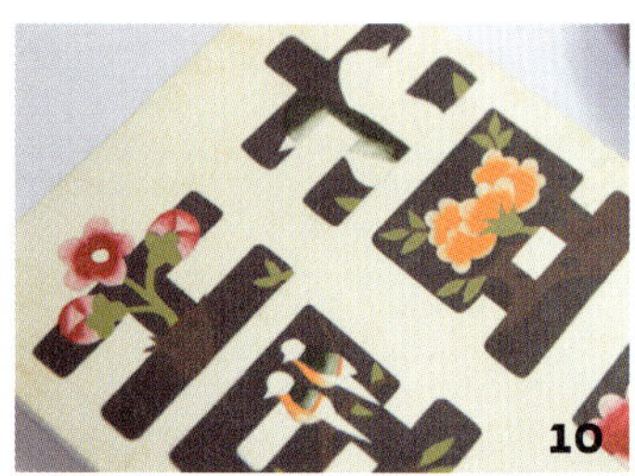

9번 과정의 바림이 완성된 모습입니다!

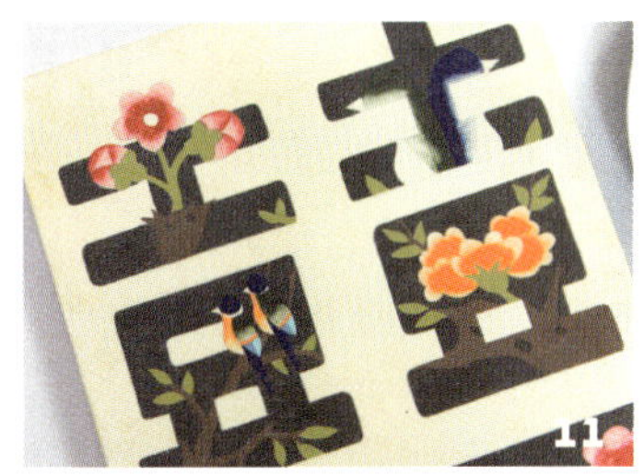

백록색으로 왼쪽 가운데 새 두 마리 날
개의 오른쪽 부분을, 백록색과 군청색
을 섞어 나머지 왼쪽 부분을 채색하세
요. 채색이 다 되었으면 군청색과 수감
색을 섞어 왼쪽 가운데 새 두 마리의 머
리와 긴 꼬리 부분도 채색하고, 오른쪽
위의 새 두 마리 중 나머지 한 마리도 두
마리의 새가 마주한 안쪽에서 바깥쪽으
로 점점 엷게 풀어주는 바림 과정까지
함께 채색하세요.

황색과 황토색을 섞어 새 부리와 왼쪽
꽃들의 가운데 동그라미 부분을 채색하
세요.

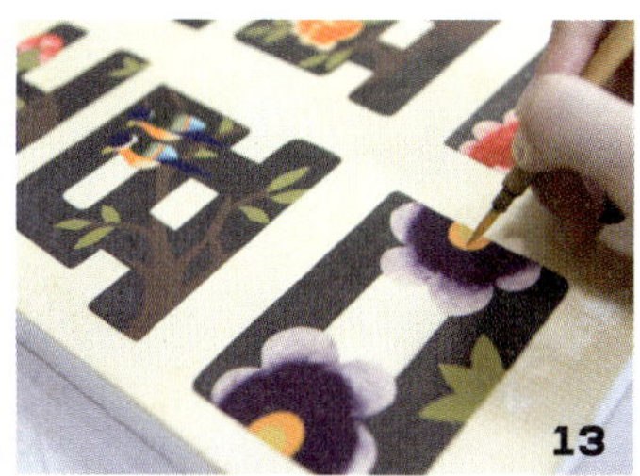

12번 과정의 색에 주황색을 좀 더 섞어
왼쪽 아래 꽃의 좀 더 바깥쪽 반원 부분
을 채색하세요.

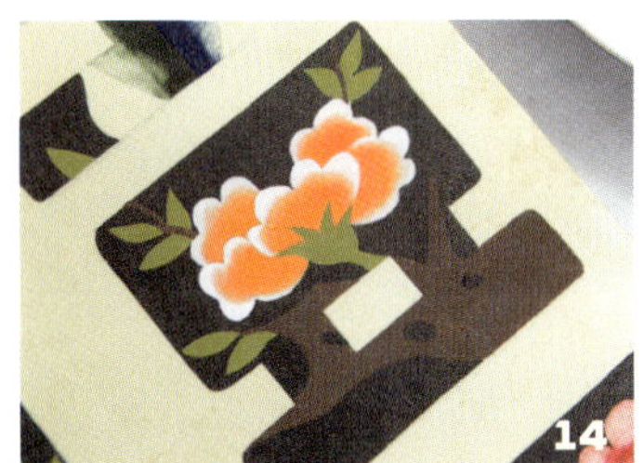

모란꽃 부분에 호분색으로 거꾸로 바림
을 넣어 중간에서 자연스럽게 만나도록
풀어주세요.

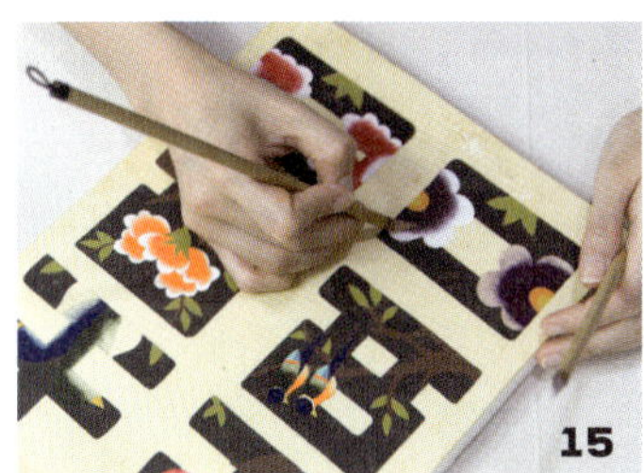

다른 꽃들도 모두 호분색으로 거꾸로
바림을 넣어 중간에서 자연스럽게 만나
도록 풀어주세요.

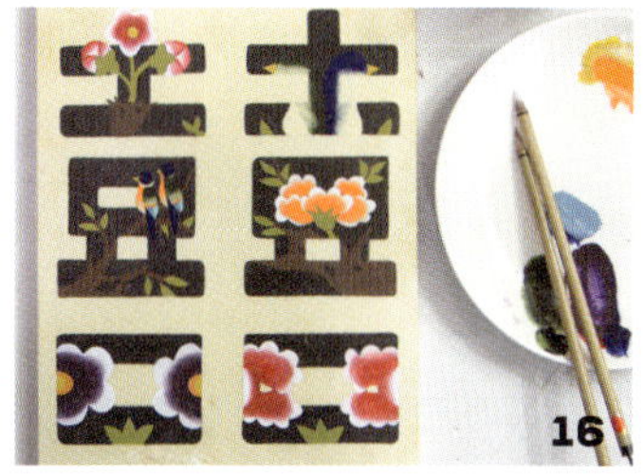

꽃 부분의 바림채색이 완성되었습니다.

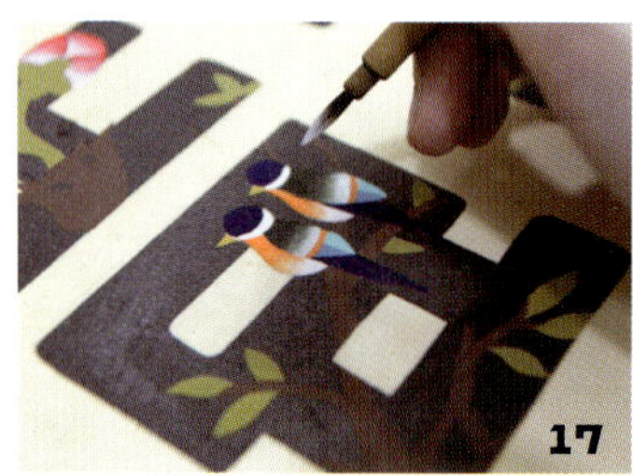

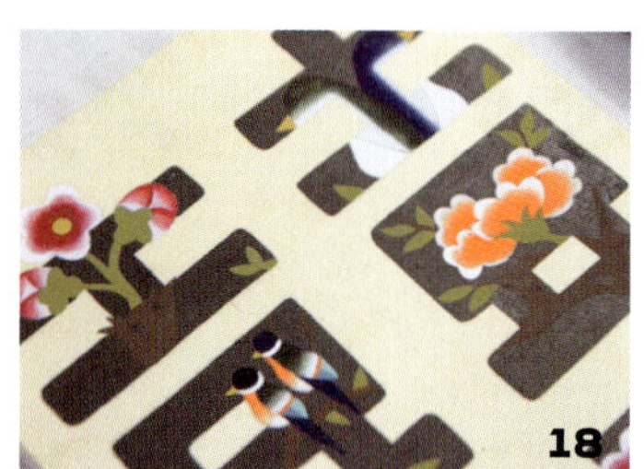

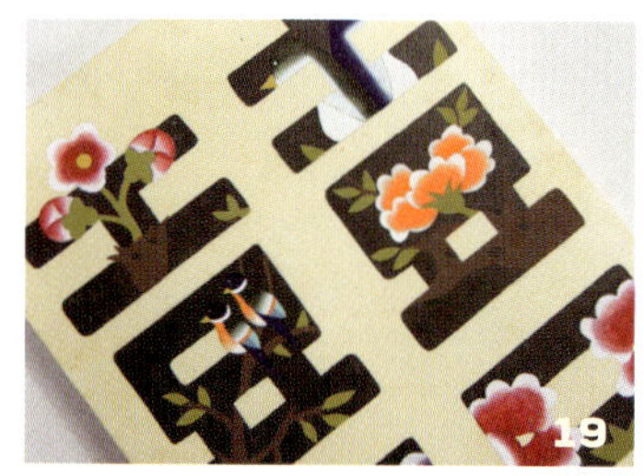

왼쪽에 그려진 두 마리의 새 몸통과 날개 부분에도 호분색으로 거꾸로 바림을 넣어 중간에서 자연스럽게 만나도록 풀어주고, 같은 호분색으로 새의 목 부분을 채색하세요.

오른쪽에 그려진 두 마리의 새 부분에도 호분색으로 거꾸로 바림을 넣어 중간에서 자연스럽게 만나도록 풀어주고, 배 부분은 바림 없이 꼼꼼히 채색하세요.

호분색으로 새 눈을 동그랗게 그려주면 완성됩니다!

| TIP | 마지막으로 글자부분의 선을 먹물로 다시 한 번 정리해 깔끔하게 그림을 완성할 수 있습니다.

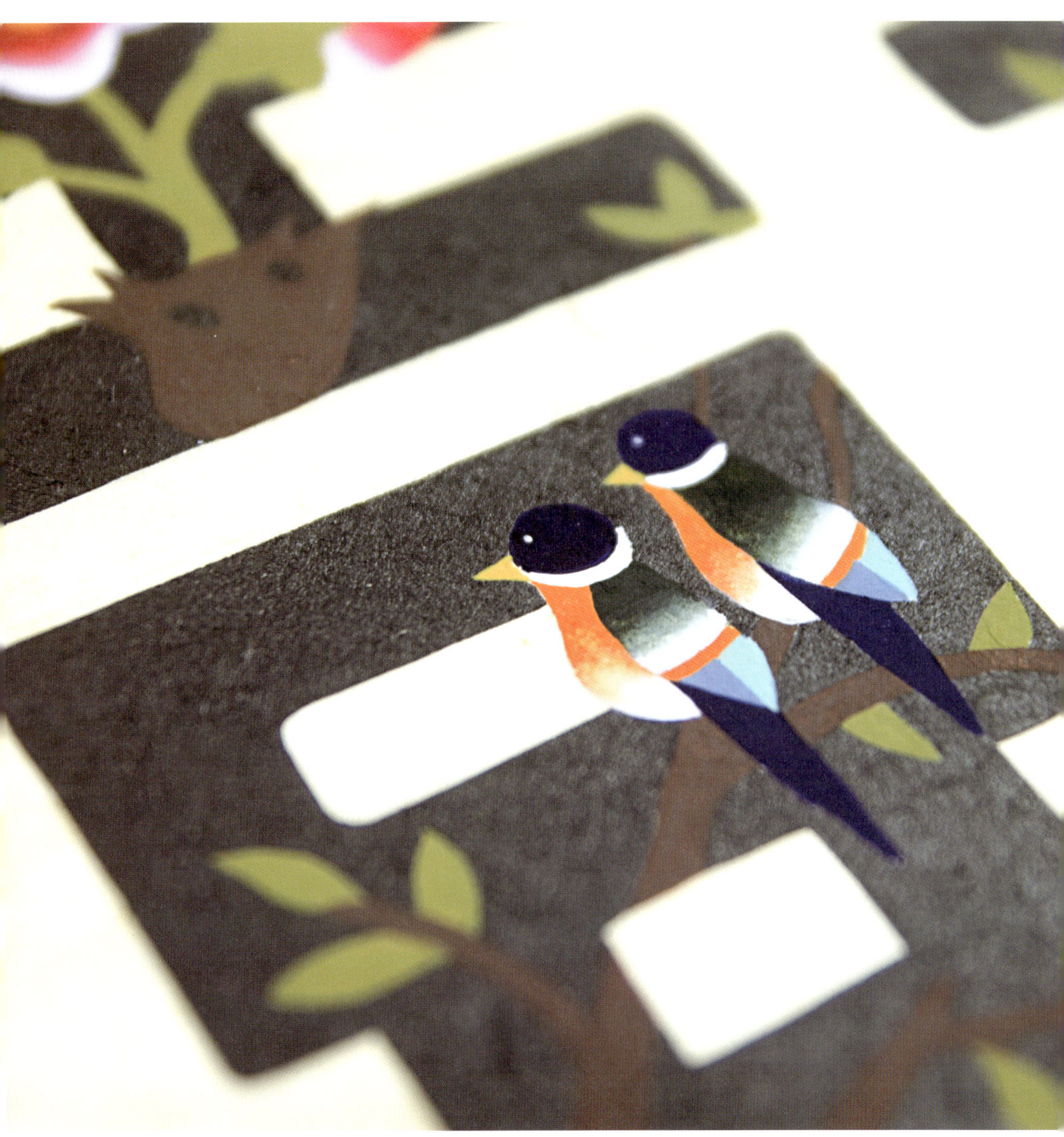

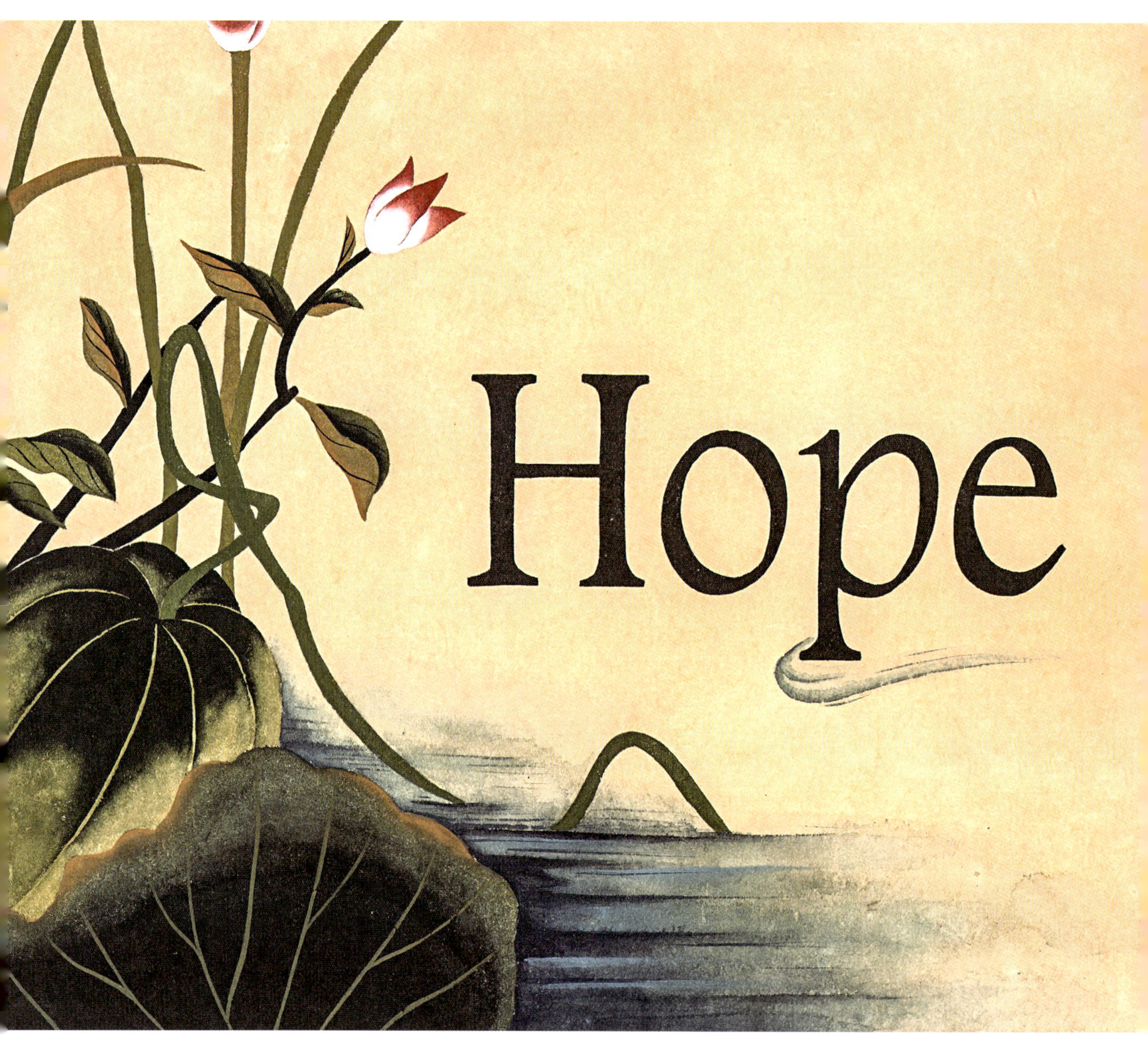
Hope

준비물

3호 패널, 연필, 볼펜, 물통, 먹물, 먹접시, 물감접시, 민화붓 2필, 세필붓 1필

필요한 물감색 : 호분, 황토, 주황, 홍매, 맹황, 백록, 군청, 수감

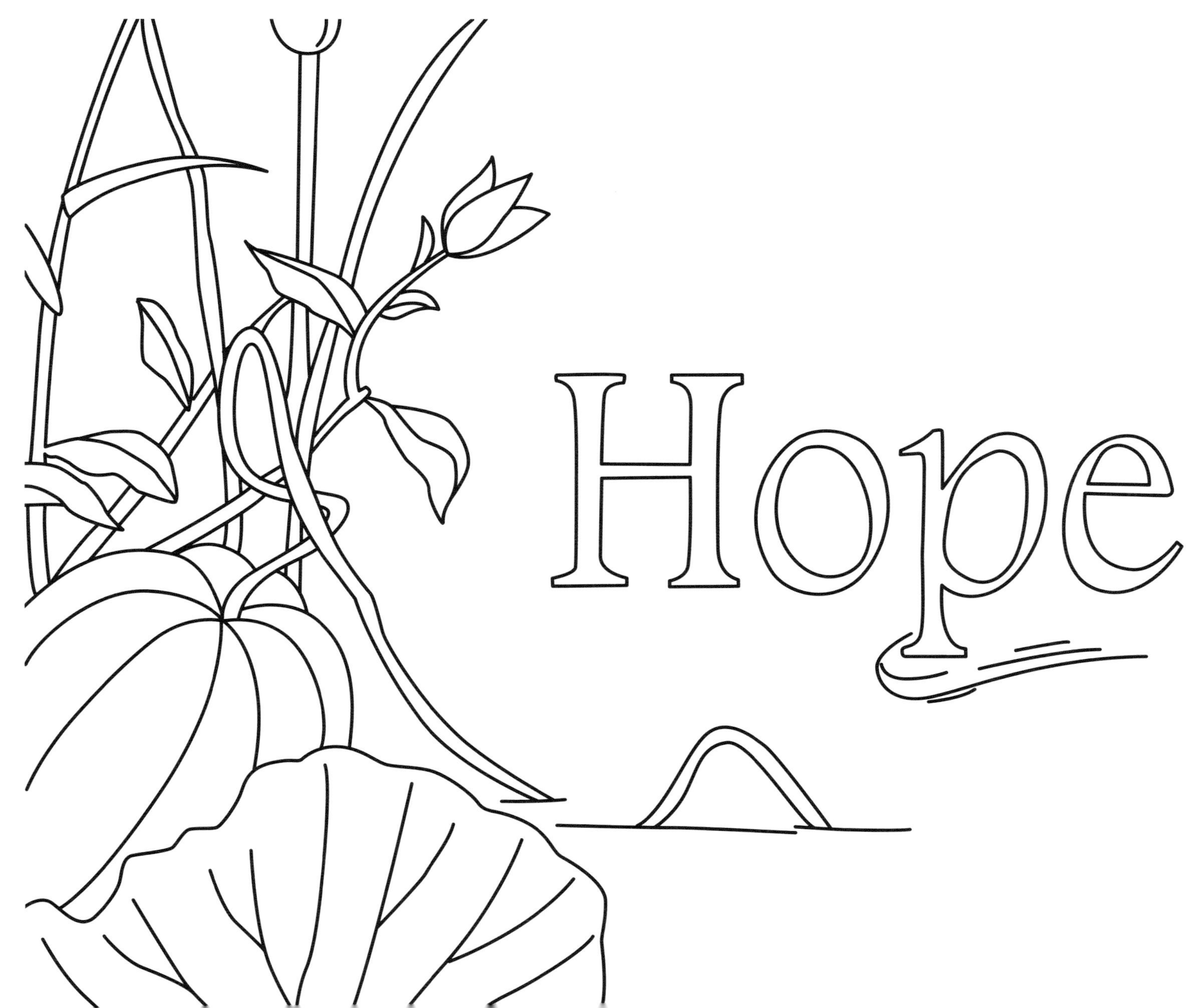
Hope

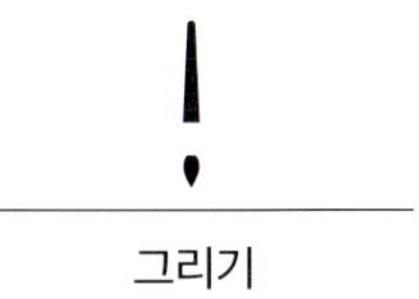

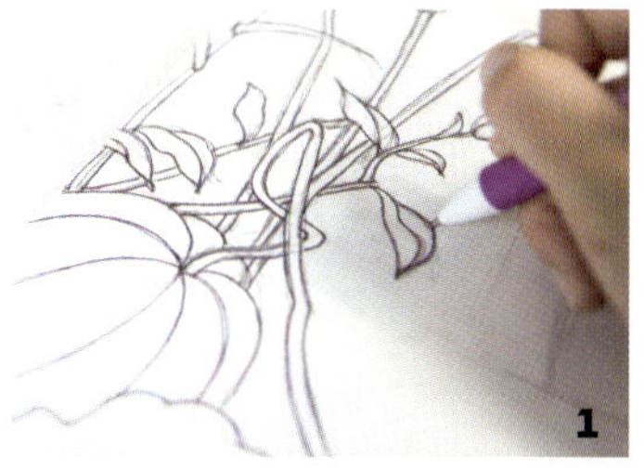

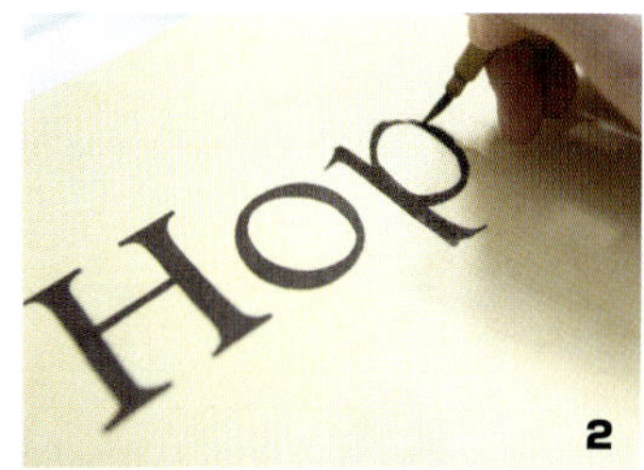

먹지 작업이 완성된 도안을 패널에 잘
맞춰 올려주고 힘을 주면서 볼펜으로
꼼꼼히 따라 그려 밑그림이 잘 배겨날
수 있게 해주세요.

배겨진 자국을 따라 글자 부분을 먹으
로 꼼꼼히 채색하세요.

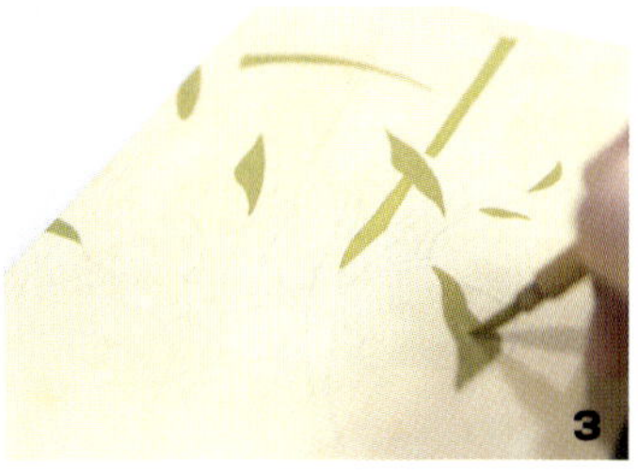

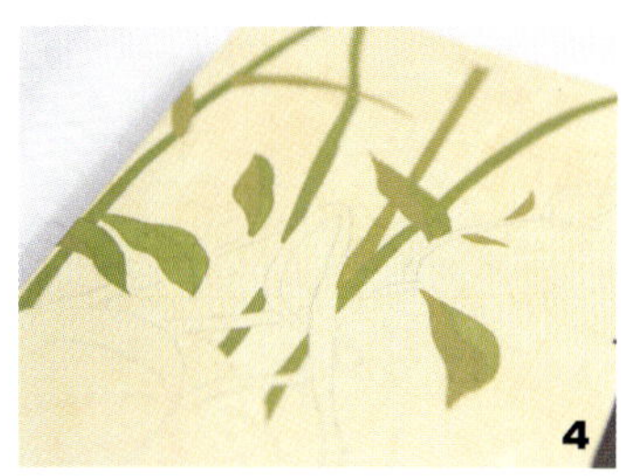

황토색, 맹황색, 백록색을 섞어 줄기와
연한 이파리 부분을 초벌채색하세요.

황토색과 맹황색을 섞어 진한 이파리
부분도 초벌채색하세요.

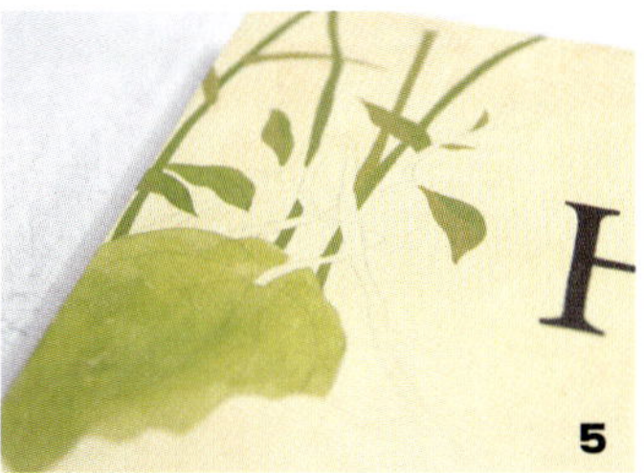

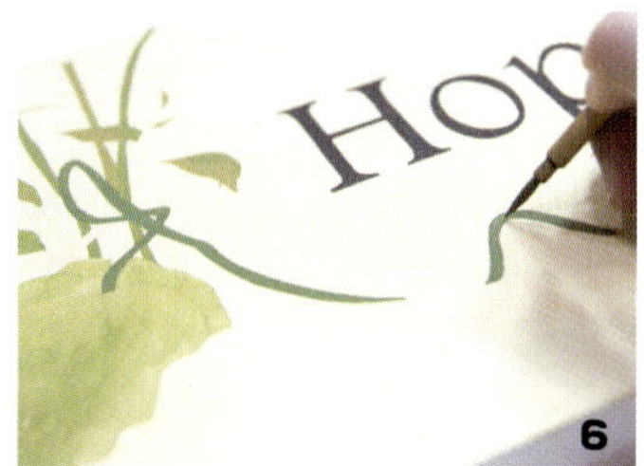

4번 과정과 같은 색으로 뒤집어진 연잎
전체를 초벌채색하세요.

맹황색으로 뒤집어진 이파리의 긴 줄기
를 채색하세요.

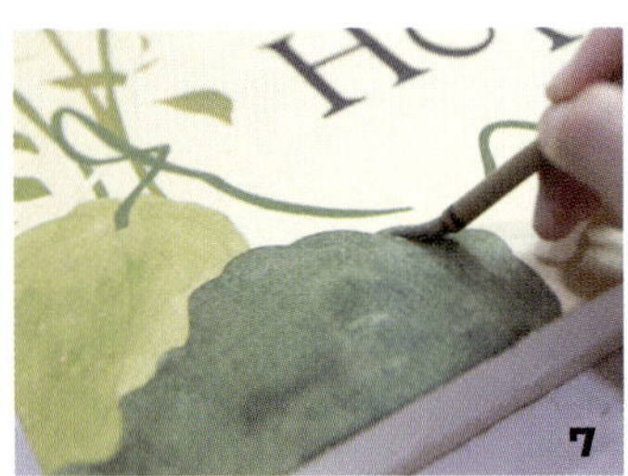

7

맹황색과 수감색을 섞어 아래쪽 연잎 전체를 초벌채색하세요.

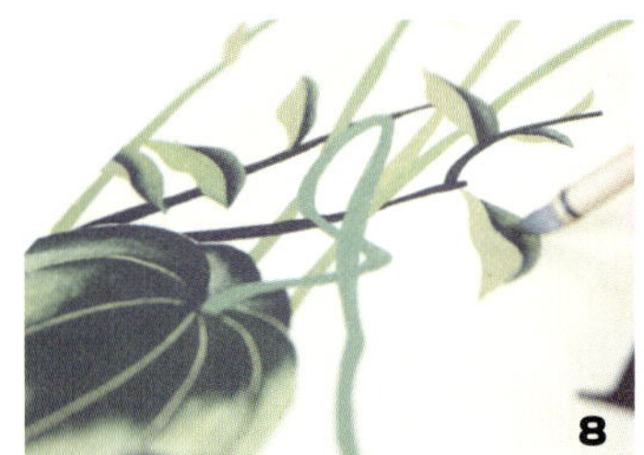

8

맹황색, 군청색, 수감색을 섞어 진한 줄기와 4번 과정의 진한 이파리의 1/2 부분을 채색하고, 물붓을 이용하여 안쪽에서 바깥쪽으로 점점 얇게 풀어주는 바림 과정을 채색하세요. 그리고 뒤집어진 연잎 부분에도 꼭지 부분부터 바깥쪽으로 잎맥 부분을 남겨가면서 바림 과정을 채색하세요.

| TIP | 나중에 연잎의 잎맥을 그어주는 것보다 선이 될 부분을 남겨놓고 바림하면 좀 더 맑은 느낌으로 그릴 수 있어요.

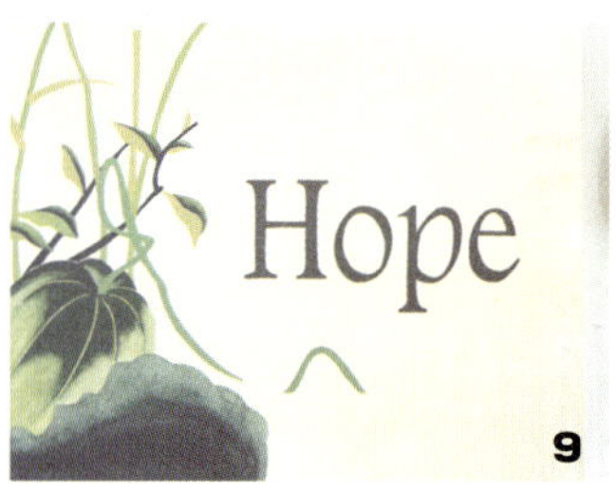

9

맹황색에 수감색을 많이 섞어 아래쪽 연잎에 3/5 부분을 채색하고 물붓을 이용하여 위쪽으로 점점 얇게 풀어주는 바림 과정을 채색하세요.

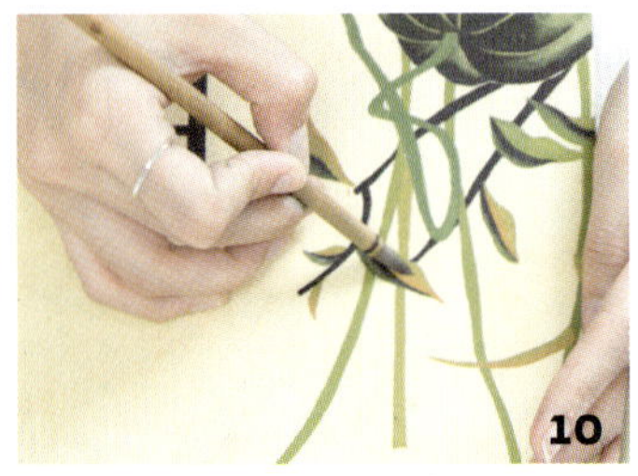

10

황토색과 주황색을 섞어 3번 과정의 연한 이파리도 1/2 부분을 채색하고, 물붓을 이용하여 안쪽에서 바깥쪽으로 점점 얇게 풀어주는 바림 과정을 채색하세요. 같은 색으로 제일 아래쪽 연잎 끝부분에도 색을 조금 넣고 위쪽에서 아래쪽으로 얇게 풀어 시든 느낌을 표현하는 바림 과정도 함께 채색하세요.

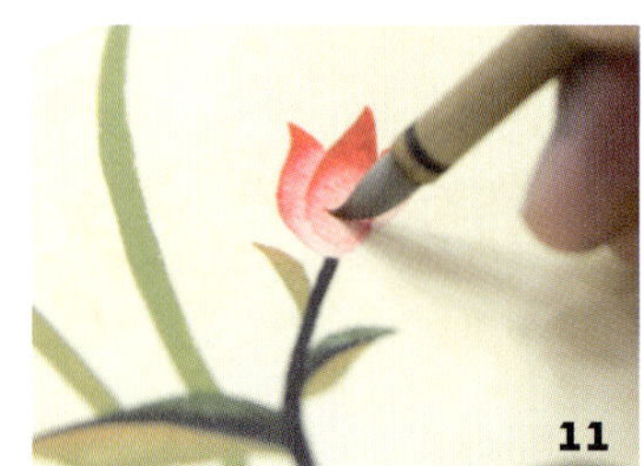

11

홍매색으로 연꽃의 1/3 부분을 채색하고 물붓을 이용하여 위쪽에서 아래쪽으로 점점 얇게 풀어주는 바림 과정을 채색하세요.

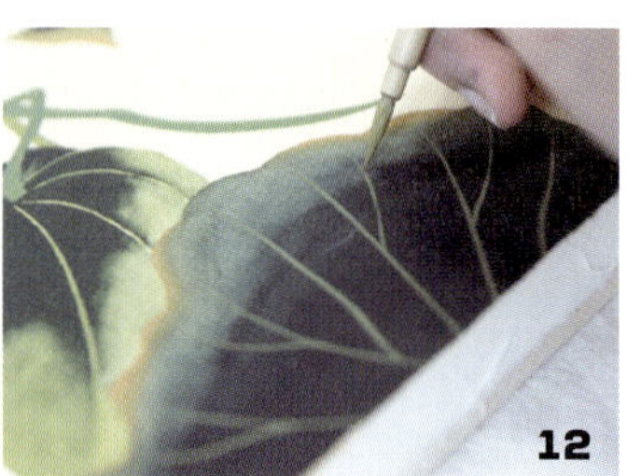

12

황토색과 맹황색을 섞어 제일 아래쪽 연잎의 잎맥을 세필붓으로 그어주세요.

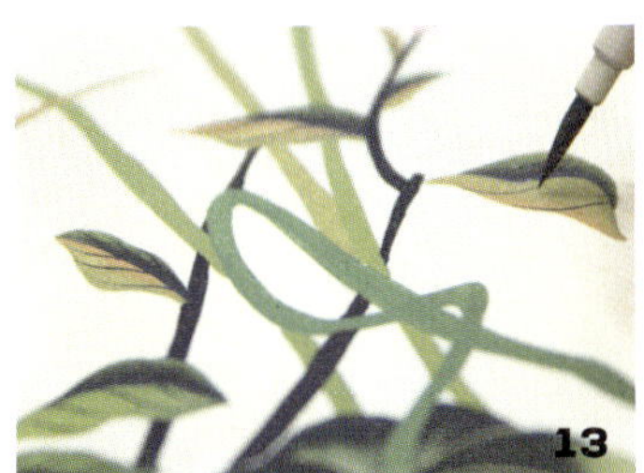

맹황색과 수감색을 섞어 작은 이파리의 잎맥을 세필붓으로 그어주세요.

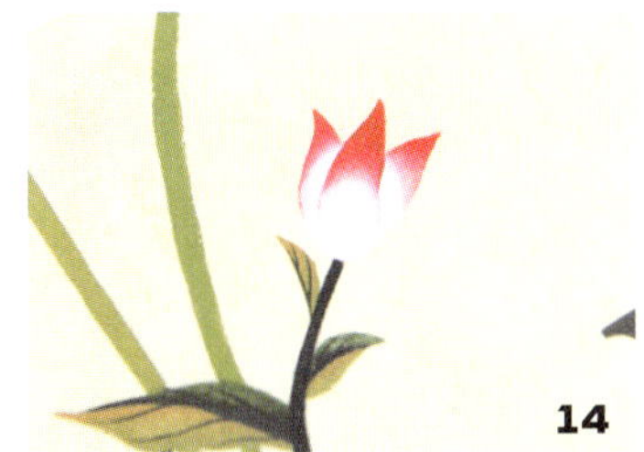

11번 과정이 완전히 마르면 호분색으로 거꾸로 바림을 넣어 중간에서 자연스럽게 만나도록 풀어주세요.

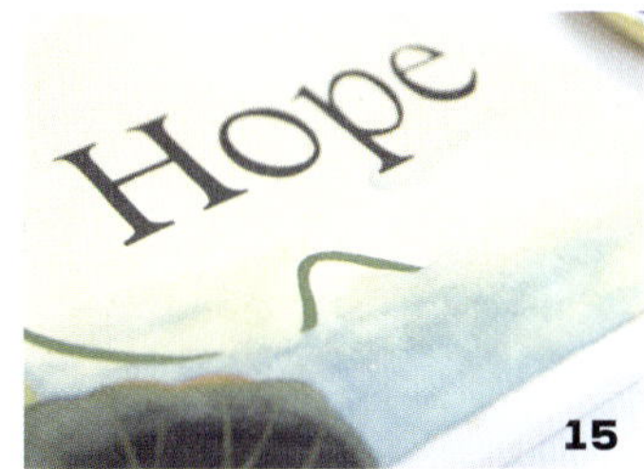

호분색, 백록색, 수감색을 섞어 연하게 물 부분을 채색하고, 오른쪽으로 풀어주는 바림 과정을 채색하세요.

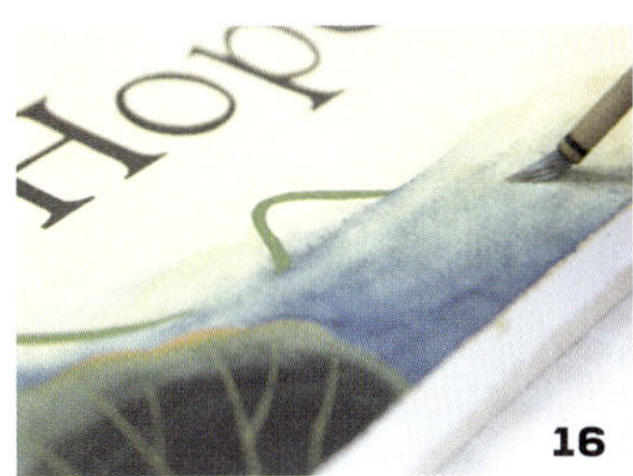

15번 과정이 완전히 마르면 군청색, 수감색을 좀 더 섞어 왼쪽의 좀 더 적은 면적을 채색하고 역시 오른쪽으로 풀어주는 바림 과정을 채색하세요.

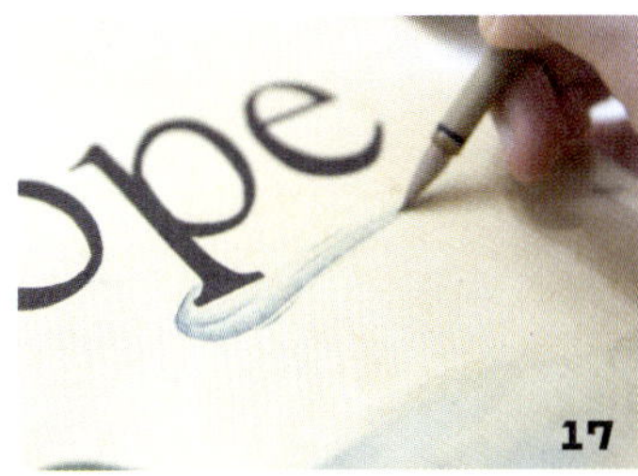

'p' 아래 작은 물결에도 15~16번 과정을 반복해주세요.

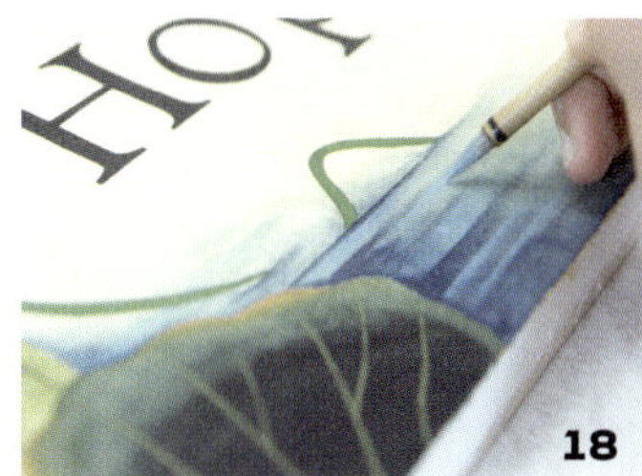

15번 과정보다 호분색을 좀 더 섞어서 연한 물결 부분을 채색하고 바림으로 경계를 자연스럽게 풀어주세요.

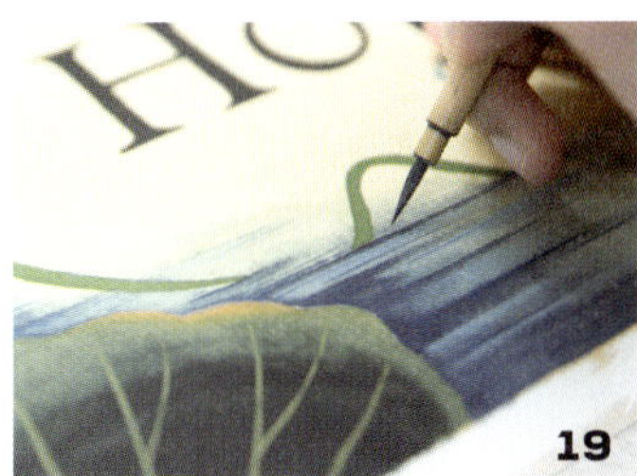

16번 과정보다 수감색을 좀 더 섞어 진한 물결 부분 선을 그어주고 바림으로 경계를 자연스럽게 풀어 문자도를 완성해주세요!

| TIP | 마지막으로 글자부분의 선을 먹물로 다시 한 번 정리해 깔끔하게 그림을 완성할 수 있습니다.

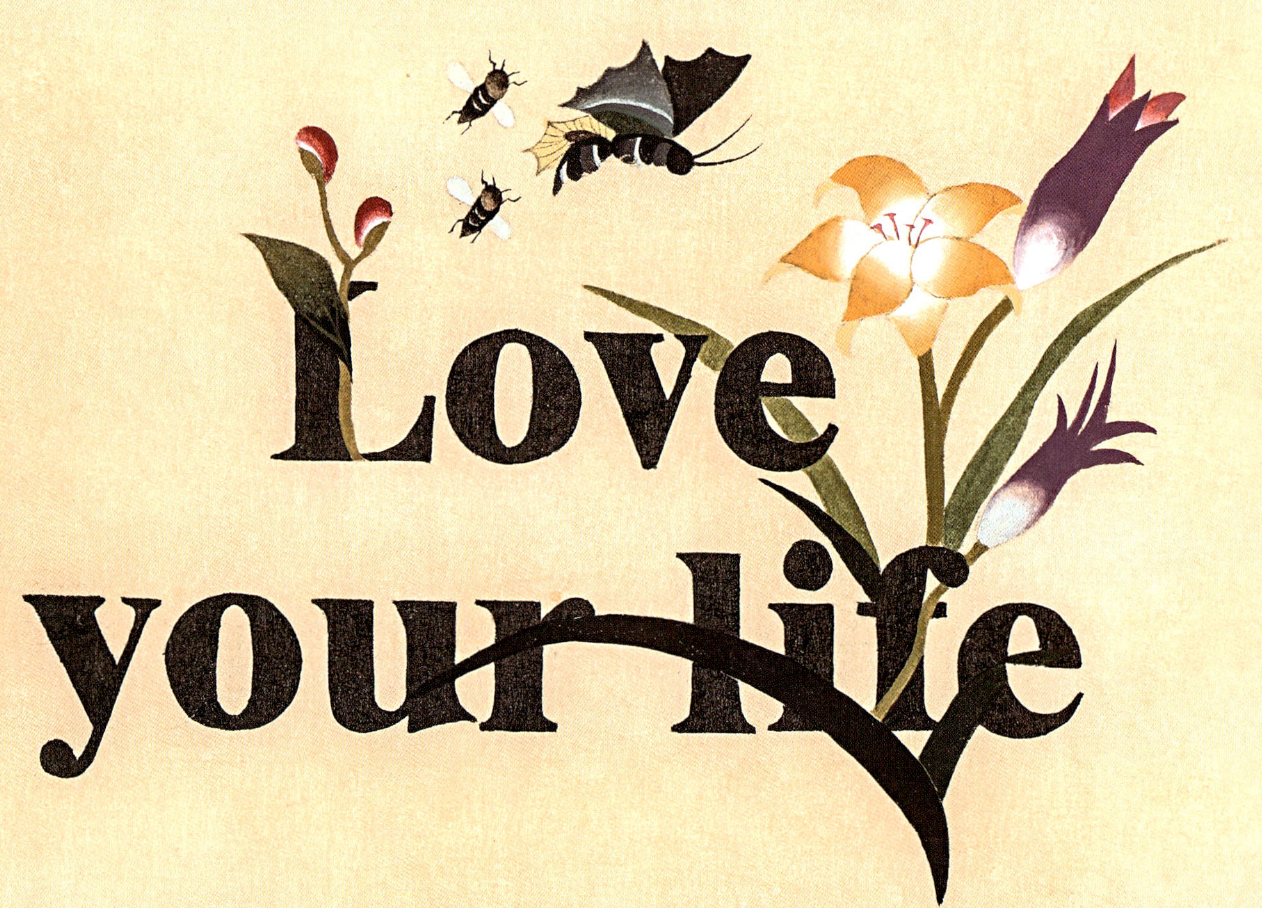

Love
your life

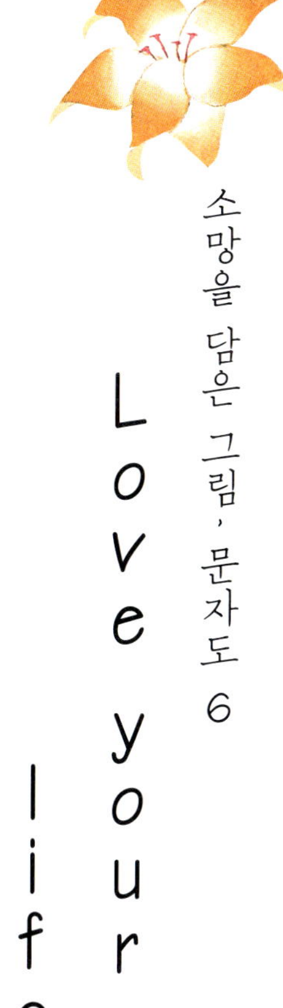

Love your life

준비물

22x22cm 패널, 연필, 볼펜, 물통, 먹물, 먹 접시, 물감접시, 민화붓 2필, 세필붓 1필

필요한 물감색 : 호분, 황, 황토, 홍매, 맹황, 백록, 군청, 수감, 고동, 흑

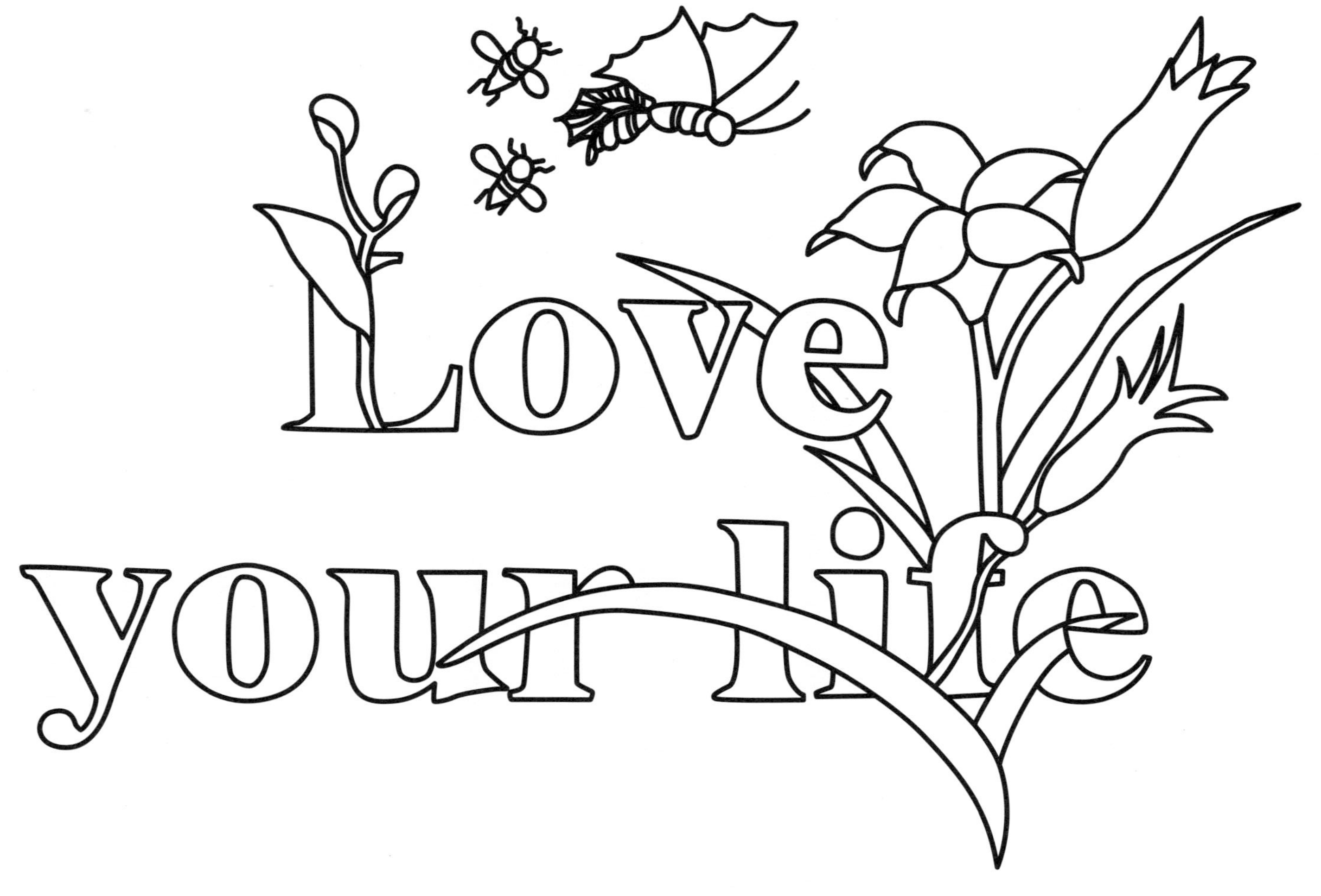

Love your life

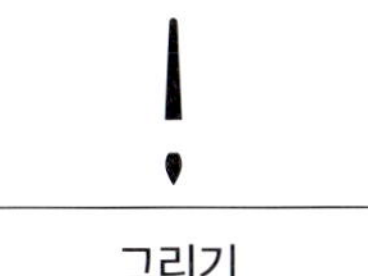

그리기

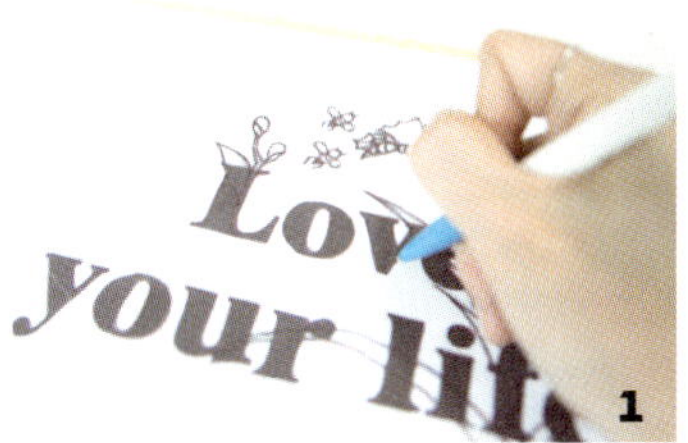

1

먹지 작업이 완성된 도안을 패널에 잘 맞춰 올려주고 힘을 주면서 볼펜으로 꼼꼼히 따라 그려 밑그림이 잘 배겨날 수 있게 해주세요.

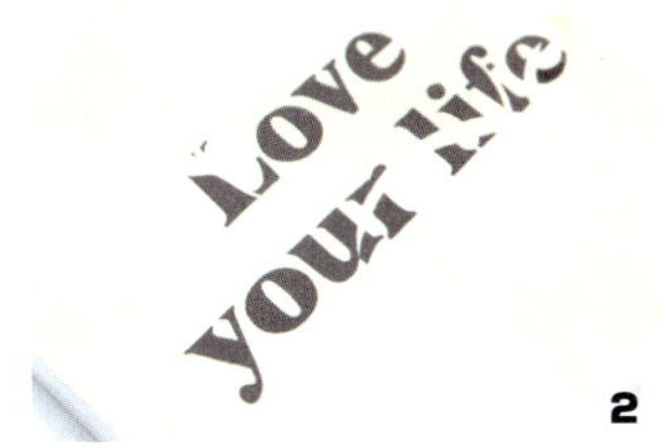

2

배겨진 자국을 따라 글자 부분을 먹으로 꼼꼼히 채색하세요.

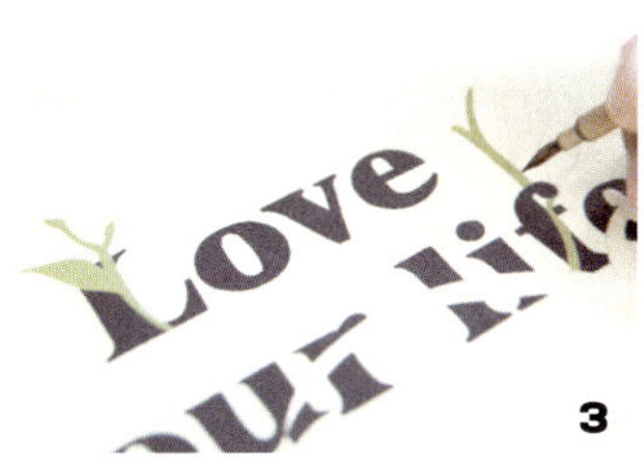

3

황토색과 맹황색을 섞어 꽃의 줄기와 'L'자의 이파리 부분을 초벌채색하세요.

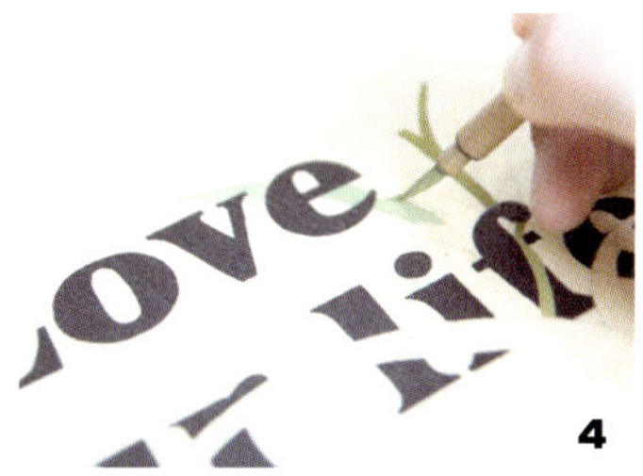

4

황토색과 백록색을 섞어 노란색 꽃의 왼쪽 윗이파리 부분을 초벌채색하세요.

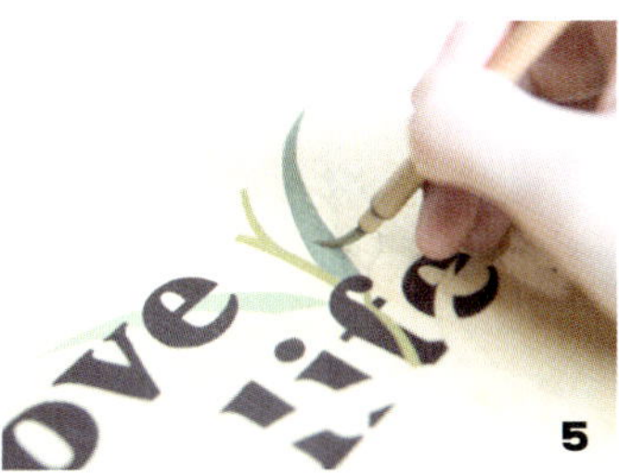

5

황토색, 맹황색, 군청색을 섞어 노란색 꽃의 오른쪽 윗이파리 부분을 초벌채색 하세요.

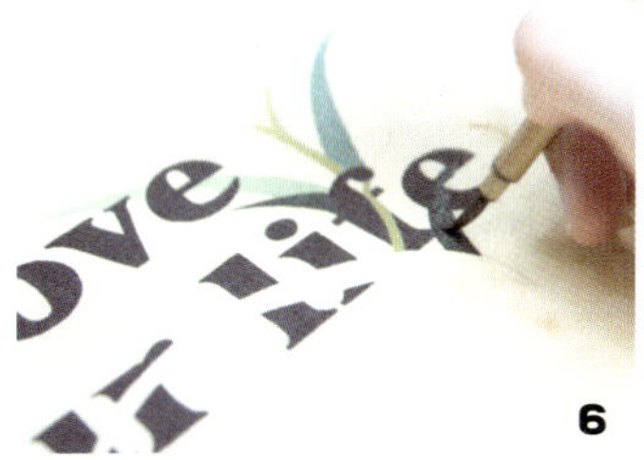

6

5번 과정의 색에 수감색을 좀 더 섞어 그 아래 두 개의 이파리 부분도 채색하세요.

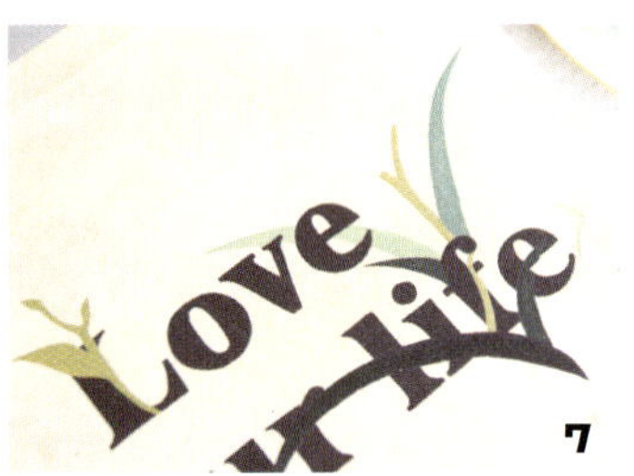

맹황색과 수감색을 섞어 가장 긴 마지
막 이파리도 채색하세요.

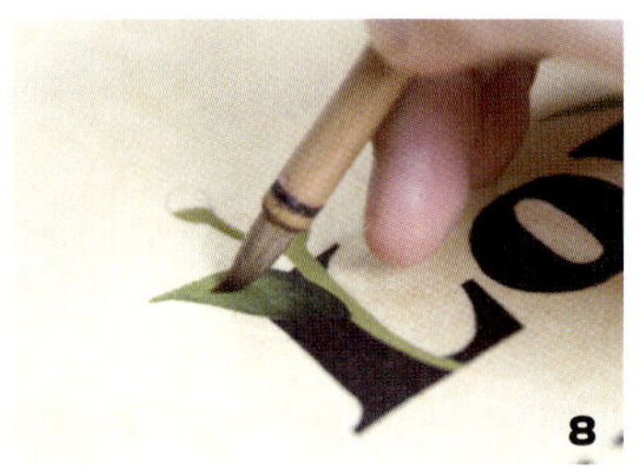

7번 과정의 색으로 3번 과정의 이파리
의 1/3 부분을 채색하고, 물붓을 이용하
여 안쪽에서 바깥쪽으로 점점 엷게 풀
어주는 바림 과정을 채색하세요.

황색과 황토색을 섞어 노란 꽃잎의 1/2
부분을 채색하고, 물붓을 이용하여 바
깥쪽에서 안쪽으로 점점 엷게 풀어주는
바림 과정을 채색하세요.

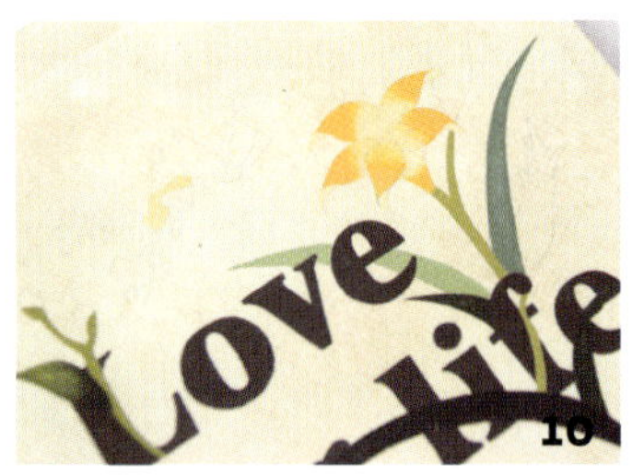

호분색, 황색, 황토색을 섞어 꽃잎의 접
힌 부분과 나비 뒷날개 부분을 꼼꼼히
채색하세요.

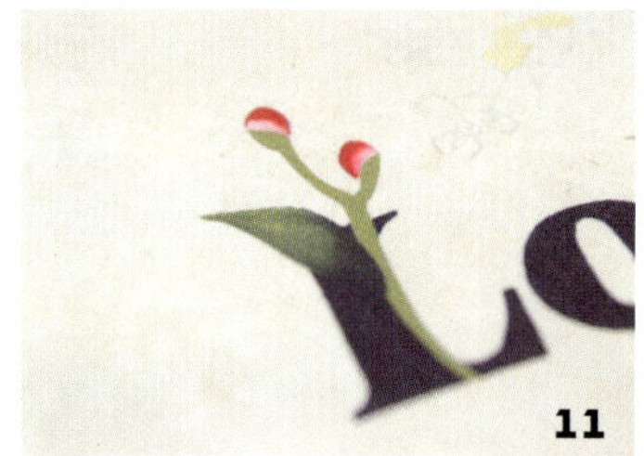

홍매색으로 왼쪽 두 개의 꽃봉오리 1/2
부분을 채색하고, 물붓을 이용하여 위
쪽에서 아래쪽으로 점점 엷게 풀어주는
바림 과정을 채색하세요.

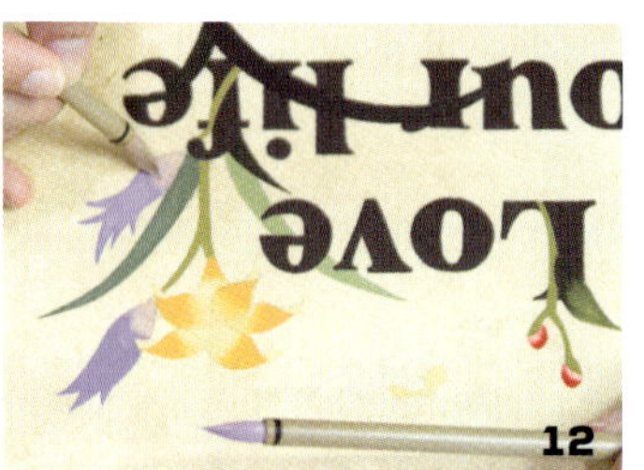

호분색, 홍매색, 군청색을 섞어 오른쪽
긴 두 송이 꽃의 4/5 부분을 채색하고,
물붓을 이용하여 위쪽에서 아래쪽으로
점점 엷게 풀어주는 바림 과정을 채색
하세요.

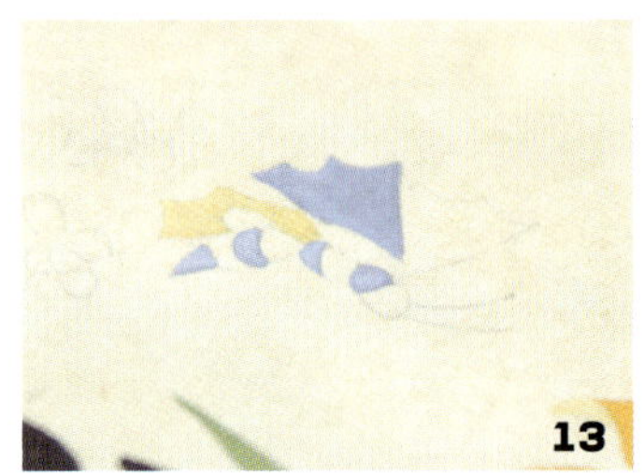

호분색과 흑색을 섞어 나비의 앞쪽 윗
날개와 몸통 부분을 꼼꼼히 채색하세요.

황토색과 고동색을 섞어 나비 뒷날개
무늬와 디테일 선을 그려주고, 벌의 머
리와 꼬리 부분을 채색하세요.

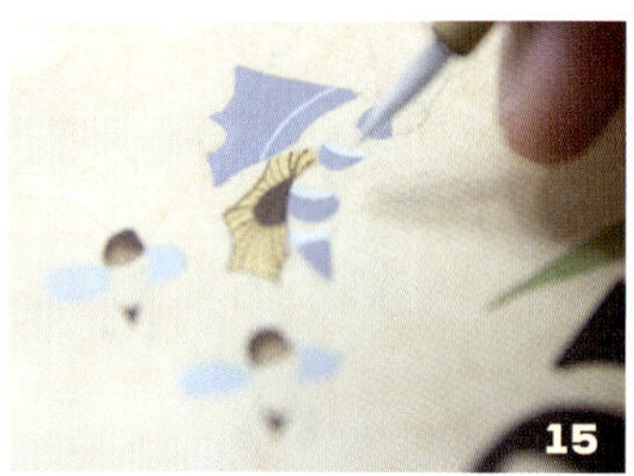

호분색, 백록색, 군청색을 섞어 벌의 양
쪽 날개와 나비 몸통 부분을 채색하세
요. 같은 색으로 나비 앞쪽 윗 날개 부분
에 디테일 선을 그어주세요.

오른쪽 아래 긴 꽃 부분에 15번 과정과
같은 색으로 거꾸로 바림을 넣어 중간
에서 자연스럽게 만나도록 풀어주세요.

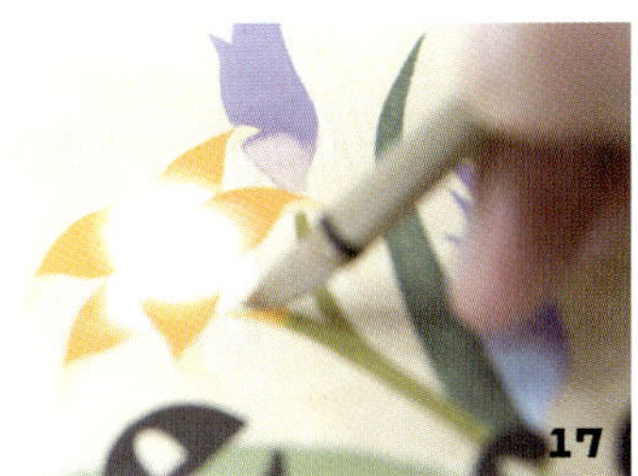

노란 꽃 부분에도 호분색으로 거꾸로
바림을 넣어 중간에서 자연스럽게 만나
도록 풀어주세요.

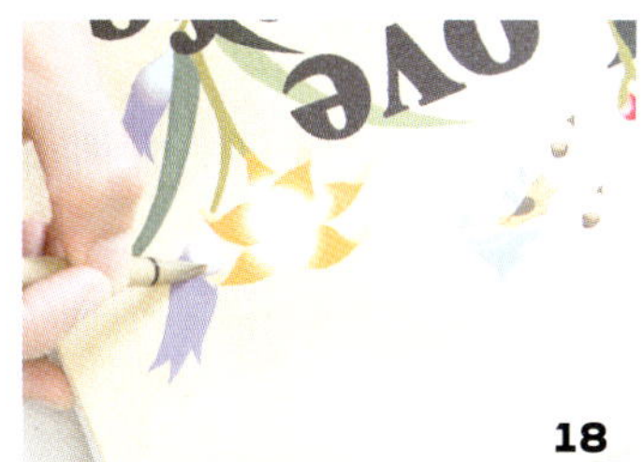

다른 긴 꽃 부분에 호분색으로 거꾸로
바림을 넣어 중간에서 자연스럽게 만나
도록 풀어주세요.

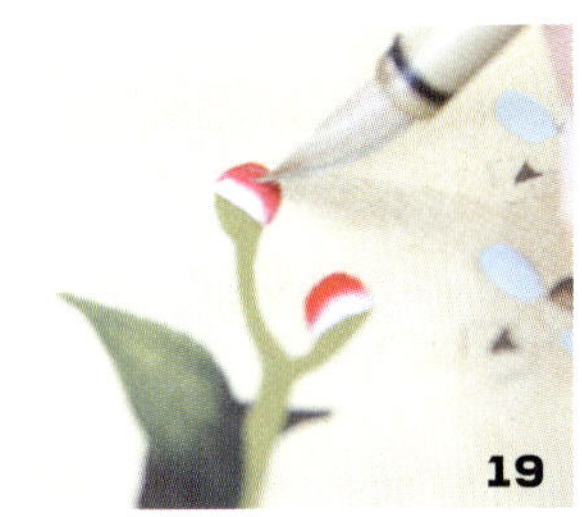

마지막으로 두 개의 꽃봉오리 부분에도
호분색으로 거꾸로 바림을 넣어 중간에
서 자연스럽게 만나도록 풀어주세요.

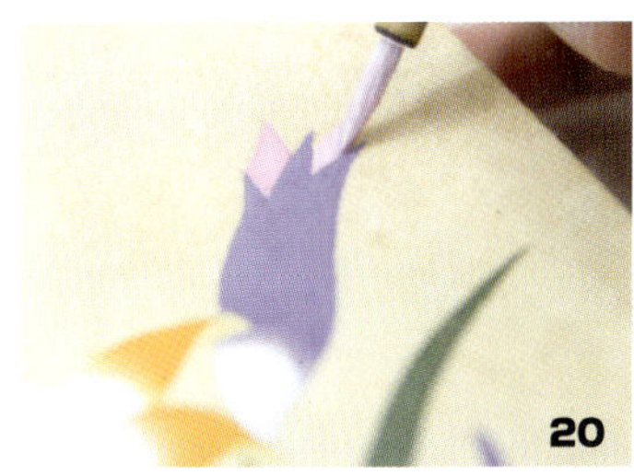

호분색과 홍매색을 섞어 위쪽에 자리한
긴 꽃 부분의 안쪽 꽃잎을 꼼꼼히 채색
하세요.

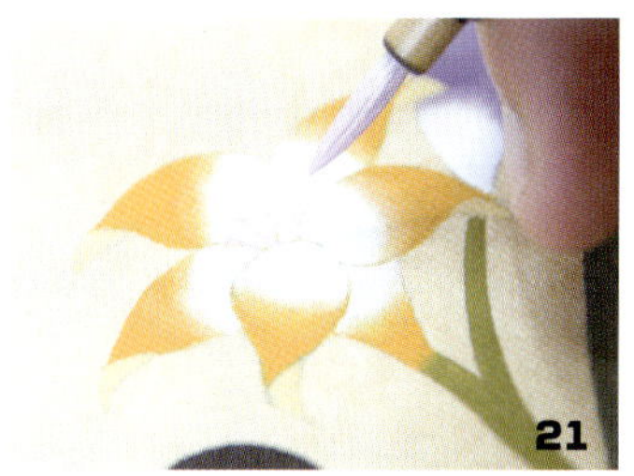

20번 과정과 같은 색으로 노란 꽃의 꽃
술을 세필붓으로 그려주세요.

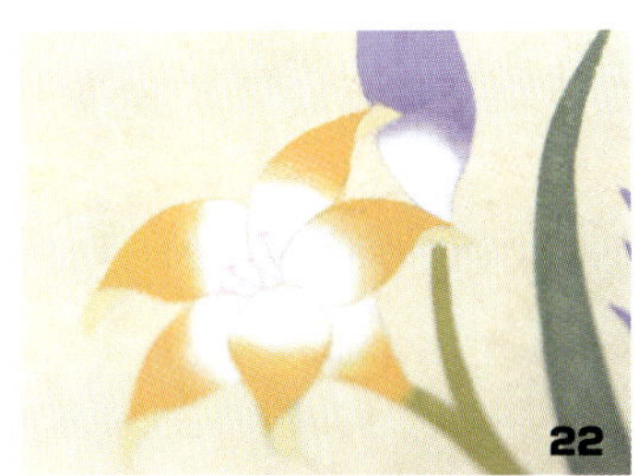

꽃이 완성되었습니다!

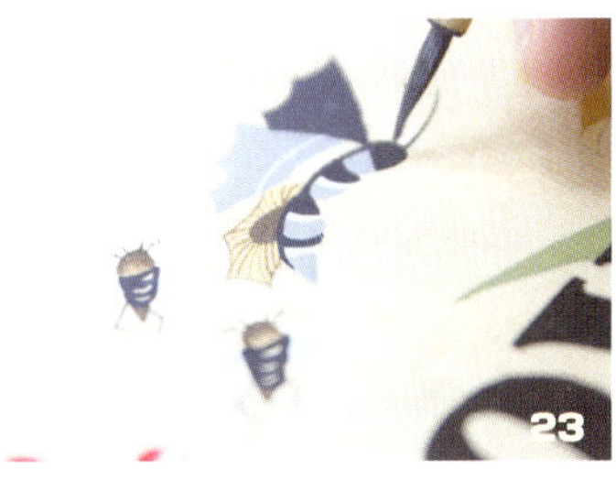

호분색에 흑색을 많이 섞어 나비의 뒷
날개를 꼼꼼히 채색하세요. 머리와 몸
통 디테일선, 더듬이 그리고 벌의 몸통
과 더듬이, 다리를 그려주세요.

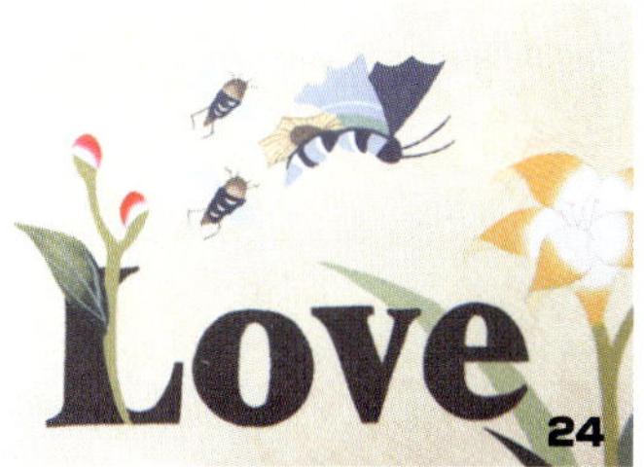

맹황색과 백록색을 섞어 나비의 앞쪽
윗날개의 무늬 부분을 채색하세요. 그
리고 분홍 꽃봉오리 이파리의 잎맥을
그어주세요.

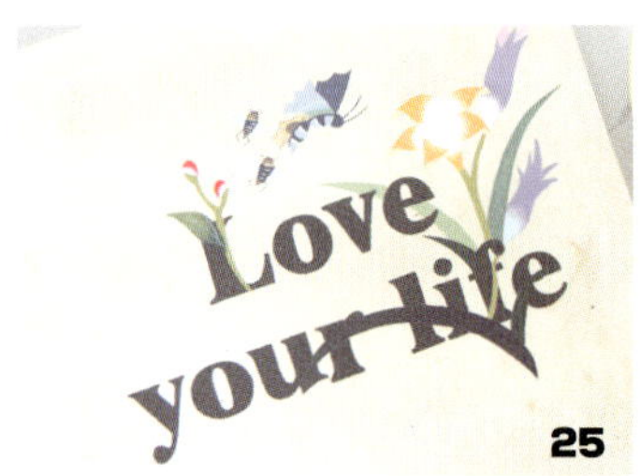

완성되었습니다!

| **TIP** | 마지막으로 글자부분의 선을 먹물
로 다시 한 번 정리해 깔끔하게 그림을 완
성할 수 있습니다.

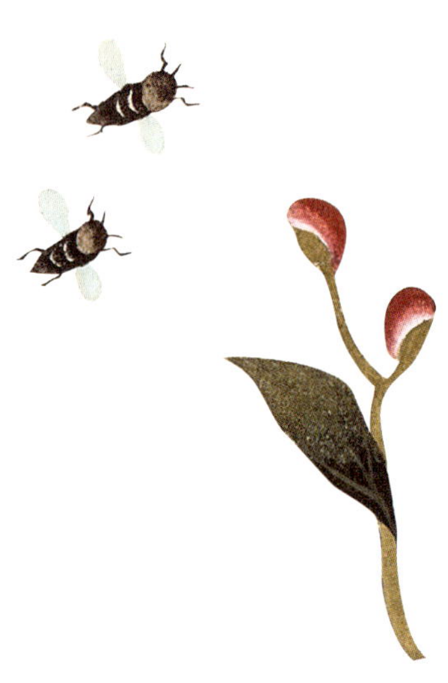

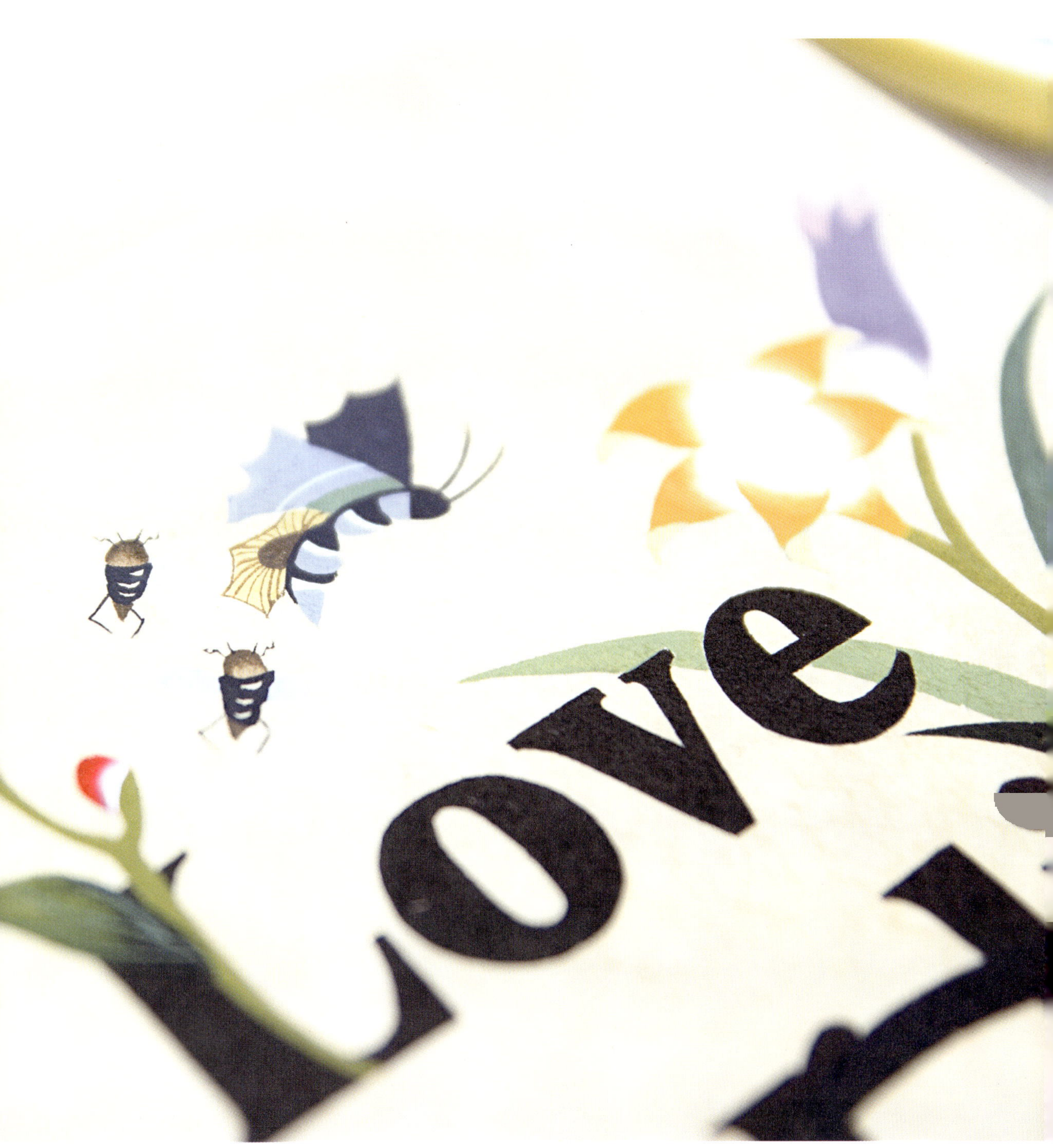
Love
Y

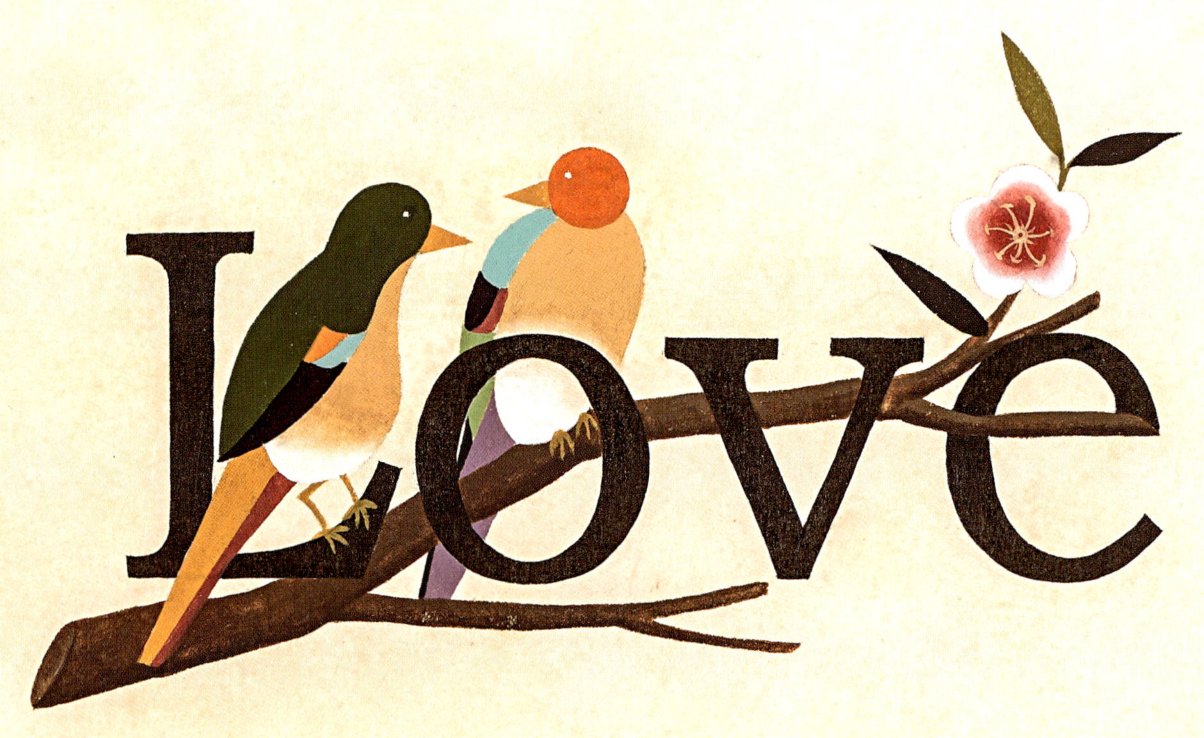

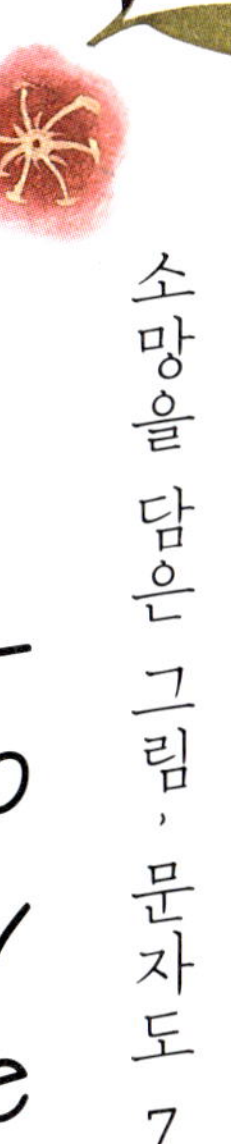

사랑을 나누는 순간만큼 따뜻한 시간이 또 있을까요? 두 마리의 새가 마주보며 사랑을 이야기하니, 그 따뜻한 기운에 꽃이 활짝 피었습니다. 이런 아름다운 모습을 사람들은 음악으로도 표현하고, 시를 쓰기도 하고, 그림으로도 남겨왔는데 민화라고 예외일 수 없겠죠. 이렇게 꽃과 새가 사이좋게 어우러져 있는 모습을 그린 그림을 '화조도'라고 해요! 화조도의 사랑 가득한 모습과 글씨가 함께 어우러진 Love 문자도 함께 그려보아요! 사랑의 기운을 두 배로 전해주는 그림이 될 거예요.

준비물

22x22cm 패널, 연필, 볼펜, 물통, 먹물, 먹접시, 물감접시, 민화붓 2필, 세필붓 1필

필요한 물감색 : 호분, 황토, 주황, 홍매, 맹황, 백록, 군청, 수감, 대자, 고동

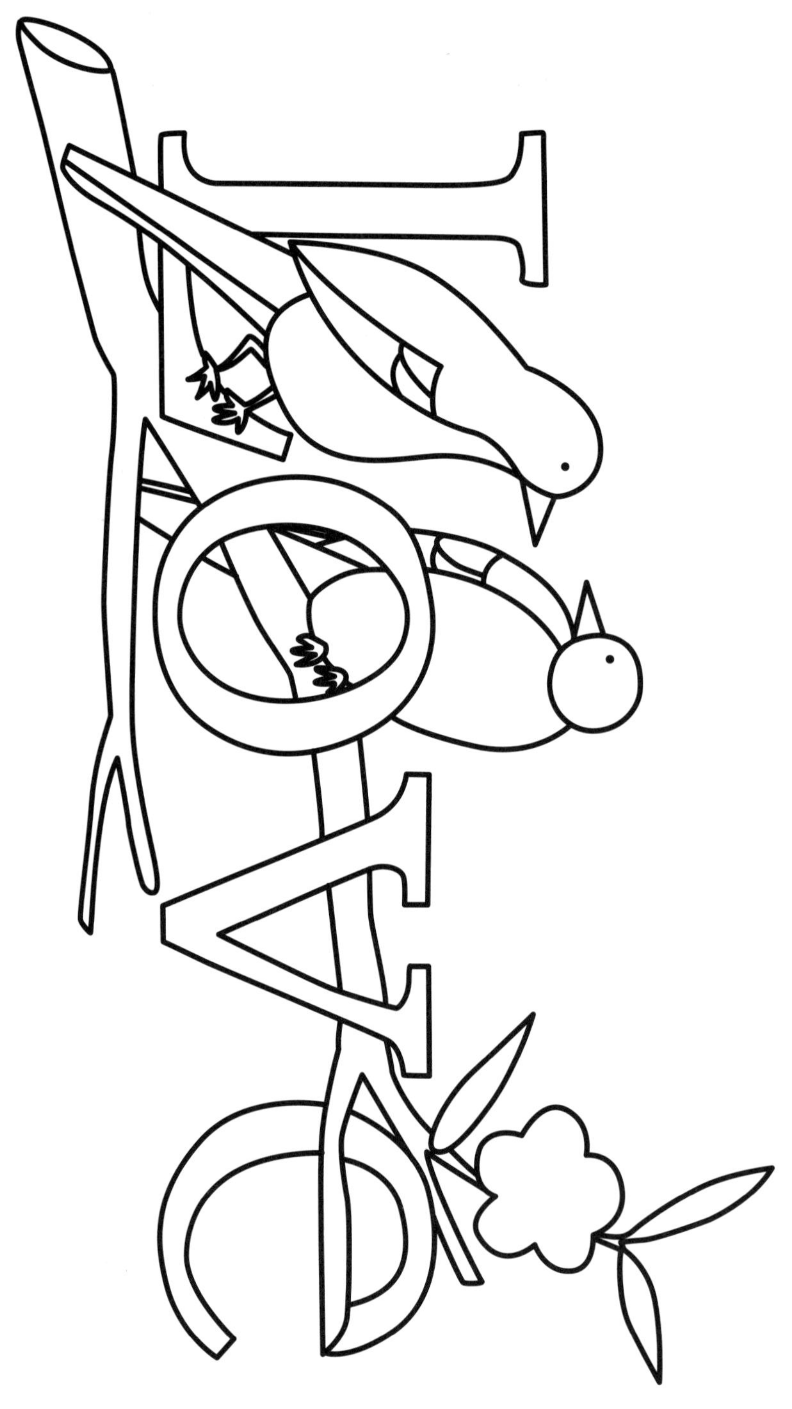

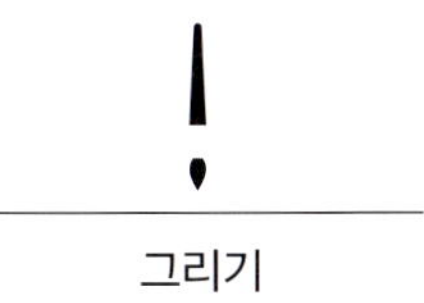

그리기

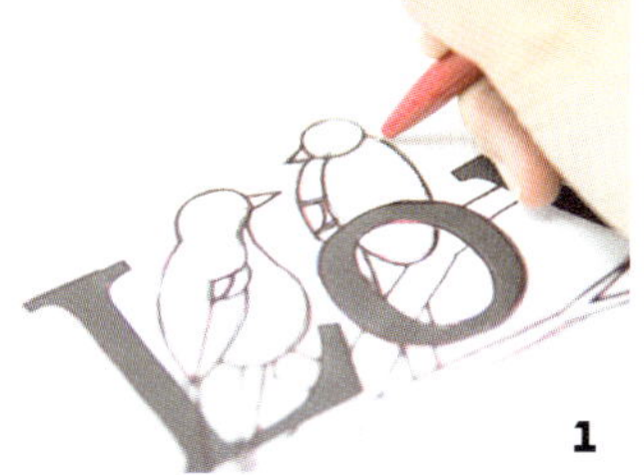

1

먹지 작업이 완성된 도안을 패널에 잘 맞춰 올려주고 힘을 주면서 볼펜으로 꼼꼼히 따라 그려 밑그림이 잘 배겨날 수 있게 해주세요.

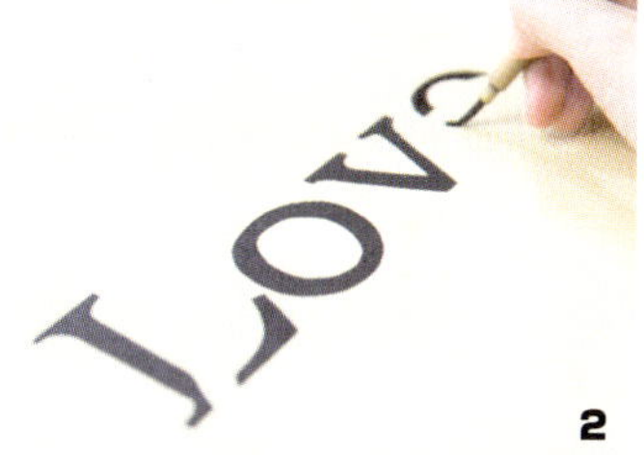

2

배겨진 자국을 따라 글자 부분을 먹으로 꼼꼼히 채색하세요.

3

글자 부분 채색이 완성되었습니다!

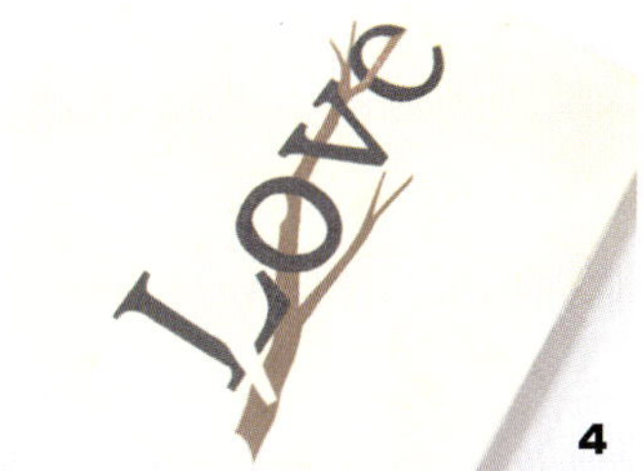

4

황토색, 대자색, 고동색을 섞어 나뭇가지 부분을 채색하세요.

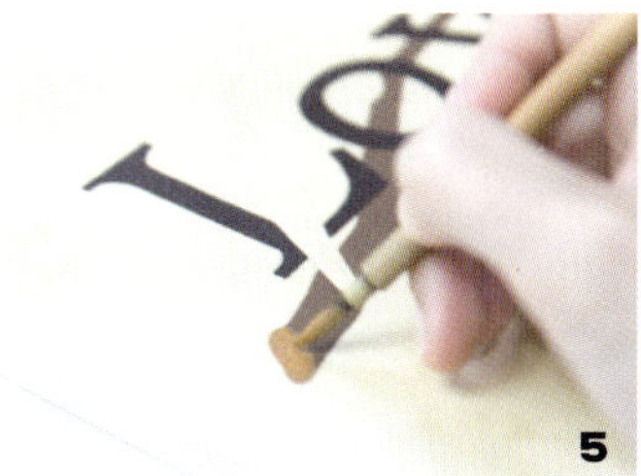

5

4번 과정의 색보다 황토색을 많이 섞어 나뭇가지 안쪽 동그란 부분을 채색하세요.

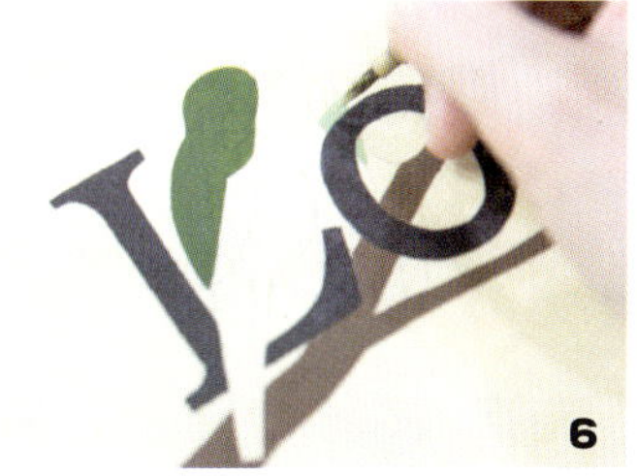

6

맹황색으로 왼쪽 새의 머리와 큰 날개를, 맹황색과 호분색을 섞어 오른쪽 새의 아래 날개 부분을 채색하세요.

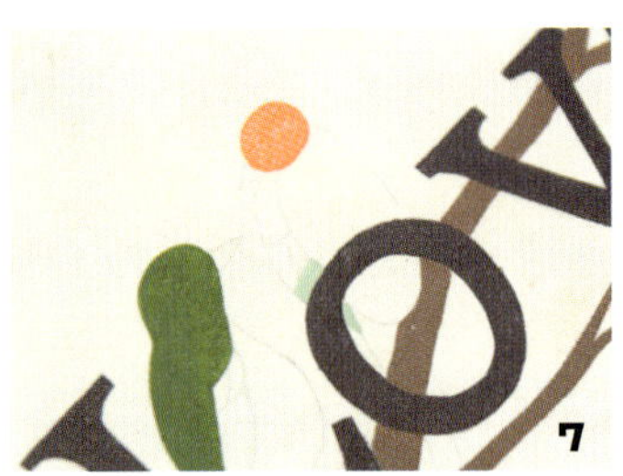

주황색으로 오른쪽 새의 머리 부분을
채색하세요.

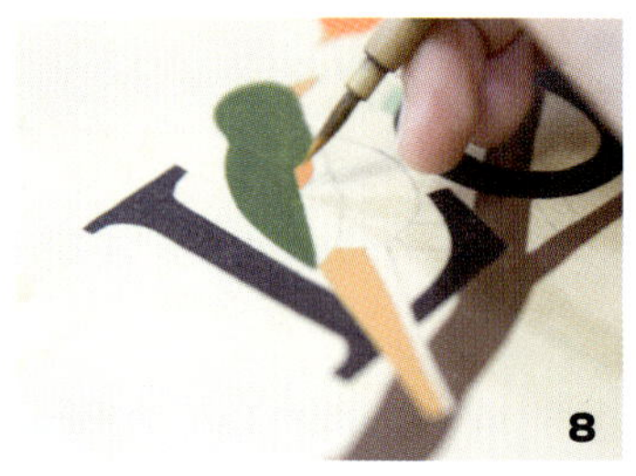

황토색으로 새부리 부분과 왼쪽 새의
긴 꼬리 왼쪽 부분을 채색하고, 황토색
에 주황색을 좀 더 섞어 왼쪽 새의 가운
데 왼쪽 깃털 부분을 채색하세요.

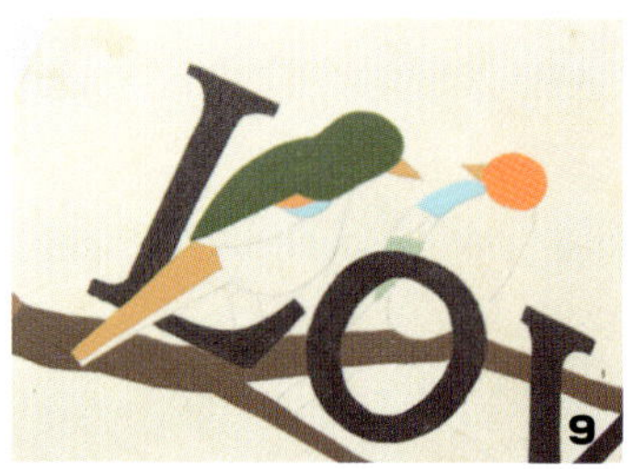

백록색으로 왼쪽 새의 가운데 오른쪽
깃털 부분과 오른쪽 새의 날개 위쪽 부
분을 채색하세요.

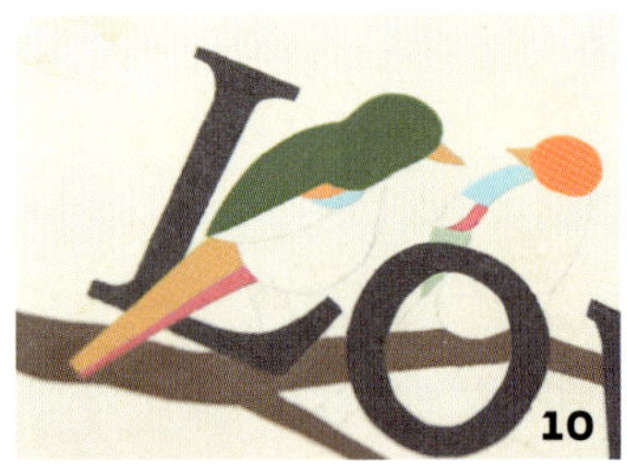

홍매색과 황토색을 섞어 왼쪽 새의 긴
꼬리 얇은 부분과 오른쪽 새의 가운데
깃털 오른쪽 부분을 채색하세요.

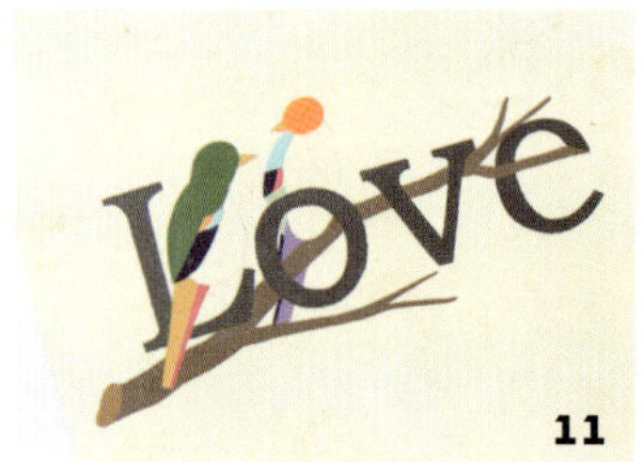

홍매색, 군청색, 호분색을 섞어 오른쪽
새의 긴 꼬리의 넓은 부분을 채색하세
요. 군청색과 수감색을 섞은 색으로 오
른쪽 새 긴 꼬리 나머지 부분과 가운데
깃털의 왼쪽 부분, 그리고 왼쪽 새의 날
개 아랫부분을 채색하세요.

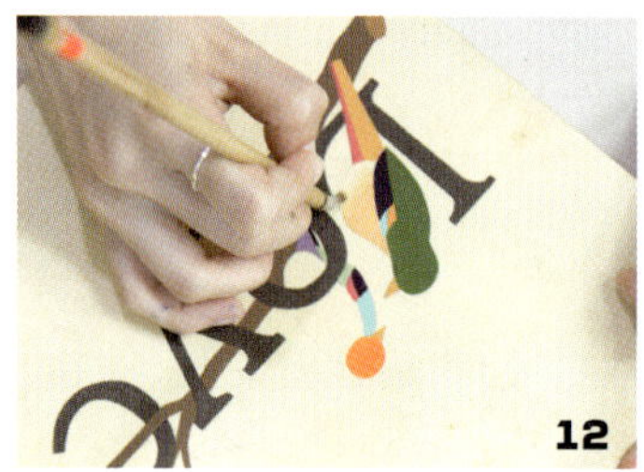

황토색과 호분색을 섞어 새 몸통의 2/3
부분을 채색하고, 물붓을 이용하여 위
쪽에서 아래쪽으로 점점 엷게 풀어주는
바림 과정을 채색하세요.

| TIP | 동양화 물감 중 호분은 가장 쓰기
어려운 색입니다. 12번 과정의 색 부분을
미리 넓게 채색해 나중에 호분의 면적을
줄여주면 깔끔하게 그러데이션 넣기에 좋
습니다.

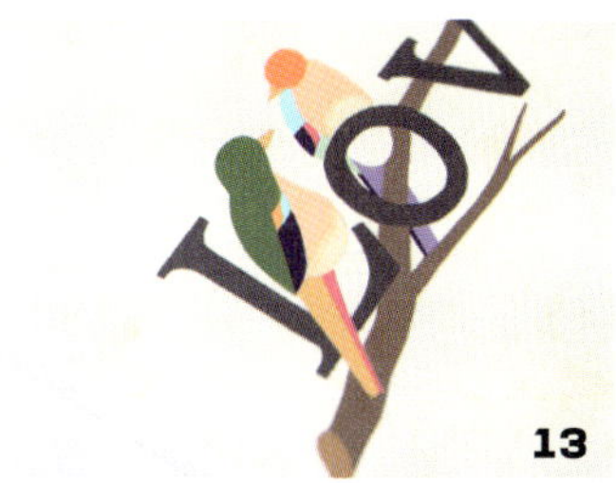

13

두 마리 새의 몸통 부분 바림채색이 완성되었습니다!

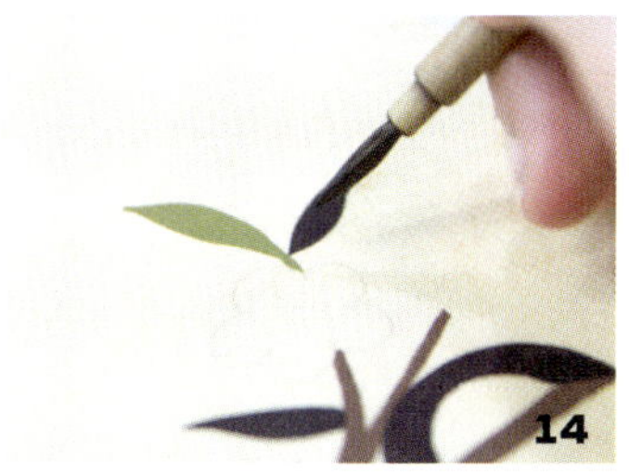

14

황토색과 맹황색을 섞어 오른쪽 꽃 부분의 연한 이파리를, 맹황색과 수감색을 섞어 진한 이파리 부분을 채색하세요.

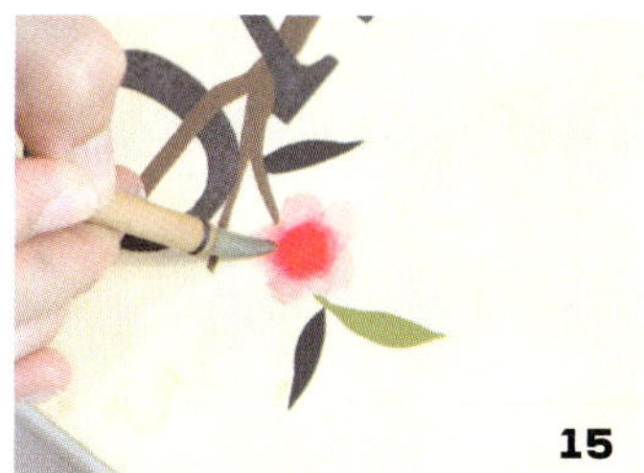

15

홍매색으로 꽃의 2/3 부분을 채색하고 물붓을 이용하여 가운데 부분에서 바깥쪽으로 점점 얇게 풀어주는 바림 과정을 채색하세요.

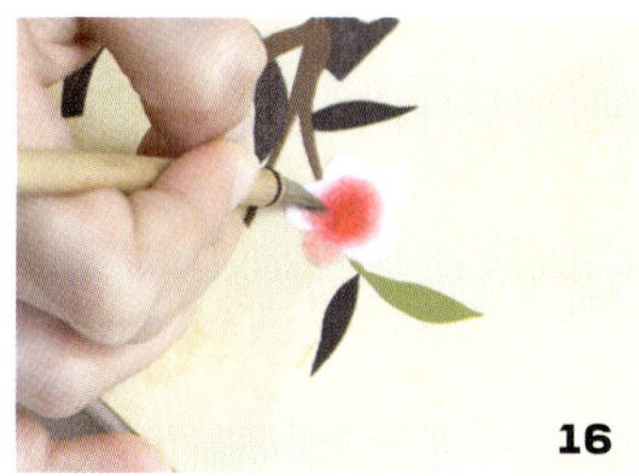

16

15번 과정의 물감이 완전히 마르면 호분색으로 거꾸로 바림을 넣어 중간에서 자연스럽게 만나도록 풀어주세요.

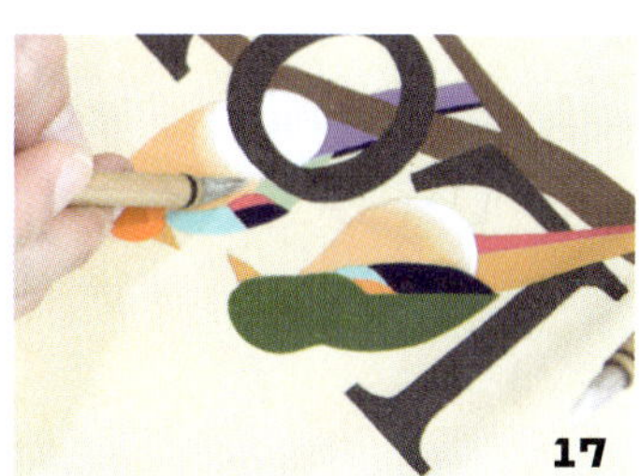

17

새 두 마리의 배 부분에도 호분색으로 거꾸로 바림을 넣어 중간에서 자연스럽게 만나도록 풀어주세요.

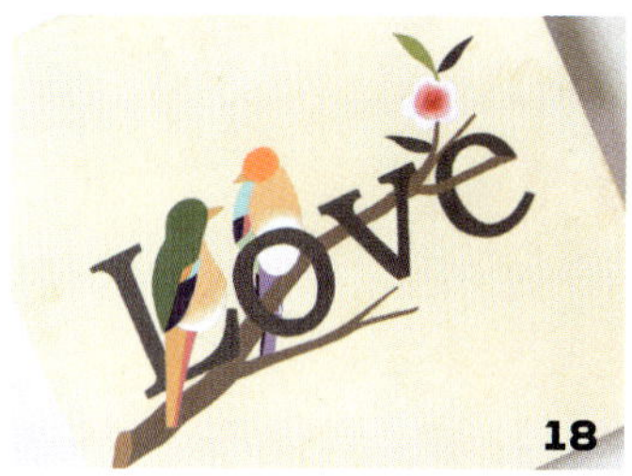

18

꽃과 새의 바림채색이 완성되었습니다!

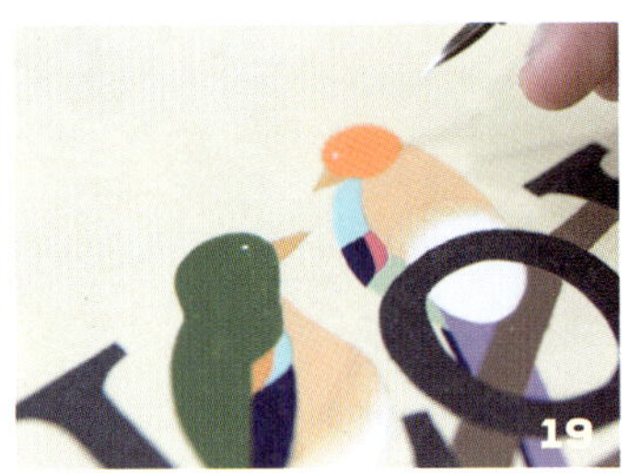

호분색으로 새 눈을 동그랗게 그려주
세요.

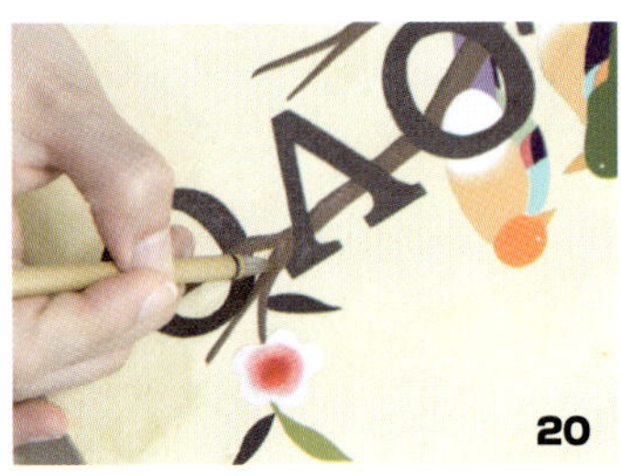

4번 과정의 색보다 고동색을 더 많이 섞
어 나뭇가지의 아랫부분을 채색하고,
물붓을 이용하여 위쪽으로 점점 엷게
풀어주는 바림 과정을 채색하세요.

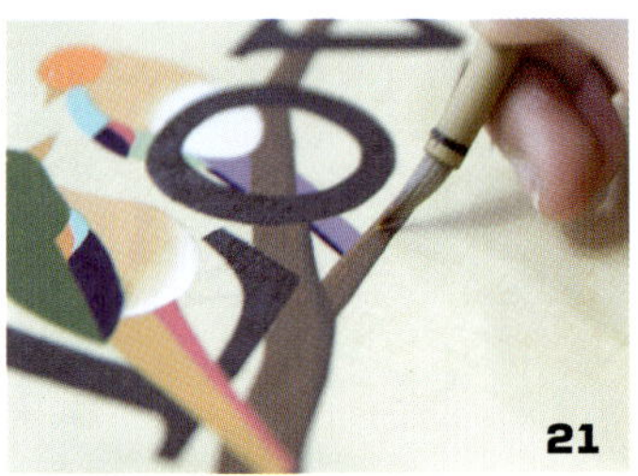

20번 과정의 물감이 완전히 마르면 4번
과정의 색보다 황토색을 더 많이 섞어
나뭇가지의 위쪽 부분을 채색하고, 아
래쪽으로 점점 엷게 풀어지도록 바림채
색하세요.

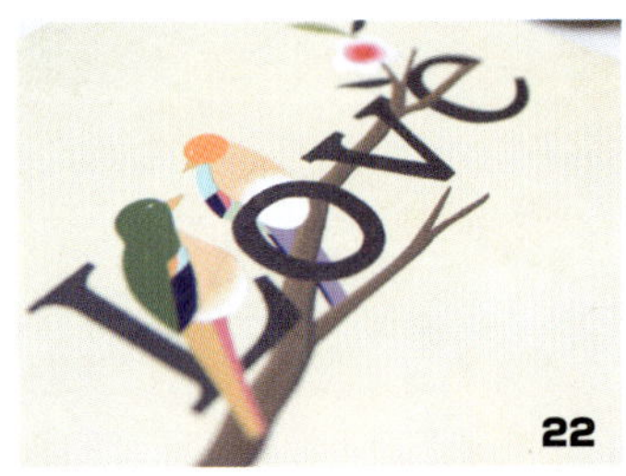

나뭇가지의 바림채색이 완성되었습니다!

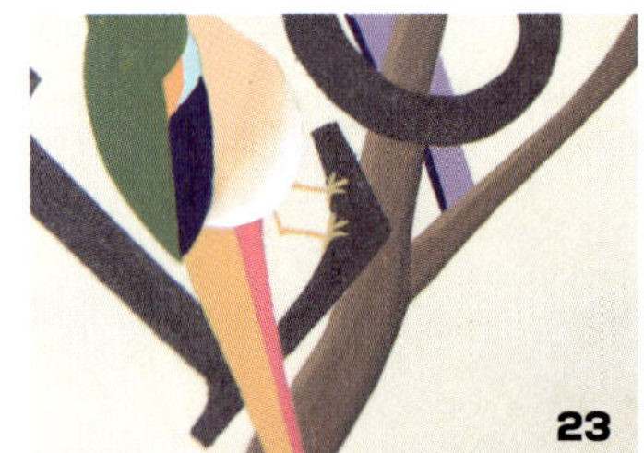

세필붓을 이용하여 황토색으로 새 다리
를 그려주세요.

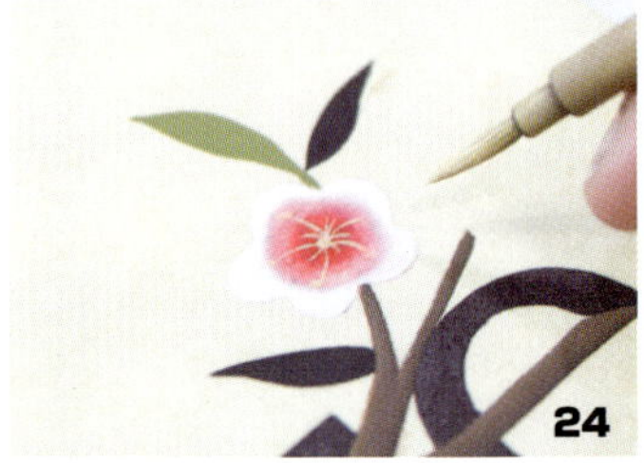

황토색과 호분색을 섞어 세필붓으로 꽃
술도 그려주세요.

| TIP | 마지막으로 글자부분의 선을 먹물
로 다시 한 번 정리해 깔끔하게 그림을 완
성할 수 있습니다.

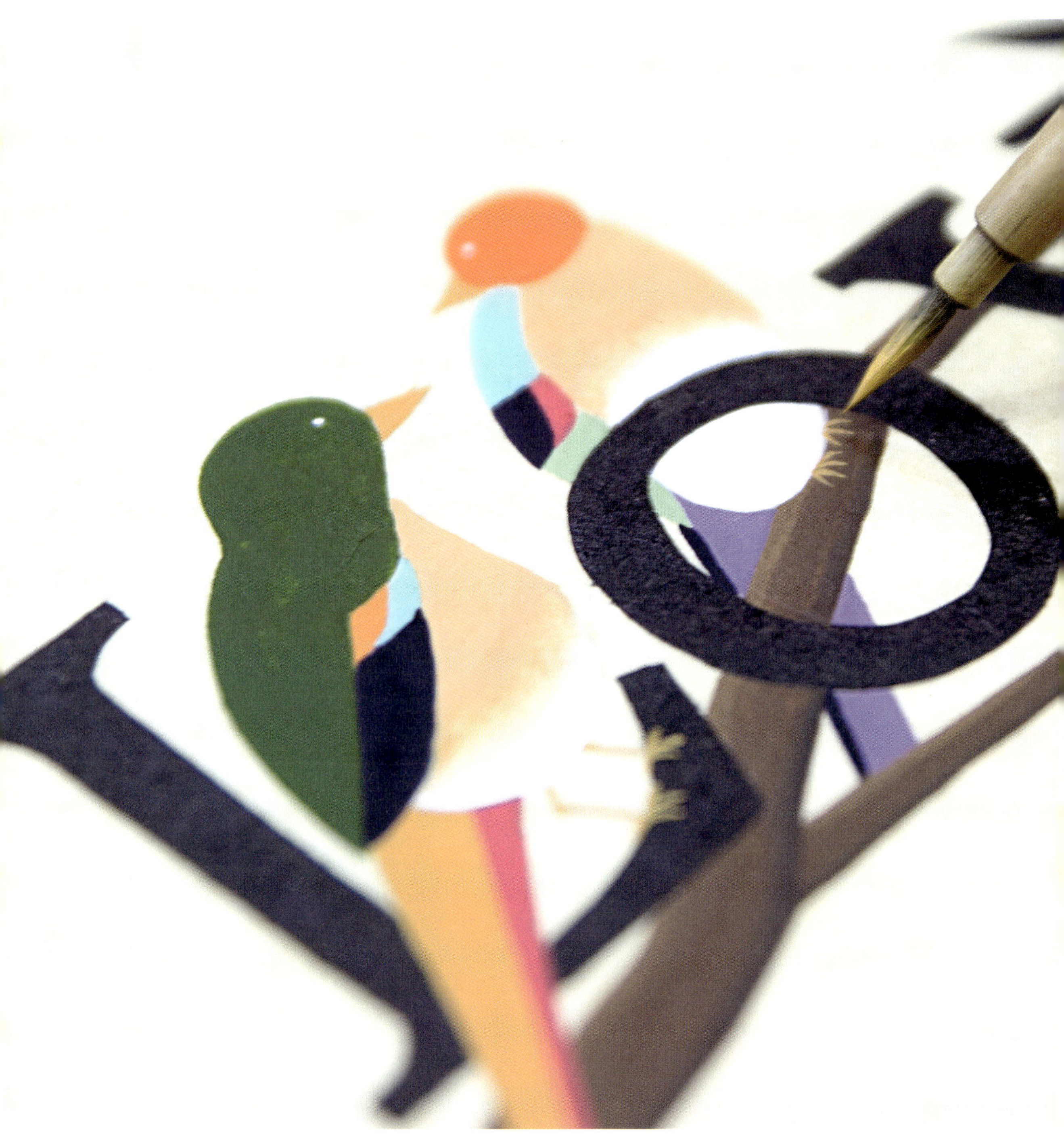

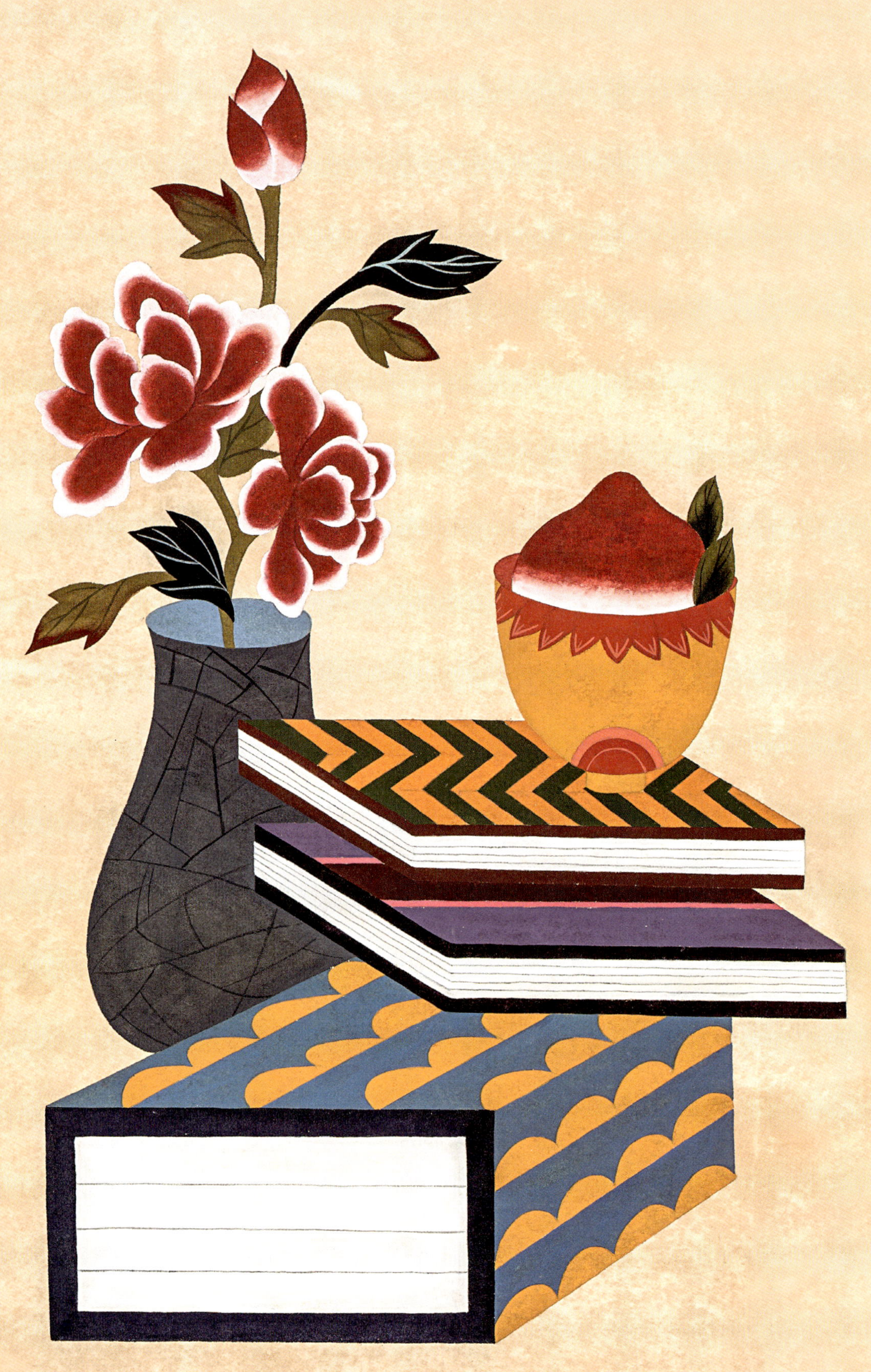

유교적인 학문을 숭상하는 조선시대 상류층의 의식을 반영한 책거리 그림은 정조(재위 1776~1800)의 사랑을 받으며 조선시대 후기에 유행한 그림이에요. 편전(便殿)의 어좌 뒤에 오봉병(五峯屏) 대신 책거리 병풍을 장식하고 흡족해했다는 일화가 전해지기도 하는데요, 이렇게 궁중에서 시작된 책거리 그림은 상류층, 서민층으로 저변화되면서 조금씩 다른 특징을 보여주고 있어요. 상류층의 책가도에서는 책이 놓여야 할 자리에 기물과 화초를 배치해 고아한 취향을 표현하는 그림으로 그려지고, 서민층의 책가도 그림에서는 그 자리를 소박한 길상의 요소들이 차지하며 행복과 풍요를 원하는 바람이 담긴 그림으로 그려졌어요. 이렇게 책과 문방사우(文房四友) 등을 주제로 한 책거리 그림은 학덕을 쌓기 위한 문인들의 소망으로부터 인생의 행복과 장수를 상징하는 길상화(吉祥畵)까지 사대부는 물론이요, 조선 사람 모두가 좋아하는 그림이었어요.

준비물

8호 패널, 연필, 볼펜, 물통, 먹물, 먹접시, 물감접시, 민화붓 2필, 세필붓 1필

필요한 물감색 : 호분, 황, 황토, 주황, 홍매, 맹황, 백록, 군청, 수감, 대자, 고동, 흑

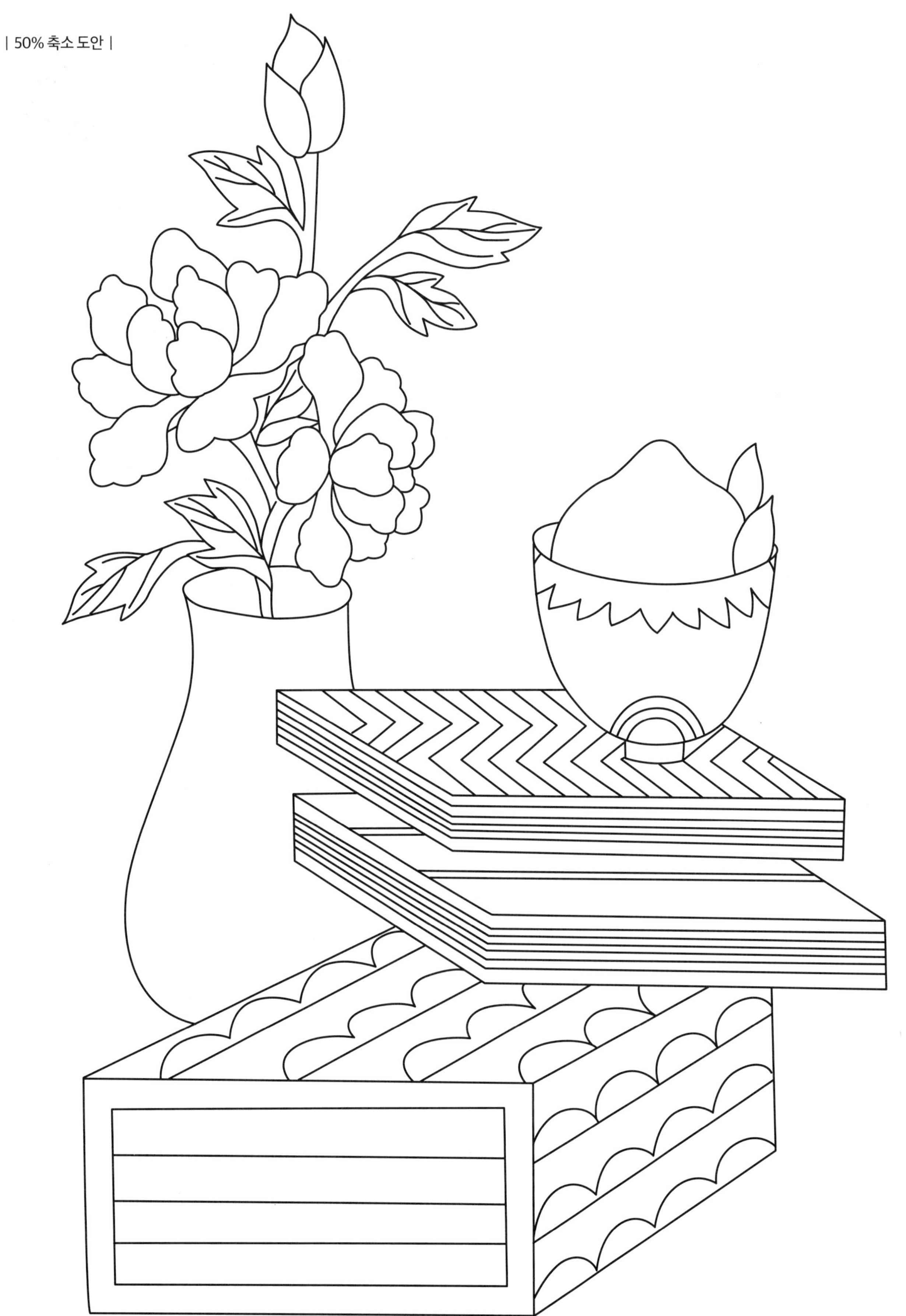

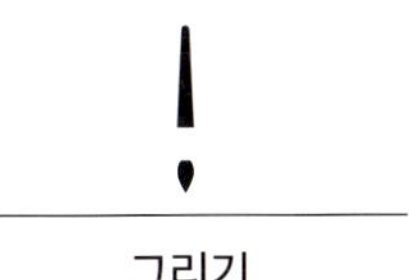

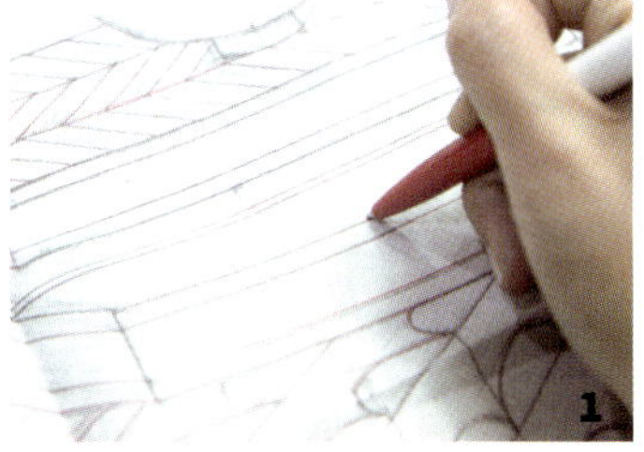

먹지 작업이 완성된 도안을 패널에 잘 맞춰 올려주고 힘을 주면서 볼펜으로 꼼꼼히 따라 그려 밑그림이 잘 배겨날 수 있게 해주세요.

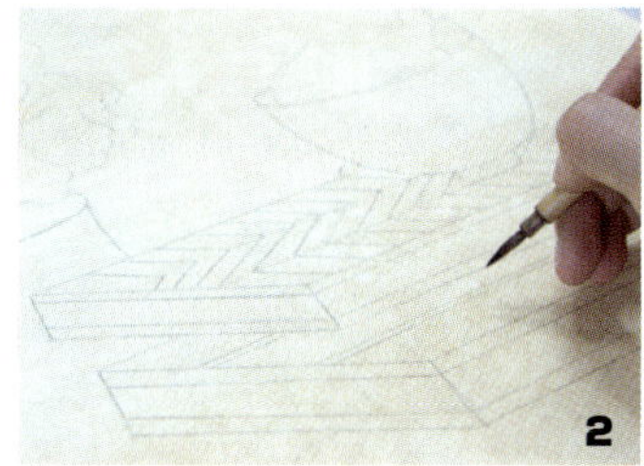

스케치 위로 연한 먹물을 적신 세필붓으로 꽃과 복숭아 부분을 제외하고 다시 한번 선을 그려주세요.

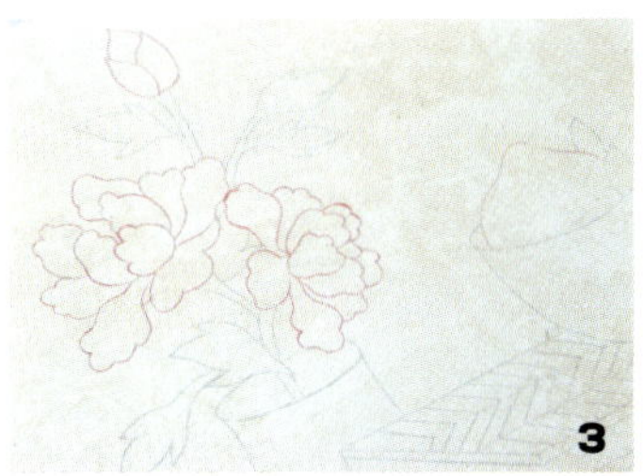

모란꽃과 복숭아 부분은 홍매색으로 밑그림을 따라 선을 그려주세요.

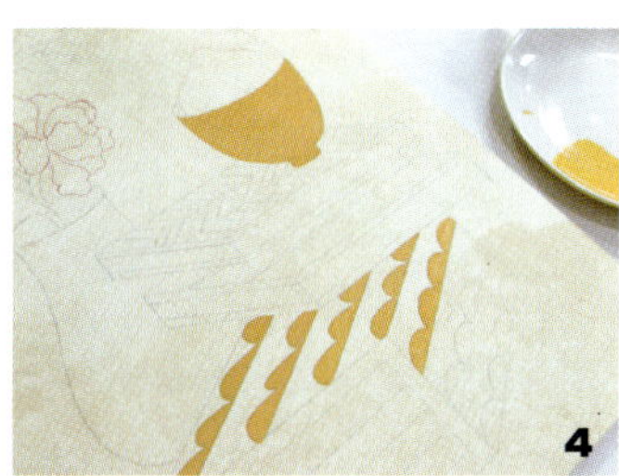

황색과 황토색을 섞어 복숭아 접시와 제일 아래 포갑의 무늬를 채색하세요.

황토색와 주황색을 섞어 제일 위에 자리한 책 무늬를 채색하세요.

맹황색으로 5번 과정 책의 남은 무늬를 채색하세요.

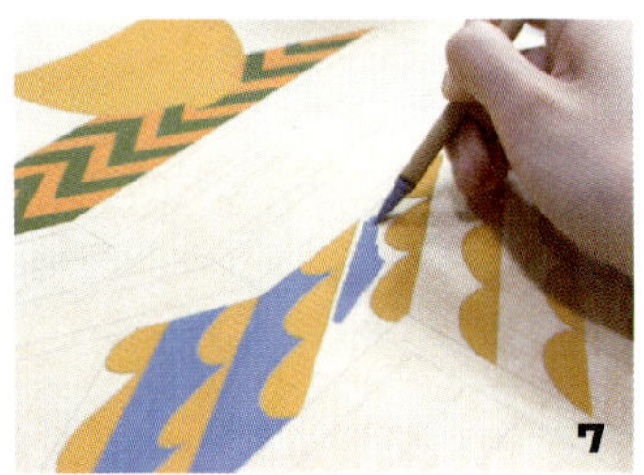

백록색과 군청색을 섞어 4번 과정 포갑의 바탕을 채색하세요.

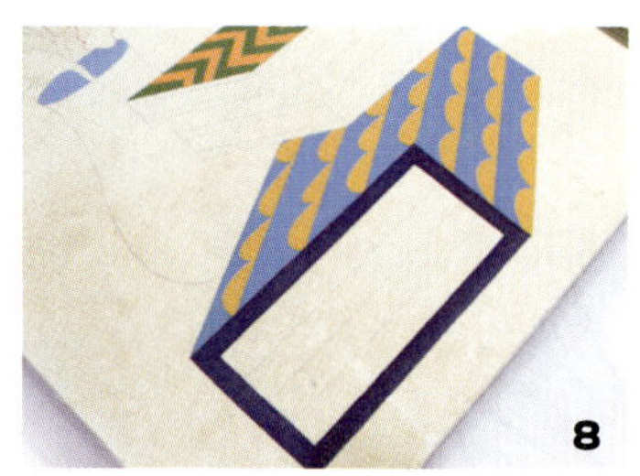

7번 과정의 색에 호분을 더 섞어 모란화병의 안쪽 부분을, 그리고 군청색과 수감색을 섞은 색으로 포갑의 두께 부분을 채색하세요.

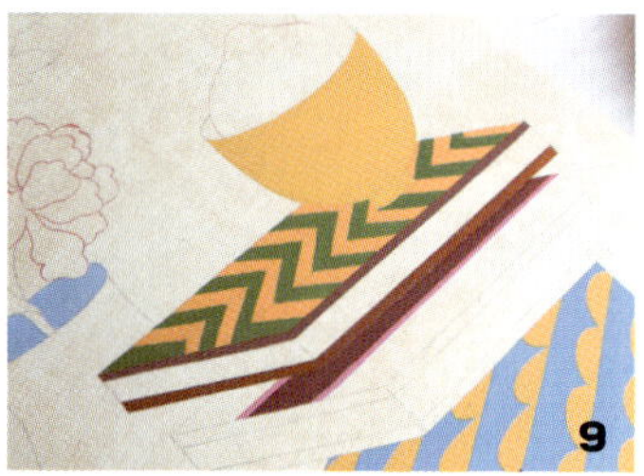

대자색으로 6번 과정 책의 두께 부분을, 대자색과 홍매색을 섞어 두 번째 책 위쪽 가운데 무늬를 채색하세요. 채색이 끝나면 홍매색과 호분색을 섞어 가운데 양 옆 무늬도 함께 채색하세요.

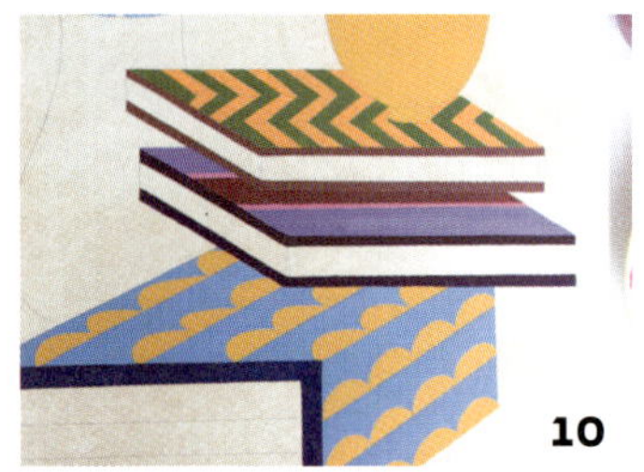

홍매색과 군청색을 섞어 두 번째 책의 두께 부분을, 홍매색과 군청색, 호분색을 섞어 책의 남은 윗부분을 채색하세요.

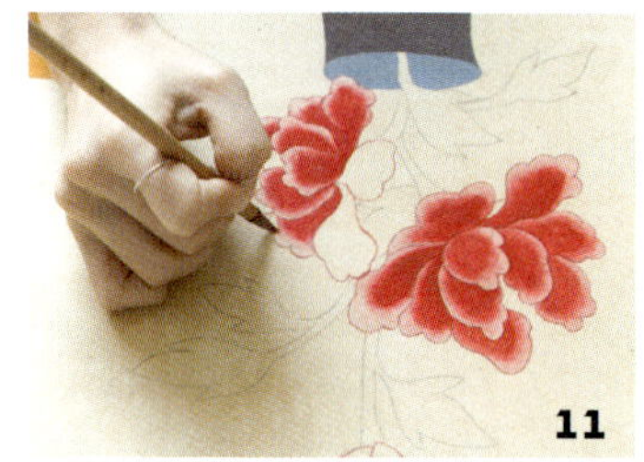

흰색과 흑색을 섞어 모란화병을 채색해주세요. 그리고 홍매색으로 꽃의 2/3 부분을 채색한 뒤, 물붓을 이용하여 가운데 부분에서 바깥쪽으로 점점 엷게 풀어주는 바림 과정을 채색하세요.

홍매색으로 복숭아도 위쪽에서 아래쪽으로 점점 엷게 풀어주는 바림과정을 채색하세요. 바림 과정이 끝나면 황토색과 맹황색을 섞어 연한색 이파리 부분을 채색하세요.

맹황색과 수감색을 섞어 진한 이파리 부분을 채색하세요.

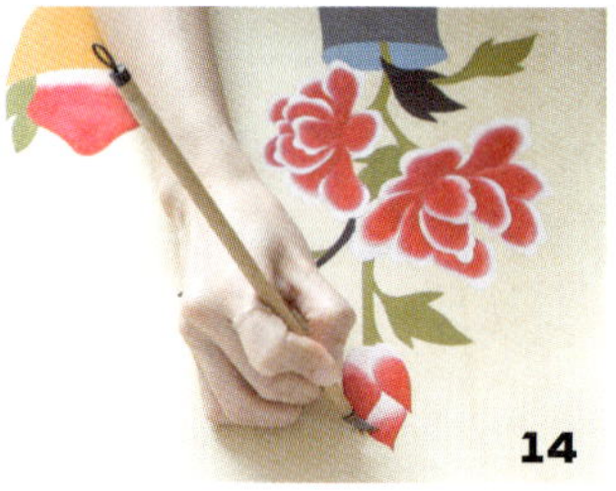

11~12번 과정의 물감이 완전히 마르면 꽃과 복숭아 부분에 호분색으로 거꾸로 바림을 넣어 중간에서 자연스럽게 만나도록 풀어주세요.

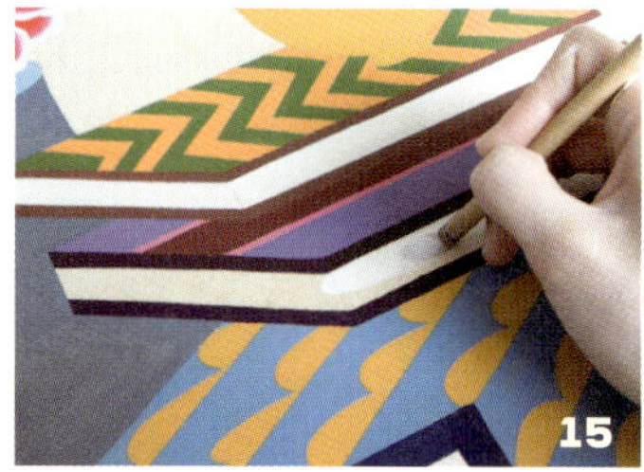

두 권의 책과 포갑에 쌓인 책, 총 3개 책의 책장 부분을 호분색으로 채색하세요.

| TIP | 꼼꼼한 채색을 위해 15번의 과정을 두 번씩 반복해줍니다.

호분 채색을 마친 책가도의 모습입니다.

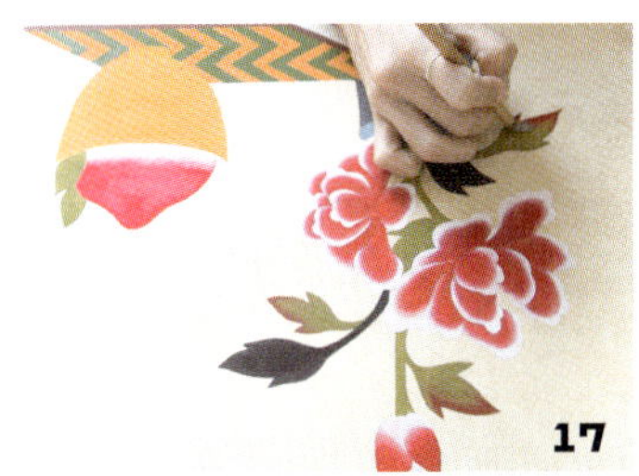

홍매색으로 모란꽃의 연한 이파리를 바깥쪽에서 안쪽으로, 황토색에 맹황색을 좀 더 섞은 색으로 복숭아 이파리를 안쪽에서 바깥쪽으로 바림채색하세요.

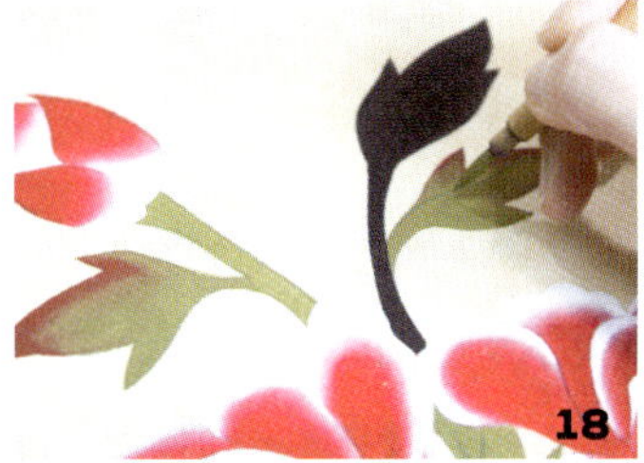

황토색과 맹황색을 섞어 모란의 연한 이파리 부분에 잎맥을 그어주세요.

| TIP | 잎맥은 이파리 색보다 조금 더 진한 색으로 그어주면 자연스러운 느낌은 연출할 수 있습니다.

백록색과 호분색을 섞은 색으로 모란의 진한 이파리 부분에 잎맥을 그어주고, 맹황색과 수감색을 섞은 색으로 복숭아 이파리에도 잎맥을 그어주세요.

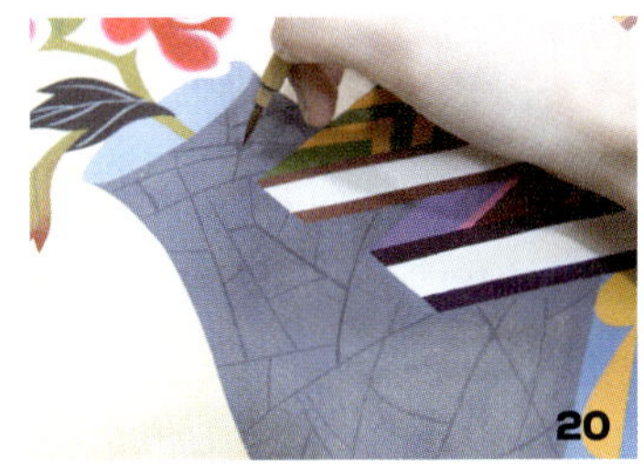

호분색과 흑색을 섞어 세필붓으로 모란 화병에 무늬를 그려주세요.

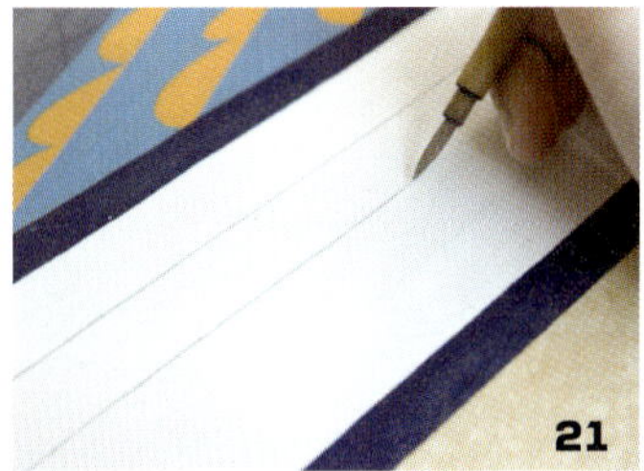

20번 과정의 색보다 호분색을 좀 더 섞은 연한색으로 선을 그어 책장을 묘사해주세요.

호분색과 황토색, 홍매색을 섞어 복숭아가 담긴 접시의 무늬를 채색하세요.

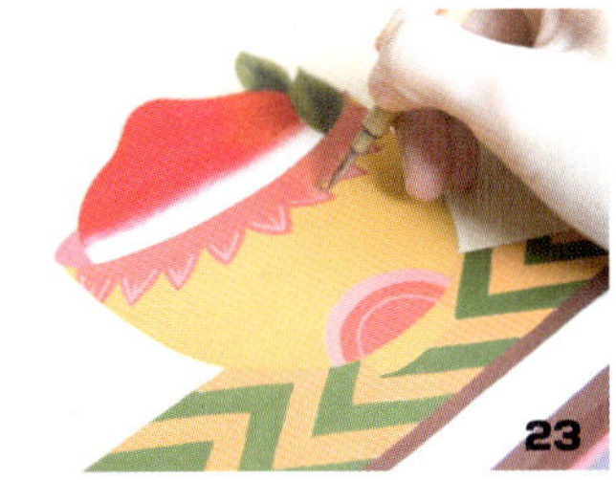

22번 과정의 색에 호분색을 더 섞어 세필붓으로 접시의 무늬를 묘사합니다.

책가도가 완성되었습니다!

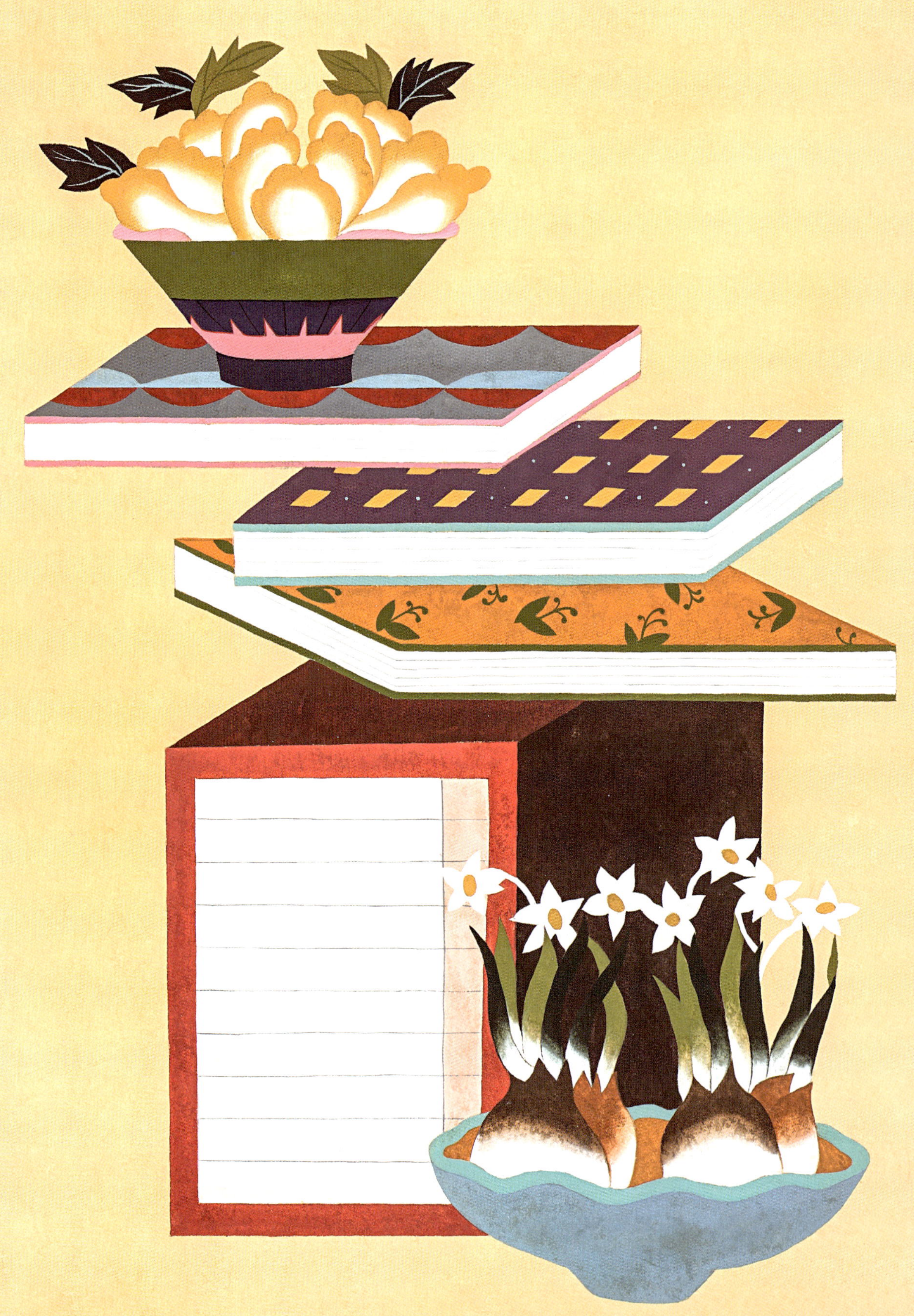

학식을 자랑하는 그림,

책가도 2

책가도는 책가가 있는 그림을 말하고, 책거리는 책가가 있든 없든 책을 중심으로 그린 그림을 모두 포괄하는 그림으로 책거리가 책가도보다 더 넓은 개념이라고 볼 수 있어요. 책거리의 거리는 무엇을 어딘가에 건다는 뜻이 아니라 많은 구경거리를 의미해요. 그만큼 다양한 소재가 독특한 기법으로 어우러진 그림으로 다른 그림들보다 뛰어난 형태력과 구성력을 필요로 하죠. 실제로 책거리 그림들에는 일반 민화와는 다르게 서양화법에 의한 입체주의 기법, 투시 원근법, 역원근법 등을 사용해 입체감을 살리고 치밀하게 구성된 모습들을 볼 수 있어요.

준비물

8호 패널, 연필, 볼펜, 물통, 먹물, 먹접시, 물감접시, 민화붓 2필, 세필붓 1필

필요한 물감색 : 호분, 황, 황토, 주황, 홍매, 맹황, 백록, 군청, 수감, 대자, 고동, 흑

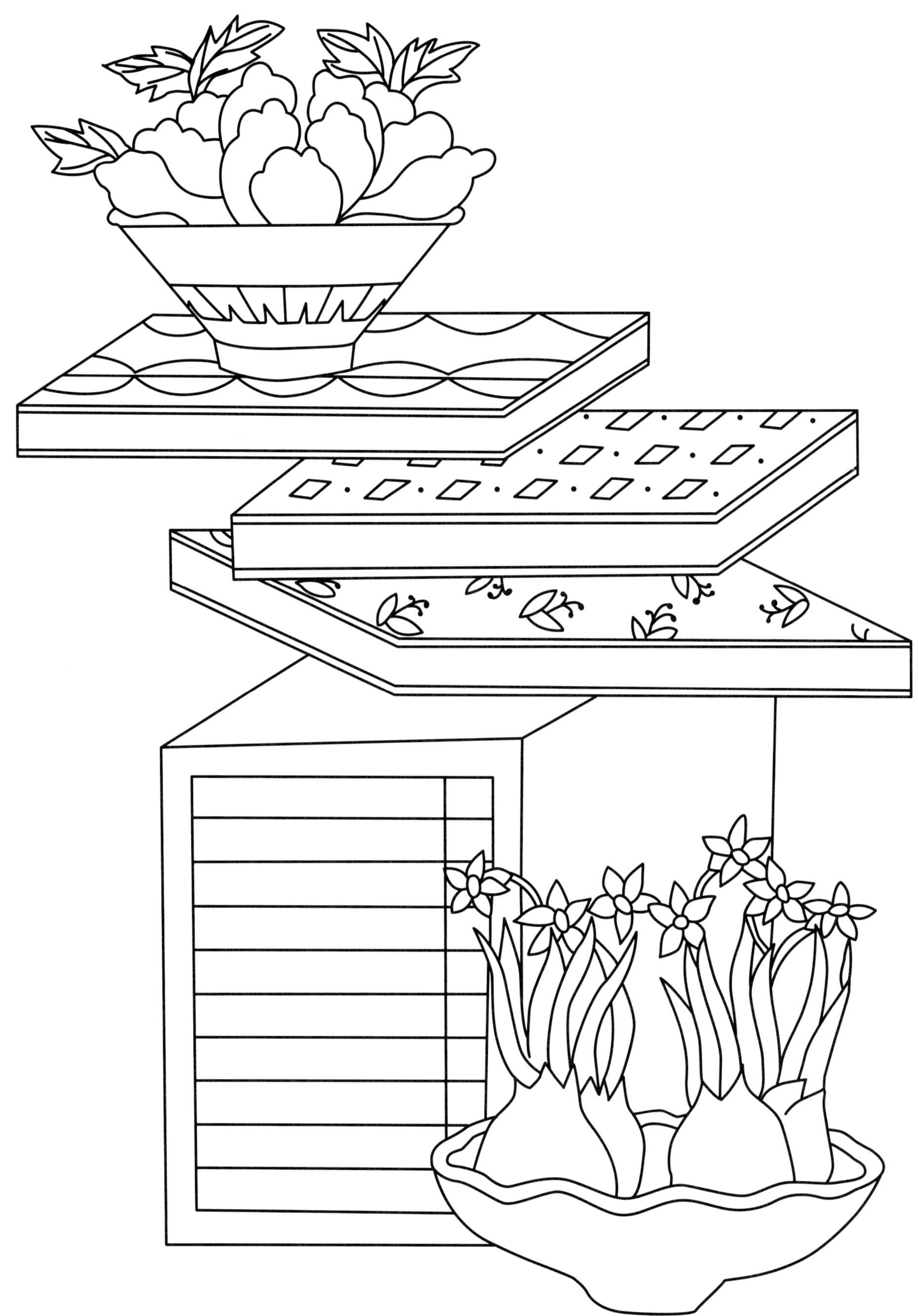

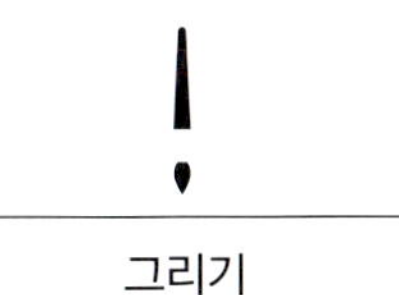

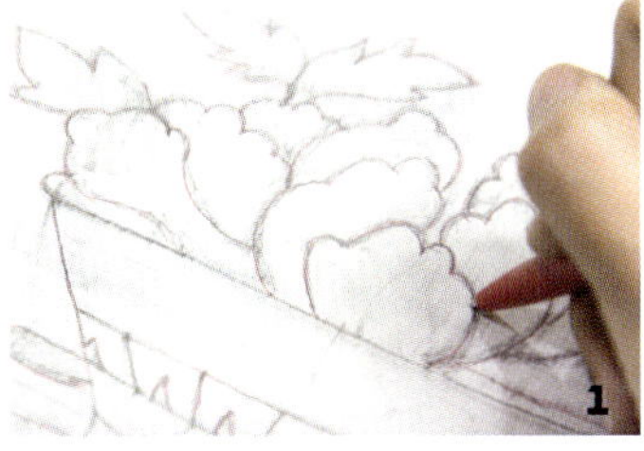

먹지 작업이 완성된 도안을 패널에 잘 맞춰 올려주고 힘을 주면서 볼펜으로 꼼꼼히 따라 그려 밑그림이 잘 배겨날 수 있게 해주세요.

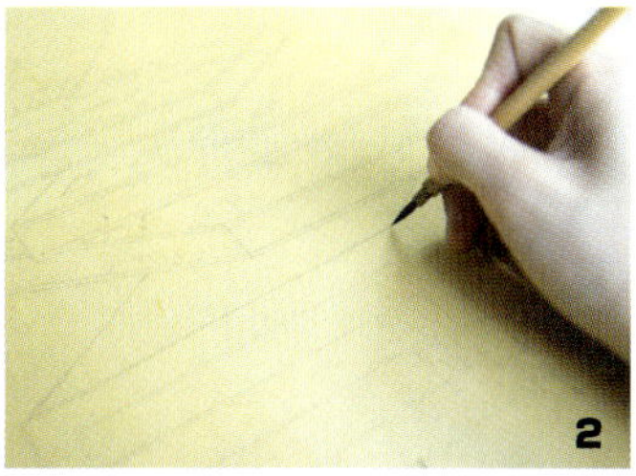

배겨진 스케치 위로 연한 먹물을 적신 세필붓으로 위, 아래 꽃 부분을 제외하고 선을 그려주세요.

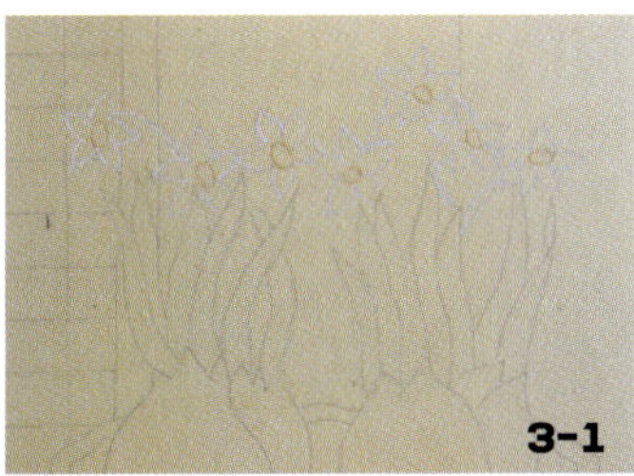

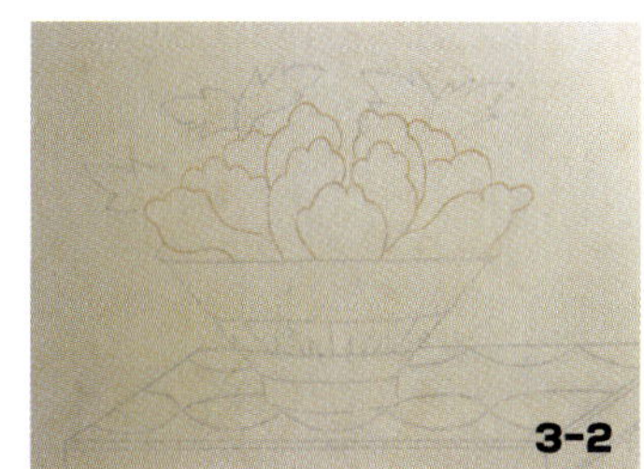

꽃색에 맞춰 각각 호분색과 황토색으로 선을 그려주세요.

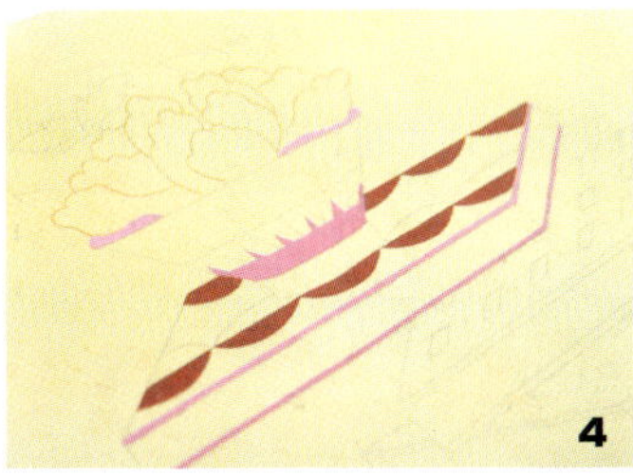

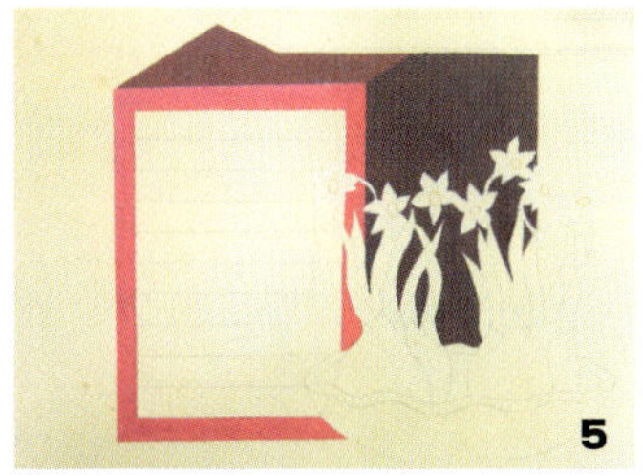

홍매색으로 제일 위쪽 책 무늬의 반쪽을 채색하고, 홍매색과 황토색, 호분색을 섞은 색으로 책 두께 부분과 꽃접시 무늬, 꽃접시 안쪽을 채색하세요.

홍매색으로 제일 아래쪽 포갑의 두께를 채색하고, 홍매색과 대자색, 고동색을 섞어 포갑의 윗면을 채색합니다. 그리고 홍매색, 고동색, 수감색을 섞어 포갑의 옆면을 채색하세요.

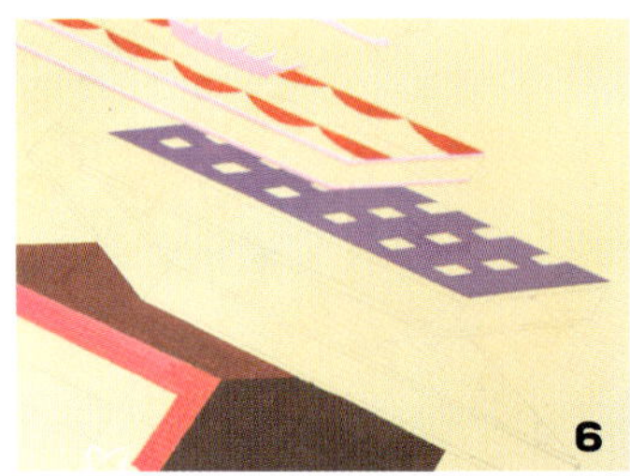

홍매색, 군청색, 호분색을 섞어 두 번째 책의 무늬를 제외한 윗면을 꼼꼼히 채색하세요.

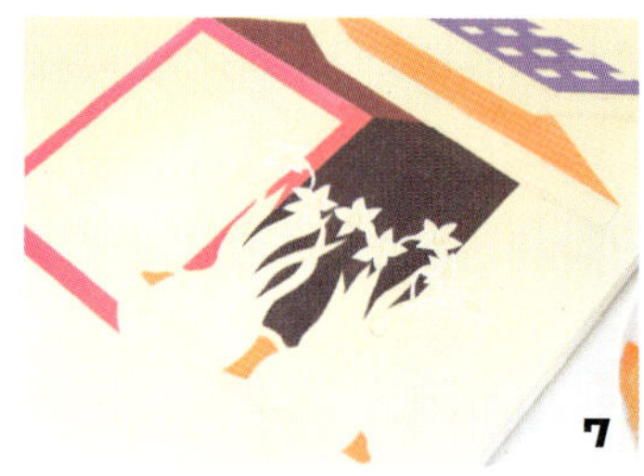

황토색과 주황색을 섞어 포갑 위의 책 윗면 전체와 아래 화분 접시 안쪽 부분을 채색하세요.

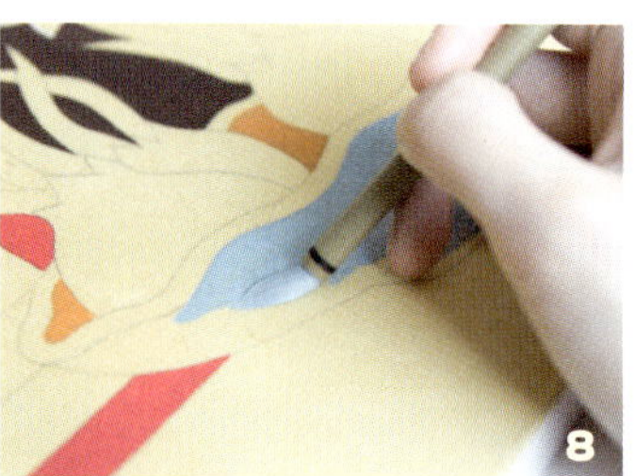

백록색, 군청색, 호분색을 섞어 화분 접시를 채색하세요.

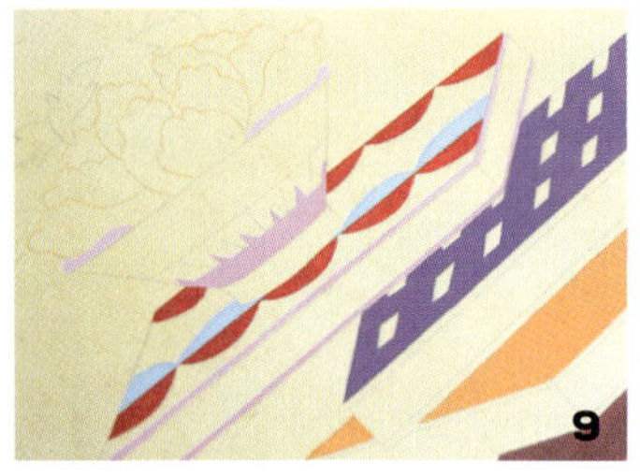

8번 과정과 같은 색으로 제일 위에 책 무늬의 남은 반쪽도 채색하세요.

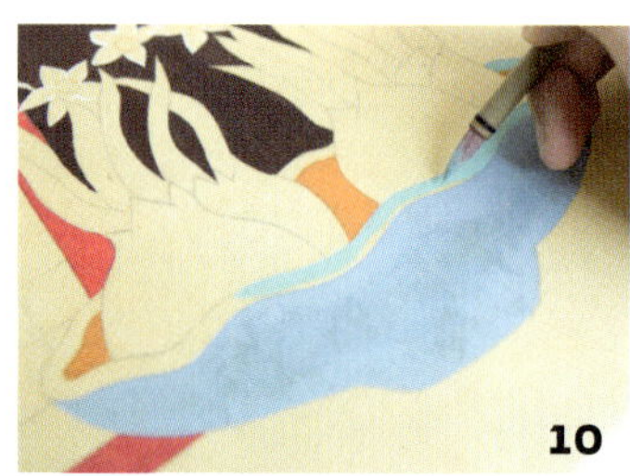

백록색으로 화분의 윗면을 채색하세요.

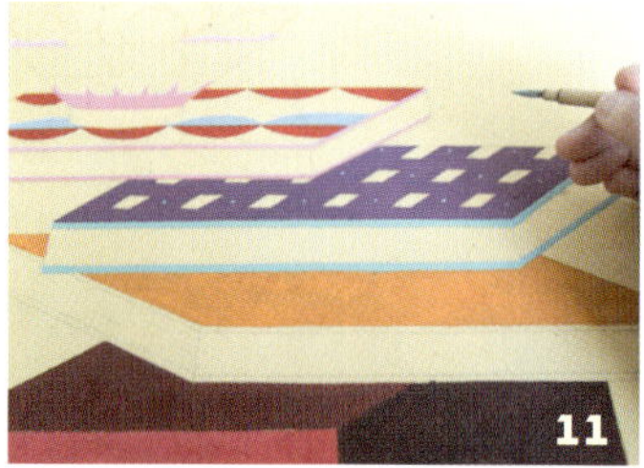

백록색으로 두 번째 책의 옆면과 윗면의 동그란 무늬도 채색하세요.

황토색과 맹황색을 섞어 세필붓으로 7번 과정 책의 무늬를 묘사해주세요.

| TIP | 채색이 진하게 덮여 자국이 보이지 않을 경우 1번 과정을 다시 한 번 반복해주세요.

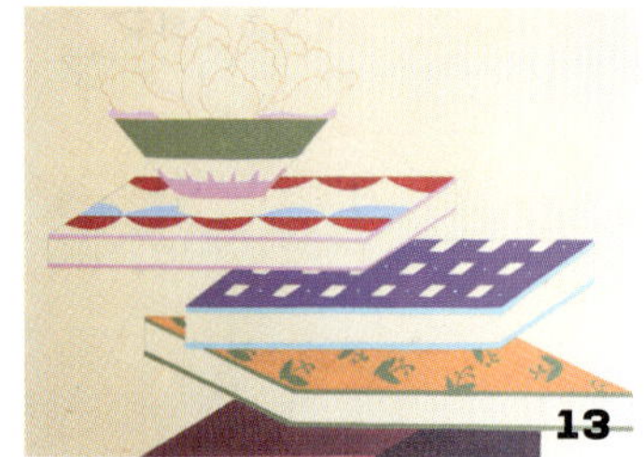

12번 과정과 같은 색으로 꽃 접시의 윗부분도 채색하세요.

| TIP | 한지는 종이 특성상 한 번에 채색을 마무리할 수 없습니다. 지금까지 했던 초벌채색 과정을 그대로 한 번 더 반복하여 색을 두 번씩 입혀줍니다.

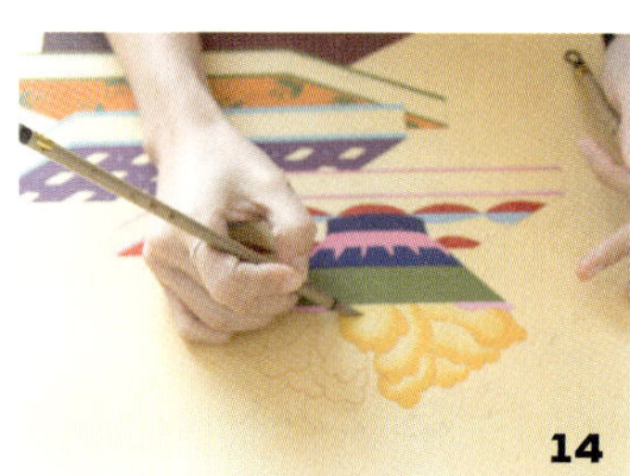

군청색과 수감색을 섞어 꽃접시의 아랫부분을 채색하세요. 그리고 황색과 황토색을 섞어 꽃의 2/3 부분을 채색하고, 물붓을 이용하여 위쪽에서 아래쪽으로 점점 얇게 풀어주는 바림 과정을 채색하세요.

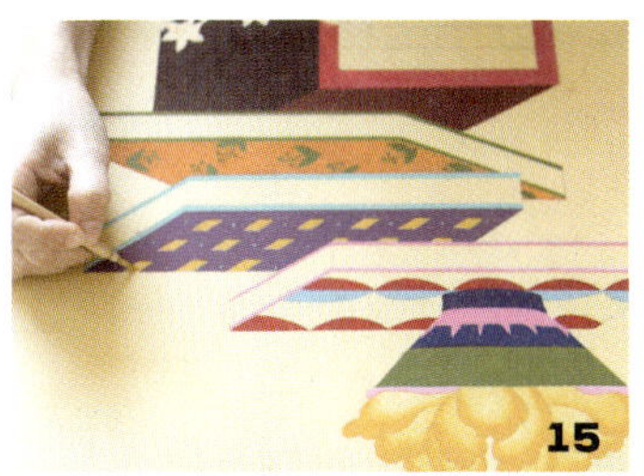

14번 과정의 꽃 바림색과 같은 색으로 두 번째 책의 무늬도 꼼꼼히 채색하세요.

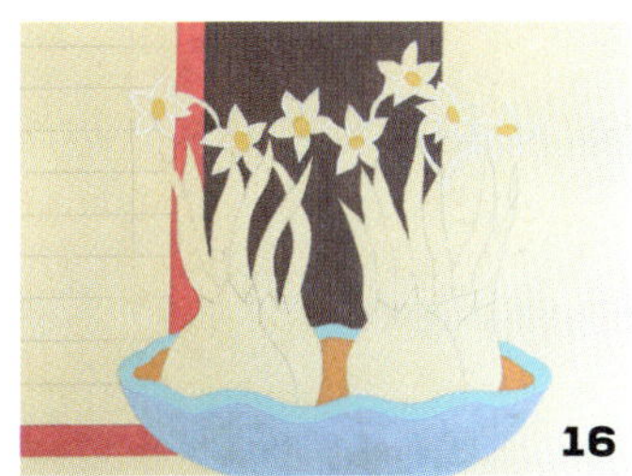

아래쪽 화분 꽃의 가운데 동그라미 부분도 같은 색으로 채색하세요.

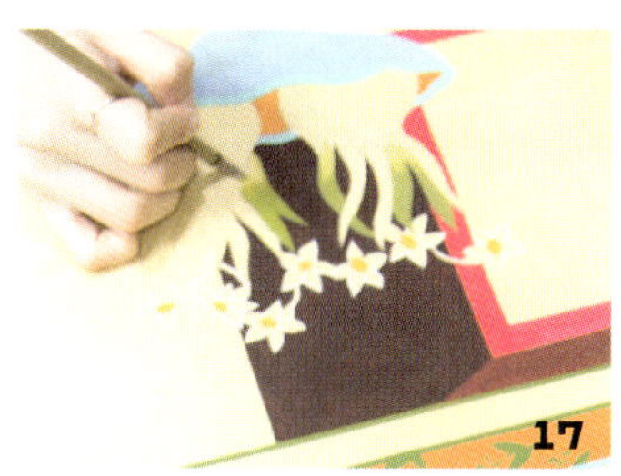

황토색과 맹황색을 섞어 윗 꽃접시의 연한 이파리 부분을 채색하고, 같은 색으로 아래 화분의 연한 이파리 부분을 위쪽에서 아래쪽으로 바림채색하세요.

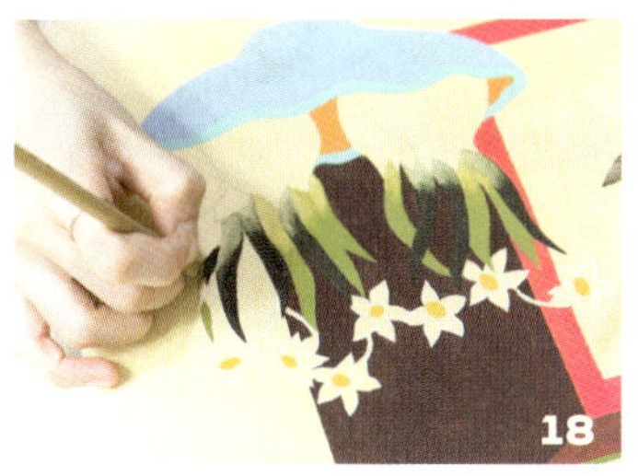

맹황색과 수감색을 섞어 화분의 진한 이파리 부분도 같은 방법으로 바림채색하세요.

18번 과정의 색에 수감색을 더 섞어 위쪽 꽃접시의 진한 이파리 부분을 채색하세요.

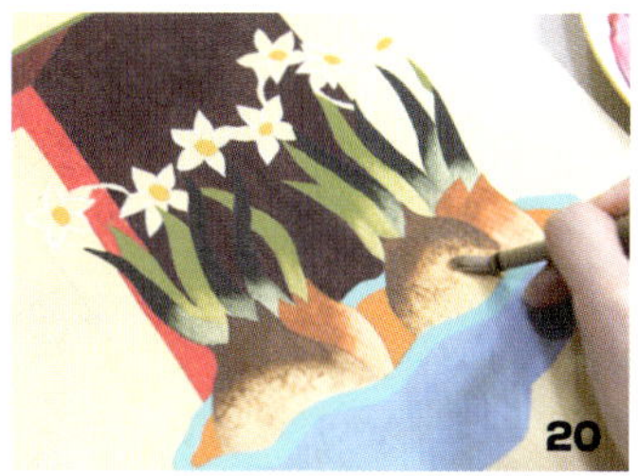

왼쪽은 황토색과 고동색을 섞은 색으로, 오른쪽은 황토색과 대자색을 섞어 이미지를 따라 채색한 후 위쪽에서 아래쪽으로 바림채색하세요.

호분색으로 꽃잎과 줄기 부분을 꼼꼼히 채색하세요.

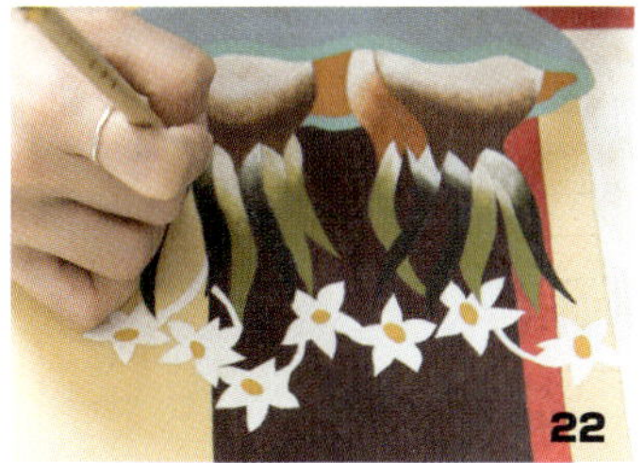

호분색으로 모든 책의 책장 부분을 꼼꼼히 채색하고, 꽃 이파리 부분은 아래쪽에서 위쪽으로 거꾸로 바림을 넣어 중간에서 자연스럽게 만나도록 풀어주세요.

| TIP | 꼼꼼한 채색을 위해 22번의 과정을 두 번씩 반복합니다.

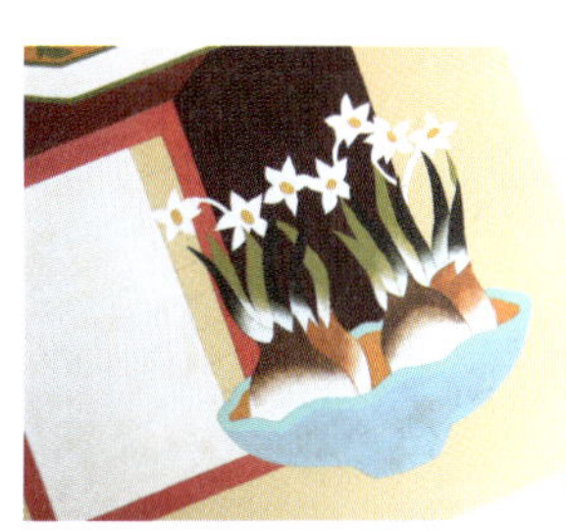

중간 과정 모습입니다.

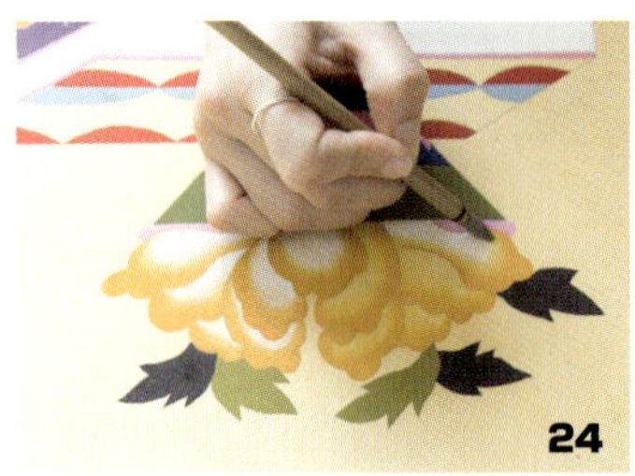

접시에 담긴 모란꽃 부분에도 호분색으로 거꾸로 바림을 넣어 중간에서 자연스럽게 만나도록 풀어주세요.

부드러운 바림이 표현된 꽃잎이 완성됩니다.

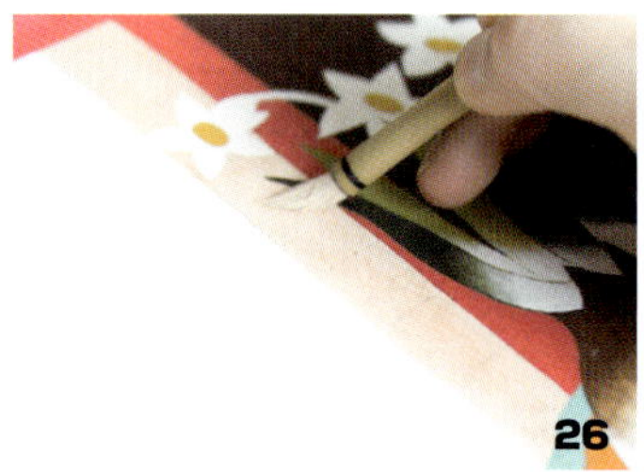

황토색, 홍매색, 호분색을 섞어 책장의 오른쪽 띠 부분을 채색하세요.

호분색과 흑색을 섞어 제일 위쪽 책 윗면을 채색하세요.

황토색과 맹황색을 섞어 모란꽃의 연한 이파리 부분에 잎맥을, 백록색과 호분색을 섞어 진한 이파리 부분에 잎맥을 그어주세요.

수감색으로 접시의 진한 무늬 부분에 디테일 선을, 홍매색으로 연한 무늬 부분에 외곽선을 그어 마무리 해주세요.

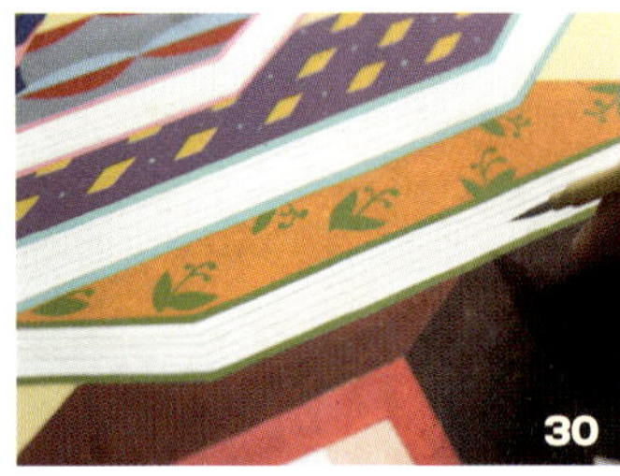

호분색과 흑색을 섞어 세필붓으로 선을 그으며 책장을 묘사해주세요.

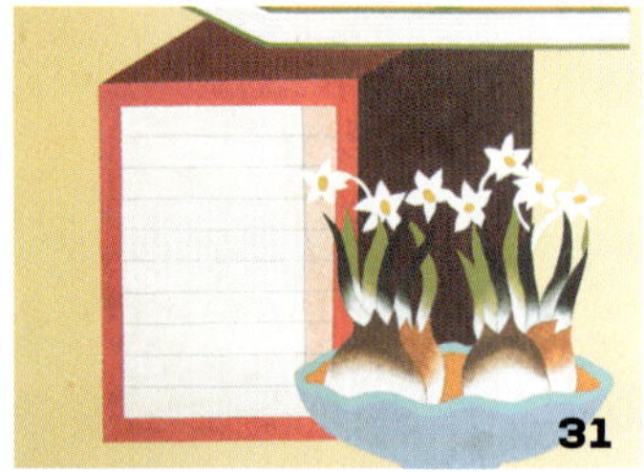

같은 색으로 포갑에 쌓인 책 부분도 선은 그어 마무리해주세요.

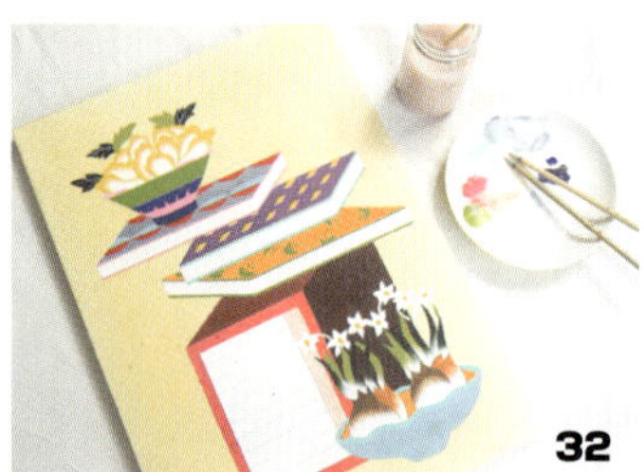

그림이 완성되었습니다!

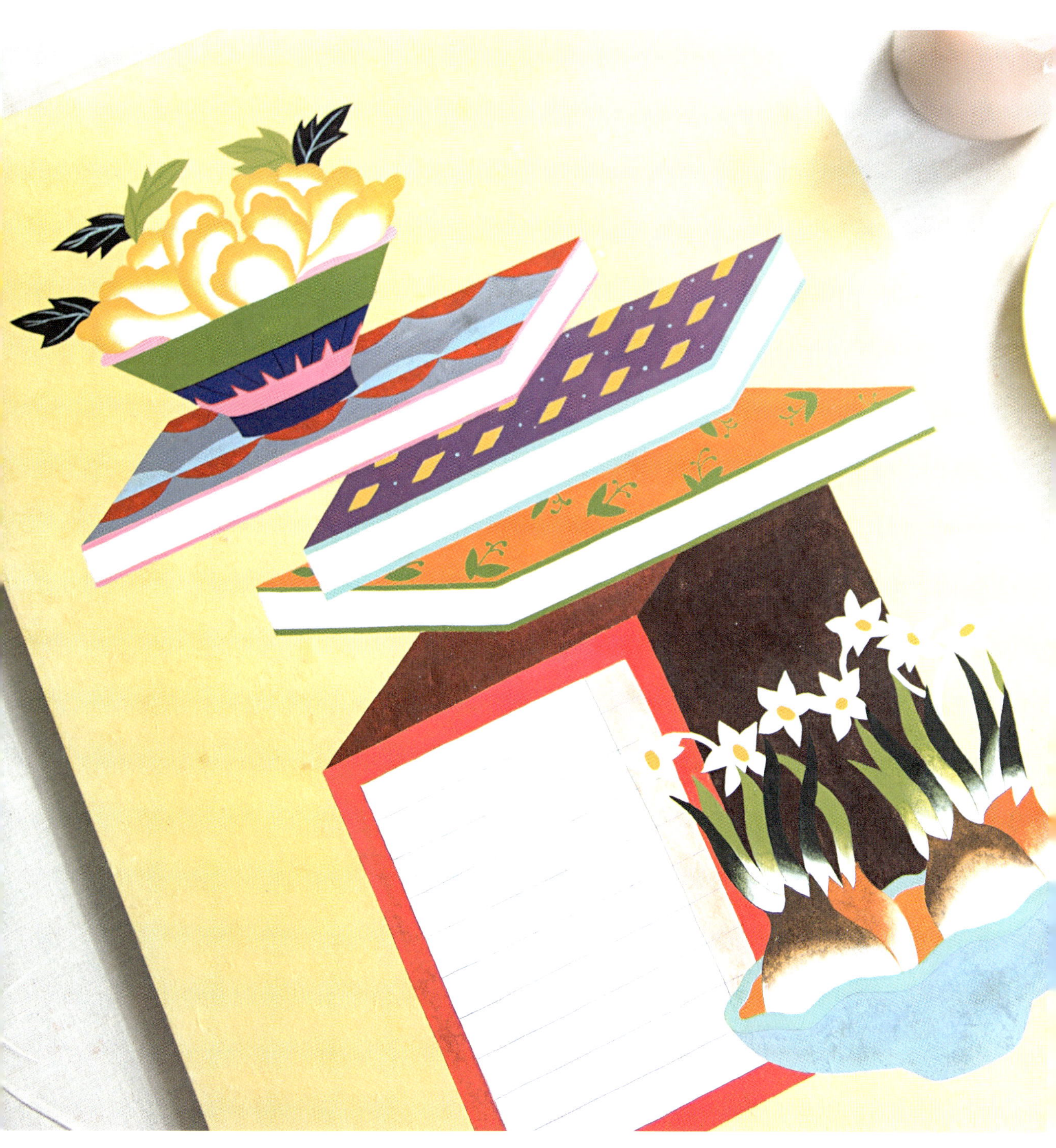

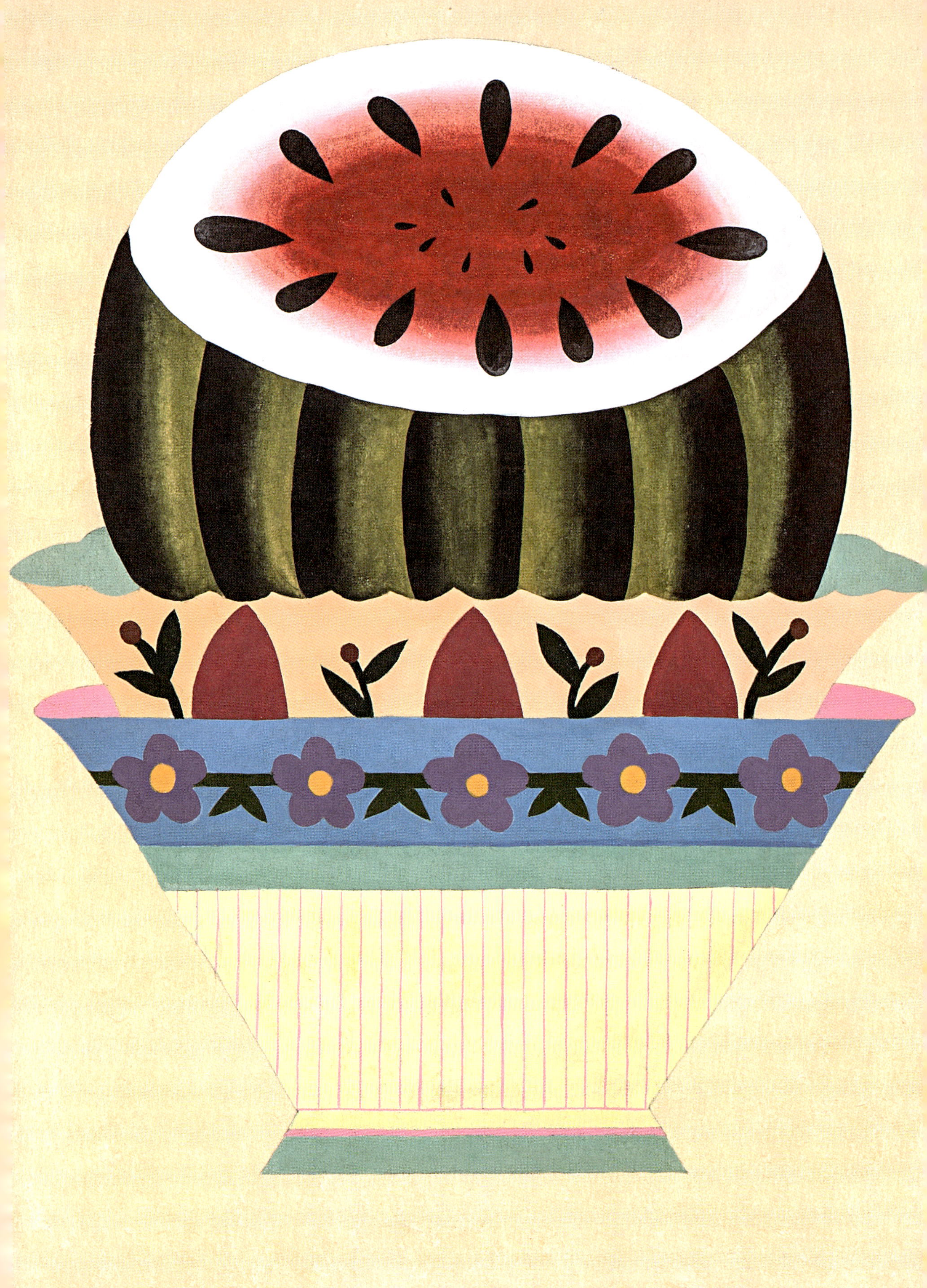

주렁주렁 줄줄이, 소과도 1

수박

탐스러운 새빨간 과육에 빽빽하게 박힌 검은 씨가 돋보이는 수박도. 수박은 장수와 복을 뜻하는 수복(壽福)과 발음이 비슷하다고 하여 많은 사람에게 사랑을 받는 소재가 되었죠. 서민층으로 저변화되면서 점차 다양한 구복 관련 소재들을 함께 그리기 시작한 책가도에서도 채소와 열매의 모습을 쉽게 볼 수 있어요.

준비물

4호 패널, 연필, 볼펜, 물통, 먹물, 먹접시, 물감접시, 민화붓 2필, 세필붓 1필

필요한 물감색 : 호분, 황, 황토, 홍매, 맹황, 백록, 군청, 수감, 대자

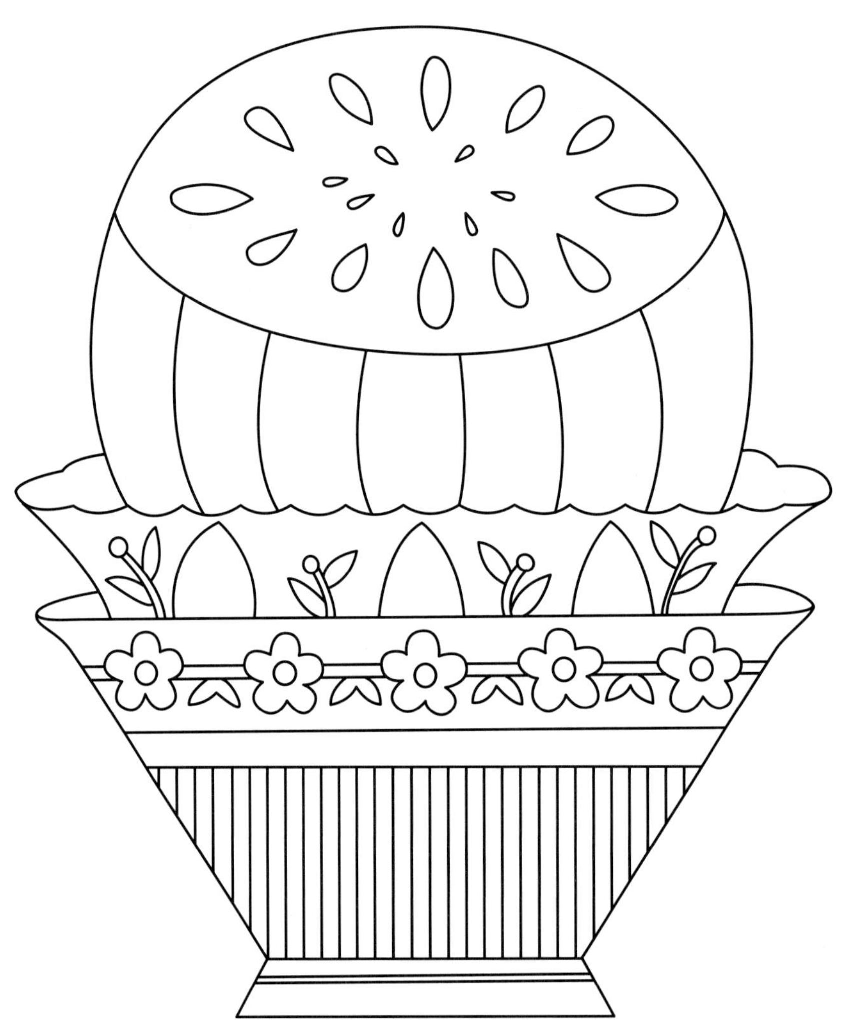

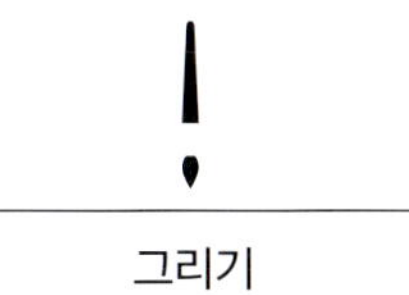

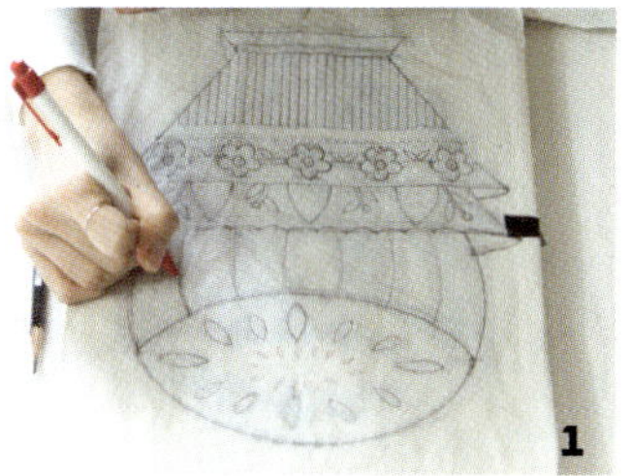

먹지 작업이 완성된 도안을 패널에 잘 맞춰 올려주고 힘을 주면서 볼펜으로 꼼꼼히 따라 그려 밑그림이 잘 배겨날 수 있게 해주세요.

연한 먹물을 적신 붓으로 배겨진 자국을 따라 다시 한 번 선을 그려주세요.

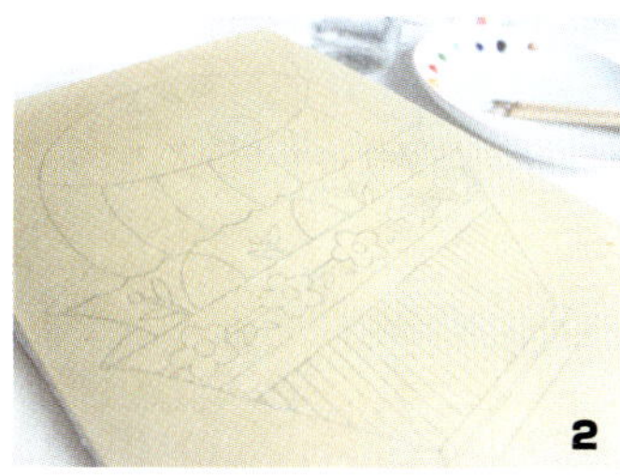

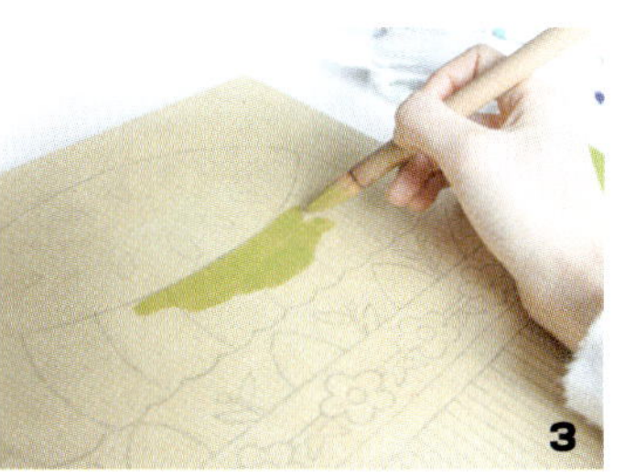

황토색과 맹황색을 섞어 수박껍질 부분을 초벌채색하세요.

백록색, 군청색, 호분색을 섞어 아래 꽃무늬 접시 바탕 부분을 꼼꼼히 채색하세요.

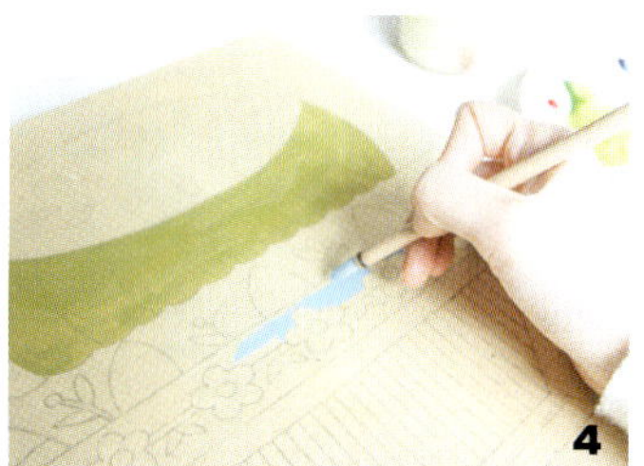

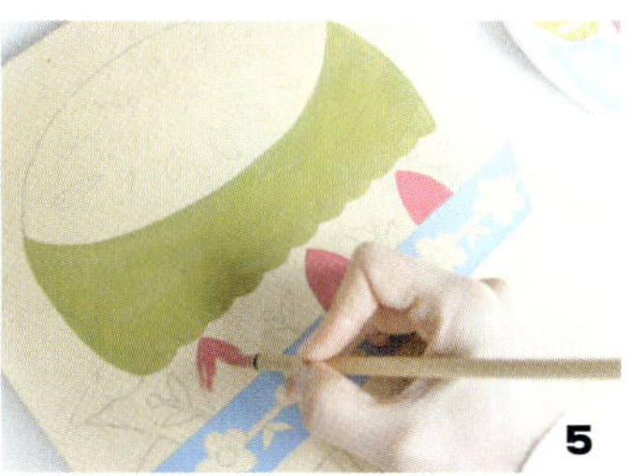

홍매색과 황토색을 섞어 윗 접시의 큰 나뭇잎 세 개의 무늬를 채색해주세요.

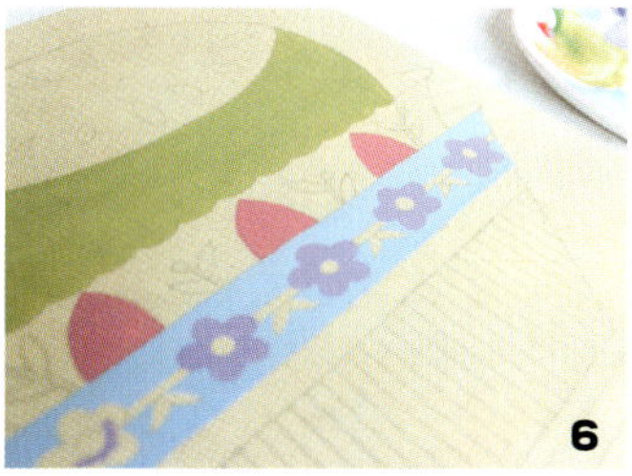

홍매색, 군청색, 호분색을 섞어 아래 접시의 꽃잎 무늬를 채색하세요.

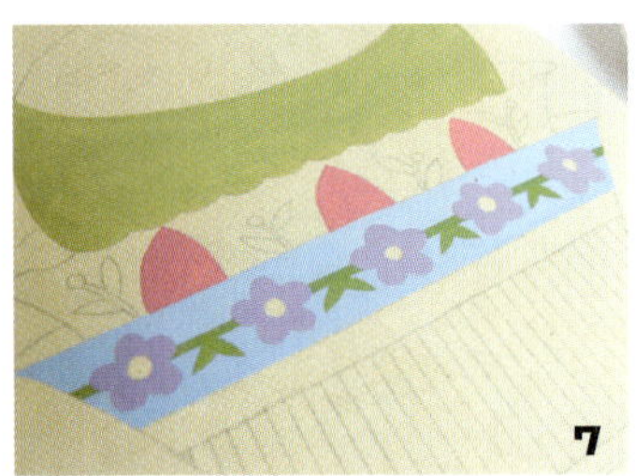

맹황색으로 가로선과 이파리 무늬도 채
색해주세요.

맹황색과 군청색을 섞어 윗접시의 줄기
와 이파리 부분을 꼼꼼히 채색하세요.

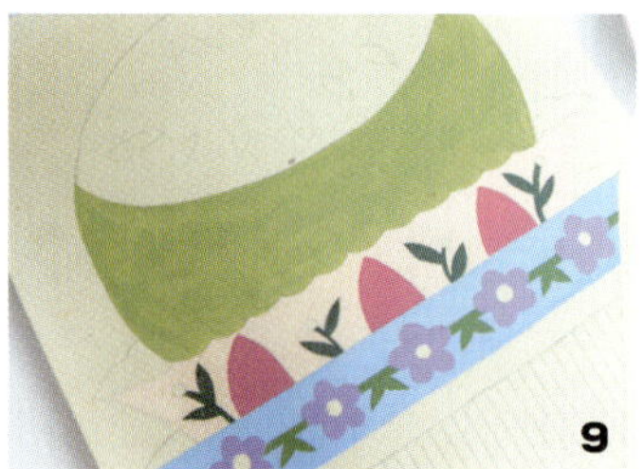

황토색, 홍매색, 호분색을 섞어 윗 접시
의 바탕 부분도 채색하세요.

홍매색와 대자색을 섞어 윗접시의 동그
란 봉오리 부분을 채색하세요.

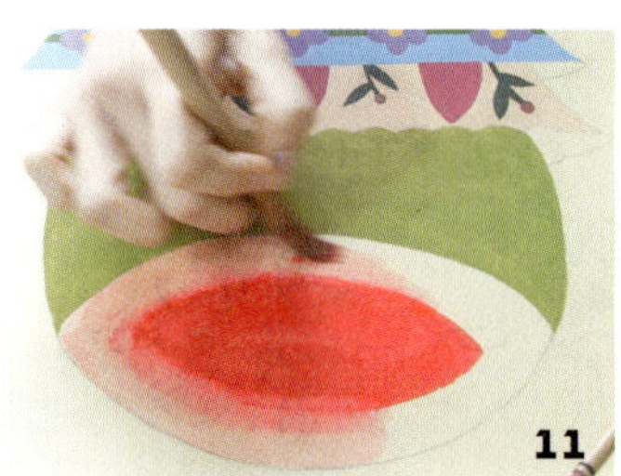

홍매색으로 수박 과육의 2/3를 채색한
뒤 물붓을 이용하여 안쪽에서 바깥쪽으
로 점점 엷게 풀어지는 바림 과정을 채
색하세요.

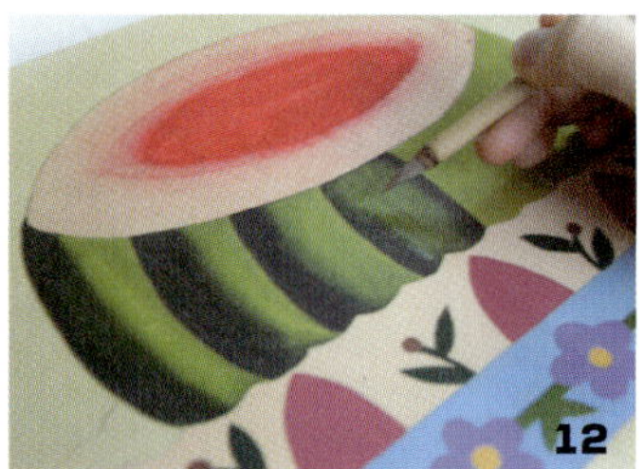

수박의 껍질 부분도 바림기법을 이용하
여 입체감을 표현해주세요. 먼저 맹황
색과 수감색을 섞어 가운데 줄무늬 양
쪽 가장자리 부분을 각 1/5씩 칠하고, 물
붓을 이용하여 안쪽으로 점점 연하게
풀어지는 바림 과정을 채색하세요. 가
운데를 기준으로 왼쪽 줄무늬들은 왼쪽
끝에서 오른쪽으로, 오른쪽 줄무늬들은
오른쪽 끝에서 왼쪽으로 점점 엷어지게
풀어주세요.

13

백록색, 황토색, 호분색을 섞어 아래쪽 접시의 가운데 무늬와 가장 밑부분, 그리고 위쪽 접시의 안쪽 부분을 채색해 주세요.

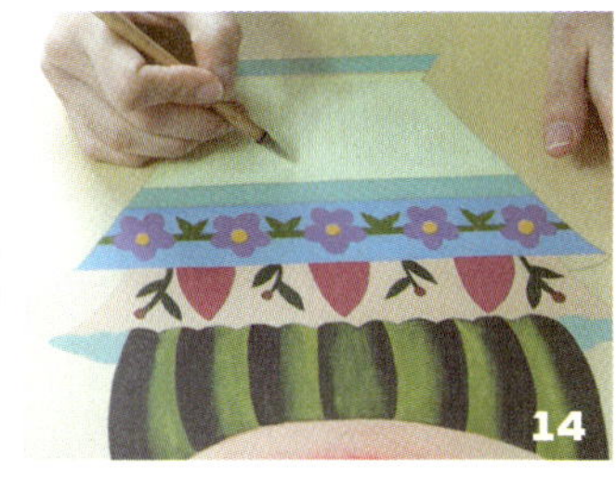

14

황색, 황토색, 호분색을 섞어 아래 접시의 넓은 부분을 채색하세요.

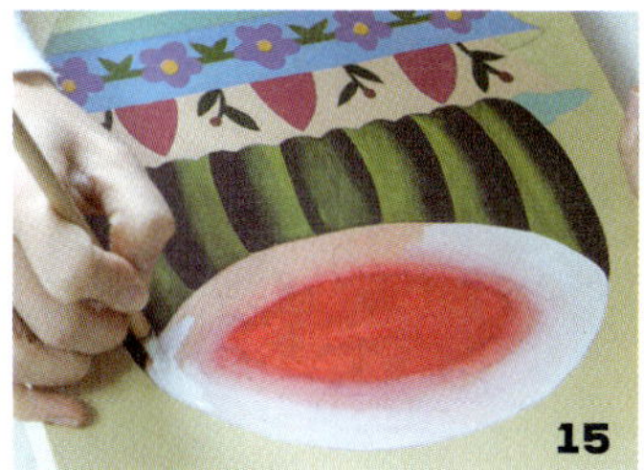

15

11번의 과정의 물감이 완전히 마르면 호분색으로 거꾸로 바림을 넣어 중간에서 자연스럽게 만나도록 풀어주세요.

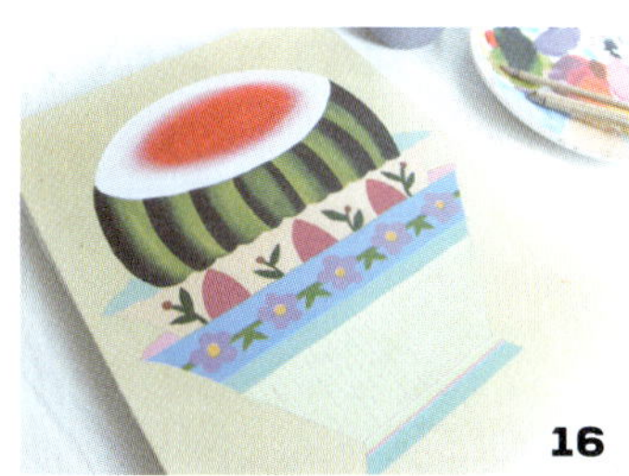

16

홍매색과 호분색을 섞어 아래쪽 접시의 안쪽 부분을 채색하고, 줄무늬 선을 그어 마무리해주세요.

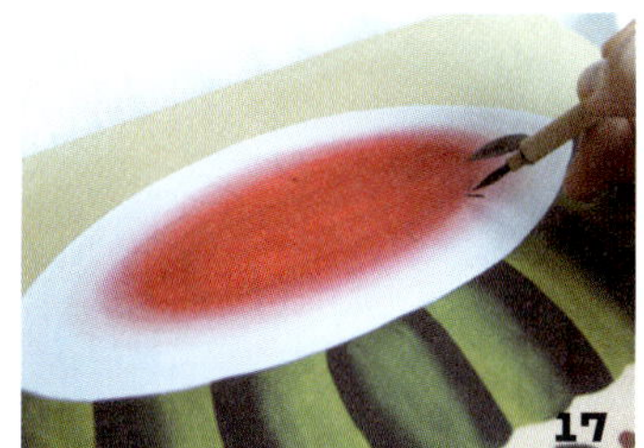

17

마지막으로 먹을 이용해 물방울무늬의 씨앗을 그려 넣어주면 수박도가 완성됩니다!

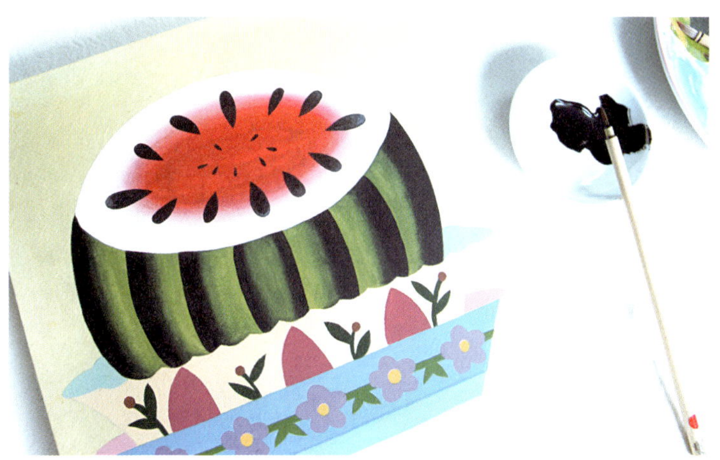

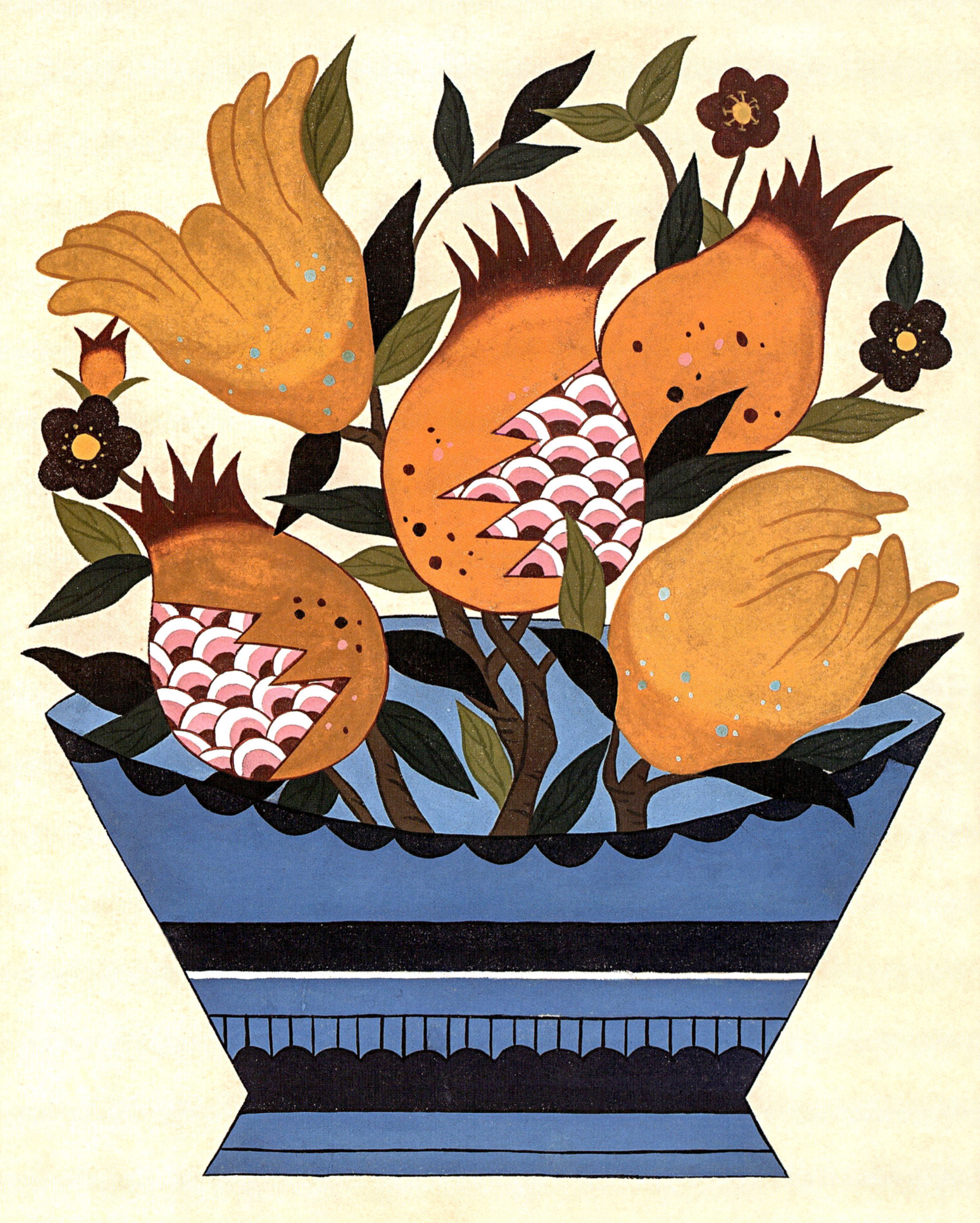

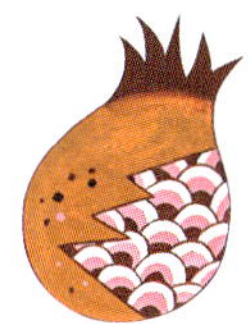

석류

민화에서 열매와 씨앗은 자손의 번창을 상징해요. 그래서 씨가 잘 보이도록 그리는 것이 중요하죠. 잘 보면 늘 의도적으로 과피의 일부를 칼로 잘라 씨앗이 화면에 드러나도록 연출한 모습을 발견할 수 있어요. 촘촘하고 빼곡한 씨가 있는 석류가 소과도 중 가장 즐겨 그려지게 된 이유이죠. 석류와 함께 접시에 담긴 노란 열매는 부처님의 손을 닮았다고 해서 불수감이란 이름이 붙여졌다고 해요. 부처님의 복을 상징하는 삼다과(三多果) 중에 하나로 사랑받은 소재예요.

준비물

3호 패널, 연필, 볼펜, 물통, 먹물, 먹접시, 물감접시, 민화붓 2필, 세필붓 1필

필요한 물감색 : 호분, 황, 황토, 주황, 홍매, 맹황, 백록, 군청, 수감, 대자, 고동

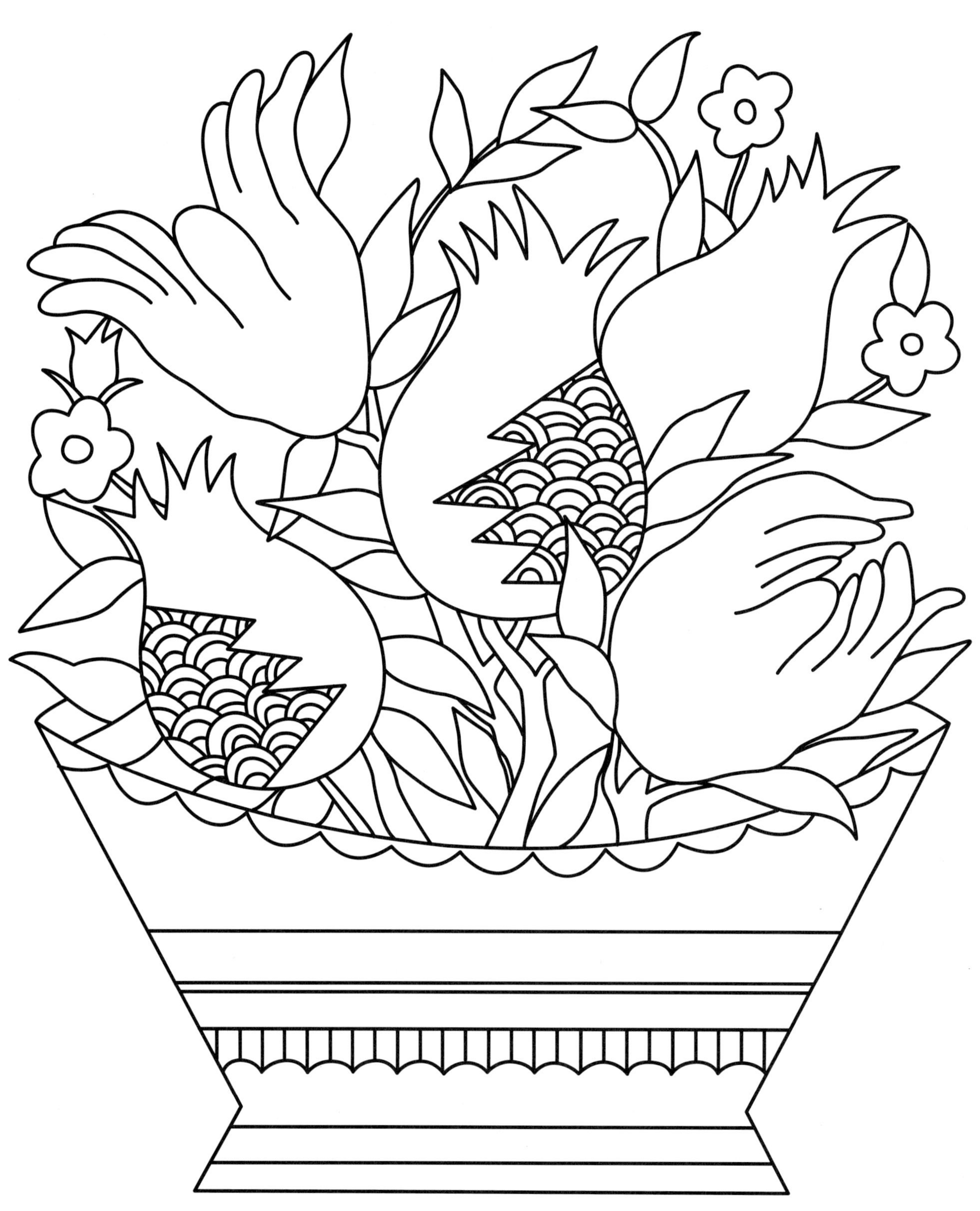

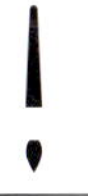

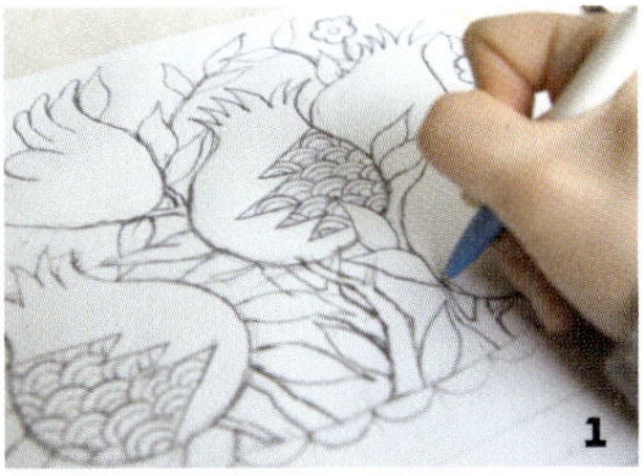

먹지 작업이 완성된 도안을 패널에 잘
맞춰 올려주고 힘을 주면서 볼펜으로
꼼꼼히 따라 그려 밑그림이 잘 배겨날
수 있게 해주세요.

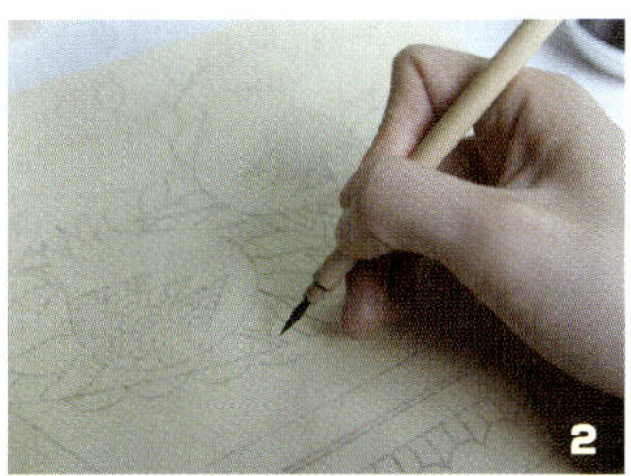

배겨진 밑그림 위에 연한 먹물을 적신
붓으로 접시, 가지, 줄기, 이파리 부분의
선을 다시 한 번 그려주세요.

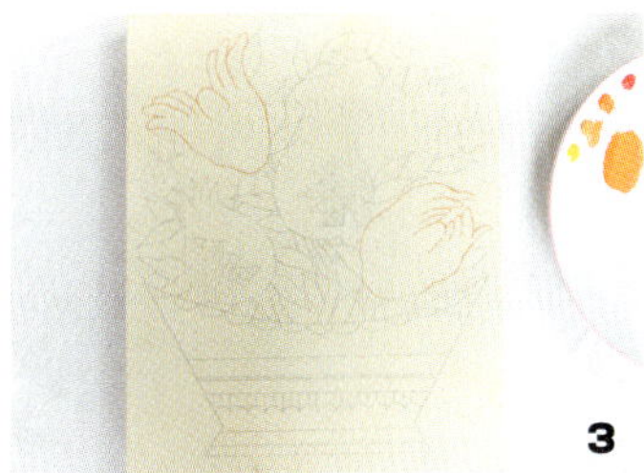

황토색 물감으로 불수감의 외곽선을 그
려주세요.

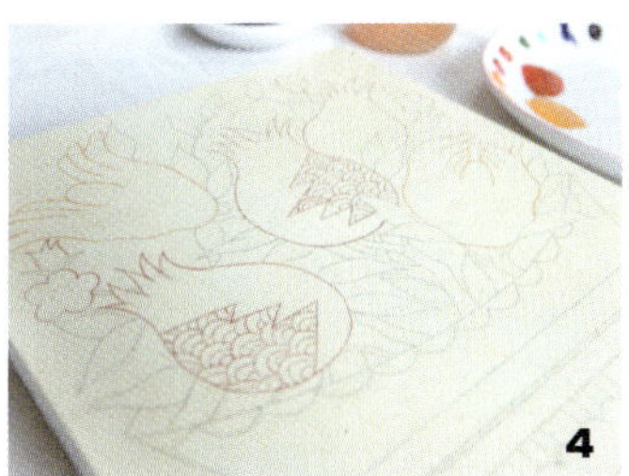

석류와 꽃의 외곽선은 홍매와 대자를
섞은 색으로 그려주세요.

| **TIP 1** | 꽃이나 열매는 먹선 대신 알맞은
색선을 넣어주면 더 화사한 분위기를 연출
할 수 있습니다.

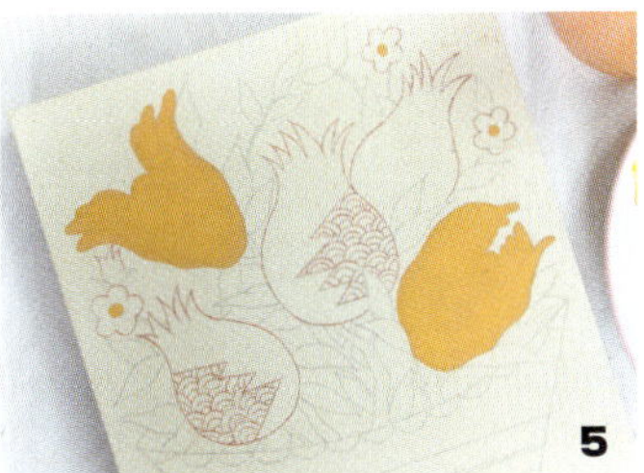

황색과 황토색을 섞어 불수감과 꽃 가
운데 동그라미 부분을 채색하세요.

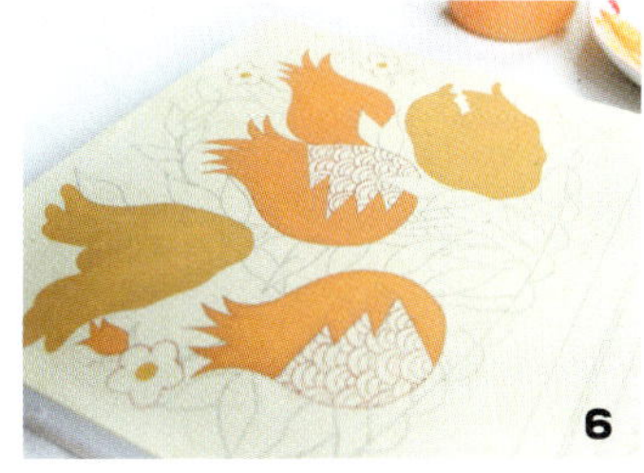

황토색과 주황색을 섞은 색으로 석류
열매를 채색하세요.

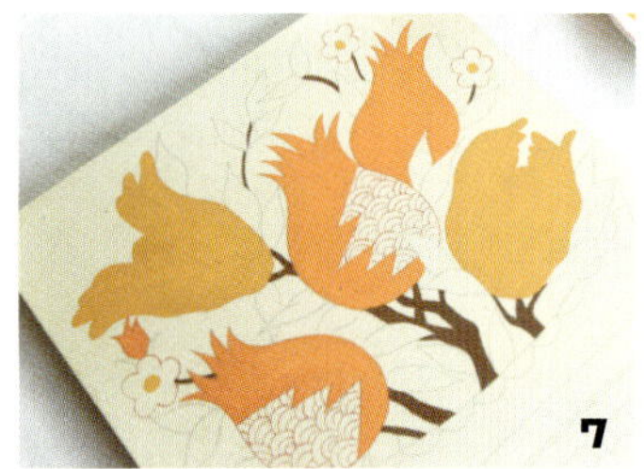

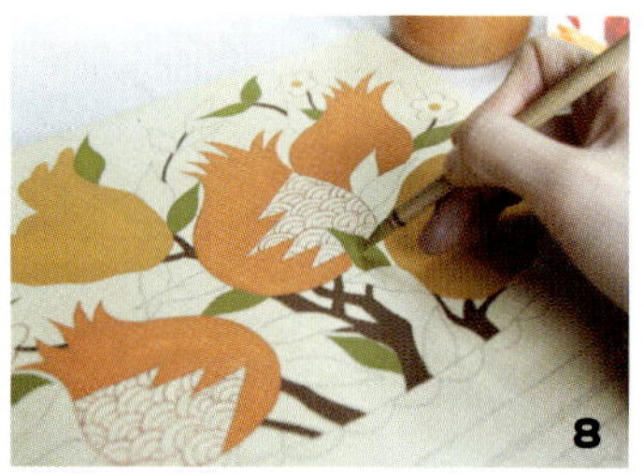

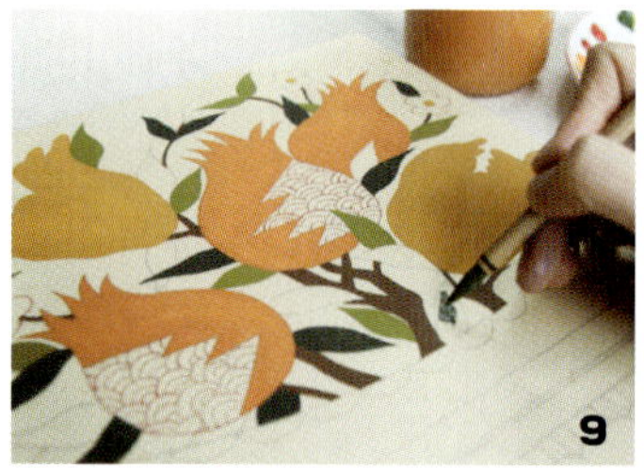

황토, 대자, 고동색을 섞어 가지 부분도 꼼꼼히 채색하세요.

황토색과 맹황색을 섞어 세 종류의 이파리 중 가장 연한 이파리 부분을 채색하세요.

백록, 맹황, 군청색을 섞어 두 번째 이파리 부분도 채색하세요.

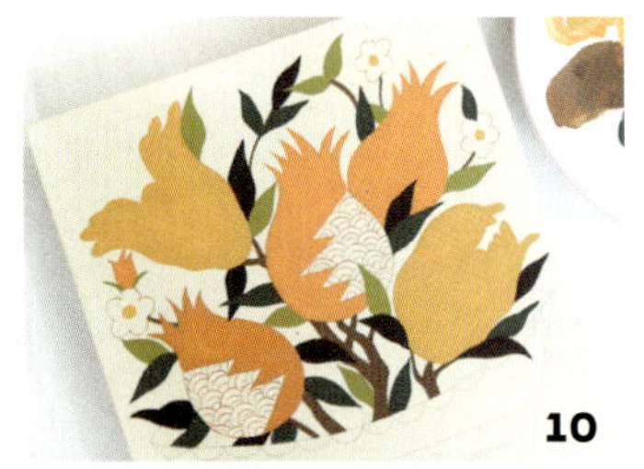

맹황과 수감색을 섞어 마지막 진한 이파리 채색을 완성해주세요.

이번엔 백록색과 군청색을 섞어 접시부분을 꼼꼼히 채색하세요.

11번 과정의 색에 호분색을 섞어 좀 더 연한 색을 만들어준 뒤 접시 안쪽 부분도 채색하세요.

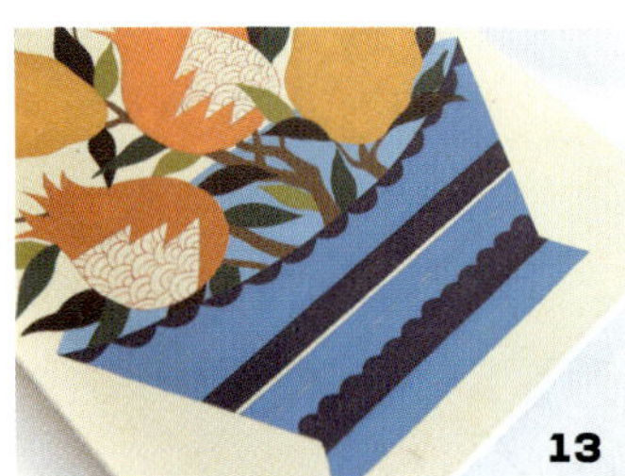

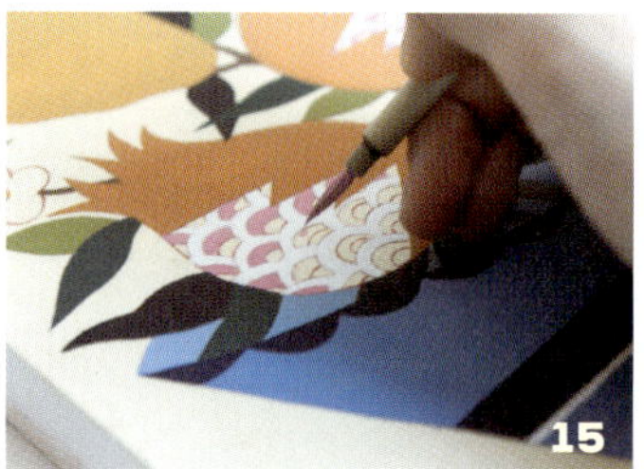

군청색과 수감색을 섞어 접시 무늬를 채색하고 호분색으로 가운데 가로 무늬도 채색해주세요.

접시부분의 채색을 모두 마치면 석류 열매의 촘촘한 씨 부분의 가장 외곽부터 호분색으로 채색하세요.

호분색에 홍매색을 섞어 3중으로 표현된 씨의 가운데 부분도 채색하세요.

15번 과정의 색으로 석류 과피 부분에 동그라미 무늬를 그려준 뒤, 홍매색과 대자색을 섞어(처음에 석류의 외곽선을 그려준 색) 3중으로 표현된 씨의 가장 안쪽 부분에 채색하세요.

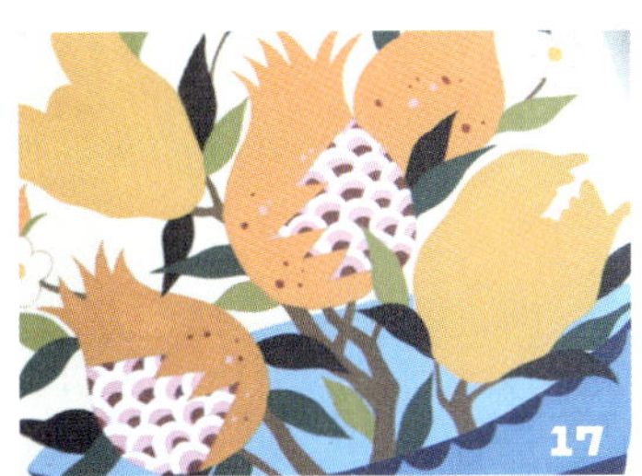

16번 과정의 색으로 다시 한 번 석류 과피 부분에 동그라미 무늬를 그려준 뒤, 오른쪽 상단부의 꽃잎을 채색하세요.

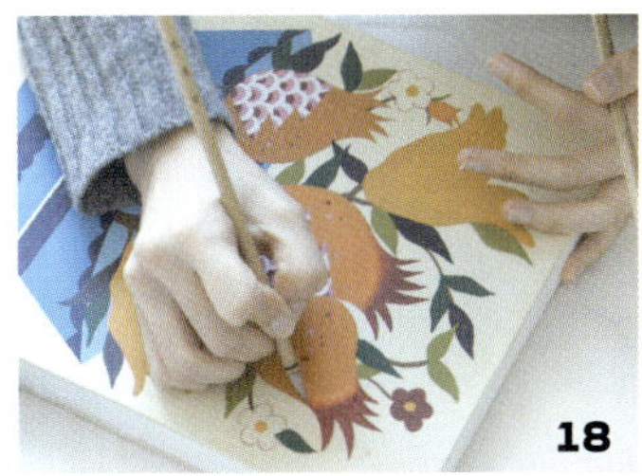

16번 과정의 색으로 이번엔 석류 열매에 바림을 넣어 그러데이션을 만들어주세요. 석류 열매 끝이 갈라지는 지점까지 물감을 채색하고 물붓을 이용하여 아래쪽으로 점점 옅어지게 밀어주세요.

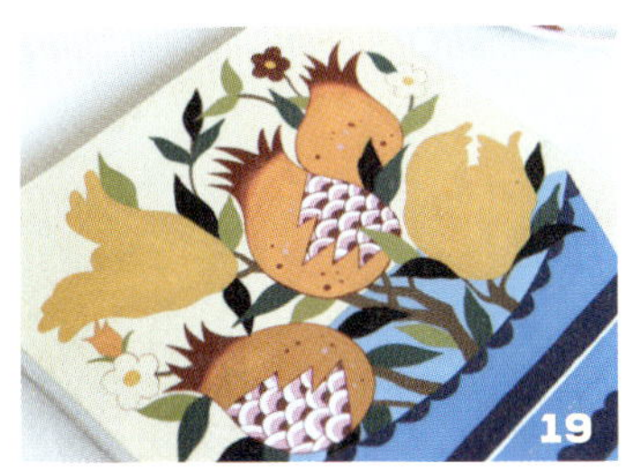

바림 과정을 마치면 16번 과정의 색으로 석류 열매와 씨 부분의 외곽선을 그려 정리해주세요.

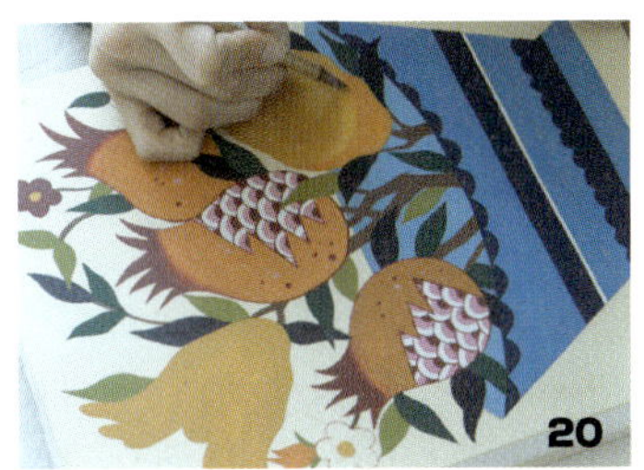

황색과 황토색, 주황색을 섞어 불수감도 바림을 넣어 그러데이션을 만들어주세요.

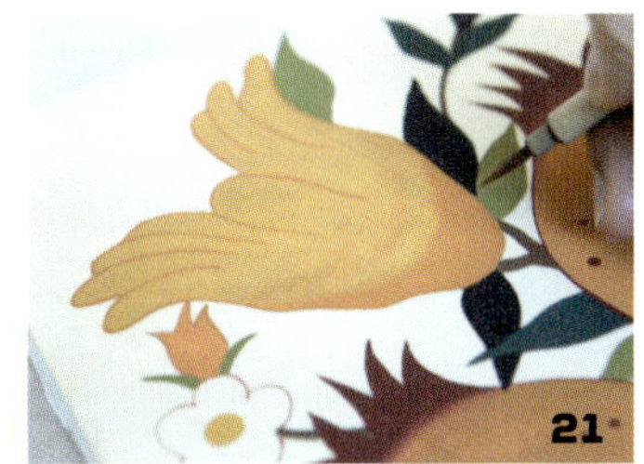

바림의 과정을 마치면 20번 과정의 색으로 불수감 열매도 외곽선을 그려 정리해주세요.

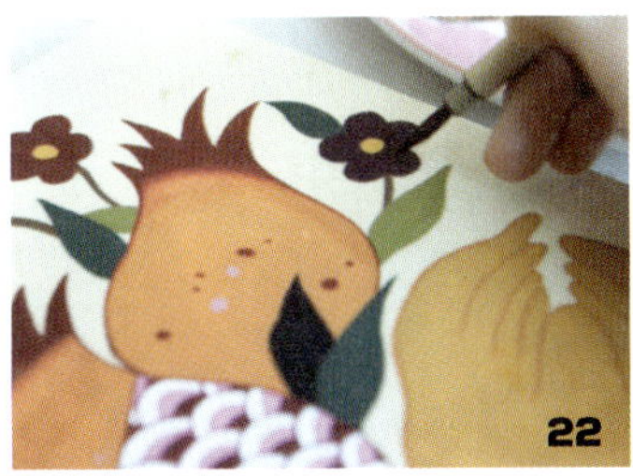

홍매색과 군청색을 섞어 나머지 두 꽃잎도 채색해주세요.

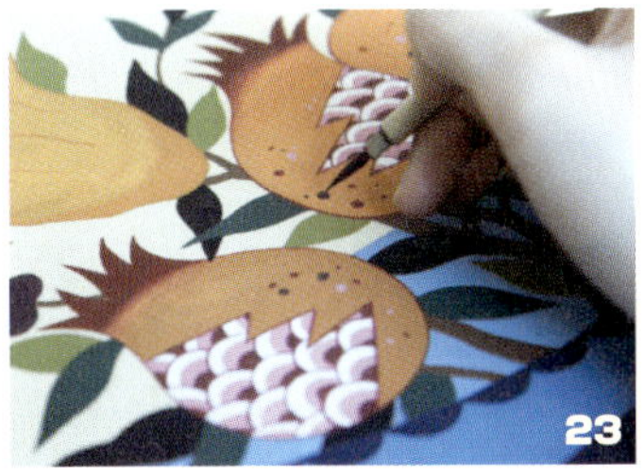

22번 과정의 색으로 석류 과피 부분의 마지막 동그라미 무늬도 함께 그려주세요.

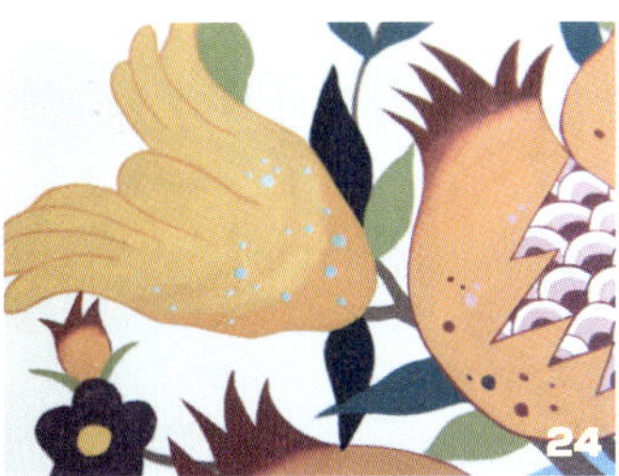

백록색과 백록색에 호분색을 섞은 두 가지의 색으로 불수감 과피의 무늬도 그려주세요.

어느새 풍성해진 열매 부분을 확인해볼 수 있어요.

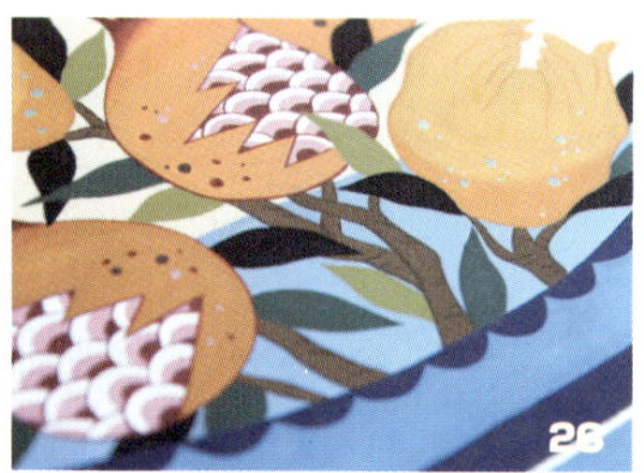

7번 과정의 색에 고동색을 좀 더 섞어 어두운 색을 만들어준 뒤, 가지 부분의 무늬와 외곽선을 그려주세요.

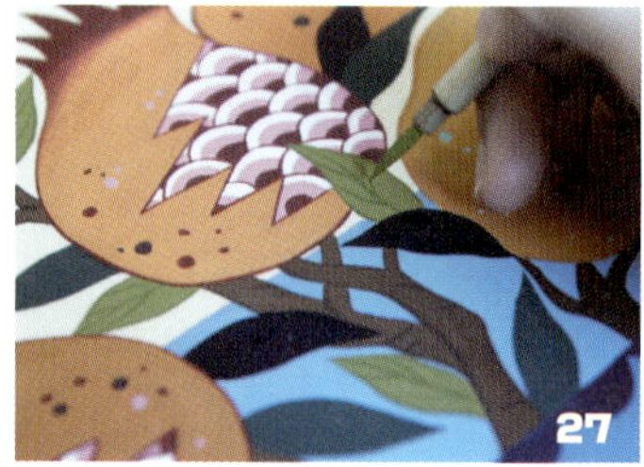

연한 이파리의 초벌을 넣었던 8번 과정 색에 맹황색을 조금 더 섞어 진한 색을 만들어 준 뒤 잎맥과 외곽선을 그려주세요.

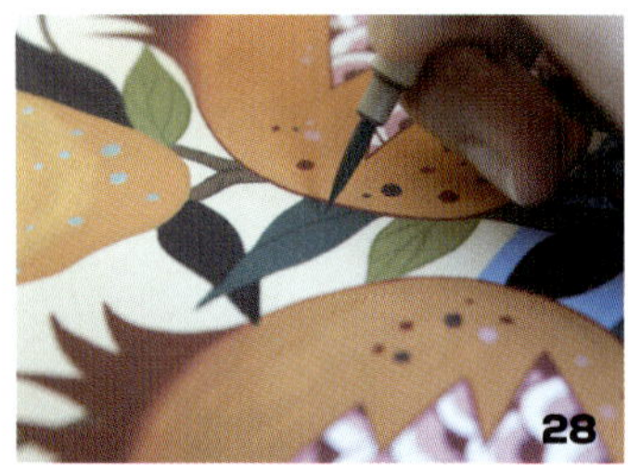

두 번째 이파리도 9번 과정 색에 군청색을 조금 더 섞은 진한색으로 잎맥과 외곽선을 그려주세요.

| TIP 1 | 잎맥과 테두리의 색이 너무 튀지 않도록 각각의 초벌채색보다 조금 더 어두운 색을 사용합니다.

| TIP 2 | 가장 진한 이파리에는 잎맥과 테두리를 긋는 과정이 없습니다.

황색과 황토색을 섞은 색으로 꽃술을 그려주세요.

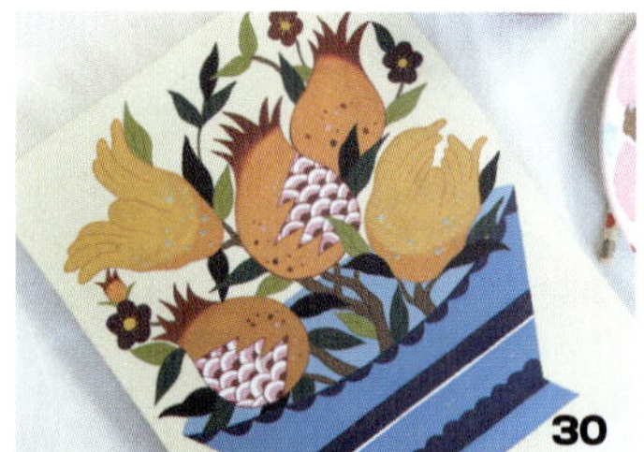

열매 부분이 완성되었습니다!

31

13번 과정 색에 수감색을 조금 더 섞어
접시의 무늬선과 외곽선을 그려주세요.

32

석류도가 완성되었습니다!

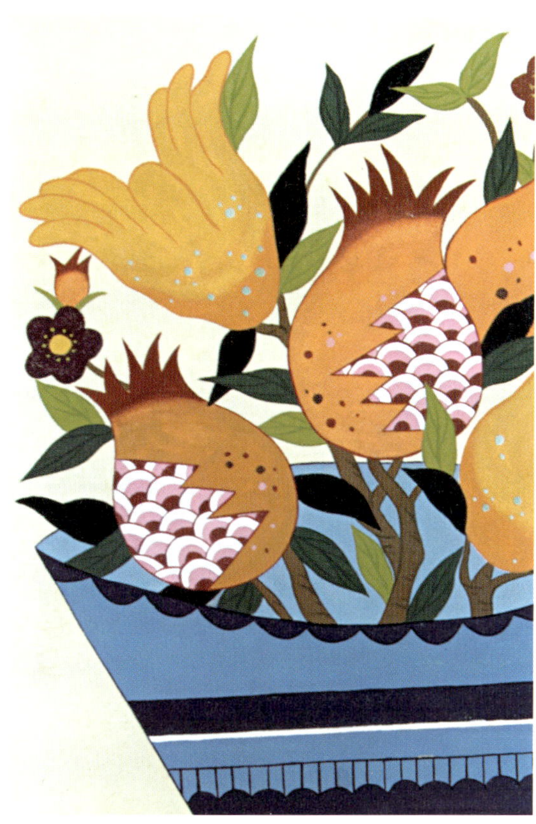

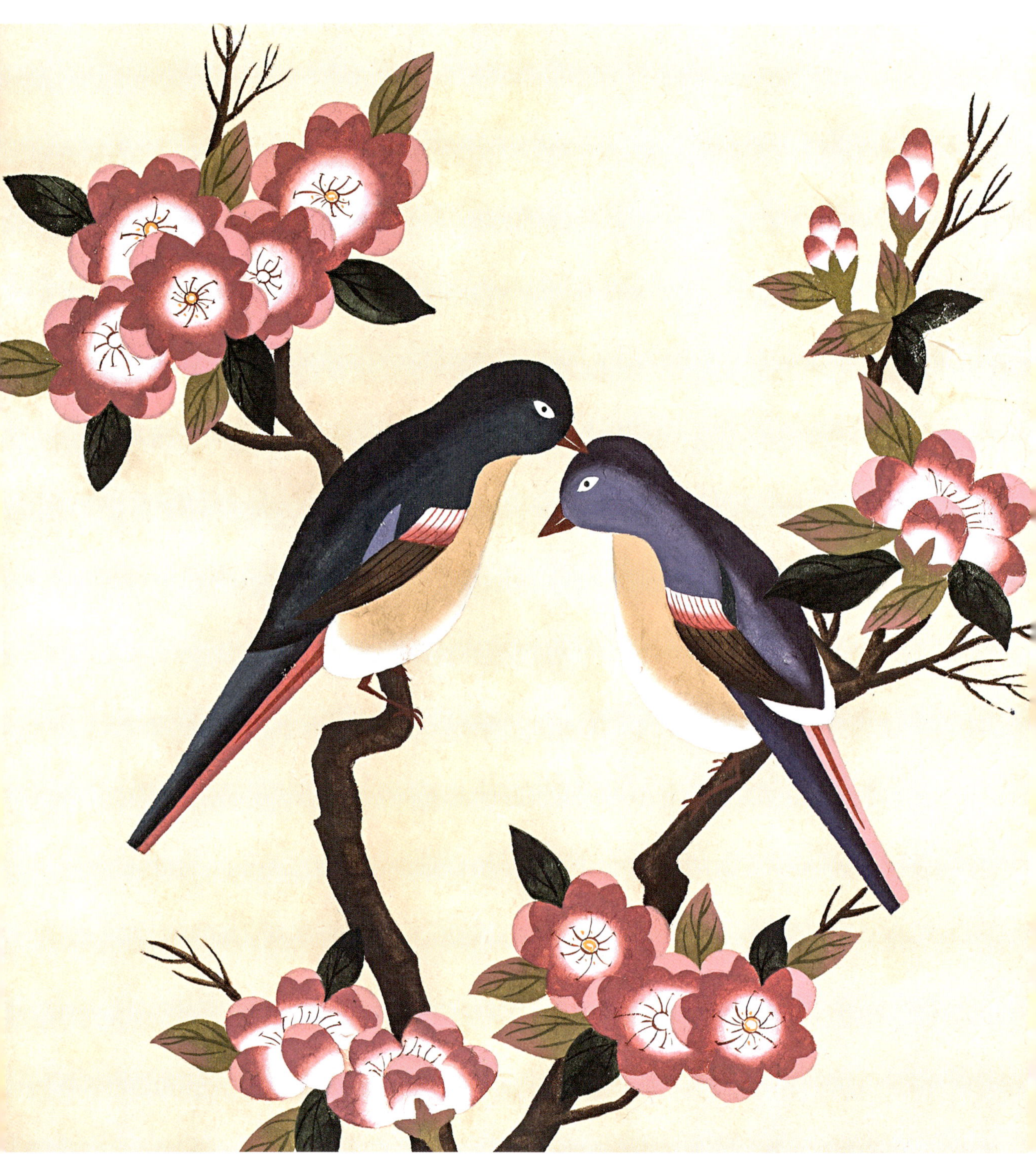

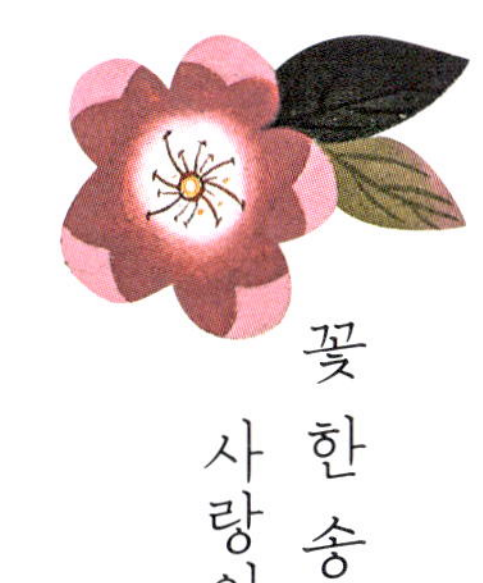

꽃 한 송이, 새 한 마리에 담긴
사랑의 이야기

화조도

다양한 꽃들이 피어 있는 곳에 여러 종류의 새가 와서 노니는 아름다운 모습을 그린 그림을 화조도(花鳥圖)라고 해요. 아름답고 행복한 모습 자체로도 충분히 사랑받을 만한 그림이지만, 그 안에 상징적인 내용들이 담겨 있어 더 많은 그림이 그려질 수 있었고, 오늘날까지도 많이 볼 수 있는 그림이 되었어요. 화조도에서 새는 반드시 암수 한 쌍으로 그려지는데, 이는 부부간의 애정을 상징해요. 또 종종 새끼를 돌보는 모습도 볼 수 있는데 이러한 모습은 가정의 평화를 뜻한다고 해요. 특별히 원앙과 오리는 짝을 잃더라도 다른 짝을 얻지 않아 화조도에서 자주 그려지는 소재가 되었어요. 그 밖에도 학, 봉황, 기러기, 닭, 참새 등의 새들이 각각의 좋은 의미를 가지고 있어 화조도에서 즐겨 그려지는 새들입니다.

준비물

25X25cm 패널, 연필, 볼펜, 물통, 먹물, 먹접시, 물감접시, 민화붓 2필, 세필붓 1필

필요한 물감색 : 호분, 황, 황토, 홍매, 맹황, 백록, 군청, 수감, 대자, 고동, 흑

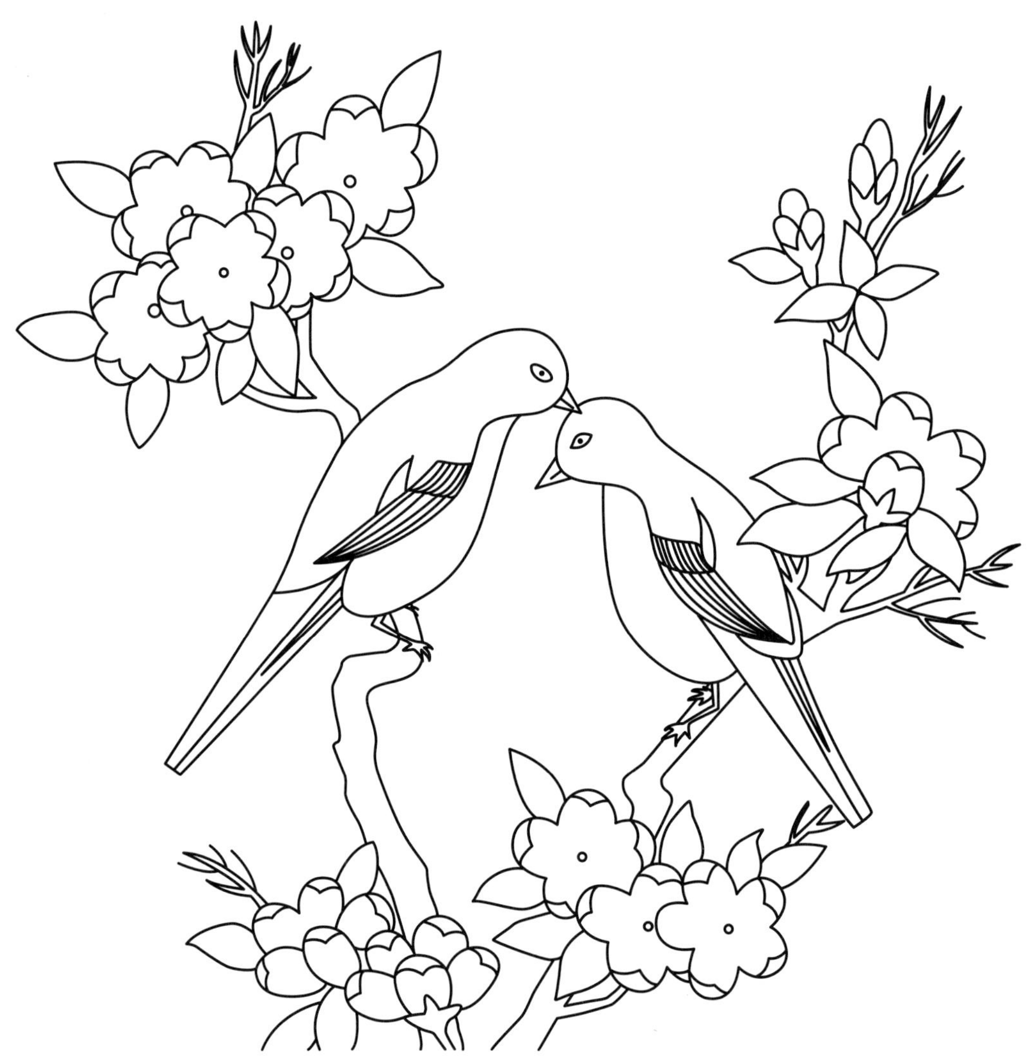

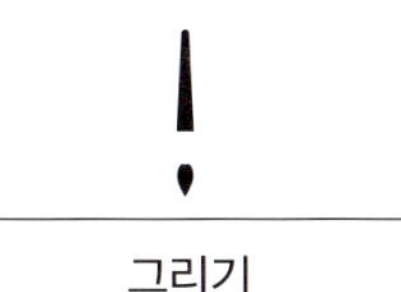

먹지 작업이 완성된 도안을 패널에 잘 맞춰 올려주고 힘을 주면서 볼펜으로 꼼꼼히 따라 그려 밑그림이 잘 배겨날 수 있게 해주세요.

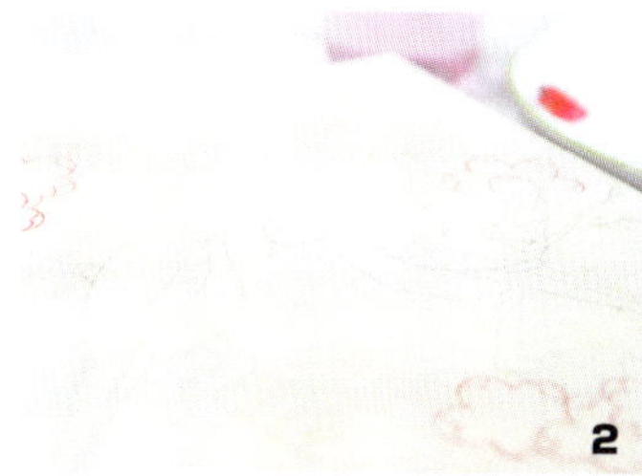

배겨진 자국을 따라 세필붓을 이용하여 연한 먹물로 새와 나무, 줄기, 이파리의 외곽선을, 홍매색으로 꽃의 외곽선을 그려주세요.

황토색과 맹황색을 섞어 꽃받침과 연한 이파리 부분을 꼼꼼히 초벌채색하세요.

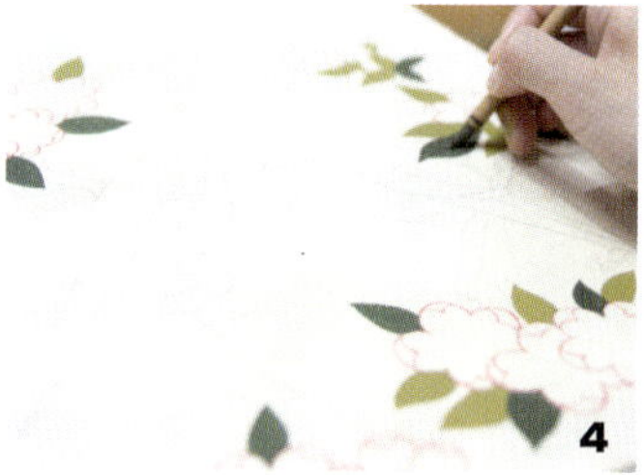

맹황색과 백록색, 군청색을 섞어 진한 이파리 부분도 꼼꼼히 초벌채색하세요.

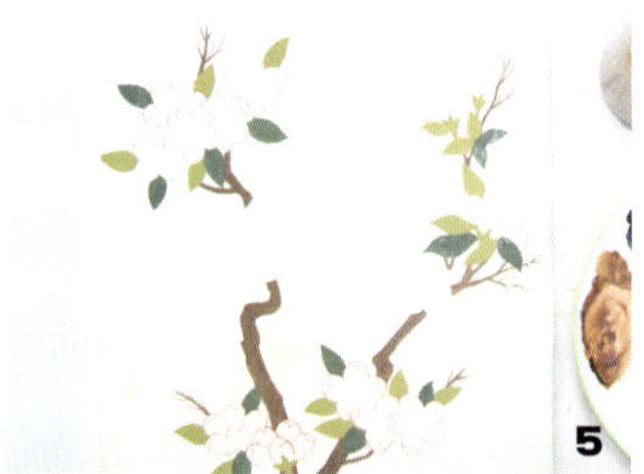

황토색, 대자색, 고동색을 섞어 나뭇가지에도 초벌채색하세요.

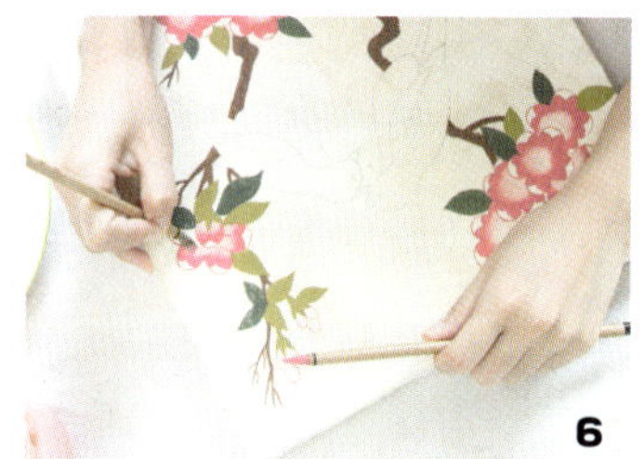

호분색, 황토색, 홍매색을 섞어 각 꽃송이마다 1/2 부분씩 채색하고, 물붓을 이용하여 바깥쪽에서 안쪽으로 점점 엷게 풀어주는 바림 과정을 채색하세요.

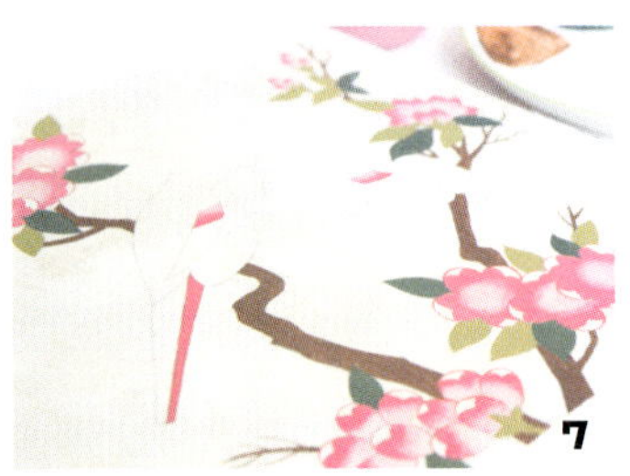

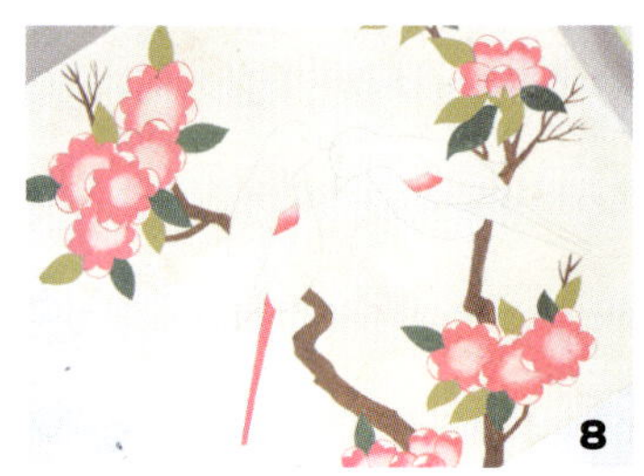

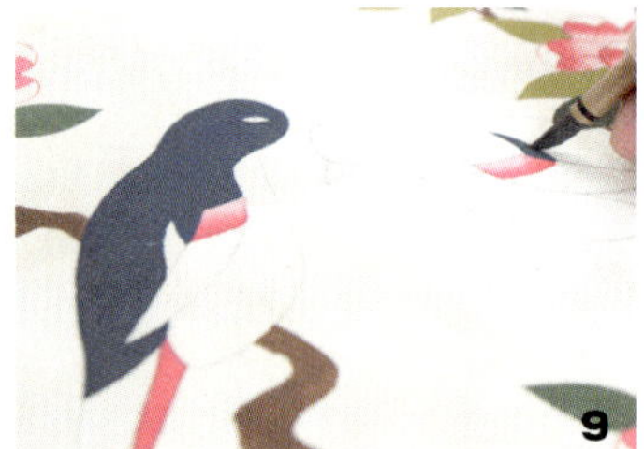

6번 과정과 같은 색으로 두 마리 새의 가운데 작은 깃털 부분에도 아래쪽에서 위쪽으로 바림 과정을 채색하고, 왼쪽 새의 오른쪽 꼬리 부분은 바림 없이 꼼꼼히 채색하세요.

중간 과정 모습입니다!

맹황색, 백록색, 수감색을 섞어 왼쪽 새의 머리와 큰 날개, 오른쪽 새의 가운데 작은 깃털 부분을 채색하세요.

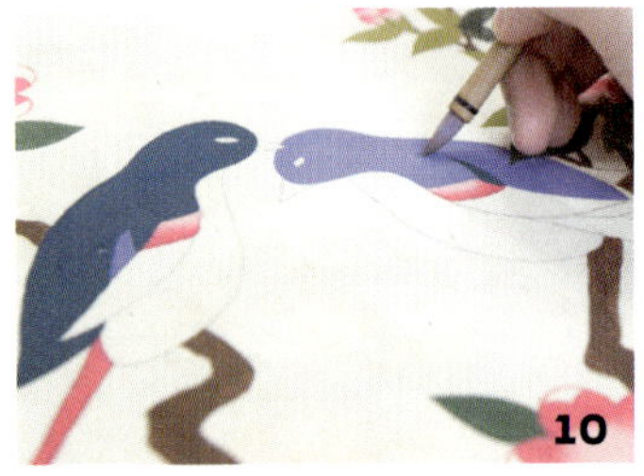

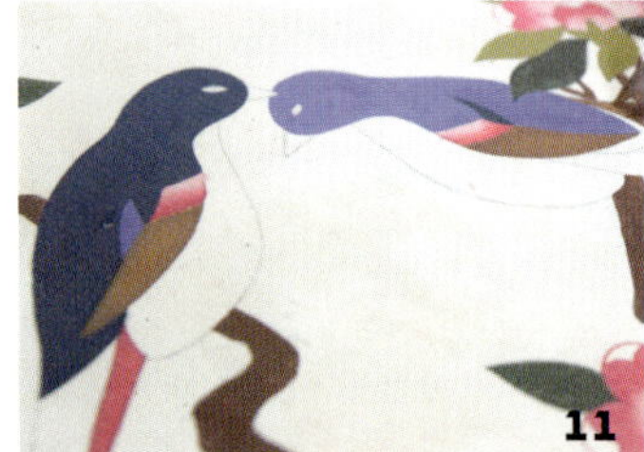

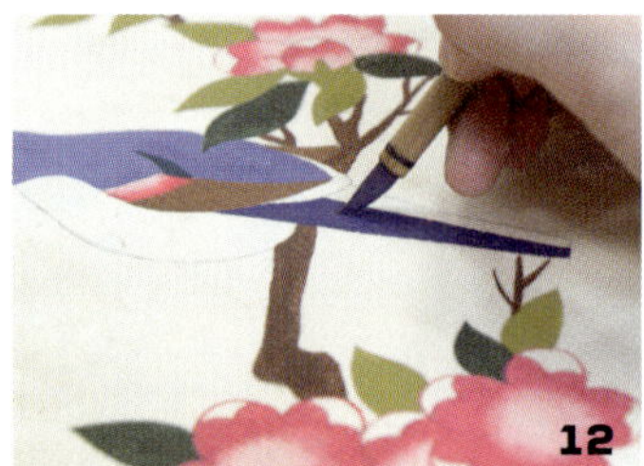

호분색, 홍매색, 군청색을 섞어 오른쪽 새의 머리와 큰 날개도 채색하세요.

황토색과 고동색을 섞어 두 마리 새의 아래 깃털 부분도 채색하세요.

10번 과정의 색에 군청색을 더 많이 섞어 오른쪽 새의 왼쪽 꼬리 부분을 채색하세요.

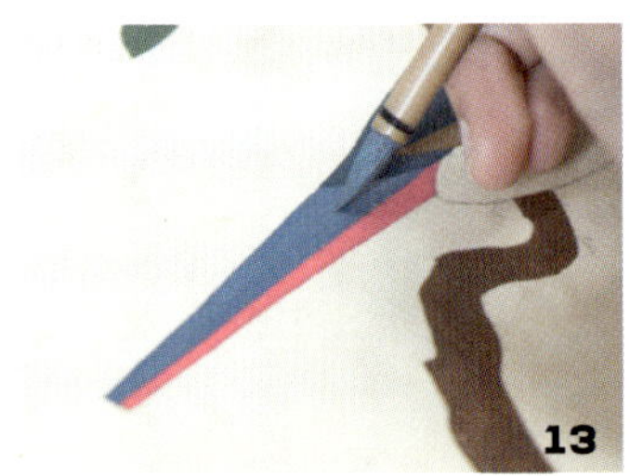

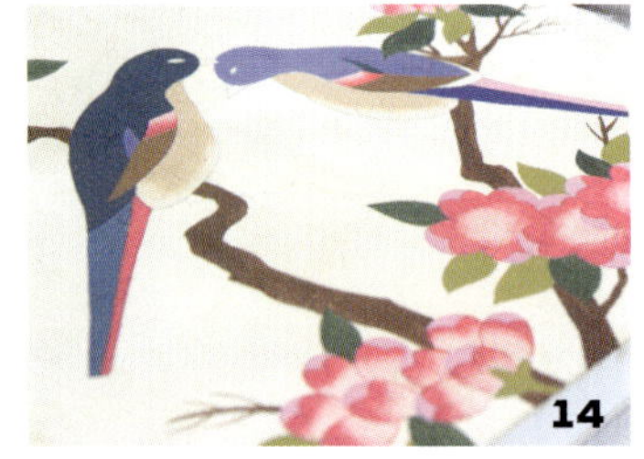

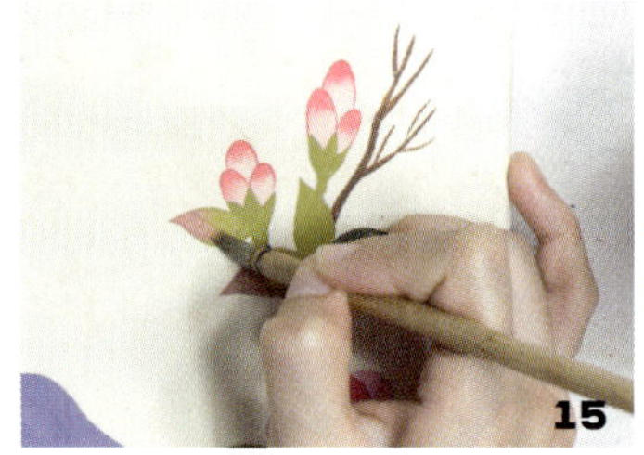

9번 과정의 색에 호분색을 더 많이 섞어 왼쪽 새의 왼쪽 꼬리 부분을 채색하세요.

호분색과 황토색을 섞어 새 몸통부분의 4/5 부분을 채색하고 물붓을 이용하여 위쪽에서 아래쪽으로 점점 엷게 풀어주는 바림 과정을 채색해주세요. 그리고 6번 과정의 색에 호분색을 더 많이 섞은 연한 색으로 꽃잎의 뒤집힌 부분과 오른쪽 새의 오른쪽 꼬리 부분을 채색하세요.

14번 과정과 같은 색으로 연한 이파리의 1/2 부분씩 채색하고, 물붓을 이용하여 바깥쪽에서 안쪽으로 점점 엷게 풀어주는 바림 과정을 채색하세요.

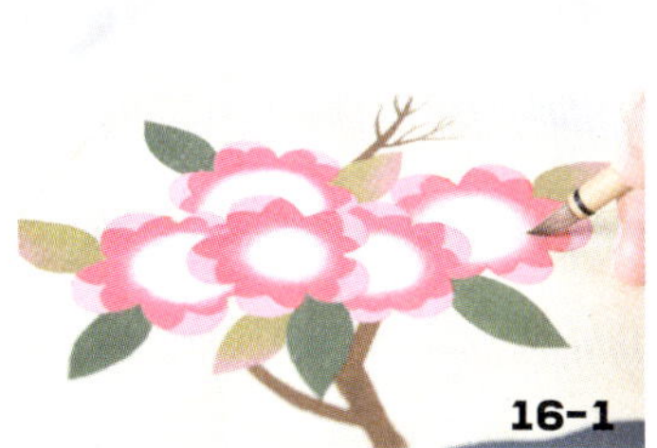 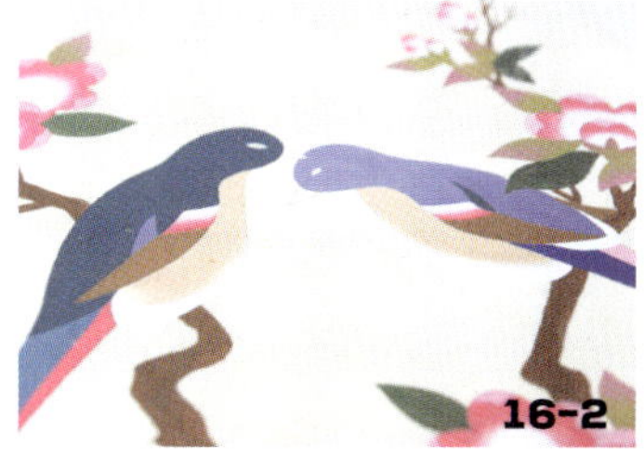 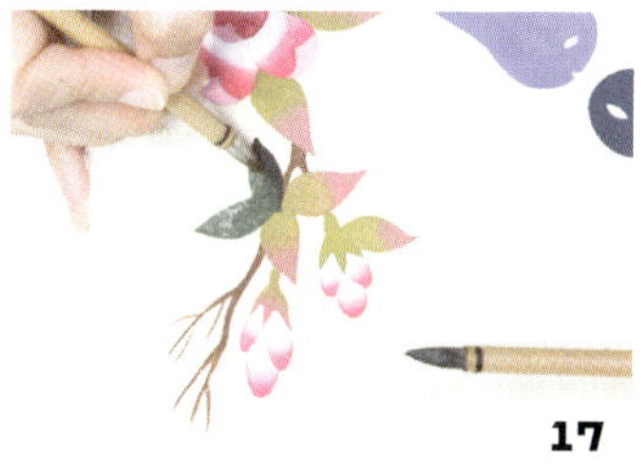

꽃과 새의 가운데 작은 깃털 부분, 몸통 부분에 호분색으로 거꾸로 바림을 넣어 중간에서 자연스럽게 만나도록 풀어줍니다. 오른쪽 새의 제일 아래 날개 부분은 꼼꼼히 채색하세요.

맹황색과 수감색을 섞어 진한 이파리의 1/2 부분씩 채색하고, 물붓을 이용하여 바깥쪽에서 안쪽으로 점점 엷게 풀어주는 바림 과정을 채색하세요.

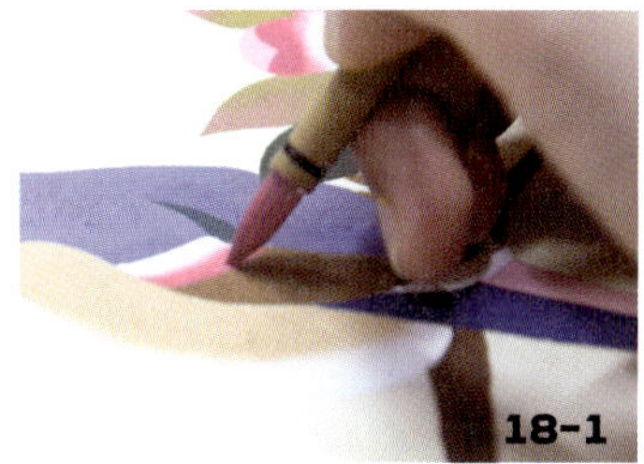 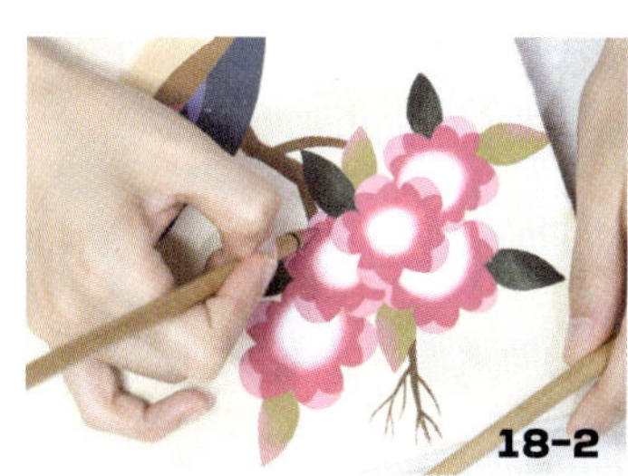

16번 과정이 완전히 마르면 호분색, 황토색, 홍매색을 섞어 6~7번의 과정을 똑같이 반복하여 꽃과 새의 가운데 깃털을 깔끔하게 채색하여 정리해주세요.

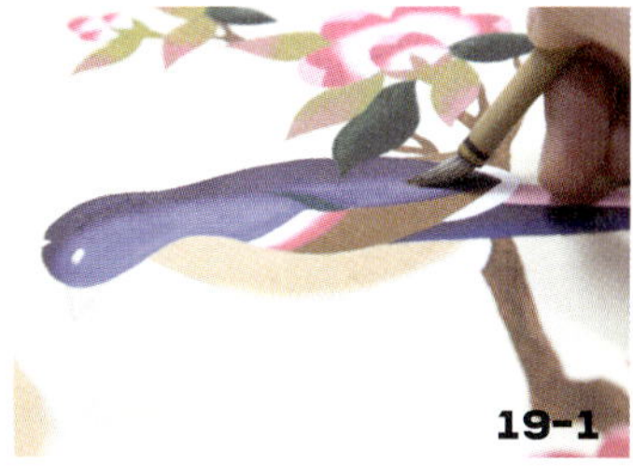 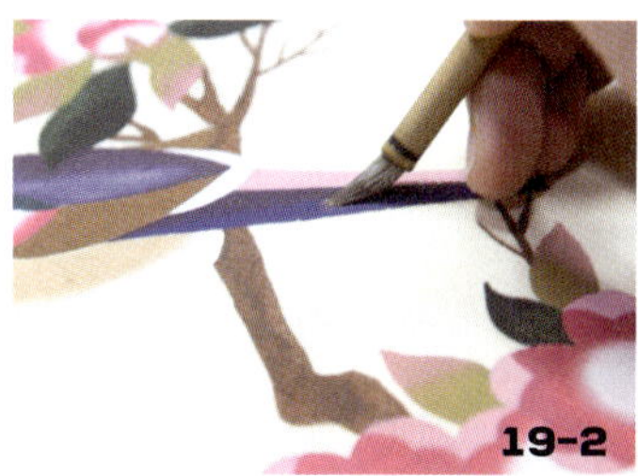

호분색, 홍매색, 수감색을 섞어 오른쪽 새의 머리와 큰 날개, 그리고 왼쪽 꼬리의 2/5 부분을 채색합니다. 그리고 물붓을 이용하여 오른쪽에서 왼쪽으로 점점 엷게 풀어주는 바림 과정을 채색하세요.

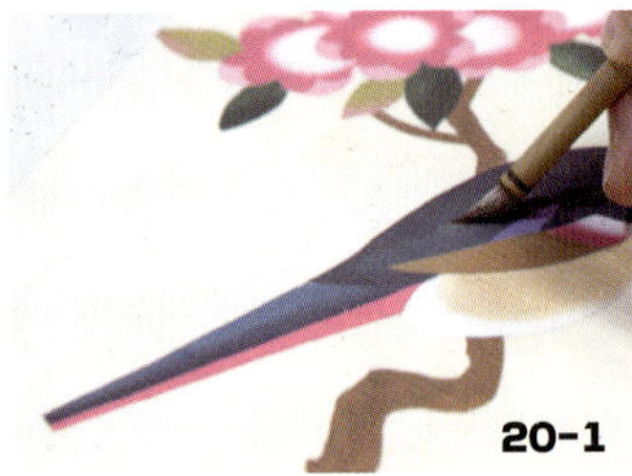 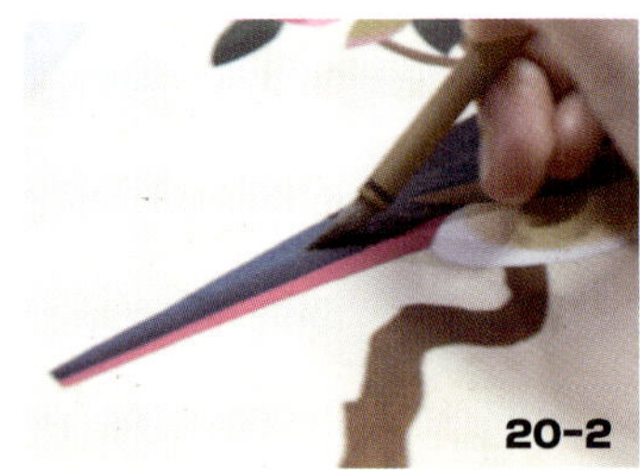 

맹황색, 백록색에 수감색을 많이 섞어 왼쪽 새의 머리와 큰 날개의 2/5 부분을 채색합니다. 물붓을 이용하여 왼쪽에서 오른쪽으로, 꼬리 부분에는 오른쪽에서 왼쪽으로 점점 엷게 풀어주는 바림 과정을 채색하세요.

황토색, 고동색, 수감색을 섞어 두 마리 새의 아래 갈색 깃털의 1/2 부분을 채색하고, 물붓을 이용하여 아래쪽에서 위쪽으로 점점 엷게 풀어주는 바림 과정을 채색하세요.

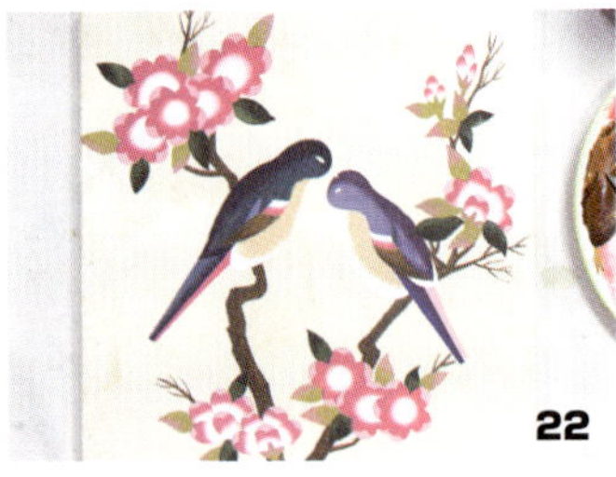 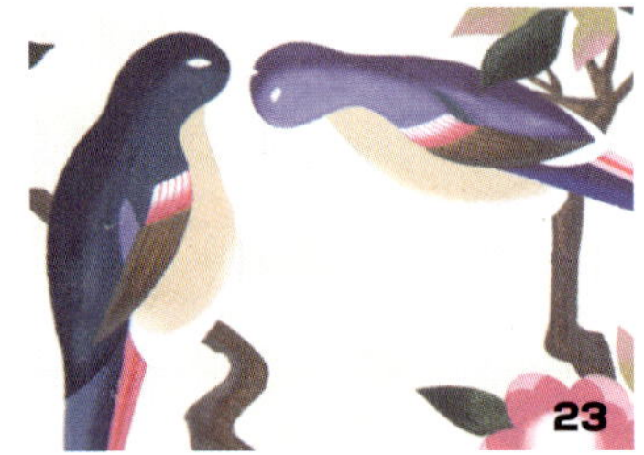 

21번의 과정과 같은 색으로 왼쪽 나뭇가지에는 왼쪽의 1/2 부분을 채색하고, 물붓을 이용하여 오른쪽으로 점점 엷게 풀어주는 바림 과정을 채색하세요. 오른쪽 나뭇가지에는 오른쪽의 1/2 부분을 채색하고 물붓을 이용하여 왼쪽으로 점점 엷게 풀어주는 바림 과정을 채색하세요.

세필붓을 이용하여 21번 과정과 같은 색으로 두 마리 새의 아래 갈색 깃털에 디테일 선을, 홍매색으로 가운데 깃털 부분에 디테일 선을 그어줍니다. 역시 홍매색으로 분홍색 꼬리 부분의 가운데 무늬 부분도 함께 그려주세요.

홍매색과 대자색을 섞어 세필붓으로 꽃술을 그려주세요.

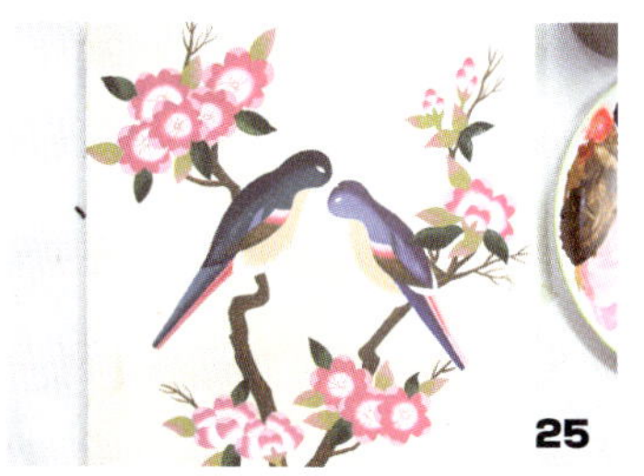

꽃술이 완성된 모습입니다.

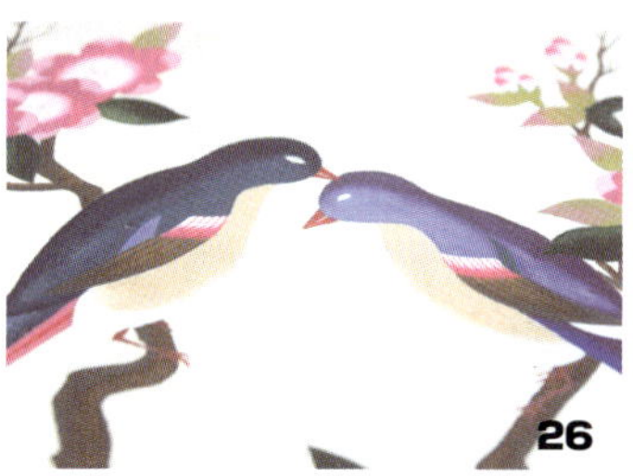

홍매색과 대자색을 섞은 색으로 새 부리
와 다리 부분도 세필붓으로 그려주세요.

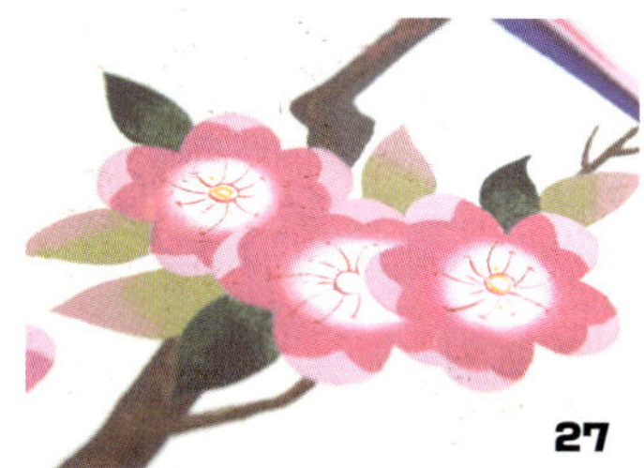

황색과 황토색을 섞어 포인트 꽃술을
한 번 더 그려주세요.

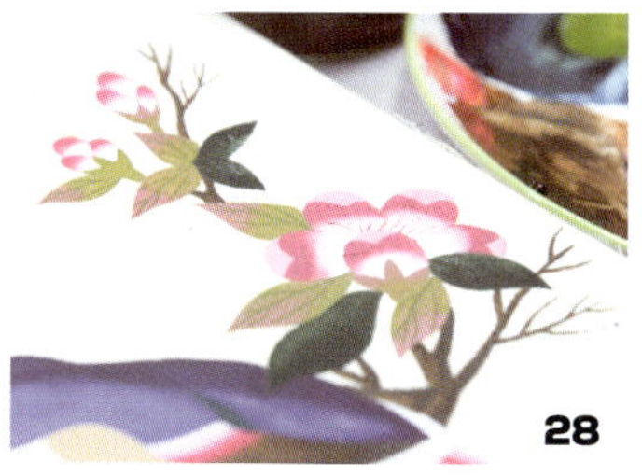

3번 과정의 색보다 맹황색을 좀 더 섞은
진한 색으로 연한 이파리에 잎맥을 그
려주세요.

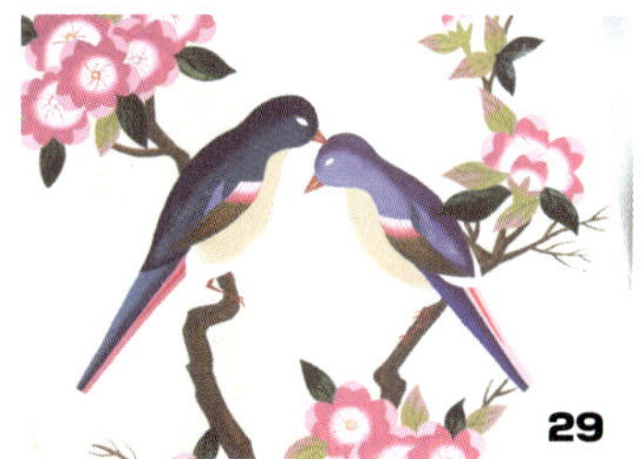

17번 과정의 색보다 수감색을 좀 더 섞
은 진한 색으로 진한 이파리에 잎맥을
그려주세요.

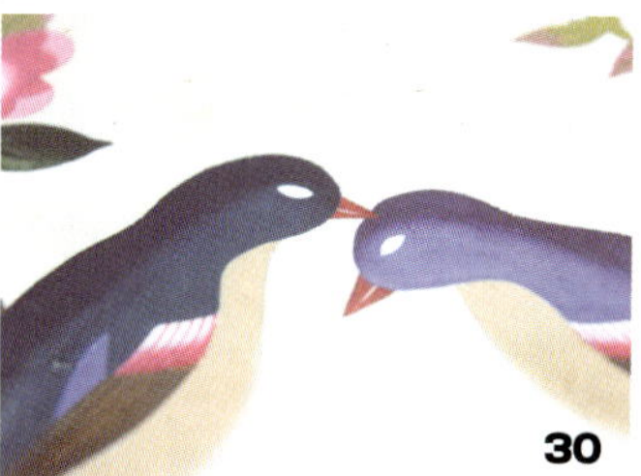

호분색으로 새의 눈 부분을 채색하세요.

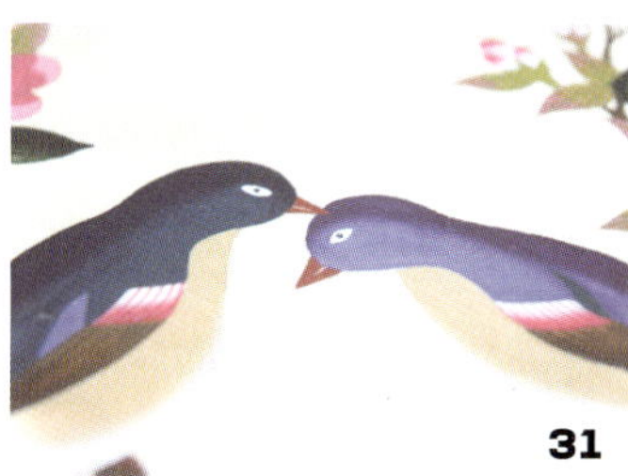

30번 과정의 물감이 완전히 마르면 흑
색으로 새 눈동자를 그려주세요.

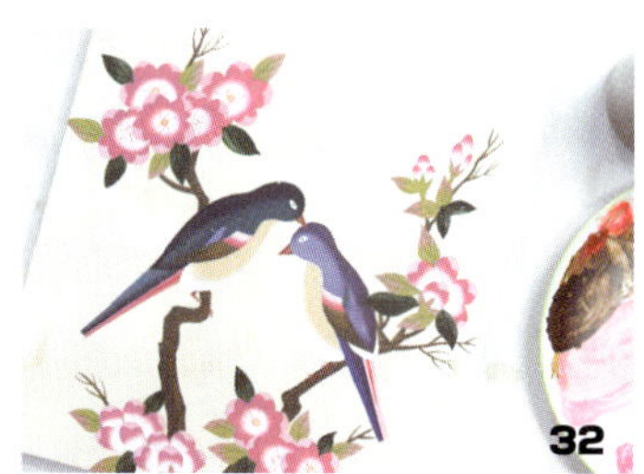

화조도가 완성되었습니다!

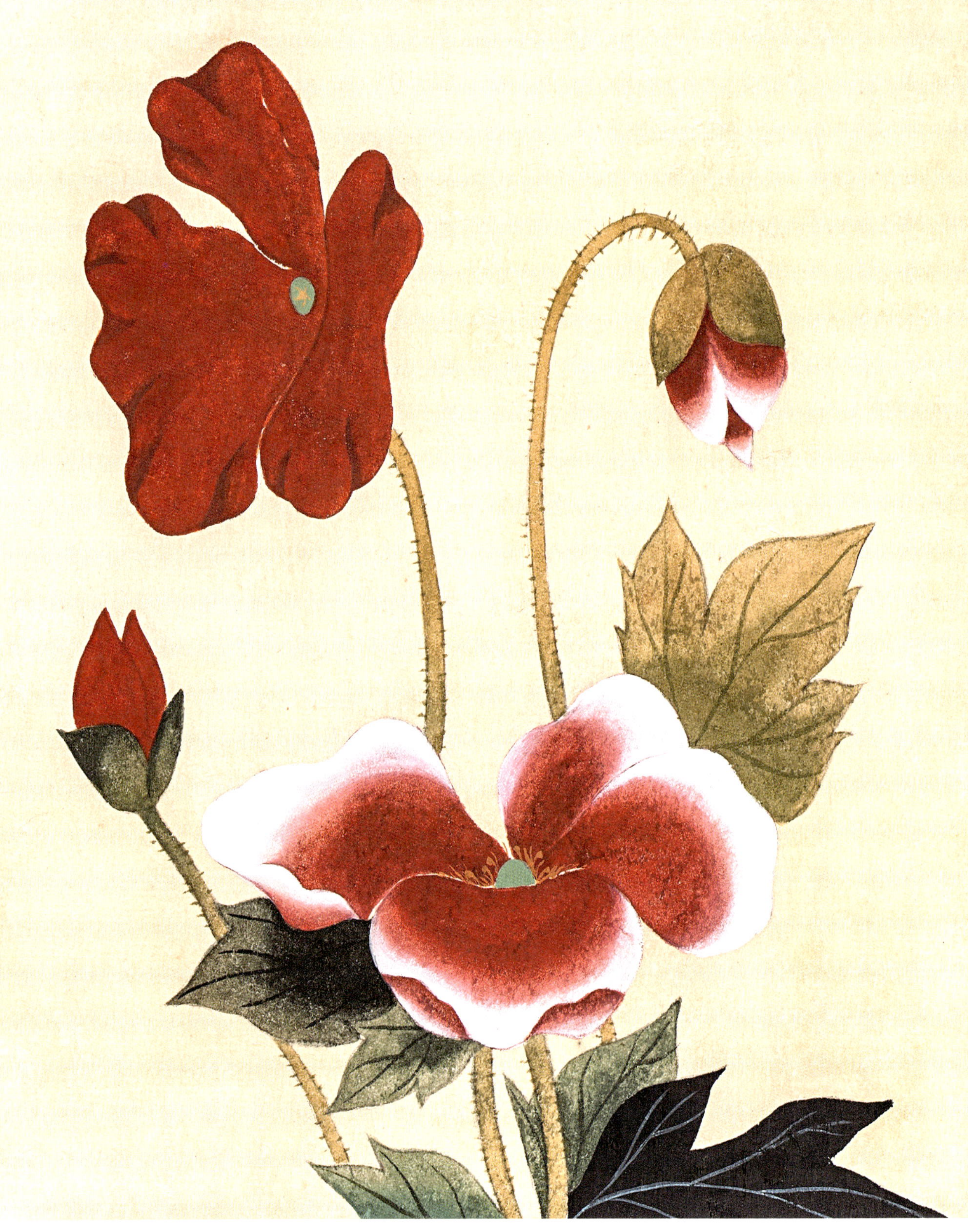

양귀비

화훼(花卉)란 꽃이나 풀 등을 주제로 하는 동양화의 화제로 화조화, 초충화 같은 계열에 속하는 그림이에요. 그 중에서도 이번에는 애춘 신명연의 그림을 살펴보려고 해요. 신명연은 섬세하고 세련된 색감과 정묘한 필체로 조선 말기 화조화에 뛰어난 기량을 보여준 화가예요. 화조, 산수, 인물화 등을 모두 그렸지만 화조가 그가 가장 주력했던 화목으로 가장 많은 종류의 그림이 남아 있지요. 19세기 조선 화단을 감각적이고 다채롭게 물들인 애춘 신명연의 화훼도 그리기를 시작해볼까요!

준비물

22x22cm 패널, 연필, 볼펜, 물통, 먹물, 먹접시, 물감접시, 민화붓 2필, 세필붓 1필

필요한 물감색 : 호분, 황, 황토, 주황, 홍매, 양홍#2, 맹황, 백록, 수감, 대자

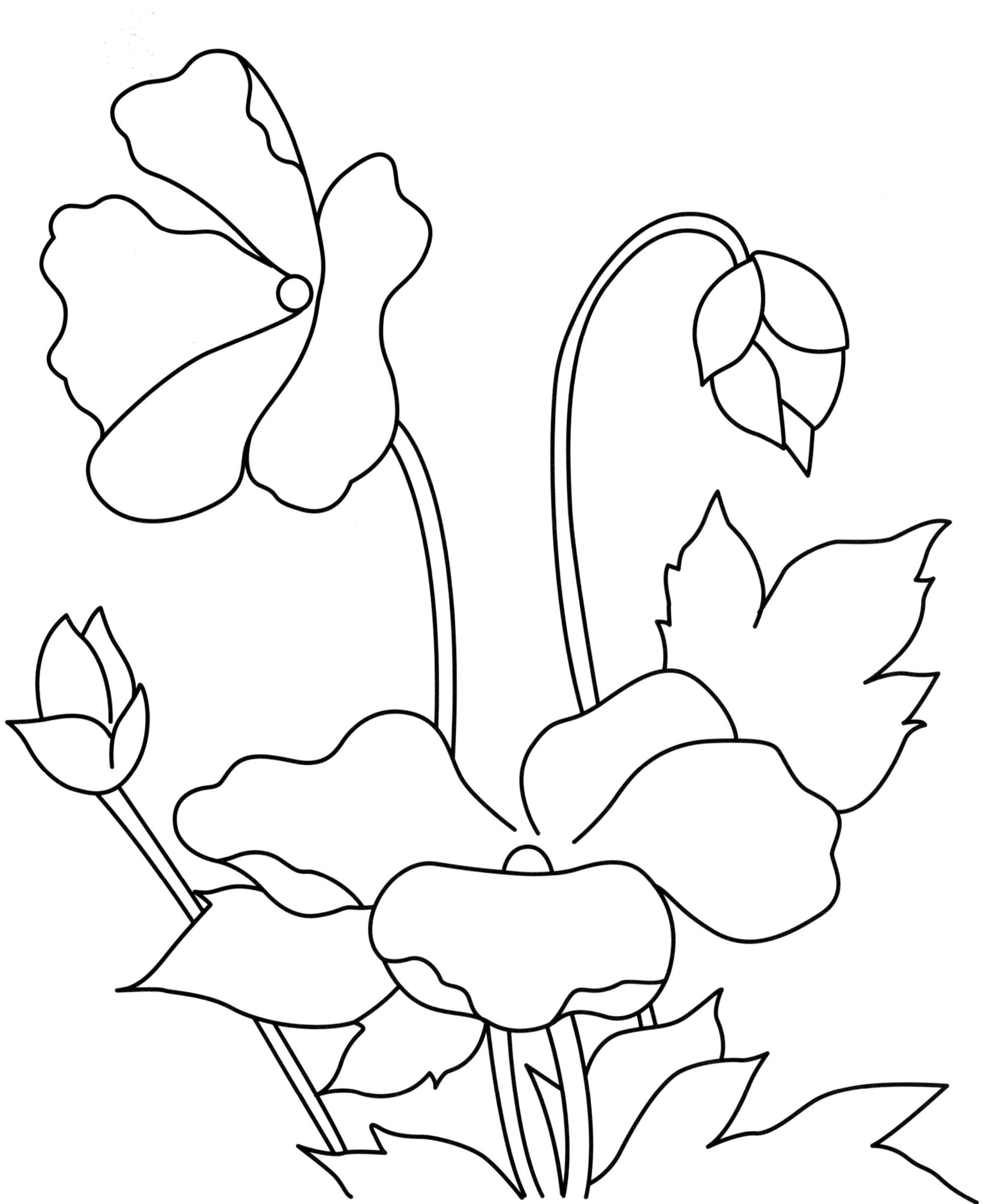

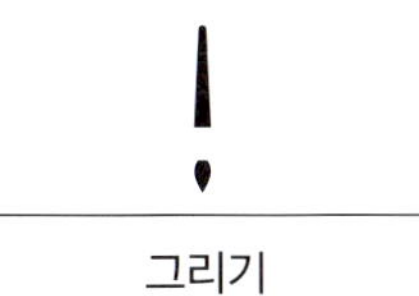

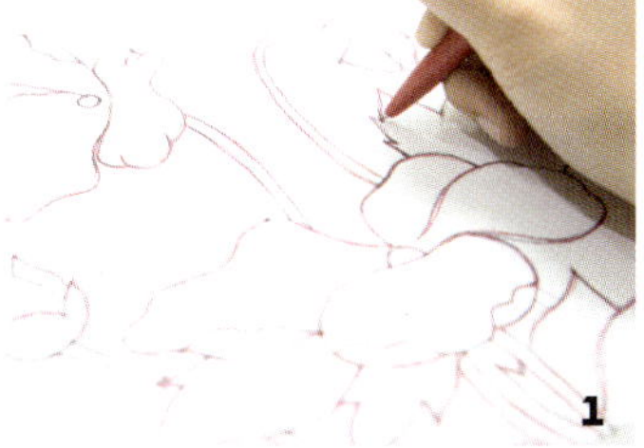

1

먹지 작업이 완성된 도안을 패널에 잘 맞춰 올려주고 힘을 주면서 볼펜으로 꼼꼼히 따라 그려 밑그림이 잘 배겨날 수 있게 해주세요.

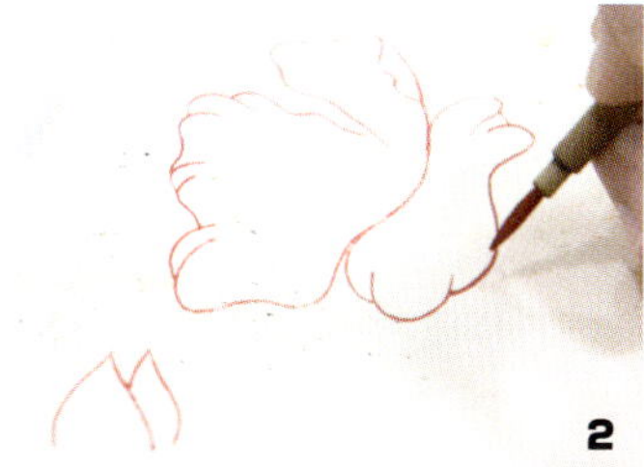

2

양홍색과 대자색을 섞어 화면 왼쪽에 위치한 붉은 양귀비꽃 두 송이의 선을 그려주세요.

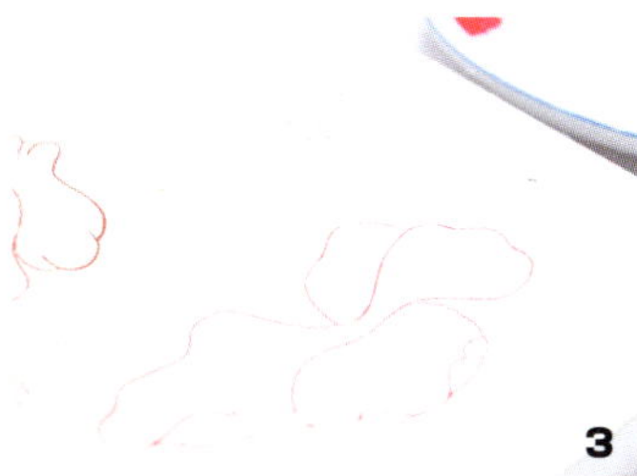

3

홍매색으로 나머지 두 송이의 양귀비꽃 의 선도 그려주세요.

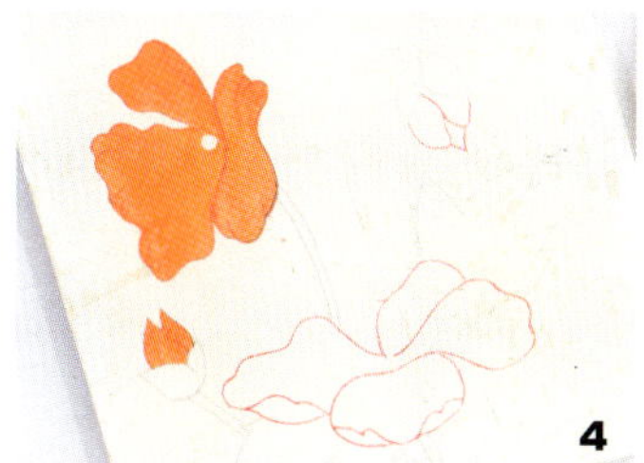

4

이파리와 줄기 부분에 연한 먹물을 적힌 세필붓으로 밑선을 그려주고, 주황색으로 붉은 양귀비꽃을 초벌채색하세요.

| TIP | 붉은색 꽃을 그릴 때는 주황색으로 밑색을 넣어주면 더 화사하게 채색할 수 있습니다.

5

황토색과 맹황색을 섞어 모든 줄기와 봉우리 받침, 양귀비꽃 오른쪽 위로 올라와 있는 큰 이파리 부분을 초벌채색하세요.

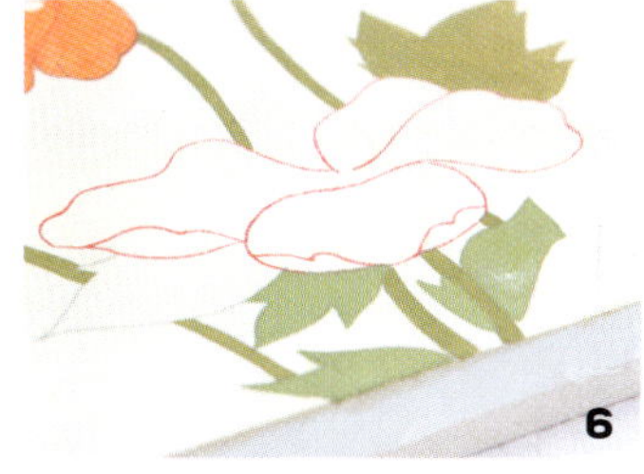

6

황토색, 맹황색, 백록색을 섞어 가운데 양귀비꽃 아래에 있는 세 개의 이파리 도 초벌채색하세요.

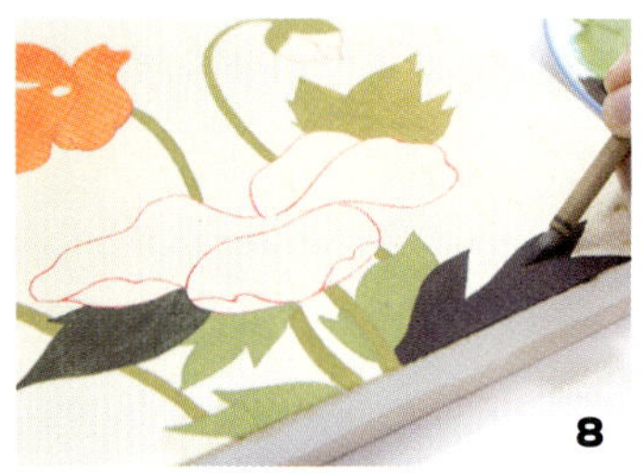
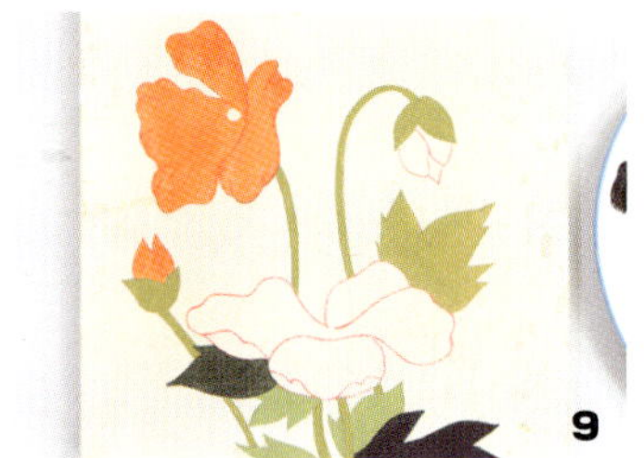

맹황색과 수감색을 섞어 가운데 양귀비 꽃 왼쪽 아래에 자리한 이파리 부분을 초벌채색하세요.

7번 과정의 색에 수감색을 훨씬 많이 섞어 제일 아래에 자리한 큰 이파리 부분도 초벌채색하세요.

이파리 초벌채색이 완성되었습니다.

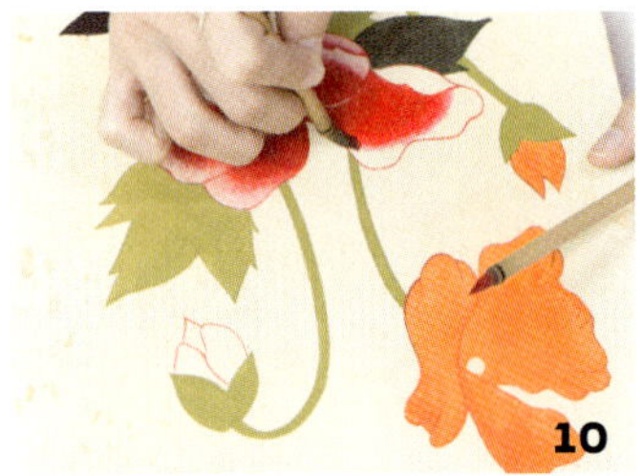
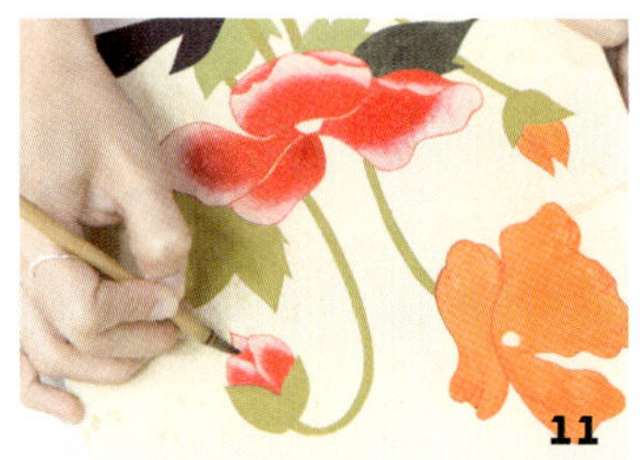
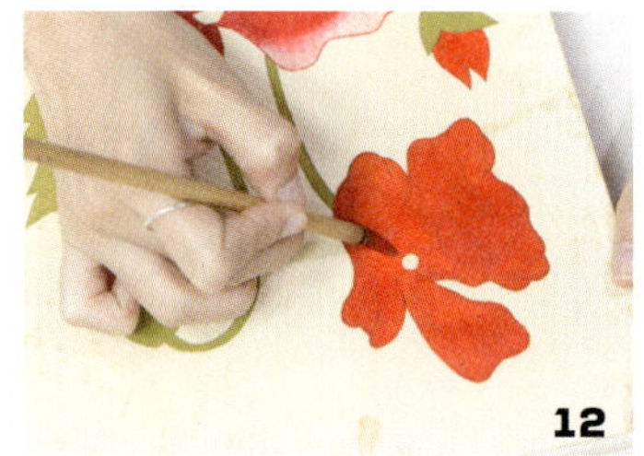

홍매색으로 꽃의 2/3 부분을 채색하고, 물붓을 이용하여 가운데 부분에서 바깥쪽으로 점점 엷게 풀어주는 바림 과정을 채색하세요.

10번 과정과 같은 방법으로 꽃봉오리 부분도 위쪽에서 아래쪽으로 바림채색하세요.

양홍색으로 붉은 양귀비꽃의 마지막 초벌채색 과정을 진행하세요.

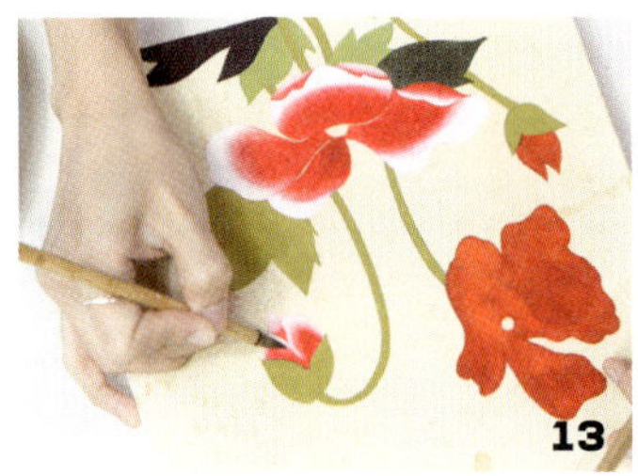
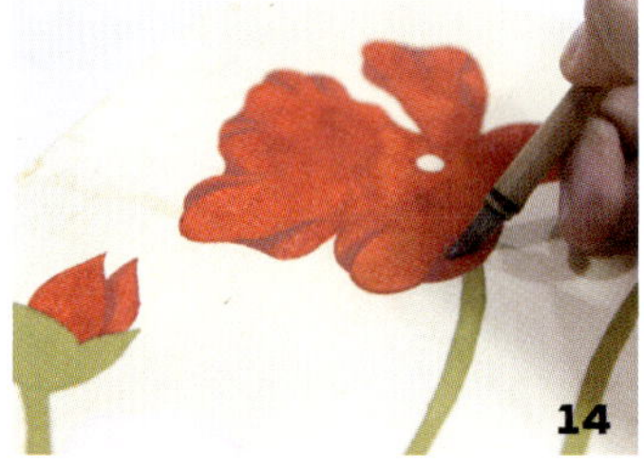
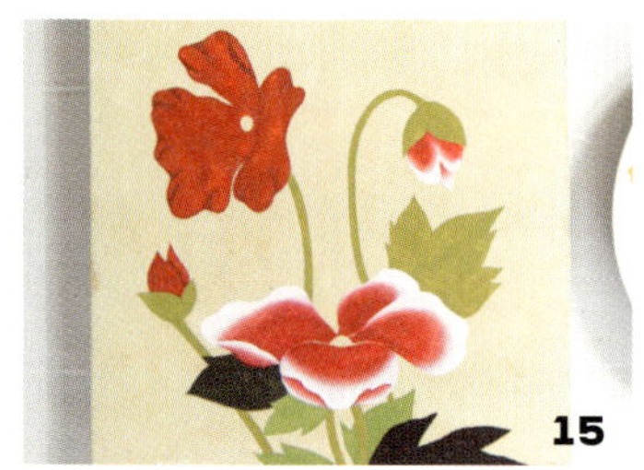

10~11번 과정의 물감이 완전히 마르면 호분색으로 거꾸로 바림을 넣어 중간에서 자연스럽게 만나도록 풀어주세요.

양홍색과 대자색을 섞어 양귀비 꽃잎이 주름지는 곳마다 바림 과정을 채색하세요.

꽃의 바림채색이 완성되었습니다.

황토색에 맹황색을 좀 더 많이 섞어 5번
과정의 초벌채색을 진행했던 부분에 각
방향대로 바림 과정을 채색하세요.

| **TIP** | 바림의 방향은 완성된 이미지를 참
고해주세요.

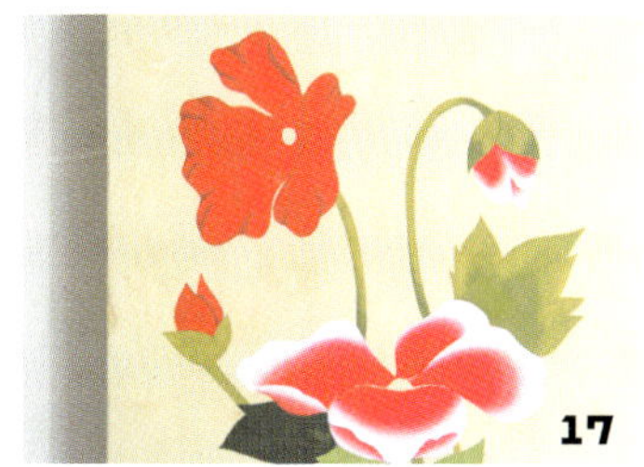

줄기와 오른쪽 위에 봉오리 받침, 양귀
비꽃 오른쪽 위로 올라와 있는 큰 이파
리 부분에 바림이 완성되었습니다!

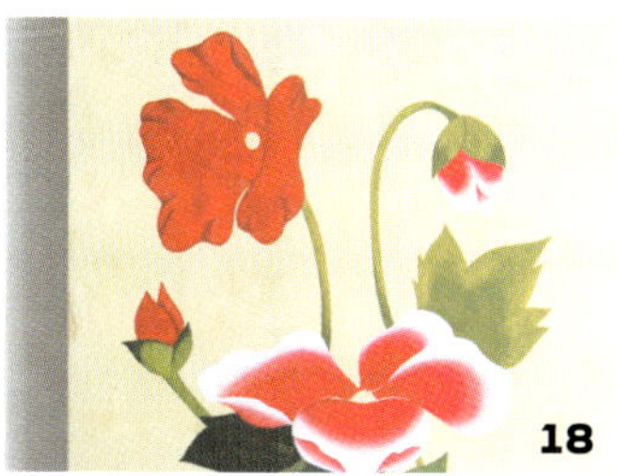

맹황색과 수감색을 섞어 붉은 양귀비꽃
봉우리의 받침 부분과 가운데 양귀비꽃
아래에 자리한 두 작은 이파리 부분에
도 바림 과정을 채색하세요.

맹황색과 백록색을 섞어 왼쪽 아래에
자리한 작은 이파리 1/2 부분을 채색하
고, 물붓을 이용하여 안쪽에서 바깥쪽
으로 점점 풀어지는 바림채색을 진행하
세요.

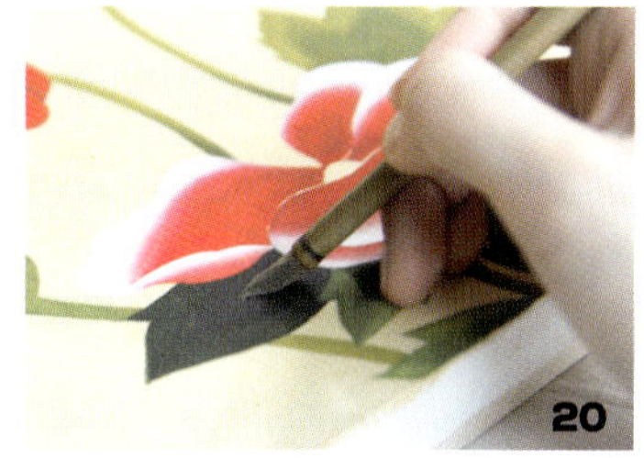

맹황색에 수감색을 많이 섞어 7번 과정
의 이파리 부분에도 같은 방법으로 바
림 과정을 채색하면 이파리 부분의 모
든 바림채색이 완성됩니다.

세필붓으로 황토색과 맹황색을 섞은 색
으로 가장 연한 이파리 부분에 잎맥을
그어주세요.

| **TIP** | 잎맥은 이파리 바림색보다 조금 더
진한 색으로 그어주는 게 자연스러운 느낌
을 연출할 수 있습니다.

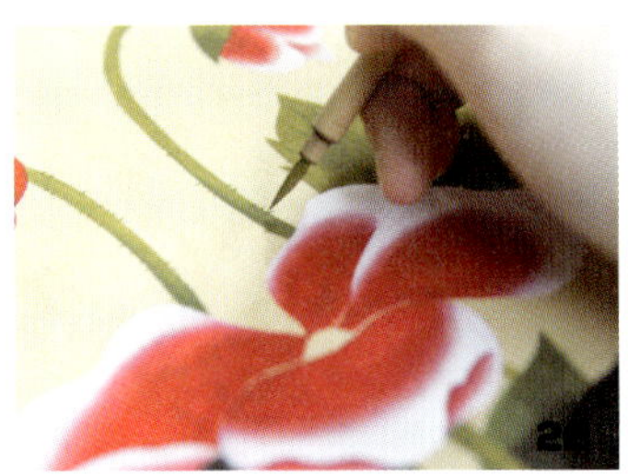

21번 과정과 같은 색으로 줄기 부분의
잔털을 그려주세요.

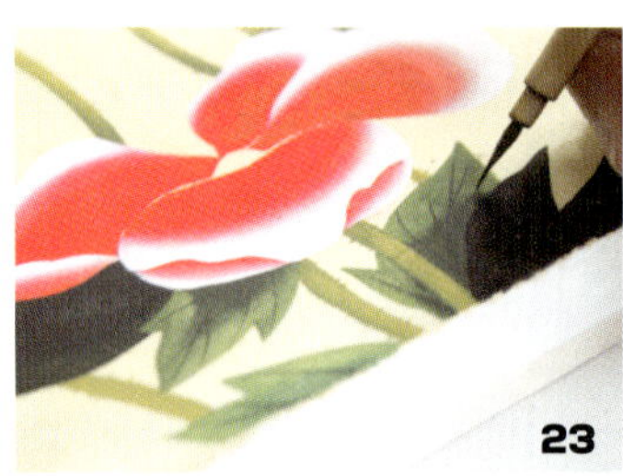

맹황색과 수감색을 섞어 6번 과정 3개
의 이파리 부분에 잎맥을 그어주세요.

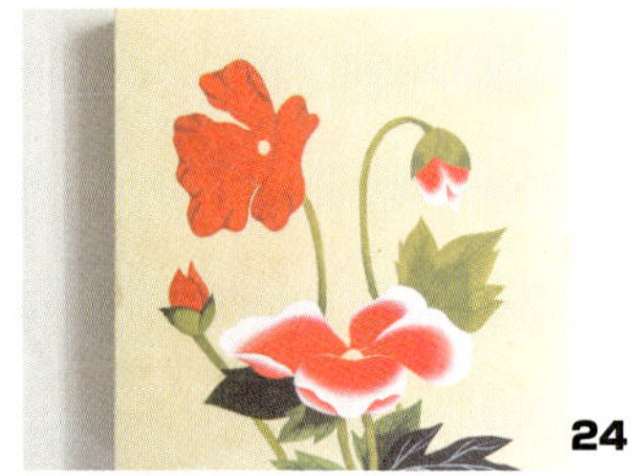

맹황색에 수감색을 좀 더 많이 섞어 7번
과정의 이파리 잎맥을, 백록색에 호분
색을 섞어 8번 과정의 이파리 잎맥을 그
어주세요.

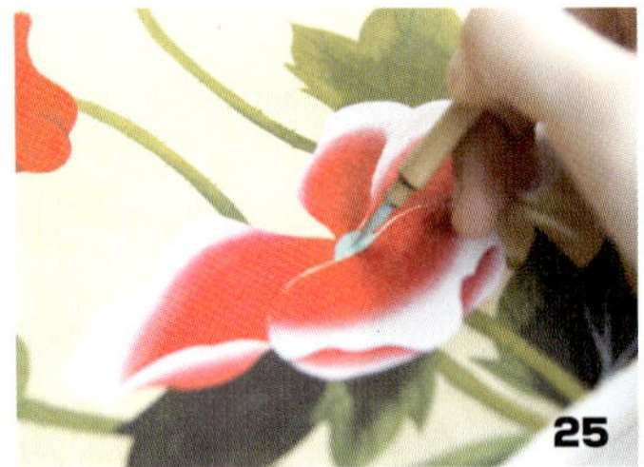

백록색과 호분색을 섞어 양귀비꽃 안에
두 개의 동그란 부분을 채색하세요.

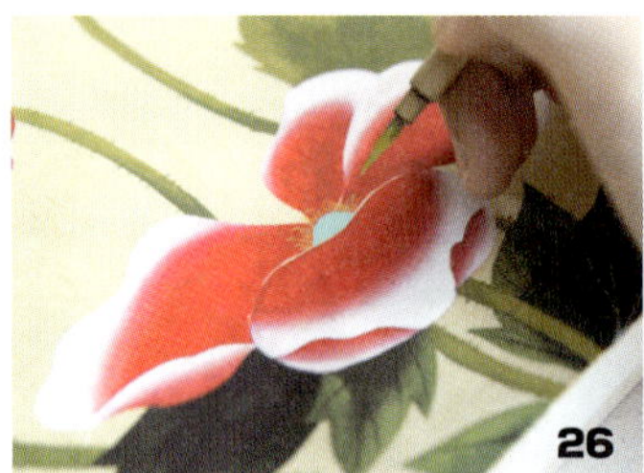

황색과 황토색을 섞은 색으로 가운데
양귀비꽃의 꽃술을 그려 그림을 완성해
주세요!

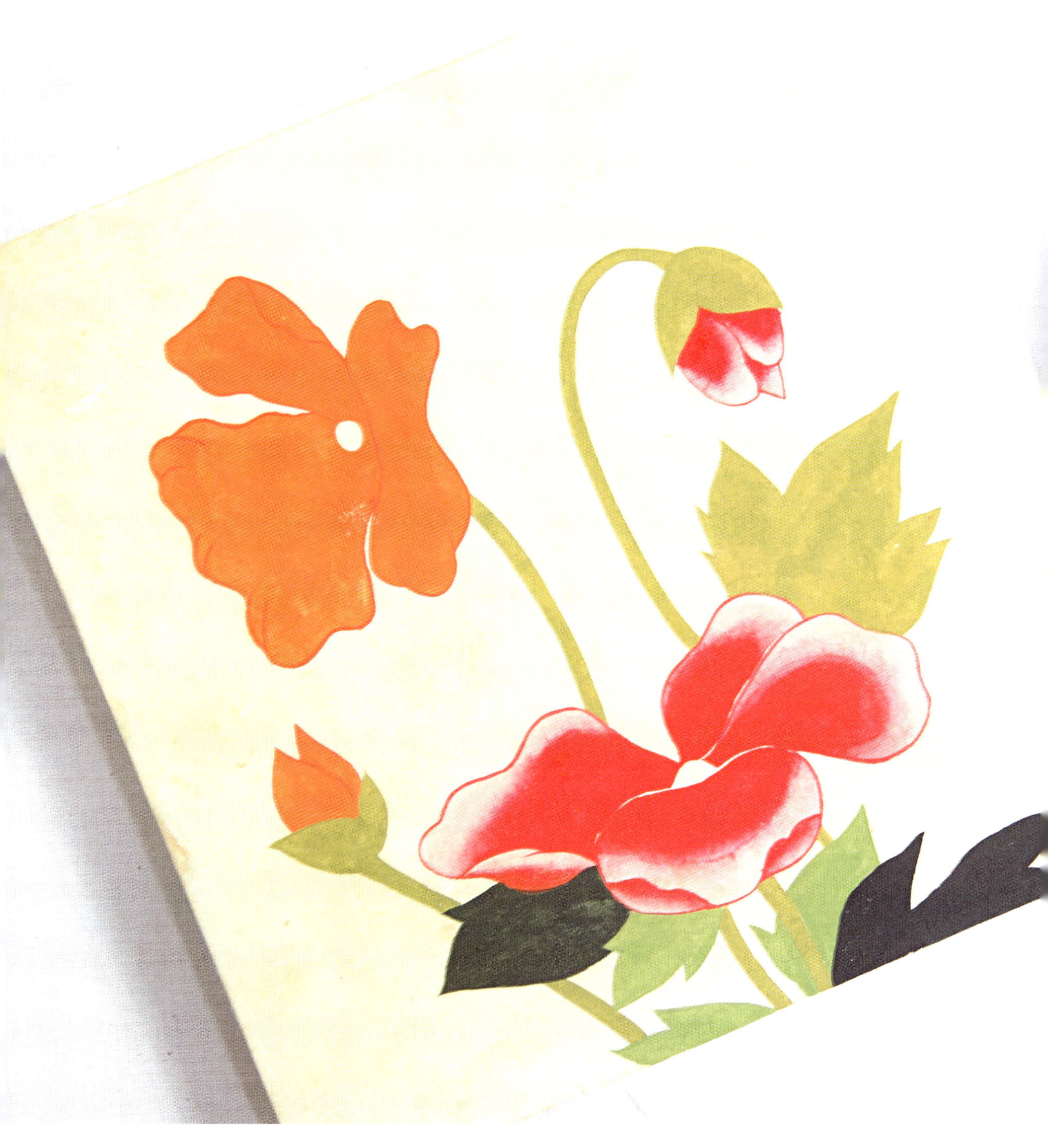

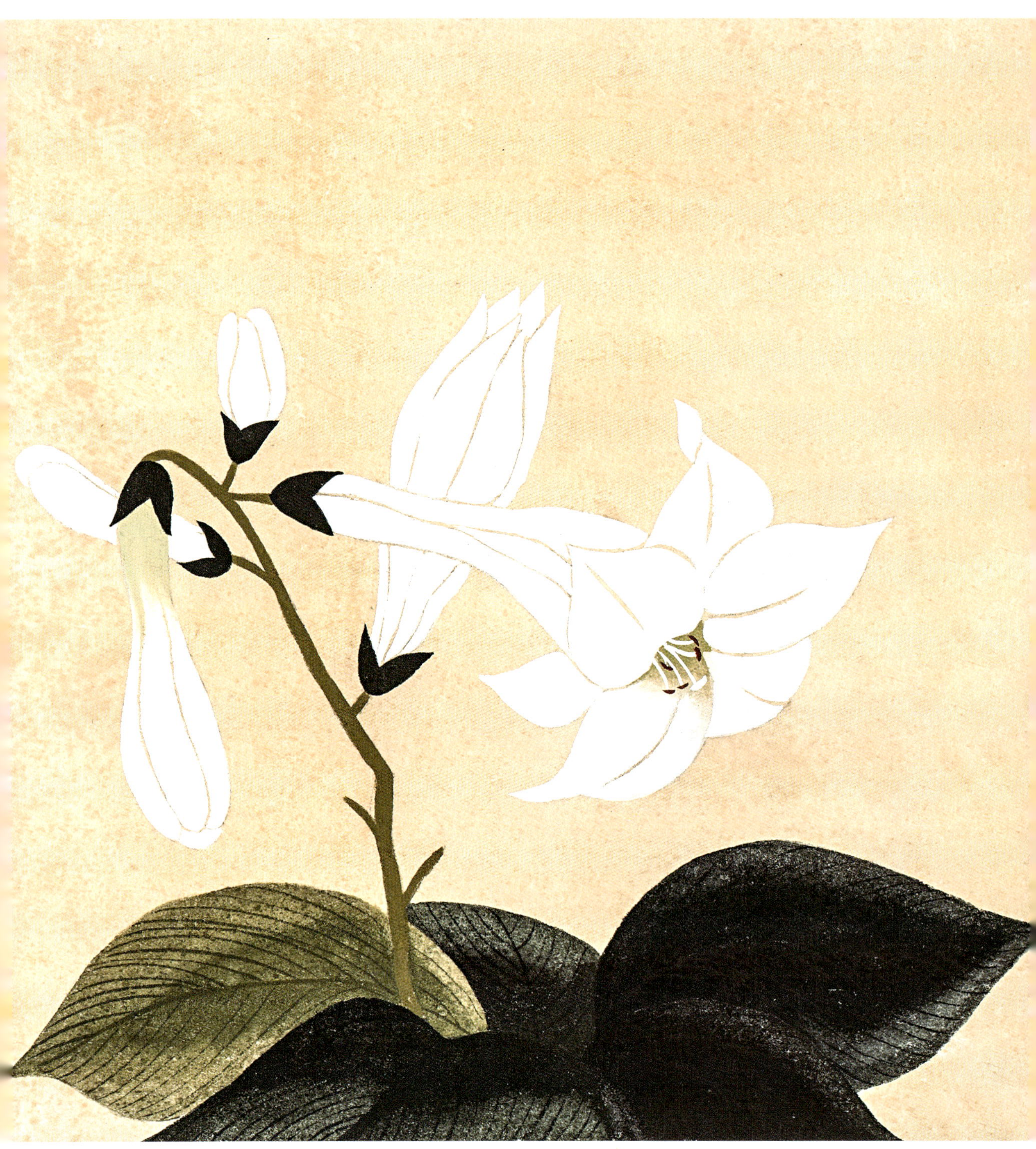

옥잠화

깔끔하고 정갈한 옥잠의 표현과 세밀한 잎맥의 표현이 인상적인 화훼도예요. 조선 후기 화훼도는 이렇게 장식적이면서 예쁜 색감이 있어 민화와 더 가까워질 수 있었죠. 정통 회화가 수묵 위주였다면, 민화는 평면적이고, 강렬한 원색 대비가 사용된 생생하고 활기차고 밝은 그림이라고 할 수 있어요. 삶에서 겪는 괴로움, 슬픔 등으로부터 벗어나 행복을 꿈꾸는 우리 선조들의 기질이 반영된 것이겠죠!

준비물

22x22cm 패널, 연필, 볼펜, 물통, 먹물, 먹접시, 물감접시, 민화붓 2필, 세필붓 1필

필요한 물감색 : 호분, 황토, 홍매. 맹황, 백록, 군청, 수감, 고동

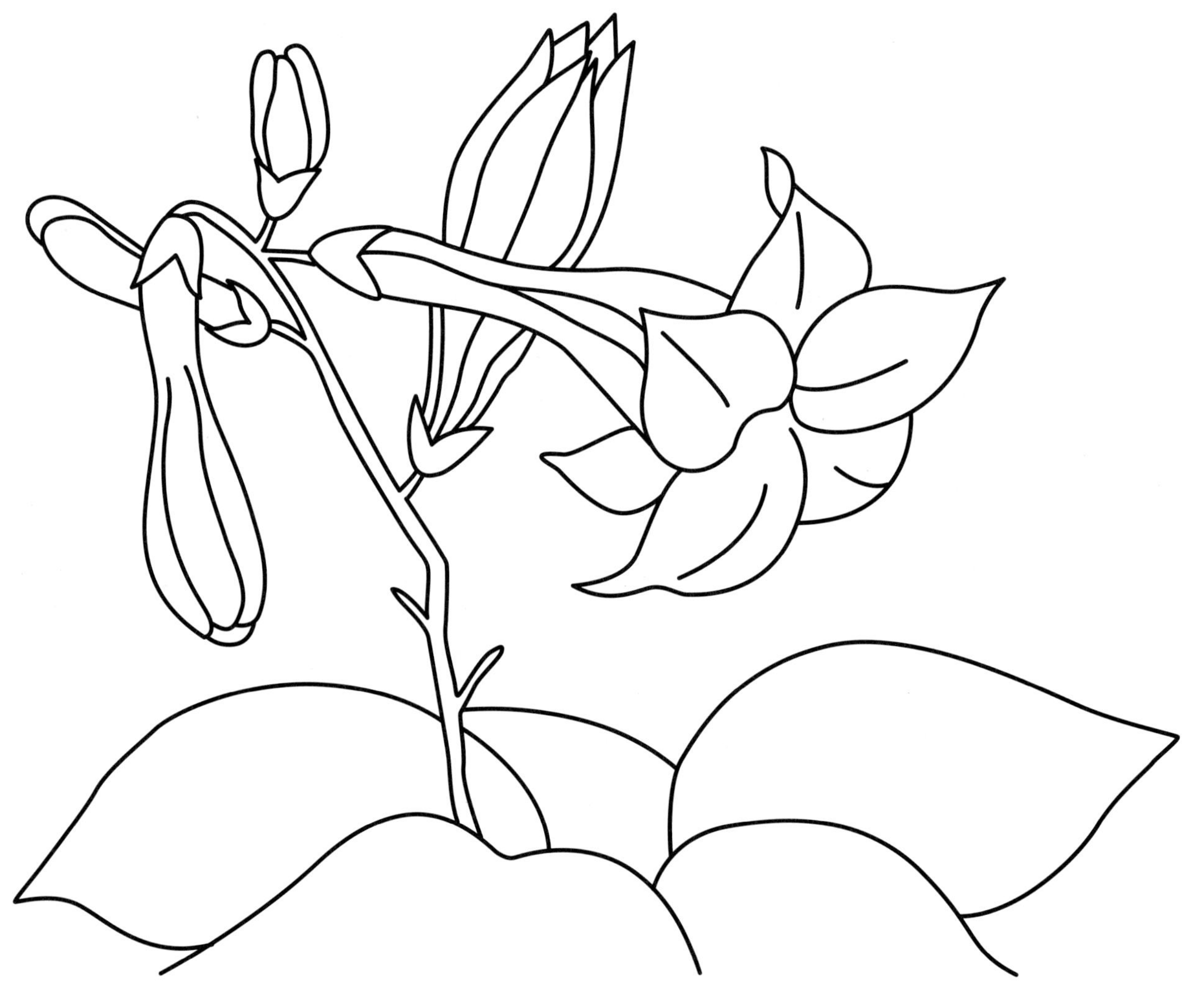

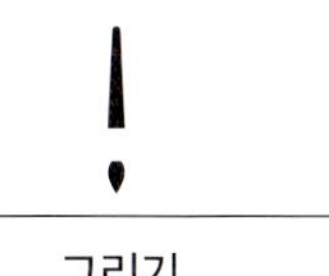

먹지 작업이 완성된 도안을 패널에 잘 맞춰 올려주고 힘을 주면서 볼펜으로 꼼꼼히 따라 그려 밑그림이 잘 배겨날 수 있게 해주세요.

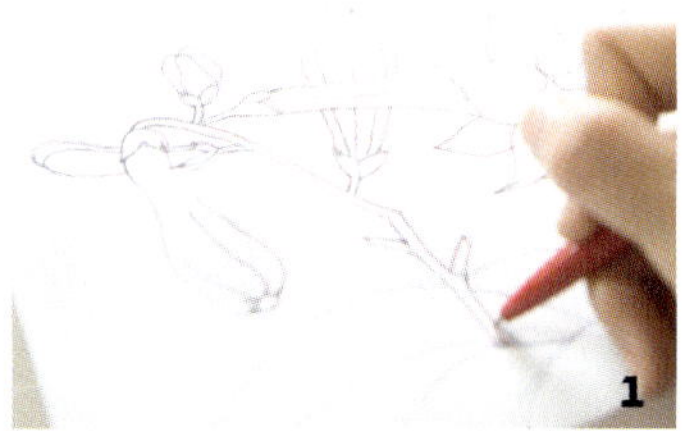

연한 먹물을 적힌 세필붓으로 이파리와 꽃받침, 줄기 부분의 밑선을 그려주세요.

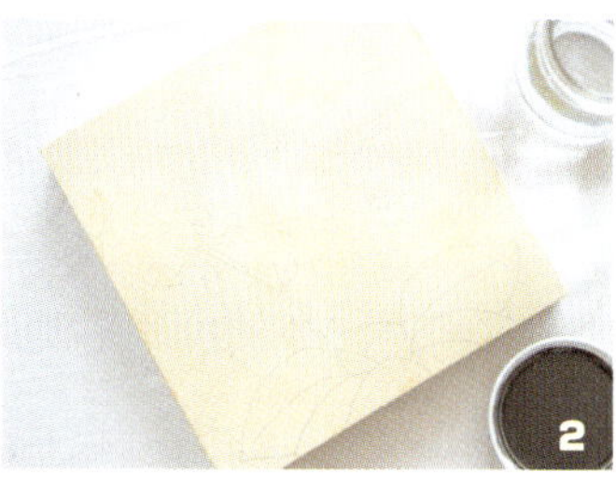

완성된 이미지를 참고하여 가장 큰 꽃 잎을 제외한 부분을 외곽선을 남겨가며 호분색으로 꼼꼼히 초벌채색해주세요.

| TIP | 나중에 꽃잎의 선을 그려주는 것보 다 선이 되는 공간을 약간씩 남겨주고 채색 하면 훨씬 더 깔끔하게 그릴 수 있습니다.

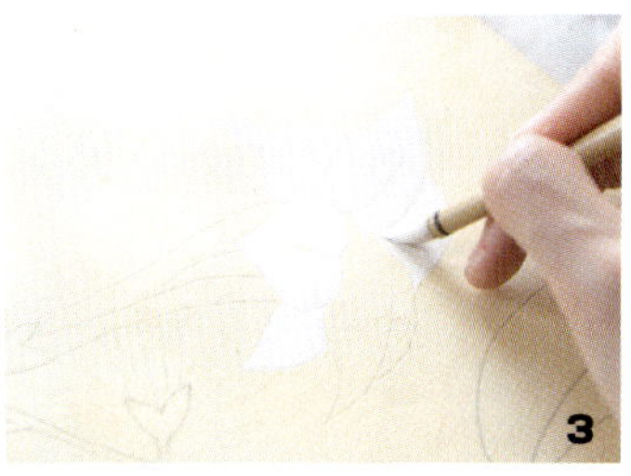

화면 왼쪽에 자리한 긴 봉오리를 제외 한 나머지 꽃 부분도 3번 과정과 같은 방법으로 초벌채색하세요.

3번 과정에서 제외된 꽃의 꽃잎은 2/3 부분을 채색하고, 물붓을 이용하여 바 깥쪽에서 안쪽으로 점점 엷게 풀어주는 바림 과정으로 채색하세요.

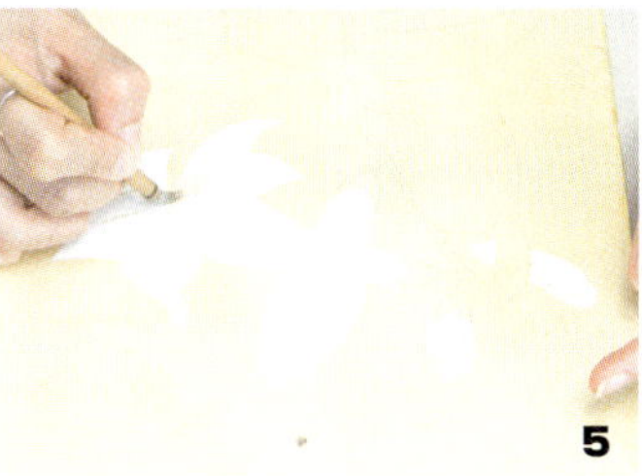

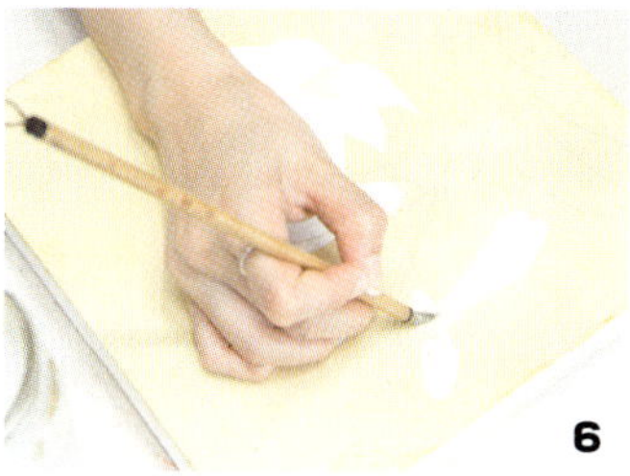

4번 과정에서 제외되었던 봉오리도 아 래쪽에서 위쪽으로 점점 엷게 풀어주는 바림 과정을 채색하세요.

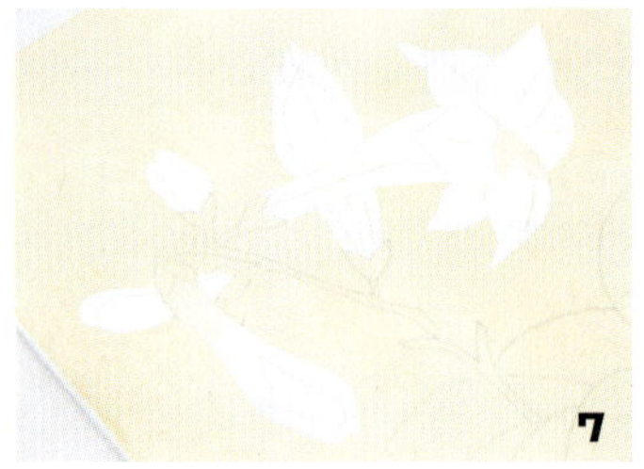

7

호분 바림이 완성된 모습입니다.

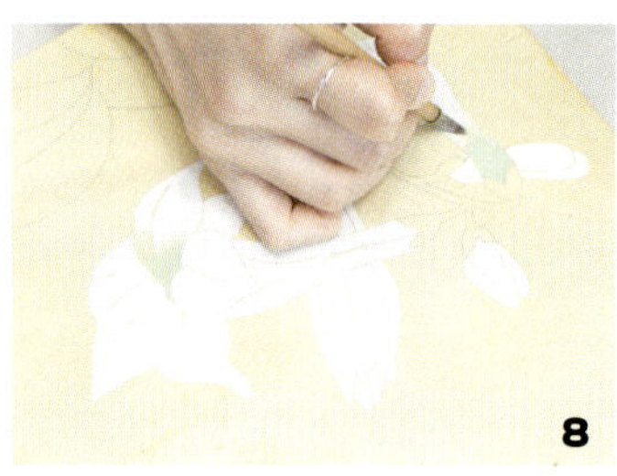

8

5~6번 과정의 물감이 완전히 마르면 황토색과 백록색을 섞은 색으로 거꾸로 바림을 넣어 중간에서 자연스럽게 만나도록 풀어주세요.

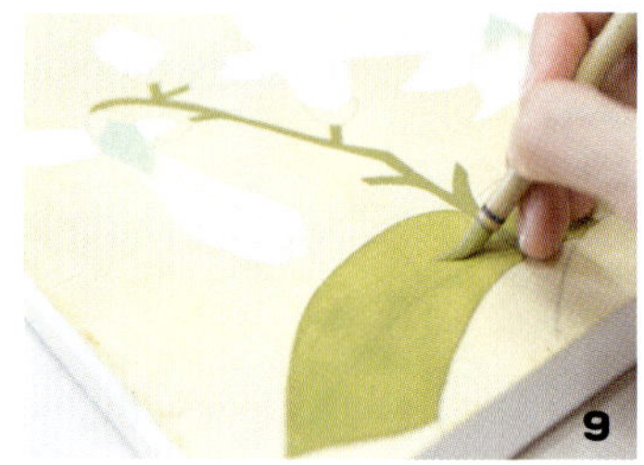

9

황토색과 맹황색을 섞어 줄기와 왼쪽 이파리 부분을 초벌채색하세요.

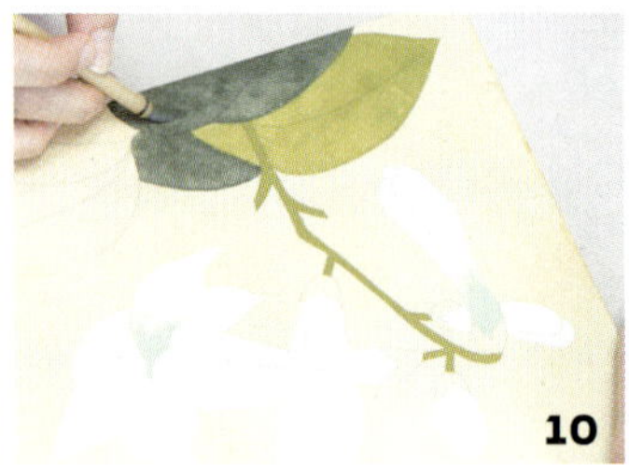

10

맹황색과 수감색을 섞어 가운데 두개의 이파리 부분을 초벌채색하세요.

11

맹황색, 군청색, 수감색을 섞어 가장 오른쪽 이파리 부분도 초벌채색하세요.

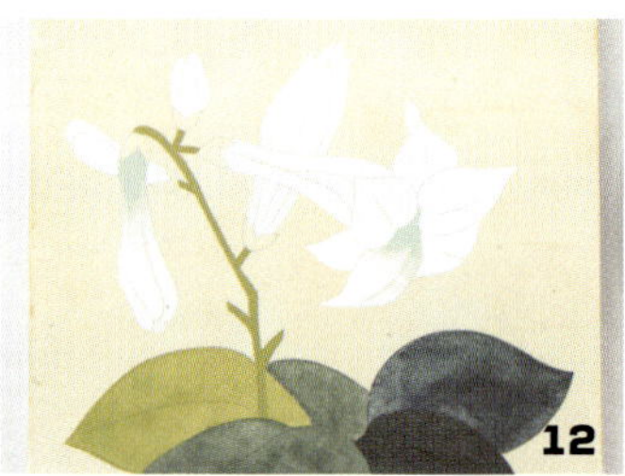

12

맹황색에 수감색을 많이 섞은 색으로 마지막 이파리도 채색해 이파리 초벌채색을 마무리합니다.

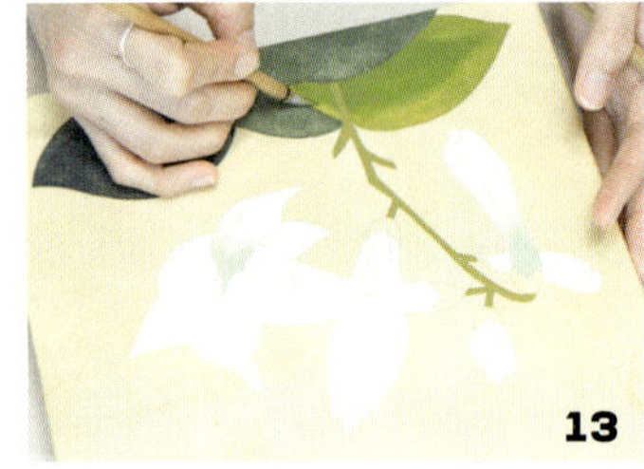

13

황토색에 맹황색을 좀 더 많이 섞어 9번 과정에서 채색한 이파리 1/2 부분을 채색하고, 물붓을 이용하여 가운데서 바깥쪽으로 점점 풀어지는 바림 과정을 채색하세요.

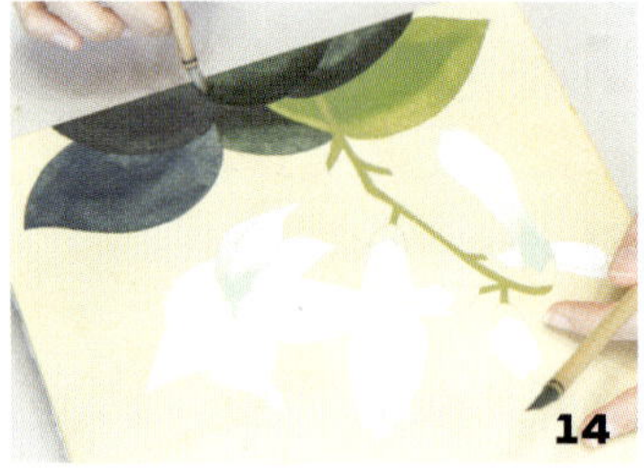

14

맹황색에 수감색을 좀 더 많이 섞어 10번 과정에서 채색한 이파리도 바림 과정으로 채색하세요.

| TIP | 아래쪽 이파리는 가운데 잎맥을 기준으로 왼쪽에서 오른쪽으로, 위쪽 이파리는 아래쪽에서 위쪽 방향으로 바림을 넣어주세요.

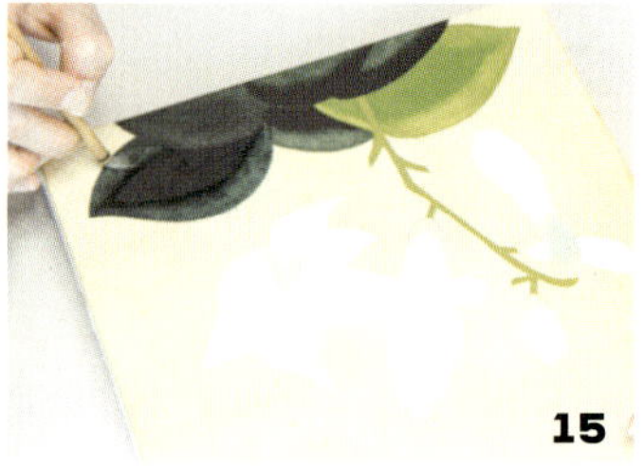

15

맹황색, 군청색에 수감색을 좀 더 많이 섞어 11번 과정의 이파리도 역시 1/2 부분을 채색하고, 물붓을 이용하여 가운데서 바깥쪽으로 점점 풀어지는 바림 과정을 채색하세요.

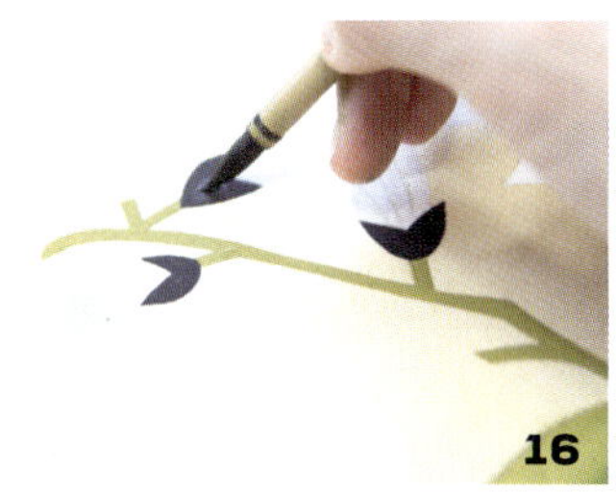

15번 과정과 같은 색으로 꽃받침 부분을 꼼꼼히 채색하세요.

맹황색, 수감색, 고동색을 섞어 마지막 이파리에 바림채색을 넣고 이파리 채색을 넣어주세요.

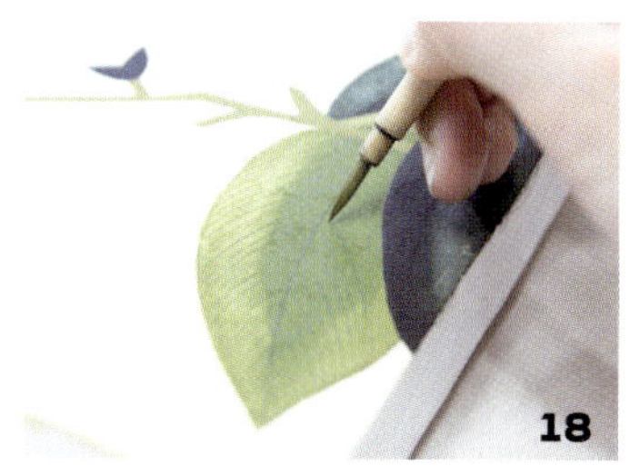

황토색에 맹황색을 많이 섞어 세필붓으로 13번 과정의 이파리에 잎맥을 촘촘히 그어주세요.

| TIP | 가운데 잎맥을 중심으로 ∧모양으로 그려주면 됩니다.

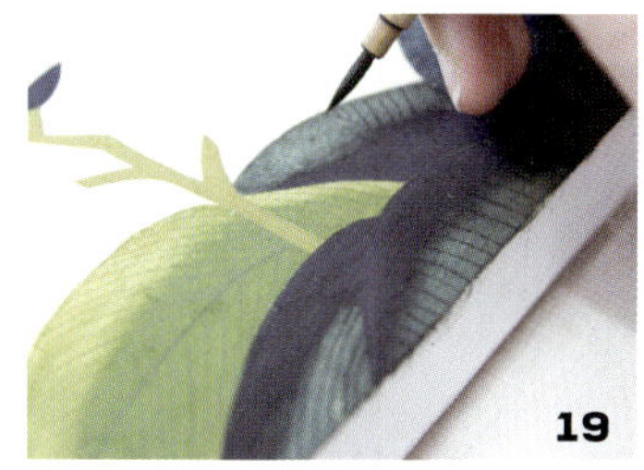

맹황색에 수감색을 많이 섞어 세필붓으로 14번 과정의 이파리에도 잎맥을 촘촘히 그어주세요.

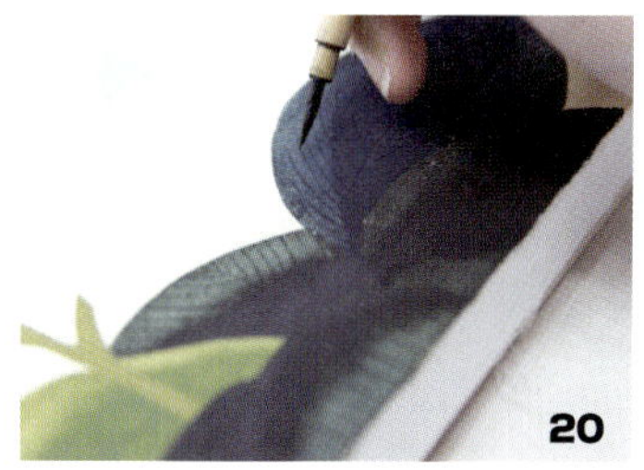

맹황색, 군청색에 수감색을 많이 섞어 세필붓으로 15번 과정의 이파리에도 잎맥을 그어주세요.

맹황색, 수감색에 고동색을 많이 섞어 17번 과정의 이파리에도 잎맥을 그어 이파리 채색을 마무리해주세요.

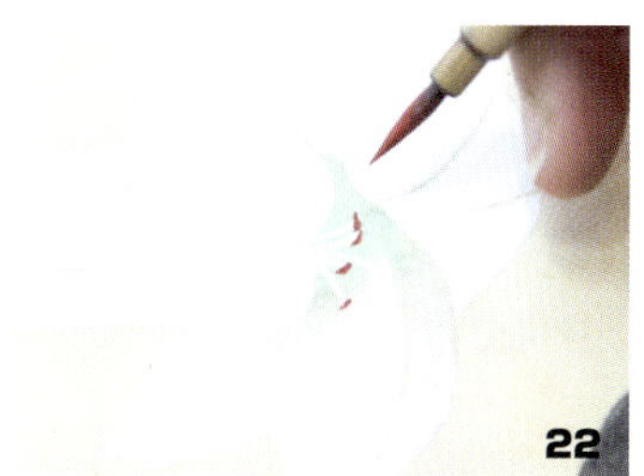

호분색으로 가운데 긴 꽃술을 그려주고 홍매색과 대자색을 섞은 색으로 꽃술의 포인트를 찍어주세요.

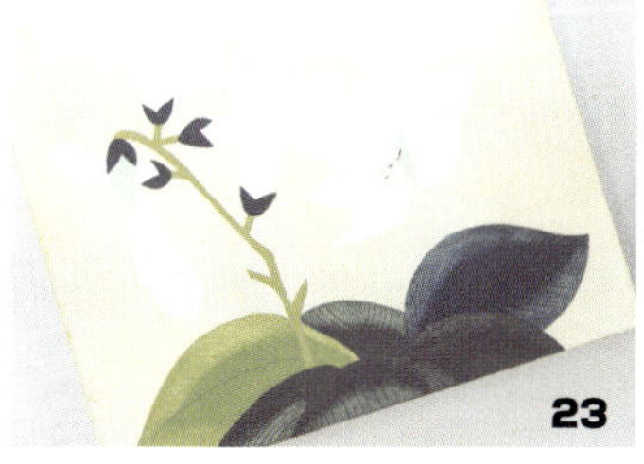

옥잠화 화훼도가 완성되었습니다!

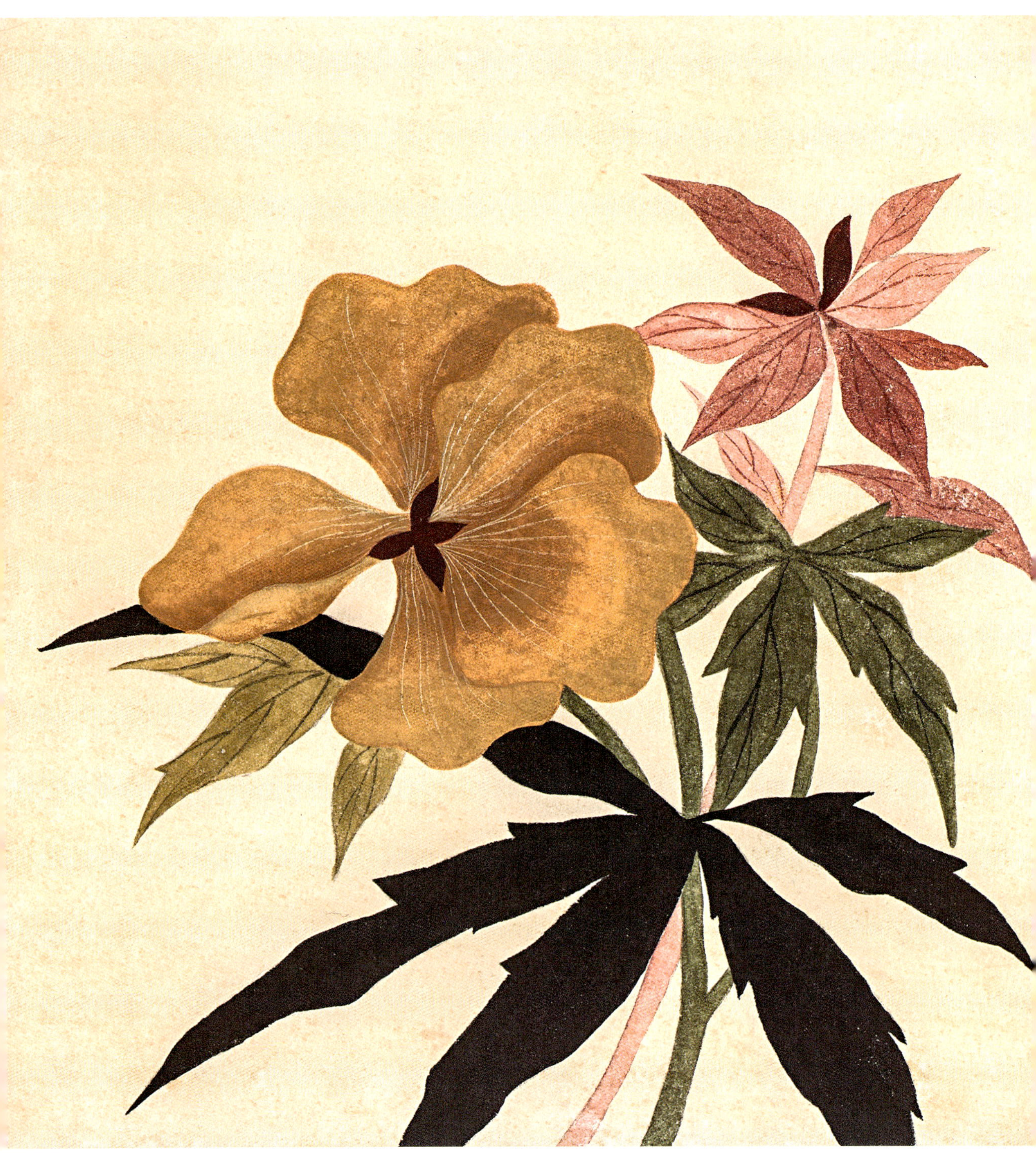

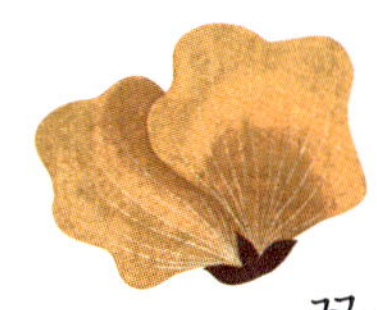

황촉규

자연친화적인 성향이 강한 우리 선조들은 꽃 한 송이에도 의미를 담아 다양한 그림을 그려왔어요. 보이는 아름다움뿐만 아니라, 상징적인 의미를 담아 행복한 삶을 누리고 싶은 마음을 표현한 것이죠. 제각기 독특하고 아름다운 모양을 갖추고 있는 꽃의 특징에 마음을 실어 장미와 패랭이꽃은 청춘을 의미하고, 살구꽃은 과거급제화가 되는 등 화훼화는 의미적·조형적으로도 한국적인 정서와 정신세계를 표현해온 그림이라고 할 수 있어요. 이제 화훼도에 담긴 선조들의 꿈과 멋에 관한 이야기를 들어볼 시간이에요.

준비물

22x22cm 패널, 연필, 볼펜, 물통, 먹물, 먹접시, 물감접시, 민화붓 2필, 세필붓 1필

필요한 물감색 : 호분, 황, 황토, 홍매, 맹황, 수감, 대자, 고동

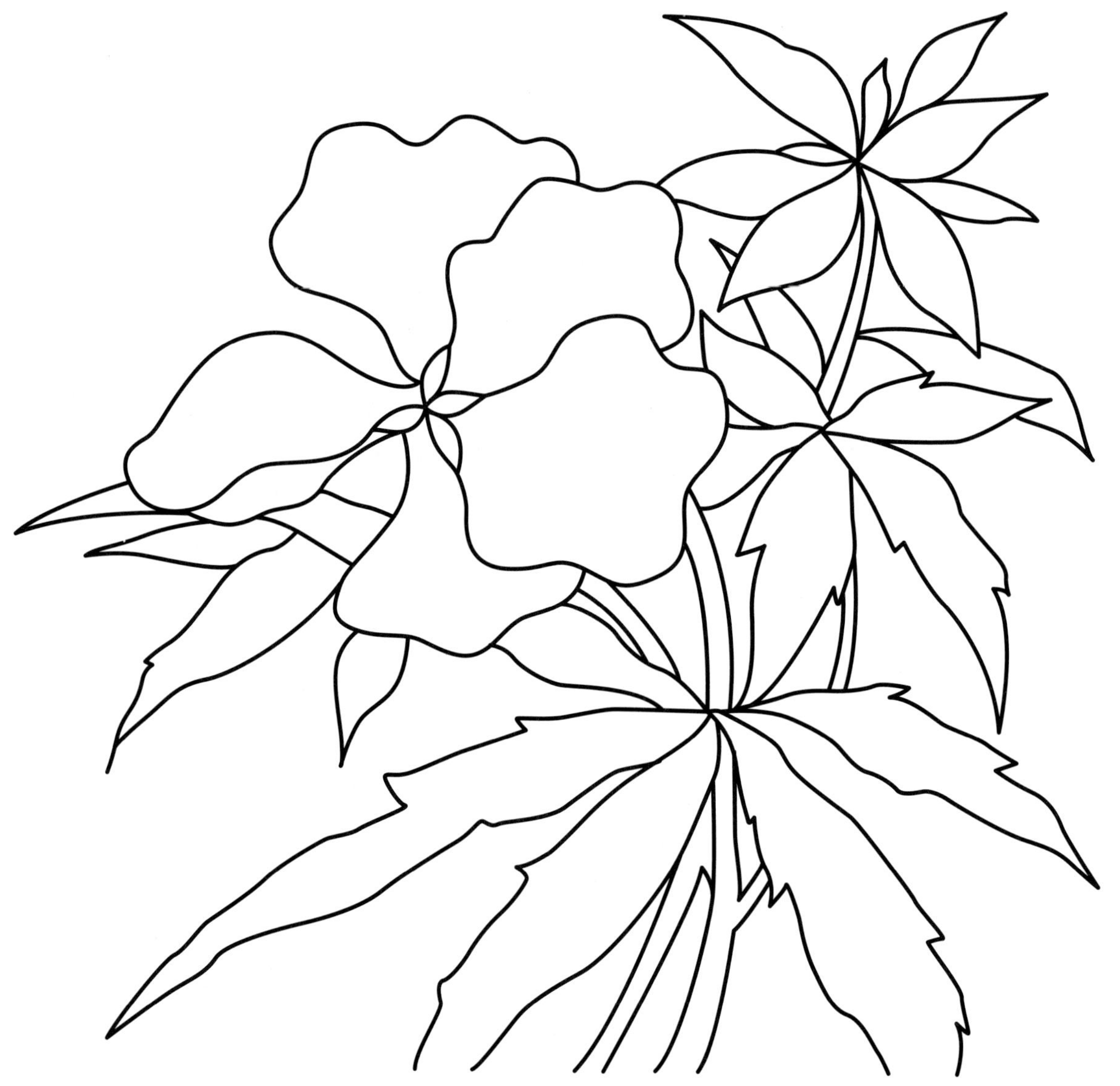

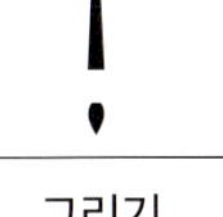

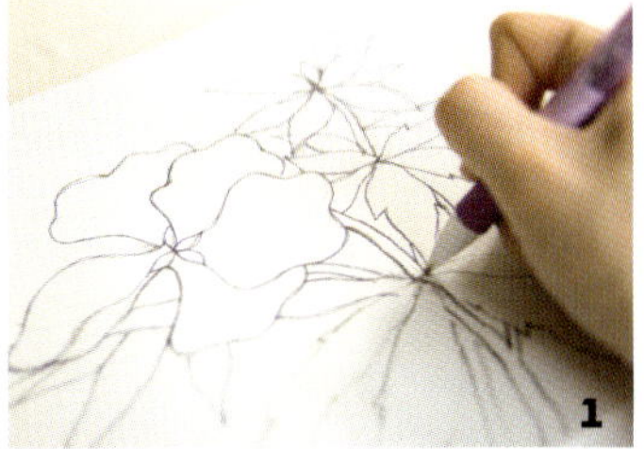

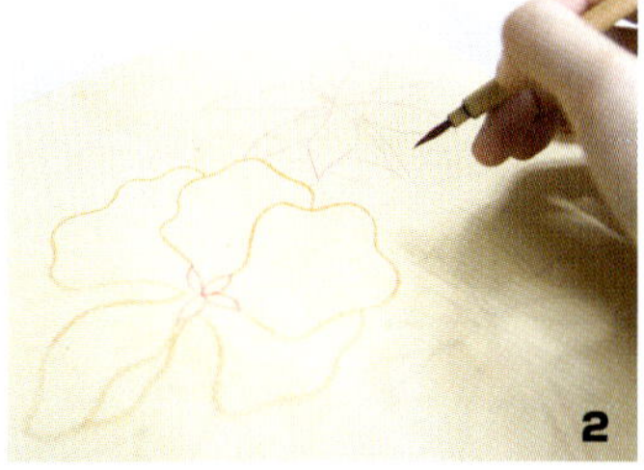

1. 먹지 작업이 완성된 도안을 패널에 잘 맞춰 올려주고 힘을 주면서 볼펜으로 꼼꼼히 따라 그려 밑그림이 잘 배겨날 수 있게 해주세요.

2. 세필붓을 이용하여 황토색으로 황촉규 꽃송이를, 물을 많이 섞은 연한 홍매색으로 분홍 이파리 부분과 연결된 줄기의 밑선을 그려주세요.

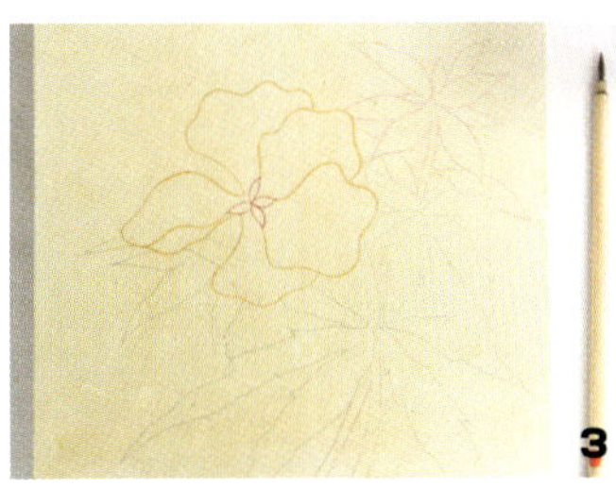

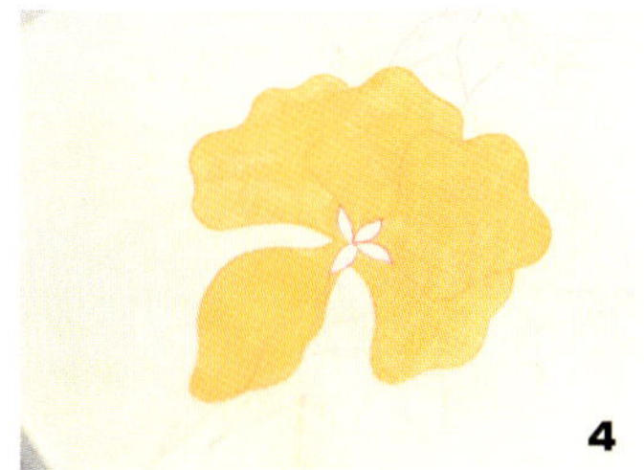

3. 연한 먹물을 적신 세필붓으로 나머지 이파리와 줄기 부분의 밑선을 그려주세요.

4. 황색과 황토색을 섞어 황촉규꽃을 초벌채색하세요.

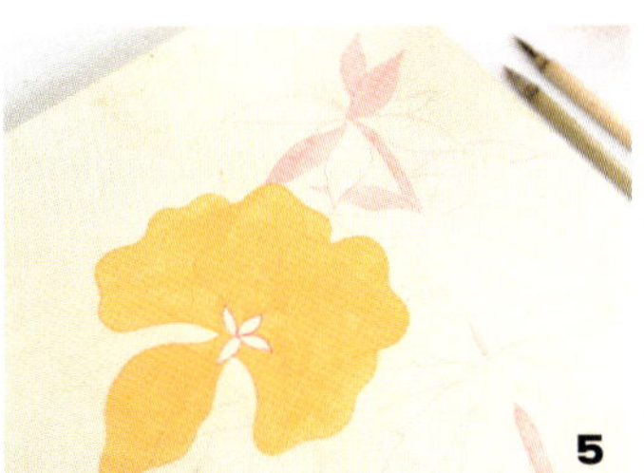

5. 물을 많이 섞은 홍매색으로 가장 연한 분홍 이파리 부분과 줄기를 초벌채색하세요.

6. 홍매색에 대자색을 섞어 좀 더 진한 네 개의 이파리도 초벌채색하세요.

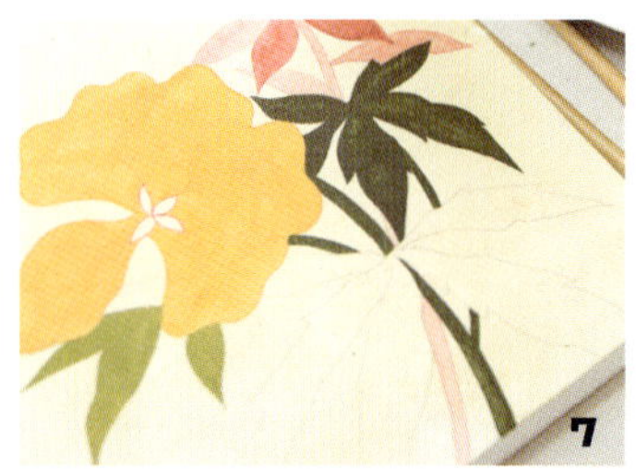

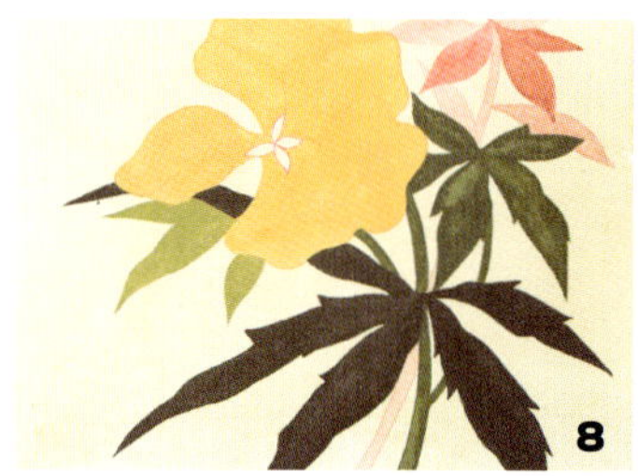

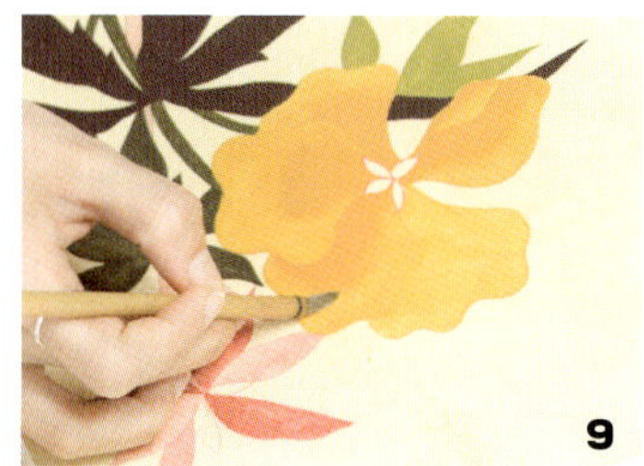

황토색과 맹황색을 섞어 가장 연한 이
파리 부분을, 맹황색과 수감색을 섞어
중간 이파리 부분과 줄기를 초벌채색하
세요.

맹황색에 수감색을 많이 섞어 가장 진
한 이파리 부분을 꼼꼼히 채색하세요.

황색, 황토색, 대자색을 섞어 꽃의 3/5
부분을 채색하고, 물붓을 이용하여 가
운데 부분에서 바깥쪽으로 점점 얇게
풀어주는 바림 과정을 채색하세요.

| TIP | 바림을 두 번 반복해줍니다.

홍매색에 고동색을 많이 섞어 가운데
꽃술 포인트를 채색합니다. 물을 섞어
좀 더 연한 색을 만들어준 뒤, 세필붓으
로 분홍 이파리에 잎맥을 그어주세요.

황토색에 맹황색을 좀 더 많이 섞은 색
으로 연한 이파리 부분에 세필붓을 이
용하여 잎맥을 그어주세요.

| TIP | 잎맥은 이파리색보다 조금 더 진한
색으로 그어주는 게 자연스러운 느낌은 연
출할 수 있습니다.

맹황색에 수감색을 좀 더 많이 섞은 색
으로 중간 이파리 부분에도 잎맥을 그
어주세요.

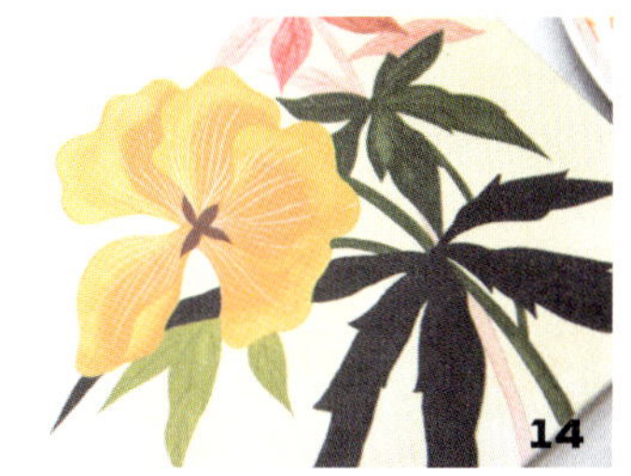

황토색에 호분색을 많이 섞은 색으로
황촉규 꽃잎에 디테일 선을 그어 마무
리해주세요.

황촉규 화훼도가 완성되었습니다!

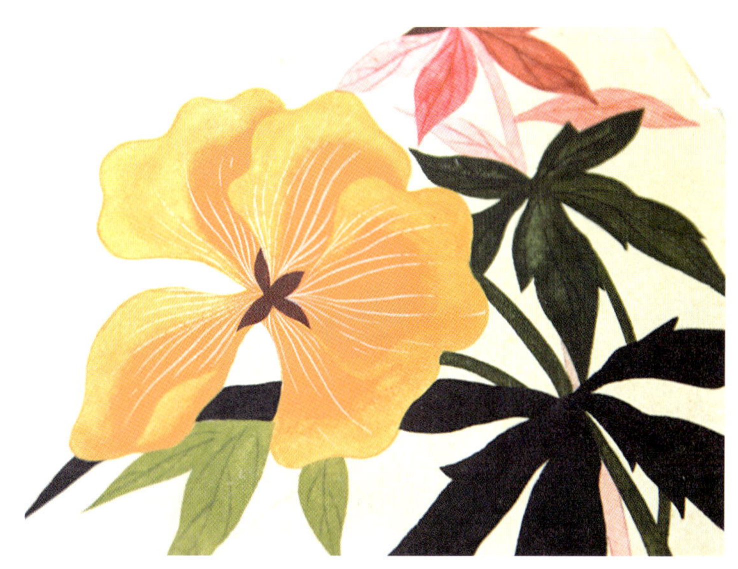

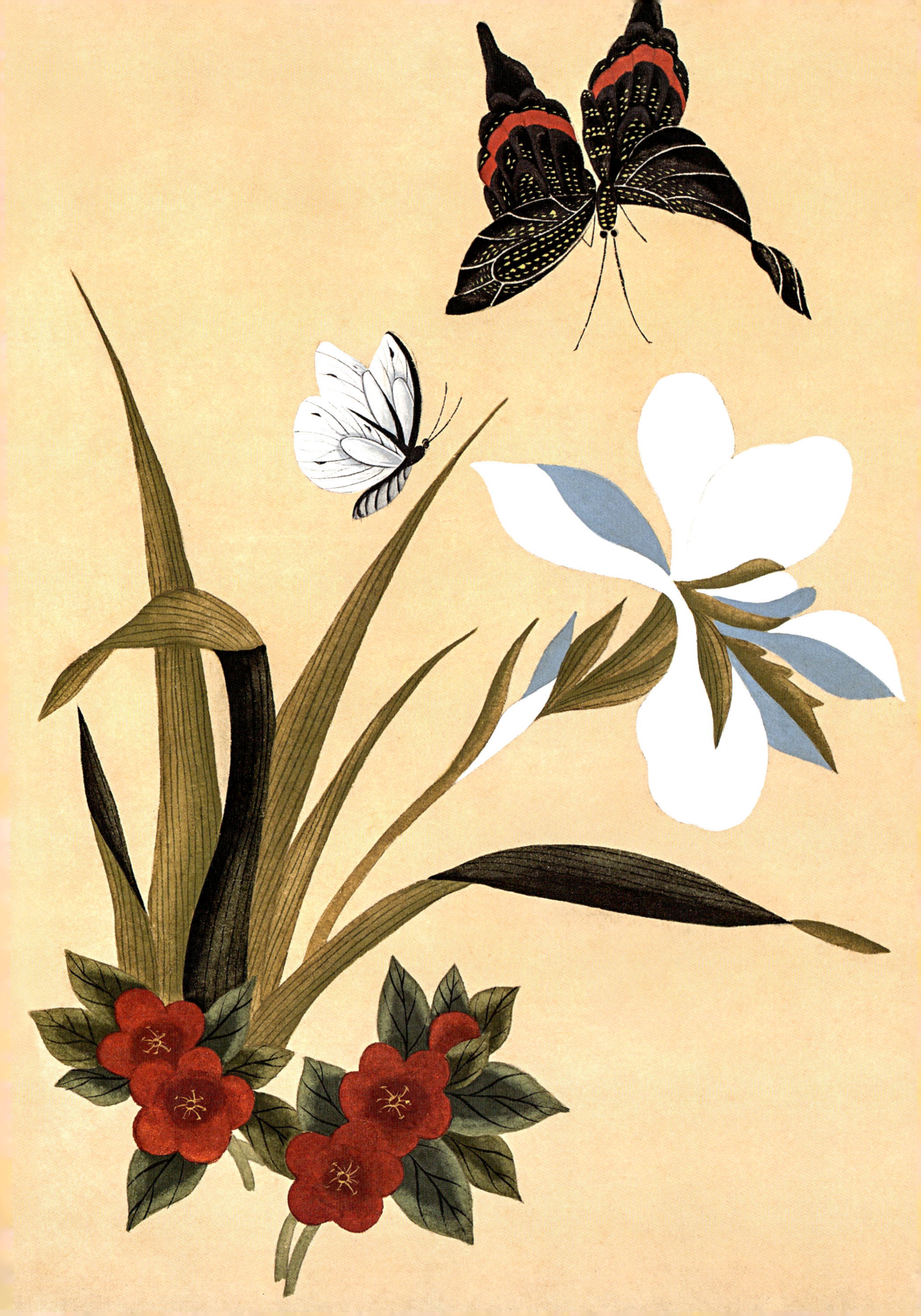

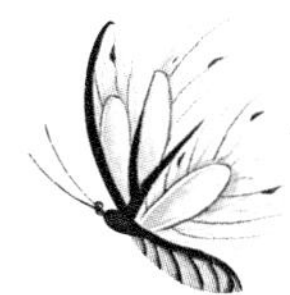

초충도 1

초충도는 일상 속에서 흔히 볼 수 있는 작은 풀과 꽃 그리고 그 주위에서 공생하고 있는 작은 곤충류를 그린 그림을 말해요. 꼭 거대한 산이나 거창한 나무가 아니더라도 생명력과 아름다움을 느낄 수 있다고 말해주는, 그래서 섬세한 동양화의 매력을 더욱 느낄 수 있는 그림들이죠. 정묘한 필치에 이 그림들을 찬찬히 바라보면 자연을 우리 삶을 풍요롭고 따뜻하게 만들어 주는 동반자라고 여겼던 조상들의 애정과 시선을 가득 느낄 수 있어요.

준비물

26x35cm 패널, 연필, 볼펜, 물통, 먹물, 먹 접시, 물감접시, 민화붓 2필, 세필붓 1필

필요한 물감색 : 호분, 황, 황토, 주황, 양홍#2, 맹황, 백록, 군청, 수감, 대자, 흑

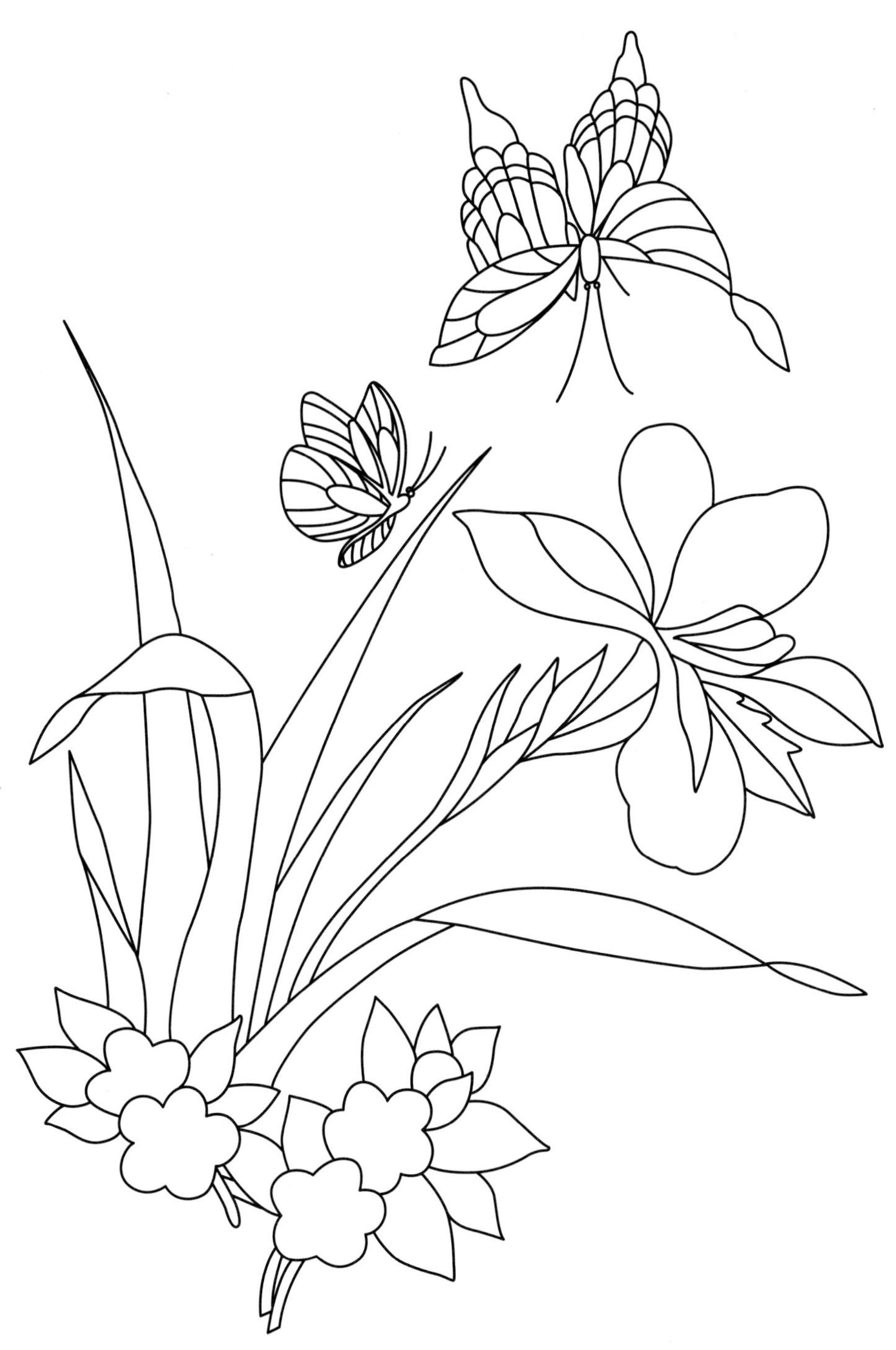

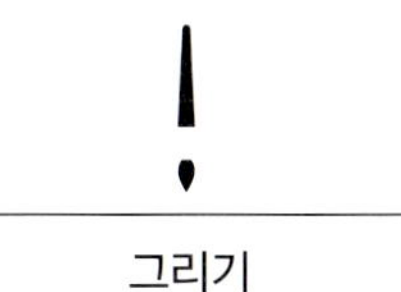

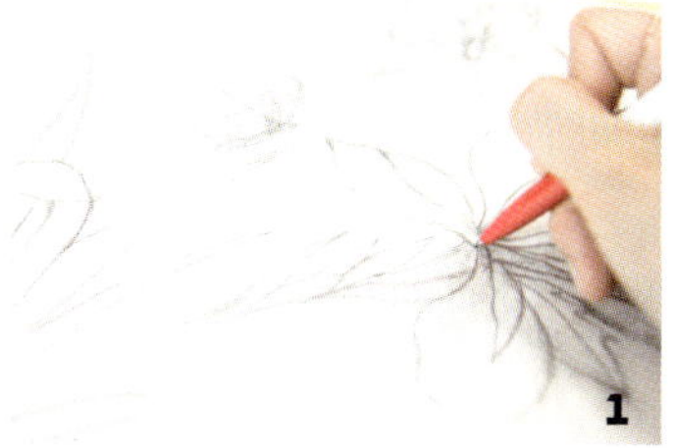

1

먹지 작업이 완성된 도안을 패널에 잘 맞춰 올려주고 힘을 주면서 볼펜으로 꼼꼼히 따라 그려 밑그림이 잘 배겨날 수 있게 해주세요.

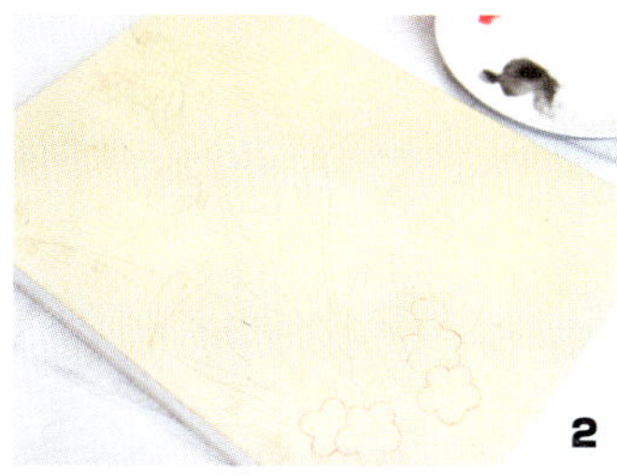

2

호분색으로 메인 꽃 선을, 양홍색과 대자색을 섞어 아래쪽에 잔꽃들의 선을 그어주고 나머지 줄기, 이파리, 나비는 연한 먹으로 선을 그어주세요.

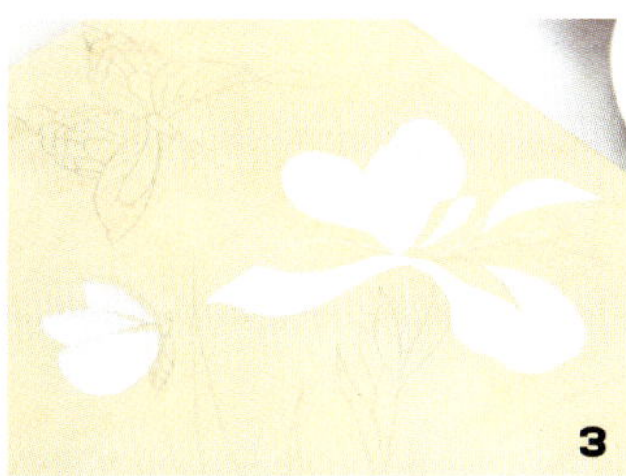

3

호분색으로 흰 꽃잎 부분과 작은 나비의 날개를 꼼꼼히 채색하세요.

4

황토색과 맹황색을 섞어 꽃의 연한 이파리 부분을 채색하세요.

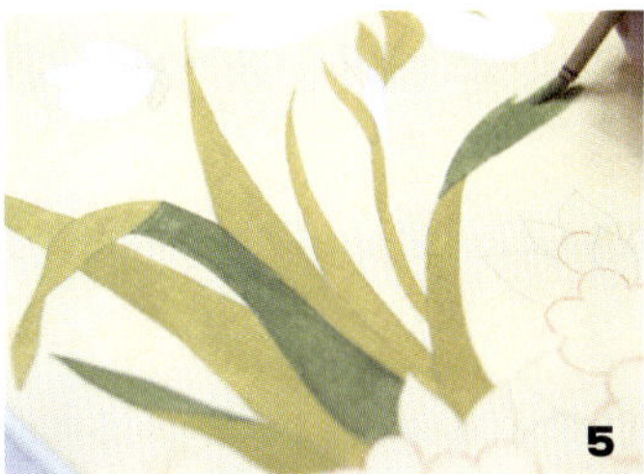

5

맹황색과 수감색을 섞어 꽃의 진한 이파리 부분도 채색하세요.

6

황토색, 맹황색, 백록색을 섞어 아래 잔꽃의 연한 이파리를, 맹황색과 백록색을 섞어 진한 이파리 부분을 채색하세요.

주황색으로 작은 꽃송이들을 꼼꼼히 초벌채색하세요.

호분색, 백록색, 군청색을 섞어 가운데 꽃의 나머지 꽃잎도 채색하세요.

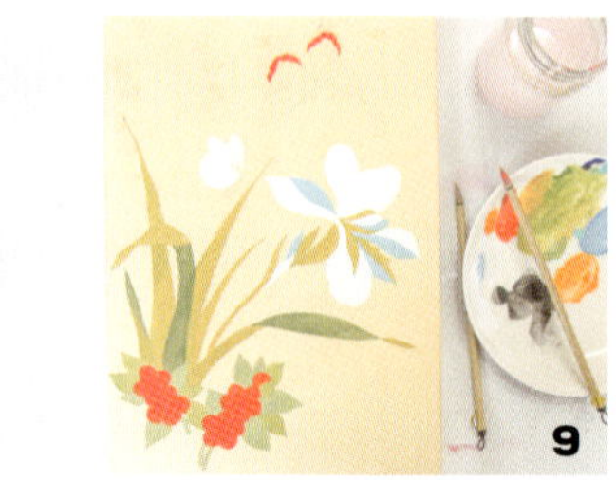

7번 과정의 물감이 완전히 마르면 양홍색으로 초벌채색을 한 번 더 해주고, 나비의 붉은 무늬도 함께 채색하세요.

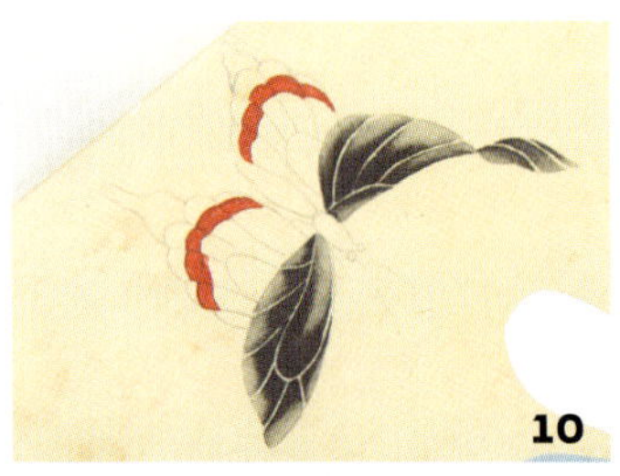

호분색에 흑색을 많이 섞은 후, 나비의 윗날개 부분에 무늬별로 1/2 부분을 채색하세요. 그리고 물붓을 이용하여 가운데 부분에서 바깥쪽으로 점점 엷게 풀어주는 바림 과정을 채색합니다.

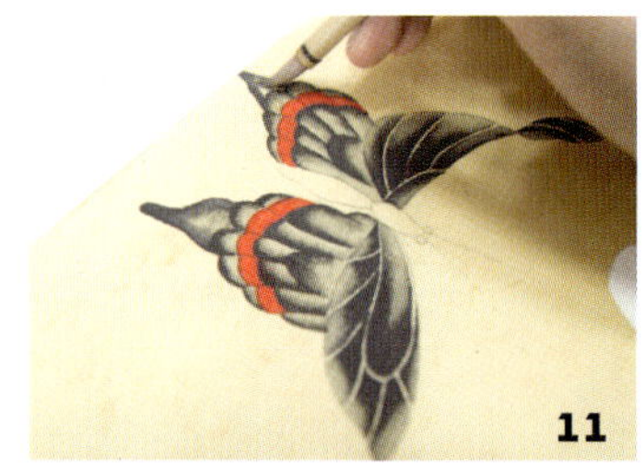

10번 과정과 같은 색으로 이번엔 나비의 아래 날개 부분에 무늬별로 1/2 부분을 채색하고, 물붓을 이용하여 바깥쪽에서 안쪽으로 점점 엷게 풀어주는 바림 과정을 채색하세요.

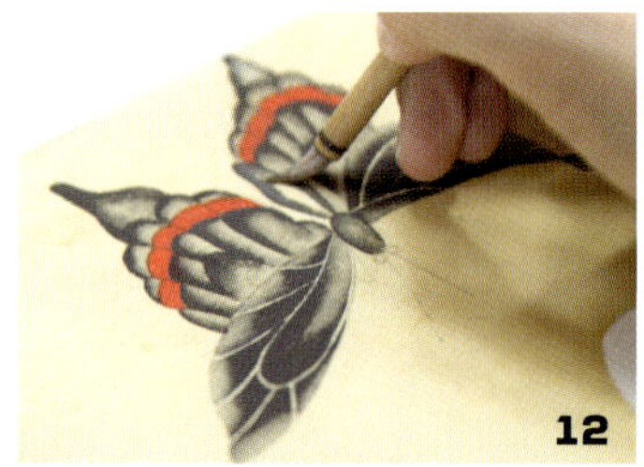

나비의 몸통 부분도 11번 과정과 같은 방법으로 바림채색하세요.

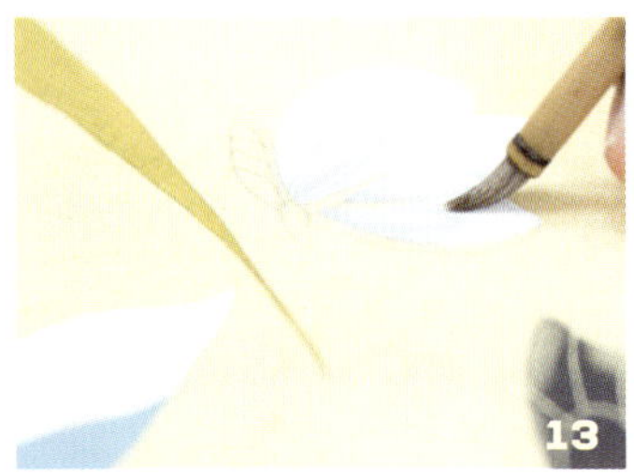

호분색에 흑색을 조금만 섞어 작은 나비의 날개 부분에 무늬별로 1/2 부분을 채색하고, 물붓을 이용하여 가운데 부분에서 바깥쪽으로 점점 엷게 풀어주는 바림 과정을 채색하세요.

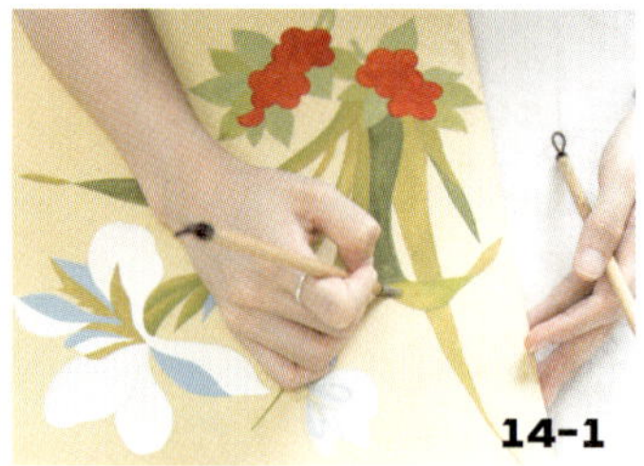

4번 과정보다 맹황색을 좀 더 섞은 진한 색으로 연한 이파리 부분에 1/3 부분을 채색하고, 물붓을 이용하여 오른쪽에서 왼쪽으로 점점 엷게 풀어주는 바림 과정을 채색하세요.

같은 색으로 꽃받침의 1/3 부분씩을 채색하고, 물붓을 이용하여 이번에는 왼쪽에서 오른쪽으로 점점 엷게 풀어주는 바림과정을 채색하세요.

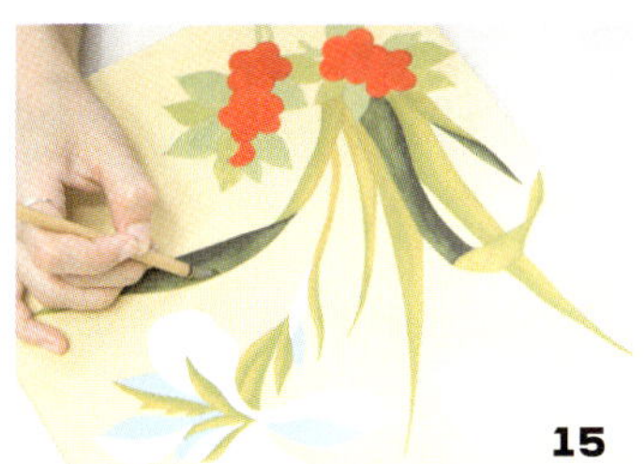

15

5번 과정의 색보다 수감색을 좀 더 섞어 진한 이파리 부분에 이파리가 접힌 방향을 따라 1/3 부분을 채색하고, 물붓을 이용하여 점점 엷게 풀어주는 바림과정을 채색하세요.

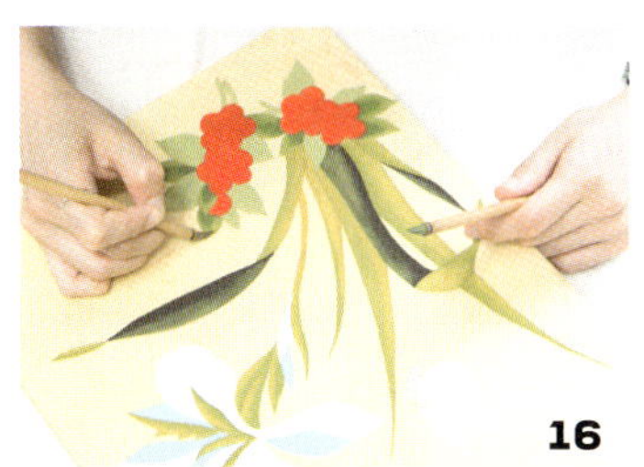

16

6번 과정의 연한 이파리 색에 수감색을 좀 더 섞어 1/2 부분을 채색하고, 물붓을 이용하여 가운데 부분에서 바깥쪽으로 점점 엷게 풀어주는 바림과정을 채색하세요.

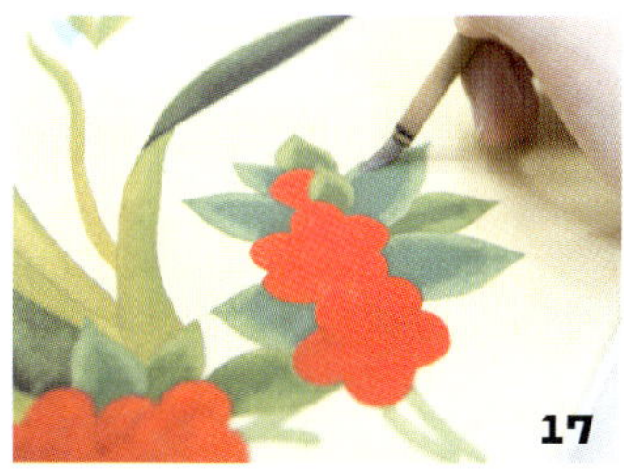

17

잔꽃의 진한 이파리 역시 수감색을 좀 더 섞은 색으로 1/2 부분을 채색하고, 물붓을 이용하여 가운데 부분에서 바깥쪽으로 점점 엷게 풀어주는 바림과정을 채색하세요.

18

잔꽃 이파리의 바림이 완성되었습니다!

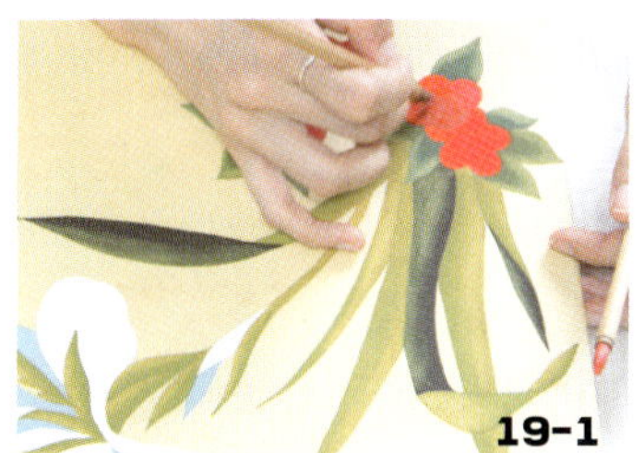

19-1

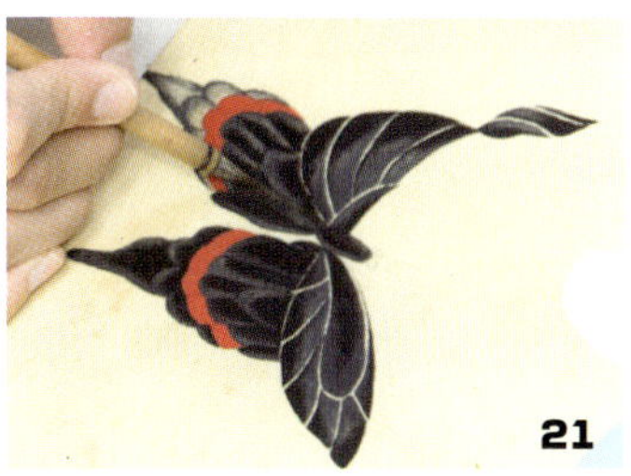

19-2

양홍색과 대자색을 섞어 잔꽃 가운데를 동그랗게 채색하고, 물붓을 이용하여 바깥쪽으로 점점 엷게 풀어주는 바림 과정을 채색하세요.

20

10번 과정의 색에 호분색을 좀 더 많이 섞어 연한 회색을 만들어준 뒤, 거꾸로 바림을 넣어 중간에서 자연스럽게 만나도록 풀어주세요.

21

아래 날개와 몸통도 같은 방법으로 바림채색하세요.

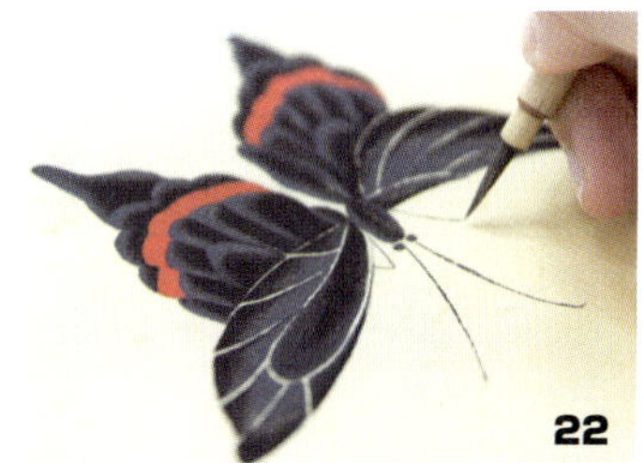

22

20번 과정과 같은 색으로 세필붓을 이용하여 눈과 더듬이, 다리를 그려주세요.

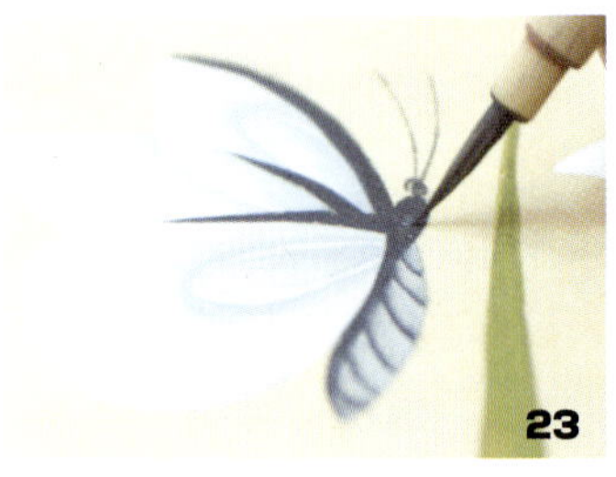
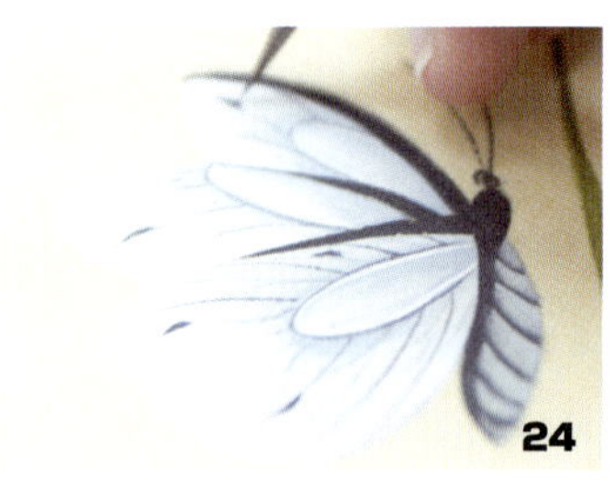
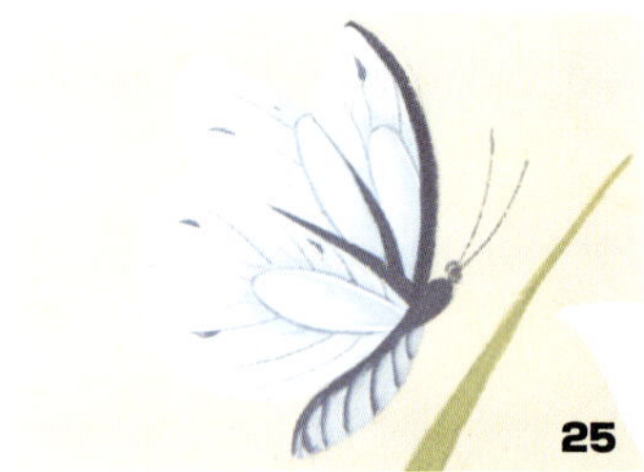

역시 같은 색으로 작은 나비의 진한 무늬와 몸통 부분의 디테일 선, 눈과 더듬이를 그려주세요.

23번 과정의 색보다 호분색을 좀 더 섞은 연한 색으로 나비 날개의 디테일 선과 잔무늬를 그려주세요.

작은 나비가 완성되었습니다!

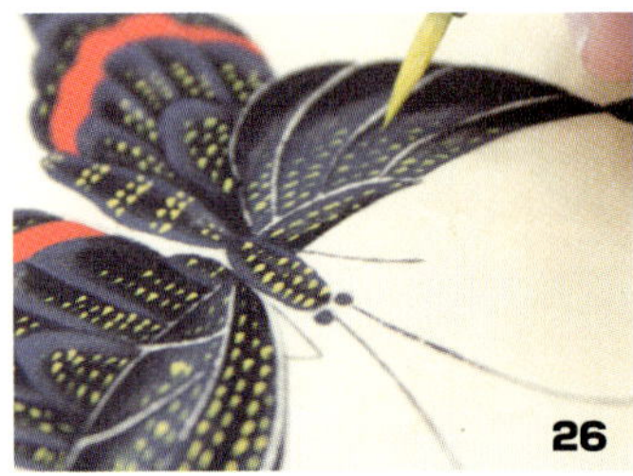
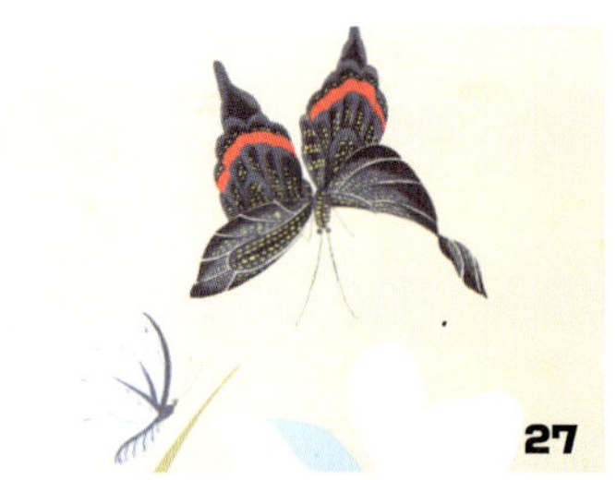

바림이 완성 된 큰 나비 위에 황색과 황토색을 섞어 점점이 무늬를 화려하게 그려주세요.

두 마리의 나비가 완성되었습니다!

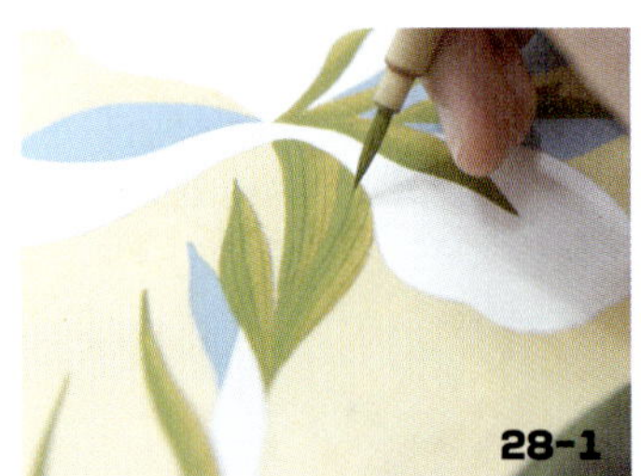
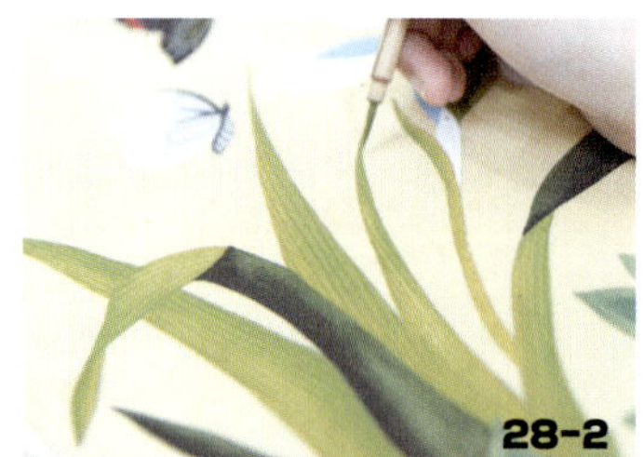

14번 과정보다 맹황색을 좀 더 섞어 꽃받침과 이파리 부분에 세필붓을 이용하여 잎맥을 그어주세요.

| TIP | 연한 이파리의 잎맥은 이파리 초벌채색보다 조금 더 진한 색으로 그어주는 게 자연스러운 느낌을 연출할 수 있습니다.

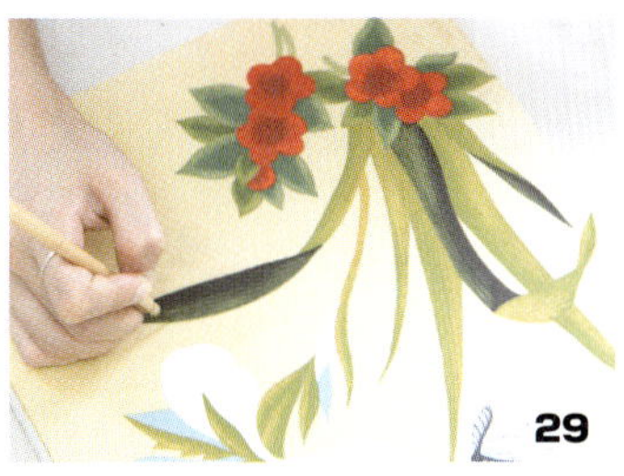

29

15번 과정보다 수감색을 좀 더 섞어 진한 이파리 부분에도 잎맥을 그어주세요.

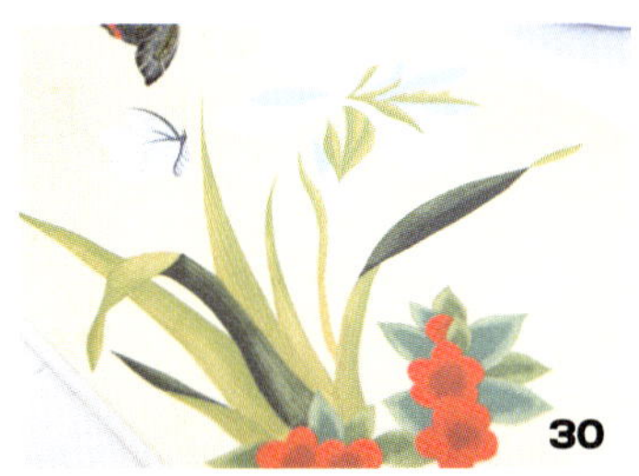

30

긴 이파리 채색이 완성되었습니다!

31

잔 이파리도 각각의 바림색보다 수감 색을 좀 더 섞은 진한 색으로 잎맥을 그 어주세요.

32

황색과 황토색을 섞어 잔꽃의 꽃술을 그려주세요.

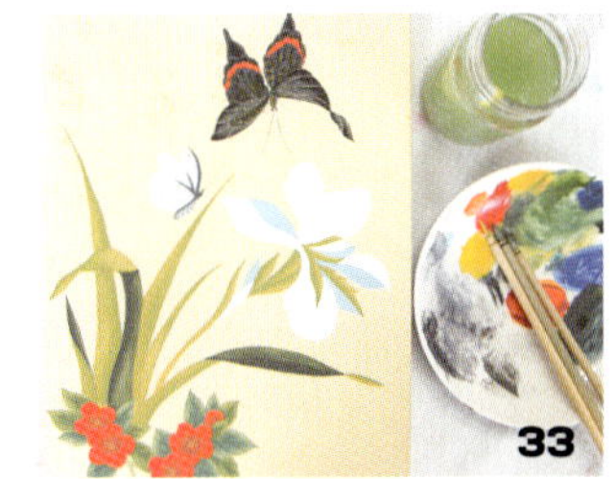

33

화접도 그림이 완성되었습니다!

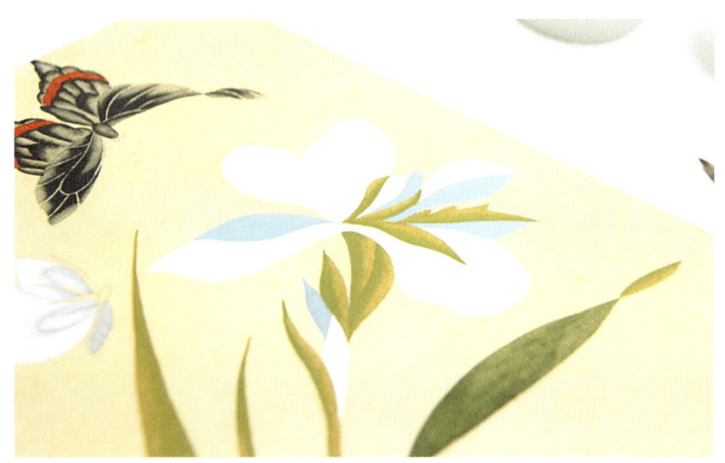

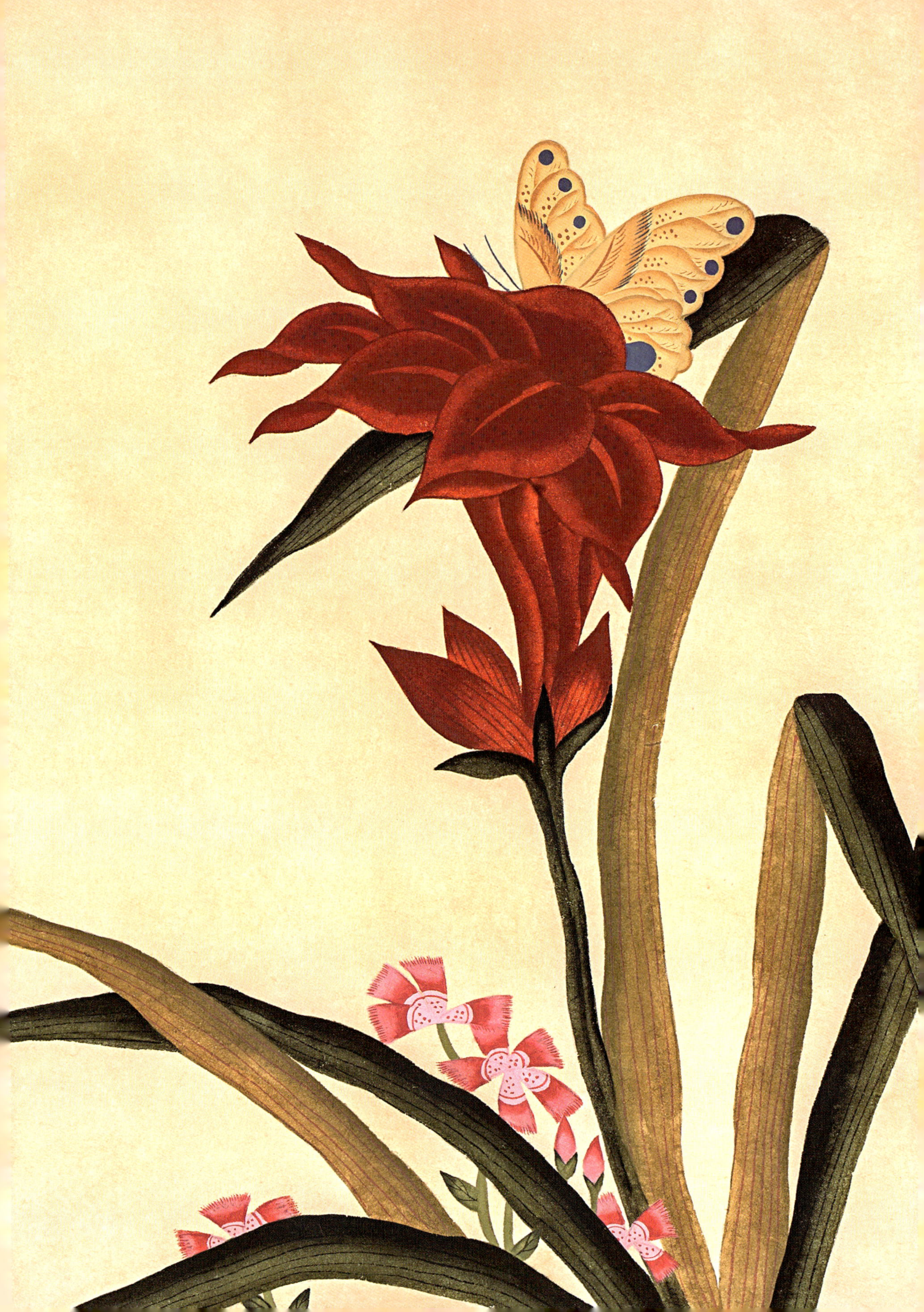

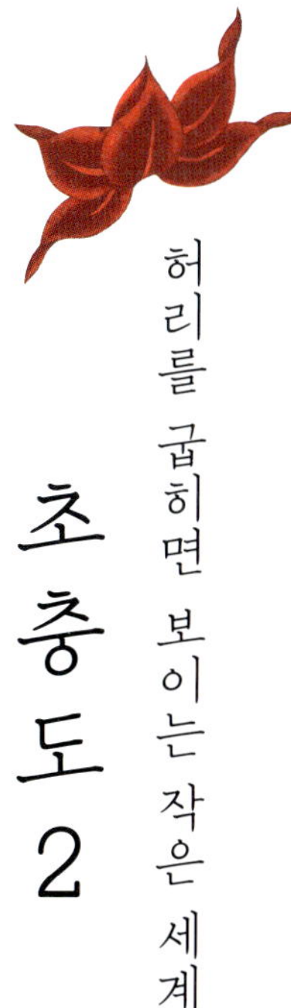

초충도 2

초충도 중에 특히 사랑받았던 소재는 '나비'예요. 나비는 80세라는 장수의 의미를 지니고 있고, 꽃과 나비를 함께 그리면 부부간의 화합과 기쁨을 염원하는 의미이기도 하여 그리기에 좋은 소재가 되었죠. 또 채색화가 성행하면서 나비가 지닌 다양한 무늬와 화려한 색채는 화사한 장식성을 표현해내기에 더할 나위 없이 적합한 소재가 되어주었어요. 이후 화면 전체를 압도할 만큼 나비 무리를 과도하게 진설하고 그 배경으로 꽃과 풀을 부수적으로 그려 넣는 백접도(百蝶圖) 같은 그림도 그려지게 되었죠. 백접도에 뛰어났던 화가는 남나비라는 별명을 지닌 남계우를 꼽을 수 있고, 그 외에 나비를 잘 그린 조선시대 화가로는 신사임당, 심사정을 이야기할 수 있어요.

준비물

26x35cm 패널, 연필, 볼펜, 물통, 먹물, 먹접시, 물감접시, 민화붓 2필, 세필붓 1필

필요한 물감색 : 호분, 황, 황토, 주황, 홍매, 양홍#2, 맹황, 백록, 군청, 수감, 대자

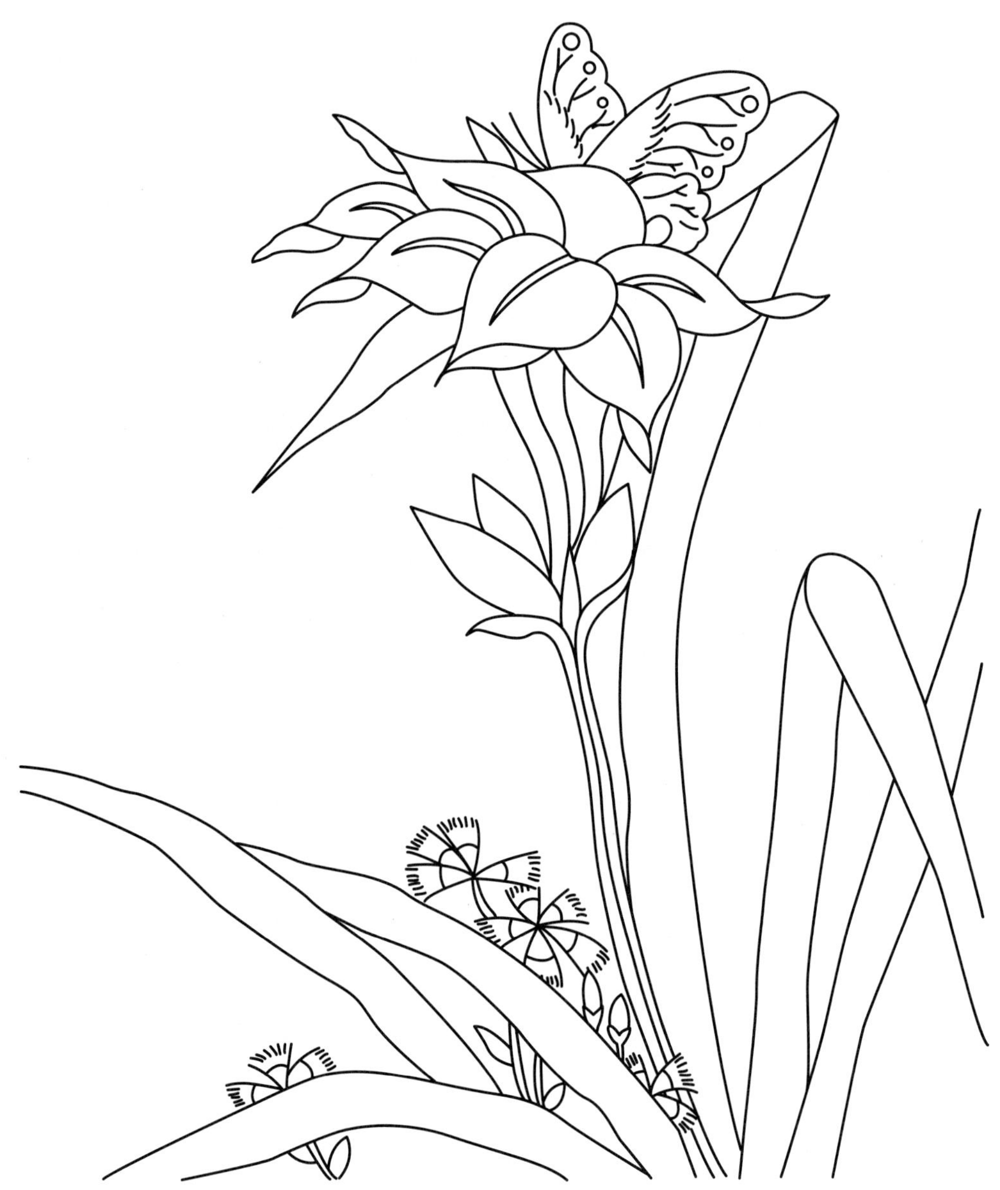

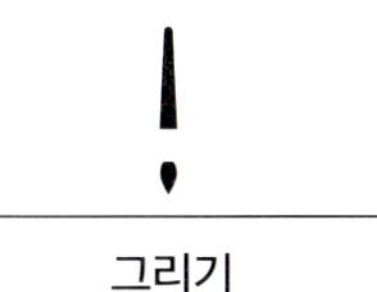

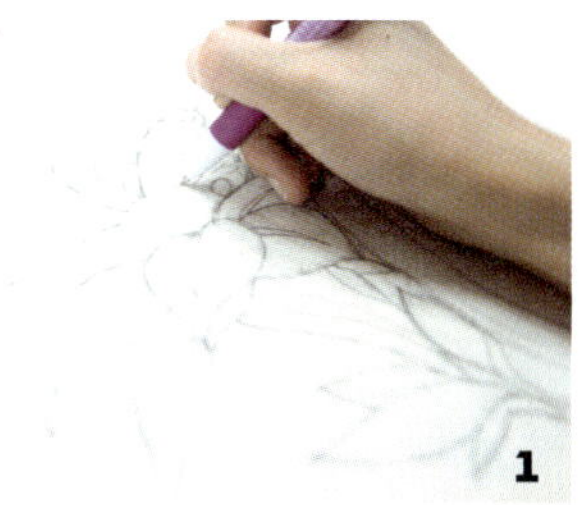

먹지 작업이 완성된 도안을 패널에 잘 맞춰 올려주고 힘을 주면서 볼펜으로 꼼꼼히 따라 그려 밑그림이 잘 배겨날 수 있게 해주세요.

양홍색과 대자색을 섞어 가운데 붉은 꽃에 선을 그어주세요.

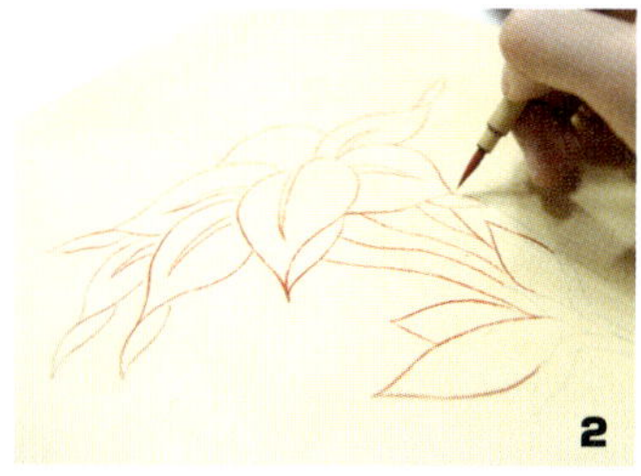

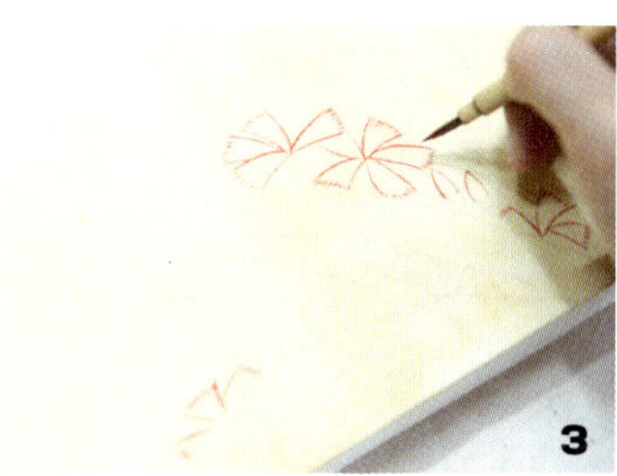

홍매색으로 패랭이꽃들도 선을 그어주세요.

나머지 줄기, 이파리, 나비는 연한 먹으로 선을 그어주세요.

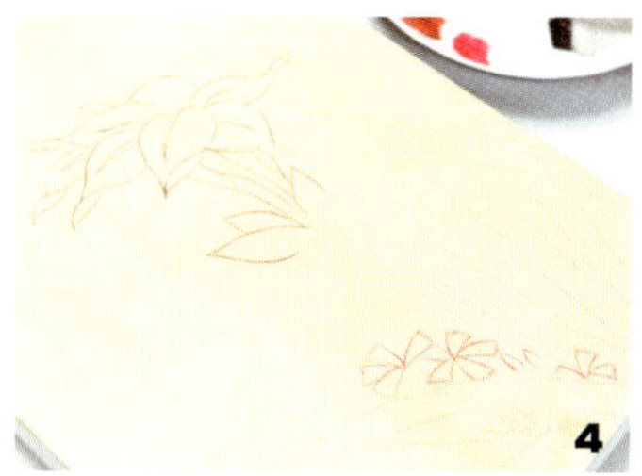

주황색으로 붉은 꽃송이 전체를 꼼꼼히 초벌채색하세요.

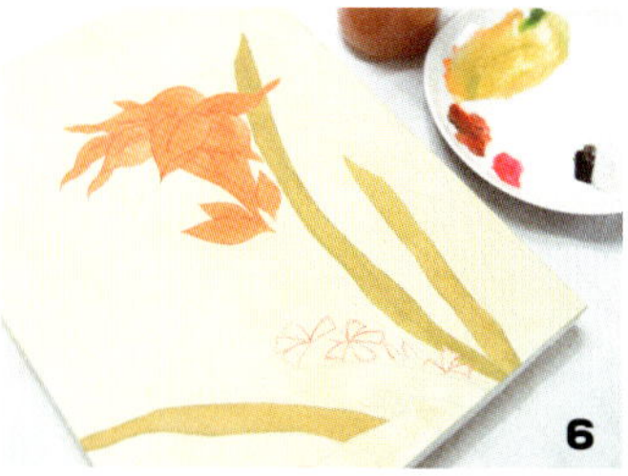

황토색과 맹황색을 섞어 붉은 꽃의 연한 이파리 부분을 초벌채색하세요.

황토색, 맹황색, 백록색을 섞어 작은 꽃의 이파리 부분을 채색하세요.

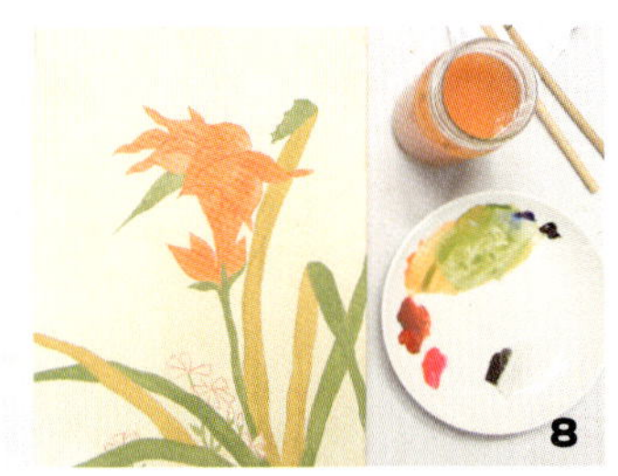

맹황색과 수감색을 섞어 붉은 꽃의 진한 이파리 부분도 채색하세요.

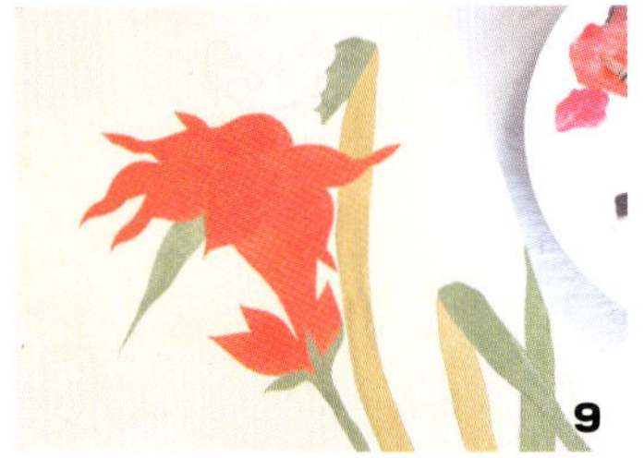

양홍색으로 붉은 꽃송이 전체를 다시 한 번 더 꼼꼼히 채색하세요.

호분색, 황토색, 홍매색을 섞어 패랭이꽃도 초벌채색하세요.

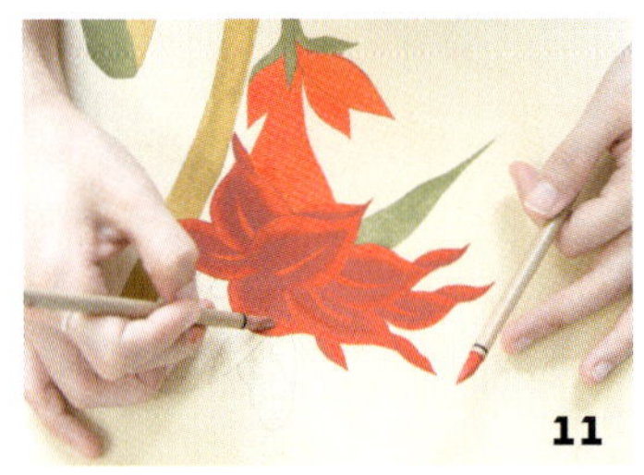

양홍색과 대자색을 섞어 붉은 꽃송이의 각 꽃잎마다 2/3 부분을 채색하고, 물붓을 이용하여 가운데 부분에서 바깥쪽으로 점점 엷게 풀어주는 바림 과정을 채색하세요.

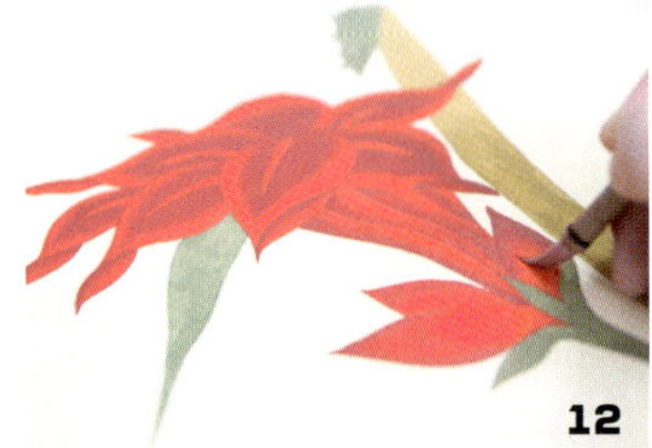

같은 색으로 붉은 꽃봉오리도 2/3 부분을 채색하고, 물붓을 이용하여 위쪽에서 아래쪽으로 점점 엷게 풀어주는 바림 과정을 채색하세요.

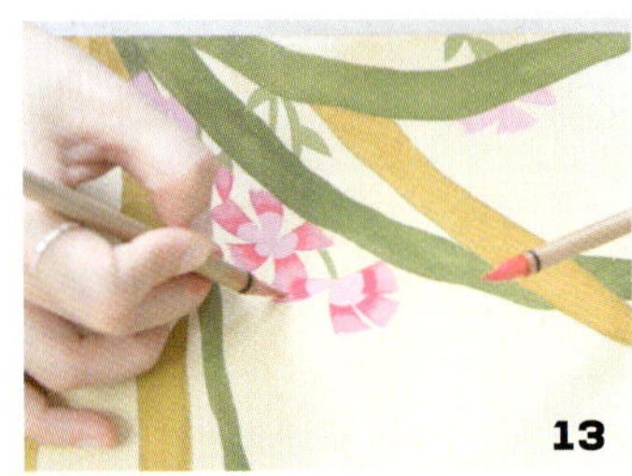

10번 과정의 색에 홍매색을 좀 더 섞어 패랭이꽃들도 무늬를 따라 각 꽃잎마다 1/3 부분을 채색하고, 물붓을 이용하여 가운데 부분에서 바깥쪽으로 점점 엷게 풀어주는 바림 과정을 채색하세요.

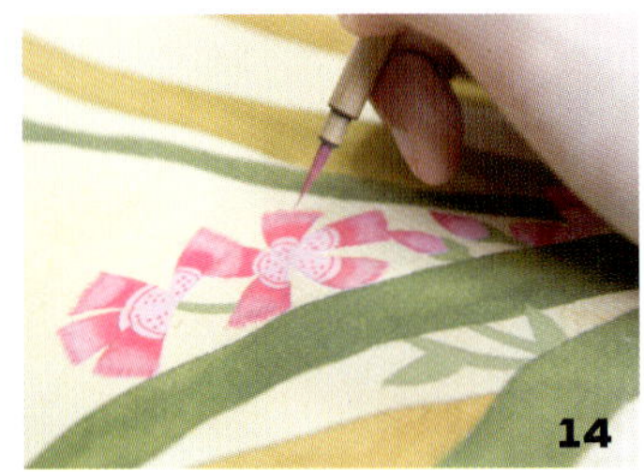

13번 과정과 같은 색으로 작은 꽃들의 디테일한 무늬와 선들을 그려주세요.

6번 과정의 색보다 맹황색을 좀 더 섞어 연한 이파리의 1/2 부분을 채색하세요. 그리고 물붓을 이용하여 가운데 이파리는 왼쪽에서 오른쪽으로, 나머지는 오른쪽에서 왼쪽으로 점점 엷게 풀어주는 바림 과정을 채색하세요.

8번 과정의 색보다 수감색을 좀 더 섞어 패랭이꽃 이파리도 바림 과정을 채색하세요.

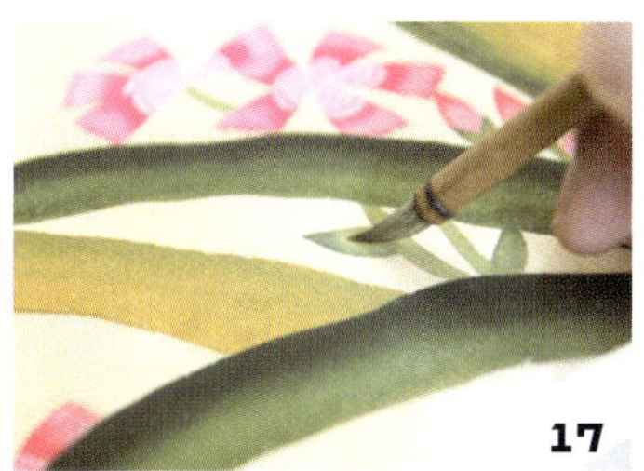

7번 과정의 색보다 수감색을 좀 더 섞어 작은 이파리 부분에도 바깥쪽에서 안쪽으로 점점 옅게 풀어주는 바림 과정을 채색하세요.

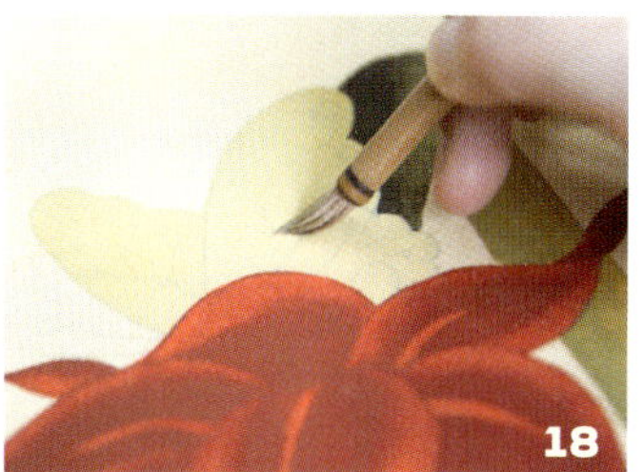

호분색, 황색, 황토색을 섞어 나비 전체를 꼼꼼히 채색하세요.

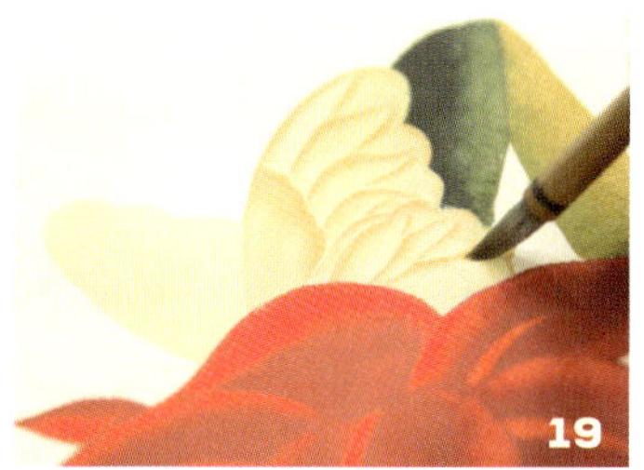

18번 과정의 색보다 황색과 황토색을 좀 더 섞은 색으로 나비 날개의 무늬를 따라 바림 과정을 채색하세요.

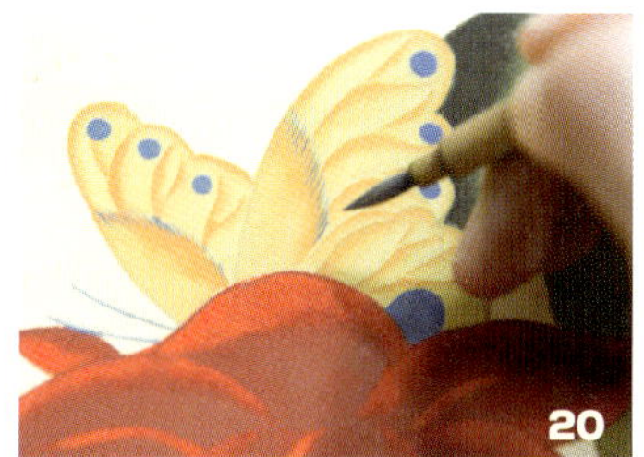

백록색과 군청색을 섞어 세필붓을 이용하여 나비의 동그란 무늬와 디테일 선을 그려주세요.

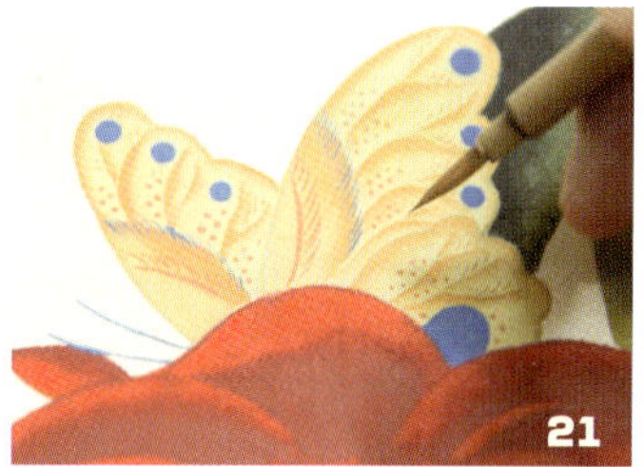

황토색과 주황색을 섞어 나비의 작은 동그란 무늬와 잔 디테일 선을 그려주세요.

11번 과정의 색보다 대자색을 좀 더 섞어 꽃봉오리에 디테일 선을 그려주세요.

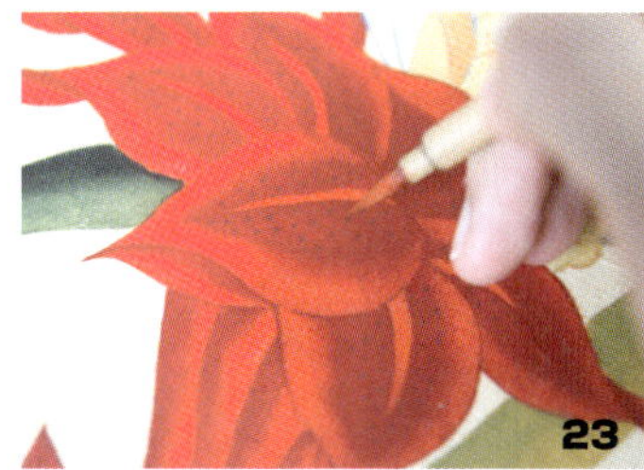

22번 과정과 같은 색으로 붉은 꽃잎에 작은 동그라미를 그려 꽃잎을 묘사해주세요.

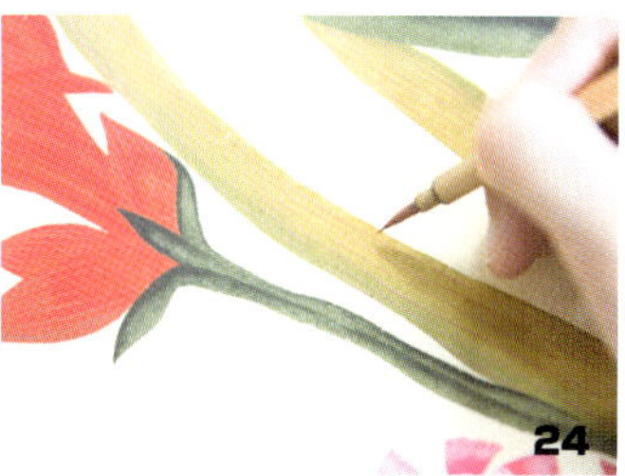

13번 과정의 색으로 붉은 꽃의 연한 이파리에 잎맥을 그려주세요.

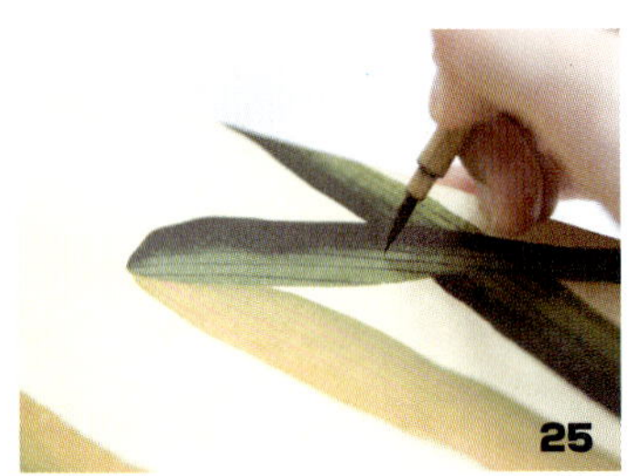

16번 과정의 색보다 수감색을 좀 더 섞은 색으로 진한 이파리 부분에도 잎맥을 그려주세요.

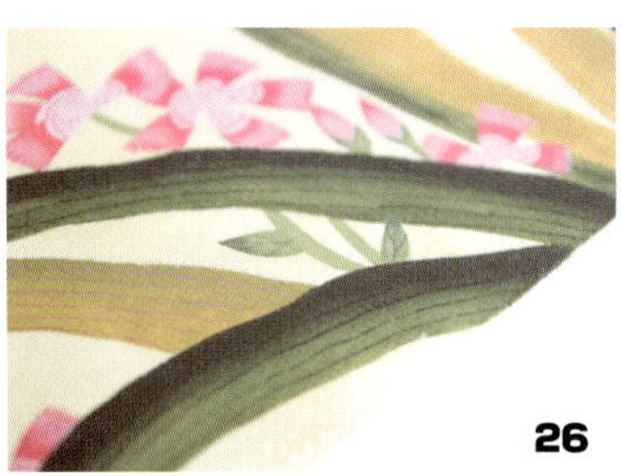

17번 과정의 색보다 수감색을 좀 더 섞은 색으로 작은 이파리 부분에도 잎맥을 그려주세요.

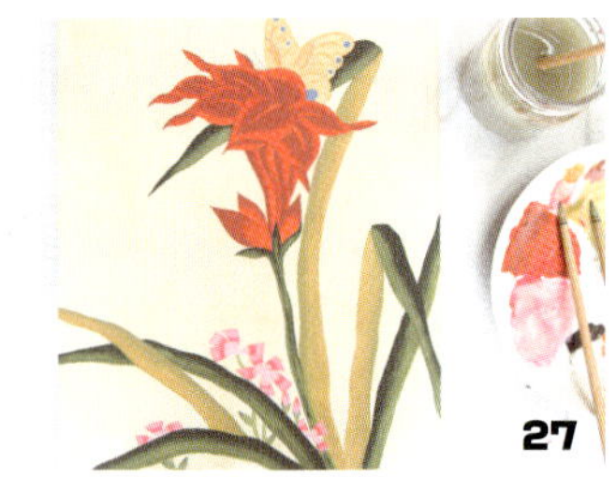

화접도가 완성되었습니다!

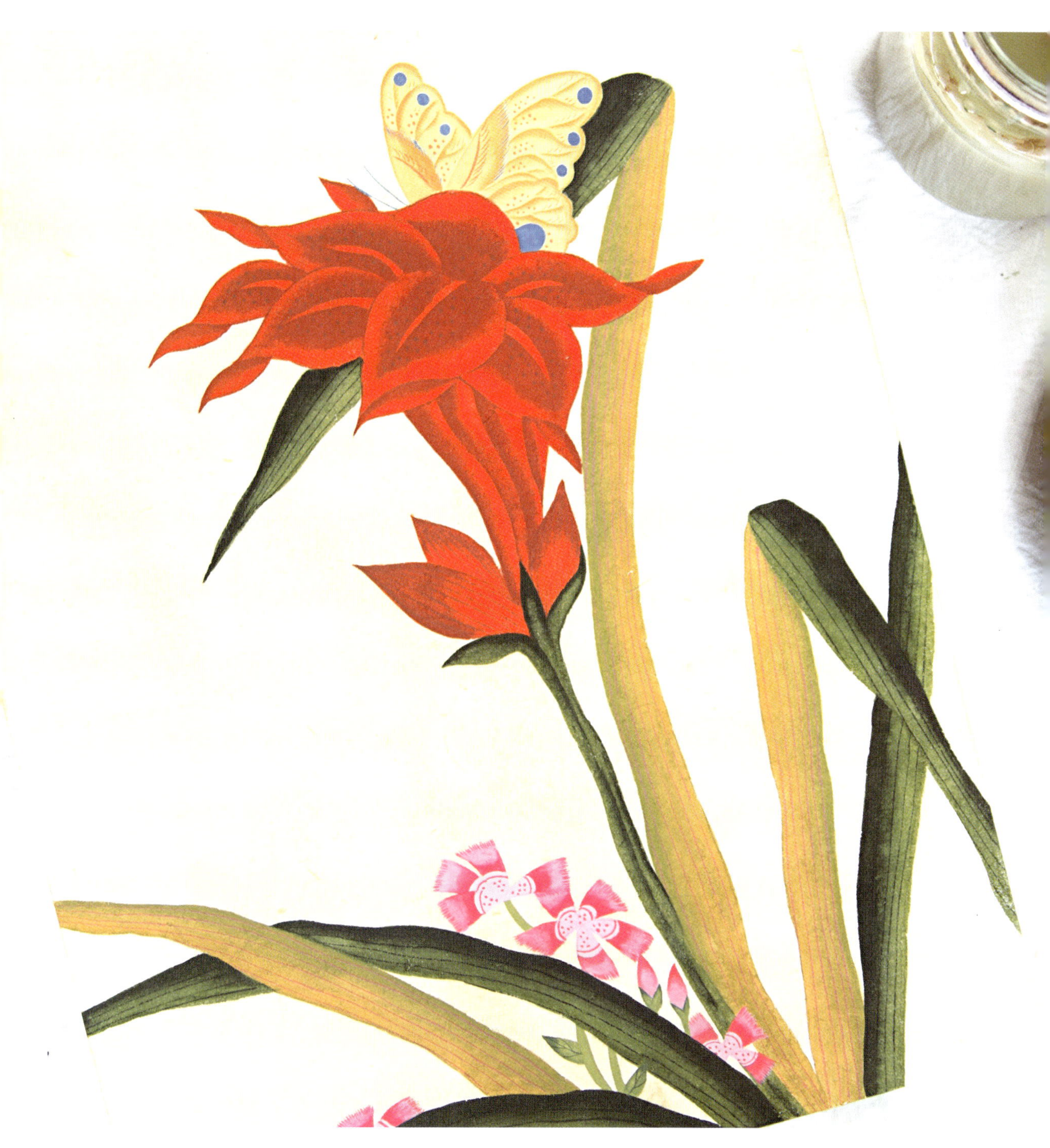

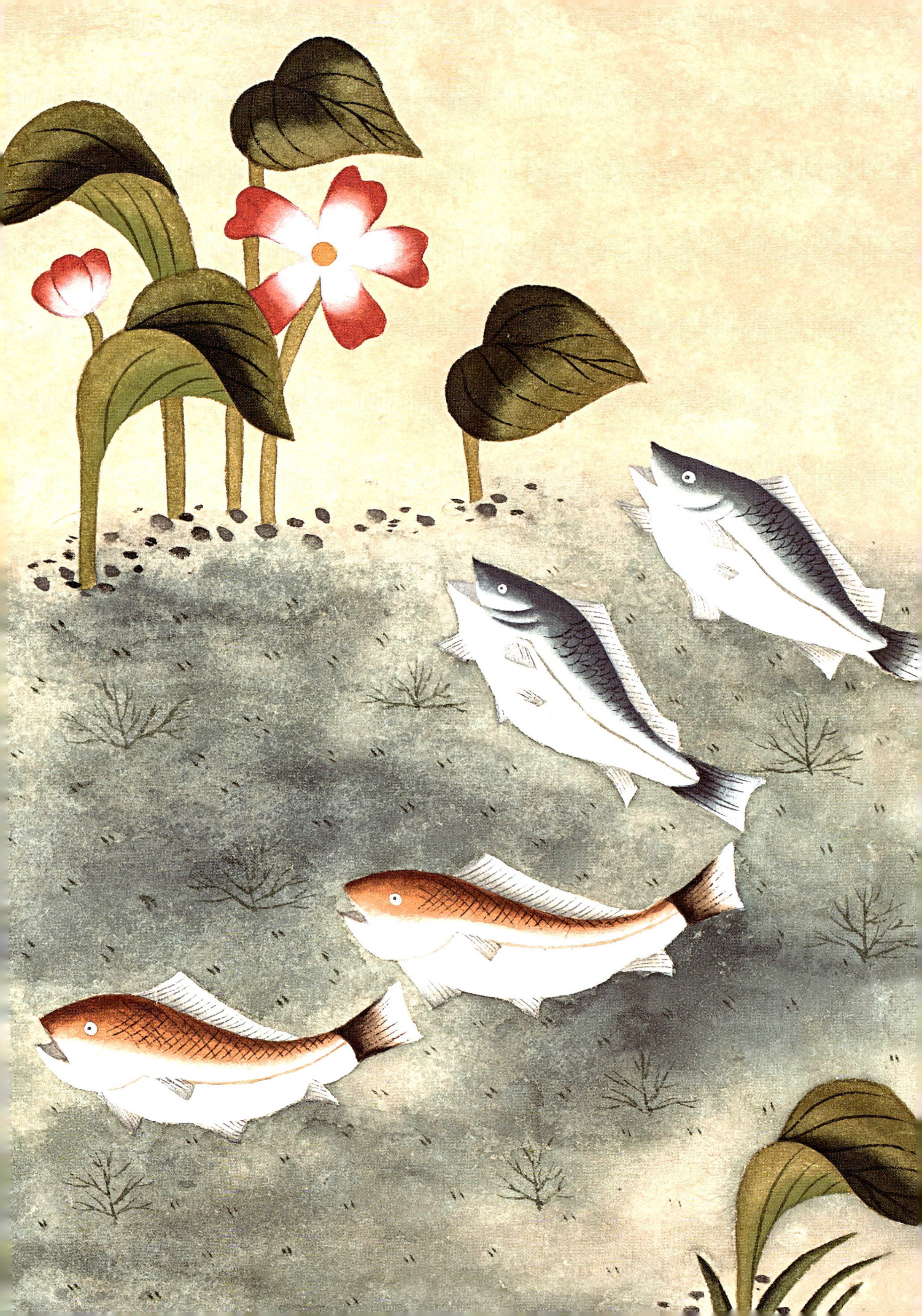

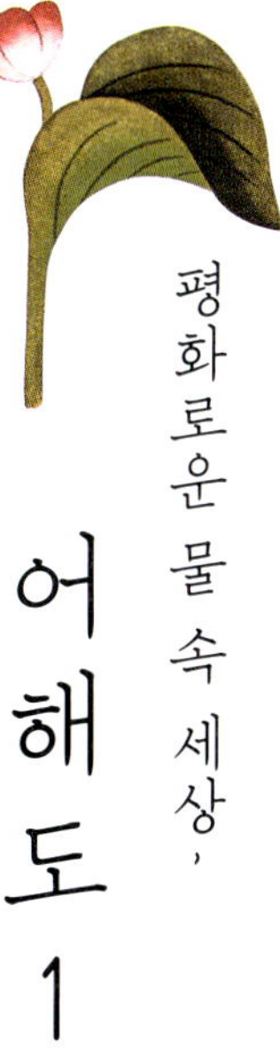

평화로운 물 속 세상,

어해도 1

어해도는 물고기, 게, 새우, 조개류 등을 그린 그림을 말해요. 어해도는 그림에 담겨진 내용에 따라 크게 어락도, 약리도, 하합도 등으로 나눌 수 있어요. 그중에서 이번에 그려볼 그림처럼 해초와 꽃, 어떤 그림에선 새들까지도 함께 등장해 평화로운 낙원에 각종 물고기들이 유유히 헤엄치고 있는 모습을 그린 그림을 어락도(漁樂圖)라고 해요. 물고기들의 자유로운 유영에 답답한 현실에서 벗어나고 싶은 마음을 담은 그림이에요. 어해도를 보는 또 하나의 포인트는 물고기들이 쌍으로, 혹은 새끼를 거느린 모습으로 그려진 모습을 볼 수 있다는 것이에요. 물고기는 알을 많이 낳는 생물 가운데 하나로 다복과 다산을 기원하는 마음으로 그려졌기 때문인데요, 자유롭게 헤엄치고 있는 것 같아 보여도 잘 보면 혼자 유유히 헤엄치는 물고기는 없다는 사실을 발견할 수 있어요!

준비물

3호 패널, 연필, 볼펜, 물통, 먹물, 먹접시, 물감접시, 민화붓 2필, 세필붓 1필

필요한 물감색 : 호분, 황토, 홍매, 맹황, 백록, 군청, 수감, 대자, 고동, 흑

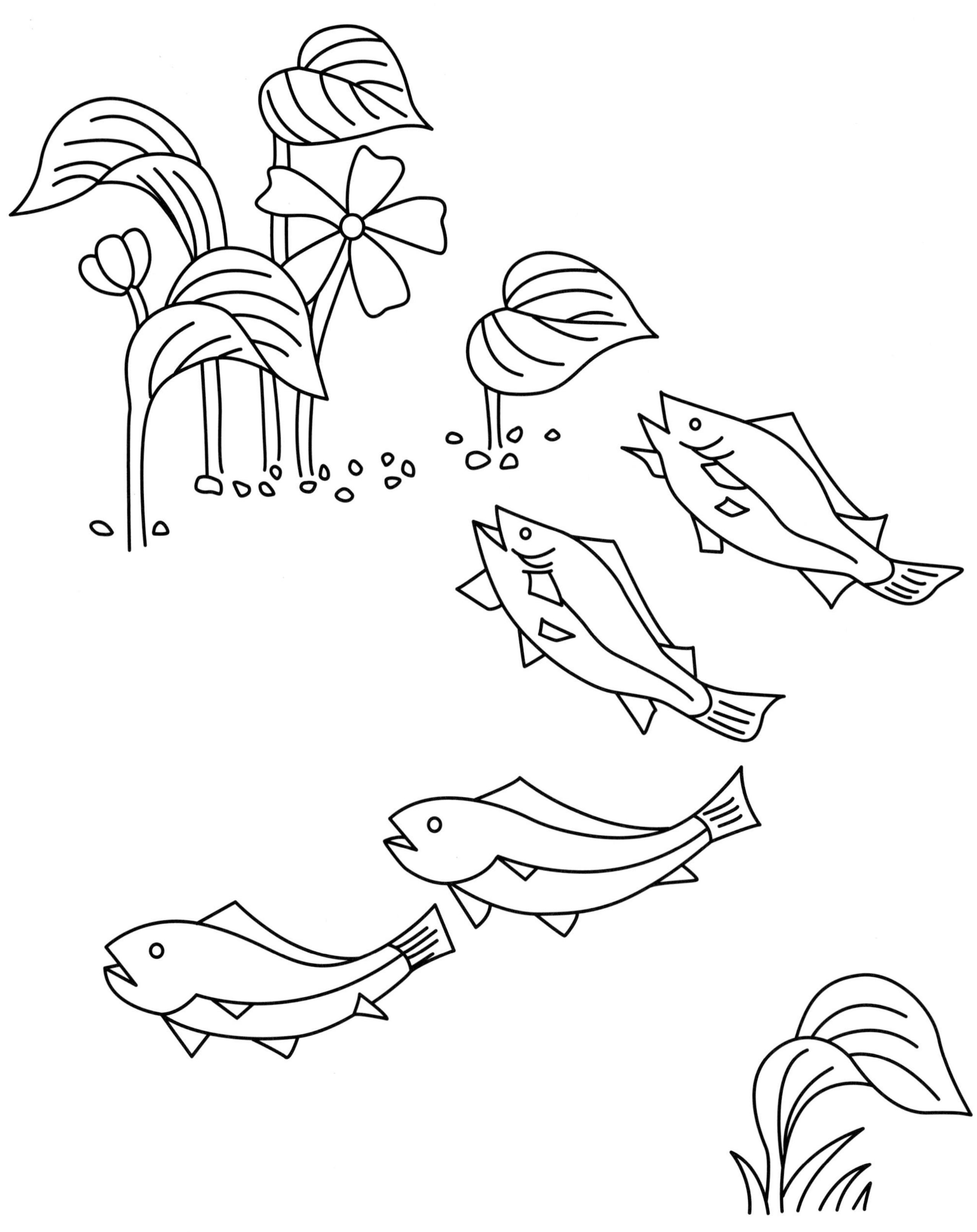

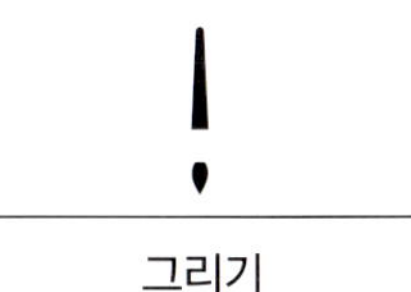

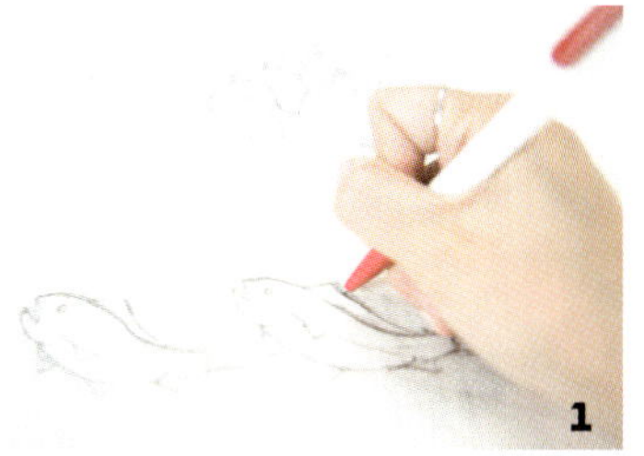

1

먹지 작업이 완성된 도안을 패널에 잘 맞춰 올려주고 힘을 주면서 볼펜으로 꼼꼼히 따라 그려 밑그림이 잘 배겨날 수 있게 해주세요.

2

연한먹물로 꽃잎을 제외한 이파리와 물고기의 외곽선을 그어주고, 홍매색으로 꽃잎의 외곽선을 그어 선긋기의 작업을 마무리해주세요.

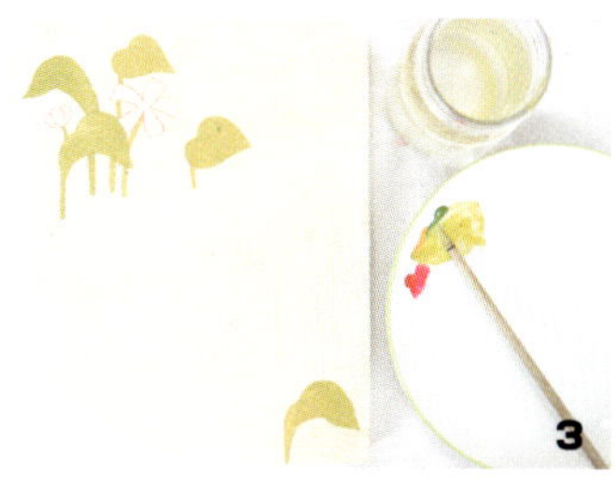

3

황토색과 맹황색을 섞어 이파리와 줄기 전체를 꼼꼼히 초벌채색하세요.

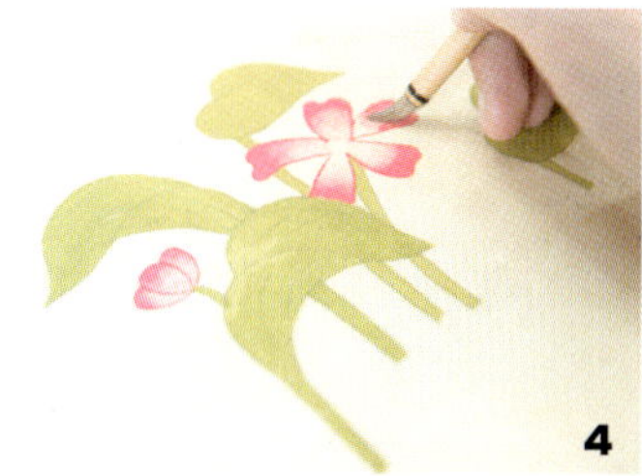

4

호분색, 황토색, 홍매색을 섞어 꽃잎의 2/5 부분을 채색하고, 물붓을 이용하여 바깥쪽에서 안쪽으로 점점 엷게 풀어주는 바림 과정을 채색하세요.

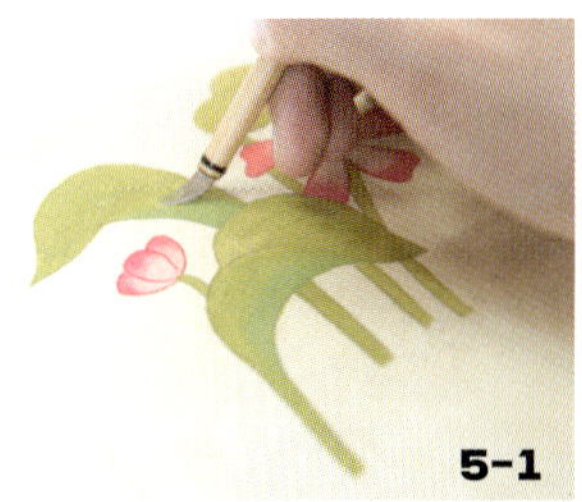

5-1

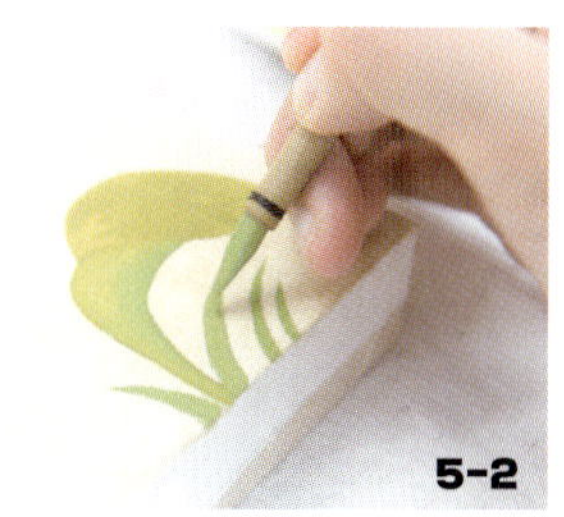

5-2

3번 과정의 색에 백록색을 좀 더 섞어 바깥쪽 이파리의 1/2 부분을 채색하고, 물붓을 이용하여 아래쪽에서 위쪽으로 점점 엷게 풀어주는 바림 과정을 채색합니다. 아래쪽 잔풀들은 전체적으로 꼼꼼히 초벌채색해주세요.

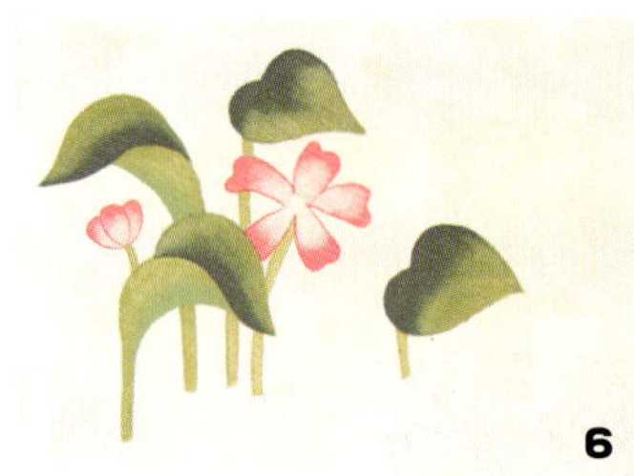

6

맹황색과 수감색을 섞어 안쪽 이파리
는 아래쪽에서 위쪽으로, 넓은 전체 이
파리는 안쪽에서 바깥쪽으로 점점 엷게
풀어주는 바림 과정을 채색하세요. 그
리고 아래쪽 잔풀에도 각각 왼쪽과 오
른쪽의 방향대로 바림채색을 진행해주
세요.

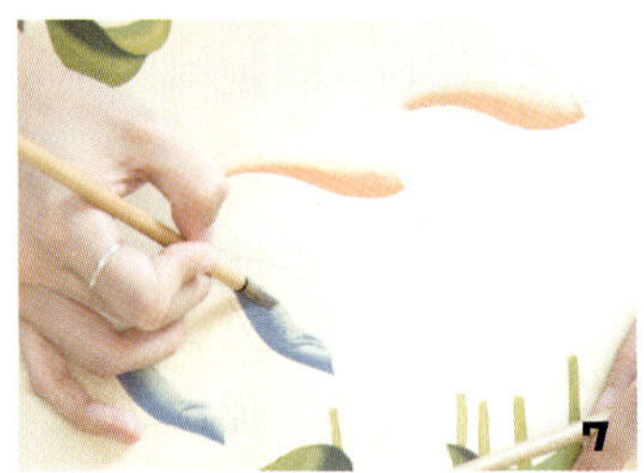

7

백록색과 수감색을 섞어 위쪽 두 마리
물고기 등의 1/2 부분을 채색하고, 물붓
을 이용하여 아래쪽으로 풀어주는 바림
과정을 채색하세요. 황토색과 대자색을
섞은 색으로 아래쪽 두 마리 물고기도
같은 방법으로 바림채색해주세요.

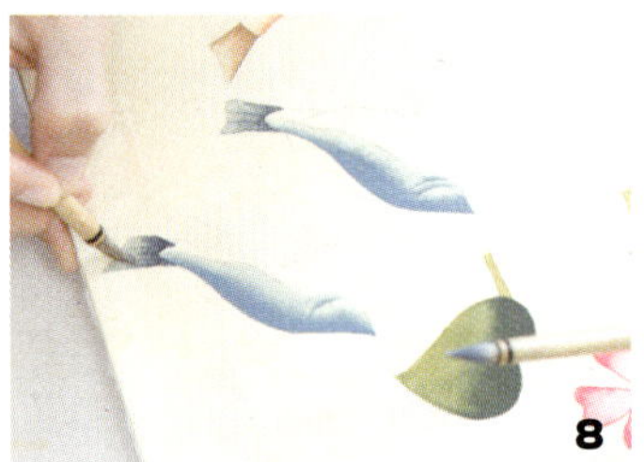

8

7번 과정의 색에 수감색을 좀 더 섞어
꼬리 부분을 1/2만큼 채색하고, 물붓을
이용하여 바깥쪽으로 점점 엷게 풀어주
는 바림 과정을 채색하세요.

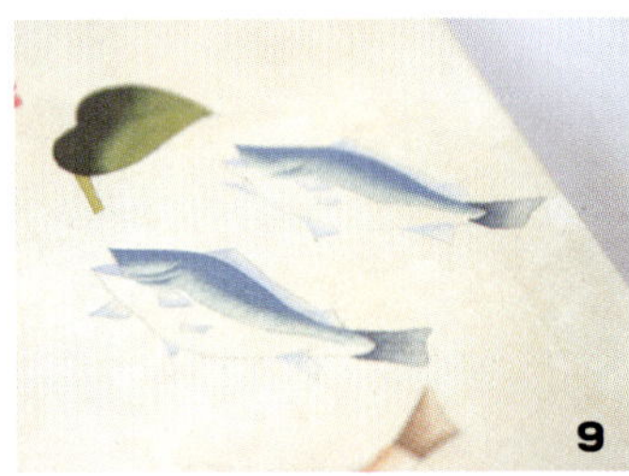

9

호분색과 흑색을 섞어 물고기 입 안을
은 꼼꼼히 채색하세요. 등지느러미 부
분에는 안쪽에서 바깥쪽으로, 나머지
지느러미 부분에는 바깥쪽에서 안쪽으
로 점점 엷게 풀어주는 바림 과정을 채
색하세요.

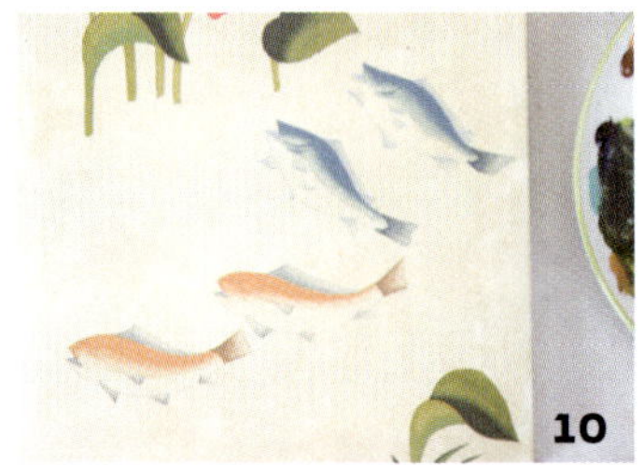

10

밑에 두 마리의 물고기 지느러미 부분
에도 9번 과정과 동일한 채색 과정을 진
행합니다. 그리고 꼬리 부분에는 황토
색, 대자색, 고동색을 섞은 색으로 1/2만
큼 채색하고 물붓을 이용하여 점점 엷
게 풀어주는 바림 과정을 채색하세요.

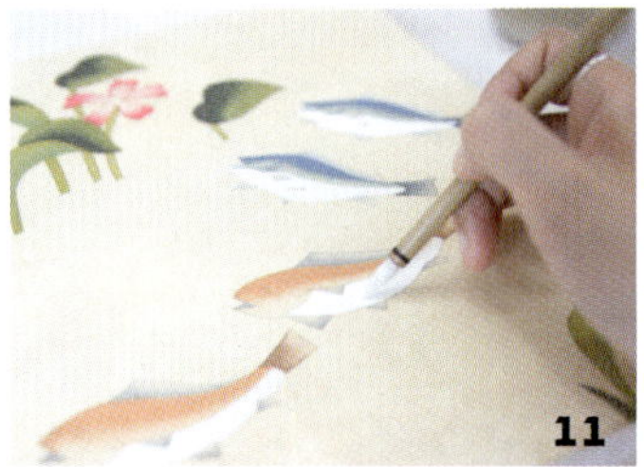

11

호분색으로 네 마리 물고기의 배 부분
을 전체적으로 꼼꼼히 채색하세요.

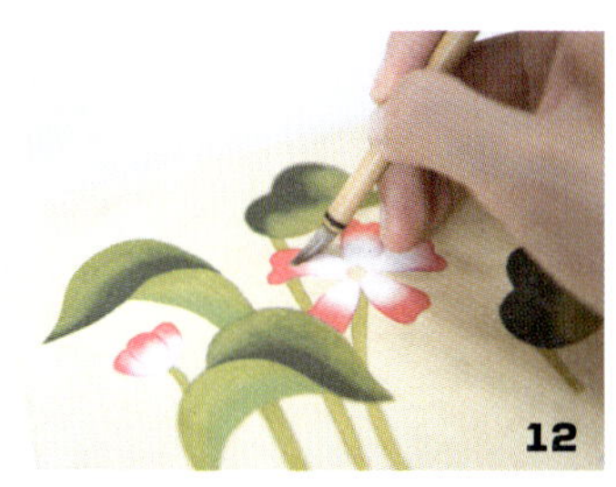

꽃잎 부분에 호분색으로 거꾸로 바림을 넣어 중간에서 자연스럽게 만나도록 풀어주세요.

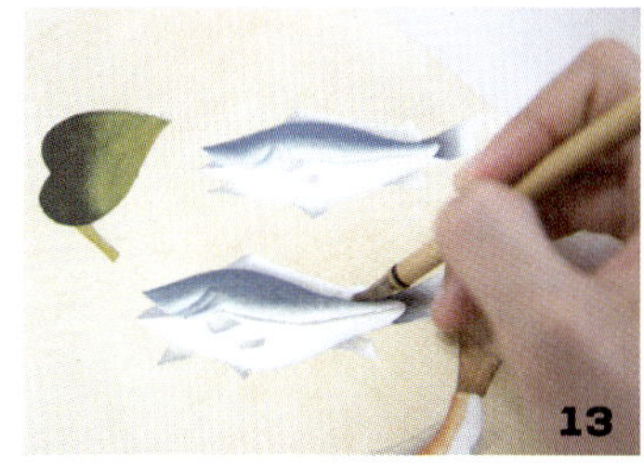

물고기 등과 지느러미 부분에도 호분색으로 거꾸로 바림을 넣어 중간에서 자연스럽게 만나도록 풀어주세요.

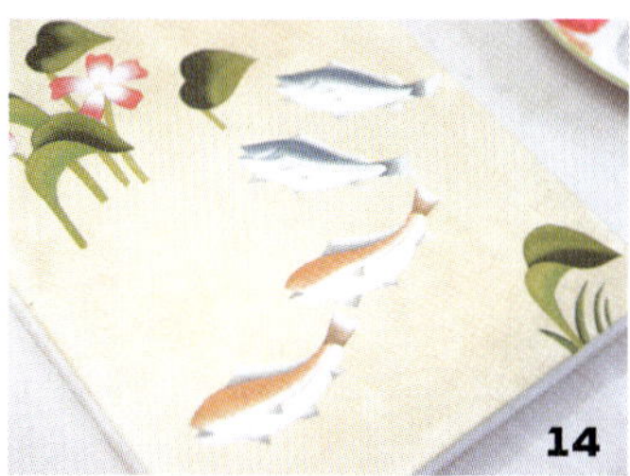

물고기 바림의 중간 과정 모습입니다.

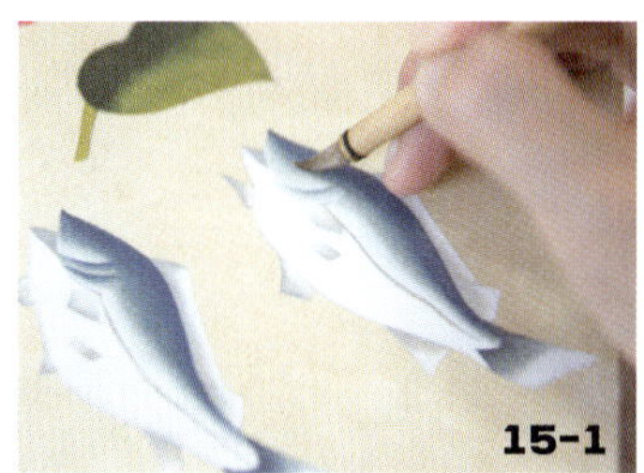

7번 과정의 바림을 한 번 더 진행하여 선명하고 깨끗하게 바림을 완성해주세요.

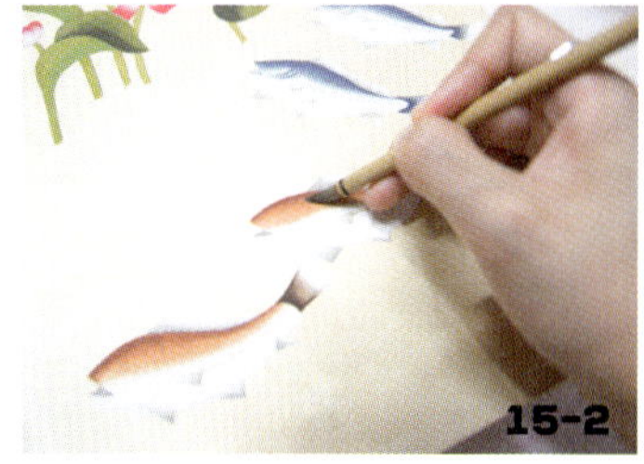

아래쪽 물고기도 역시 한 번 더 바림채색해주세요.

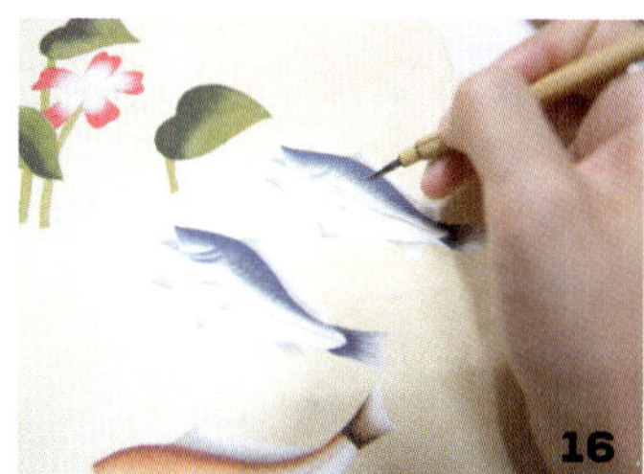

8번 과정의 색보다 수감색을 좀 더 섞은 색으로 세필붓을 이용하여 위쪽에 두 마리 물고기 비늘과 꼬리의 디테일 선을 그어주세요.

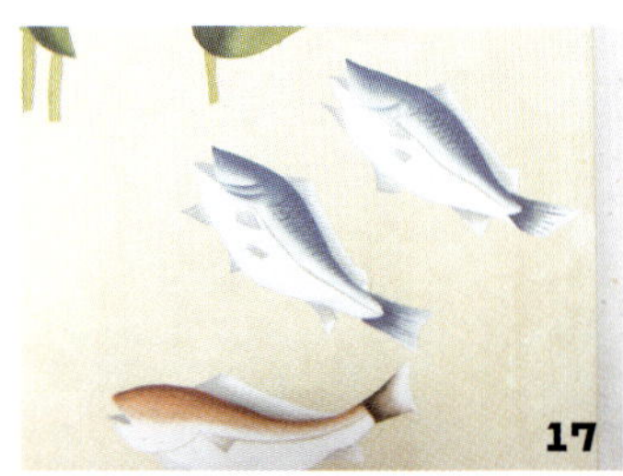

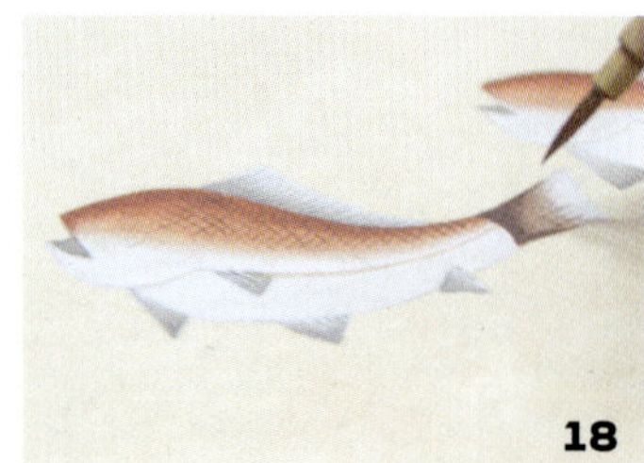

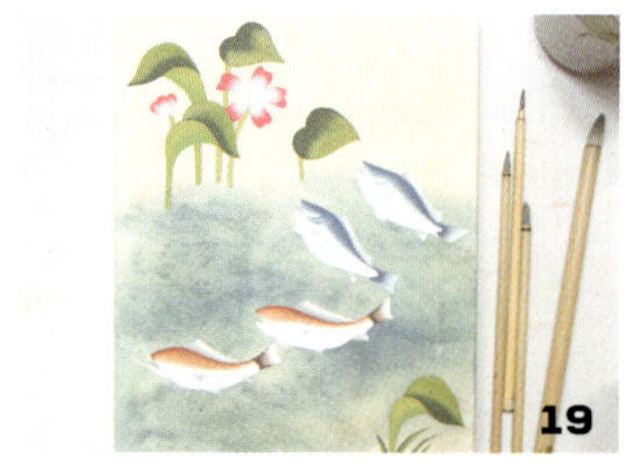

9번 과정의 색에 흑색을 좀 더 섞어 네 마리 물고기의 지느러미 부분을 세필붓을 이용하여 디테일 선을 그어주세요.

10번 과정의 꼬리 바림색보다 고동색을 좀 더 섞어 아래쪽 두 마리 물고기 부분에도 디테일 선을 그어주세요.

백록색, 군청색, 수감색에 물을 많이 섞어 물 부분을 전체적으로 채색하고, 부분적으로 수감색을 좀 더 섞은 색으로 바림을 주어 자연스러운 물 표현을 완성해주세요.

| TIP 1 | 자연스러운 물 표현을 위해 한 번에 진하게 채색하지 않고 연하게 2-3번 반복해줍니다.

| TIP 2 | 자연물 느낌 그대로 고루 똑같은 색보다는 얼룩덜룩한 채색이 더욱 자연스러운 물 느낌을 연출할 수 있습니다.

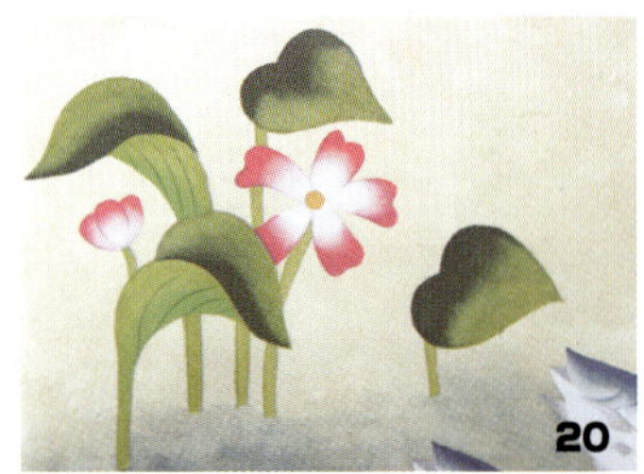

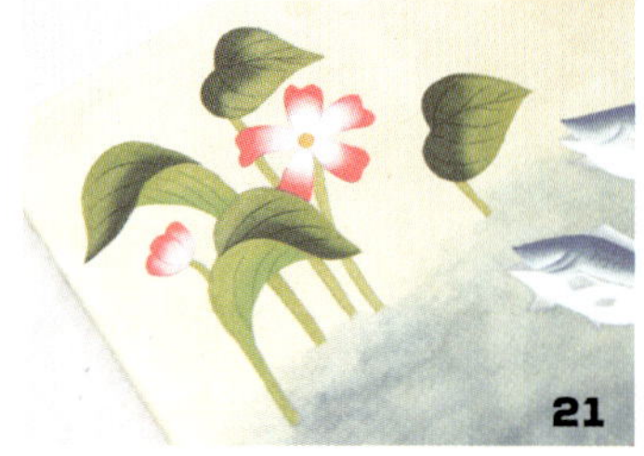

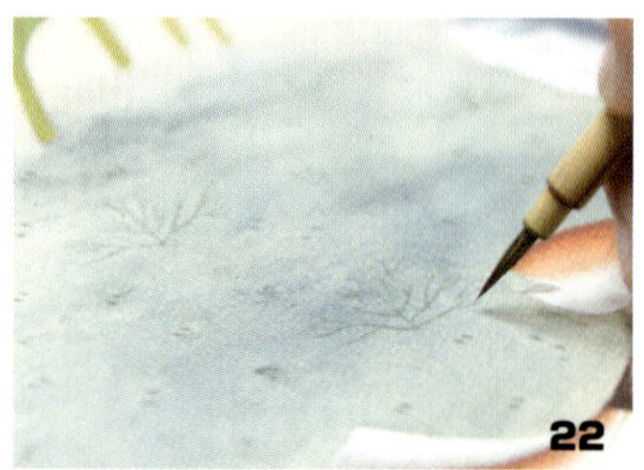

맹황색, 백록색에 수감색을 좀 더 섞어 바깥쪽 이파리 부분에 세필붓을 이용하여 잎맥을 그어주세요.

6번 과정의 색보다 수감색을 좀 더 섞어 나머지 이파리 부분에도 잎맥을 그어주세요.

맹황색, 백록색, 수감색에 물을 많이 섞어 담하게 물풀을 그려주세요.

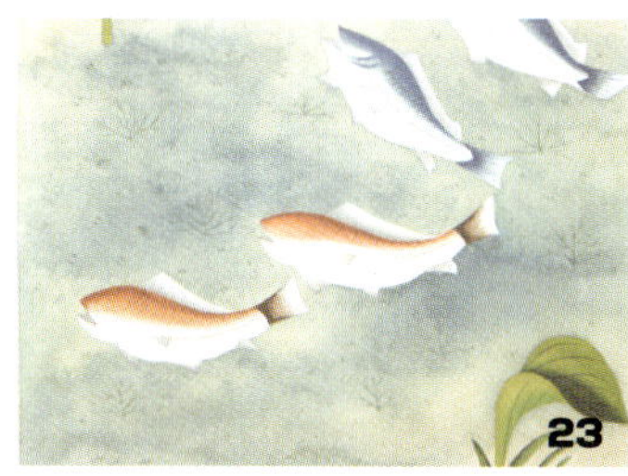

물풀의 표현이 완성된 모습입니다.

호분색과 흑색을 섞어 작은 조약돌을
그려주세요.

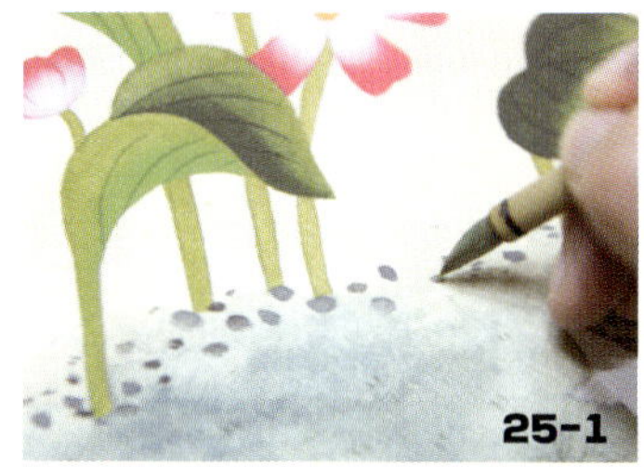

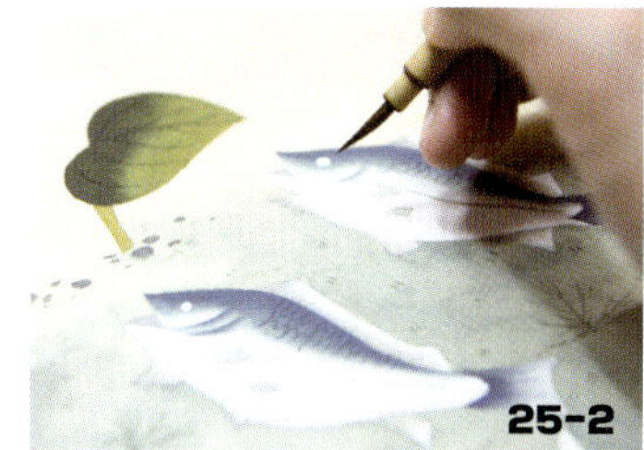

24번 과정의 색에 흑색을 좀 더 섞은 진한 색으로 조약돌을 좀 더 그려주세요. 흰색으
로 물고기 눈을, 그리고 조약돌과 같은 색으로 물고기 눈동자를 그려주세요.

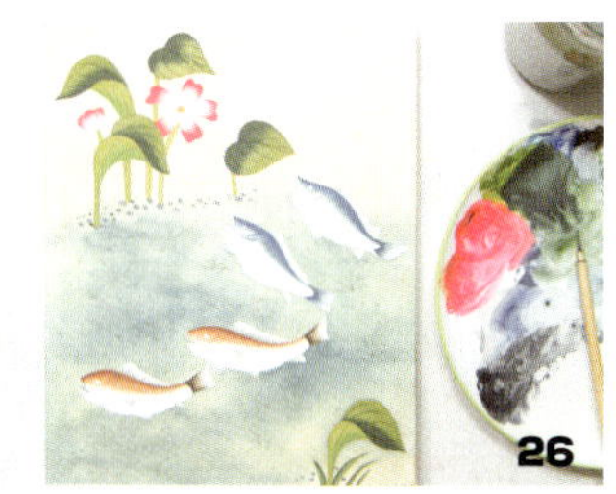

어해도가 완성되었습니다!

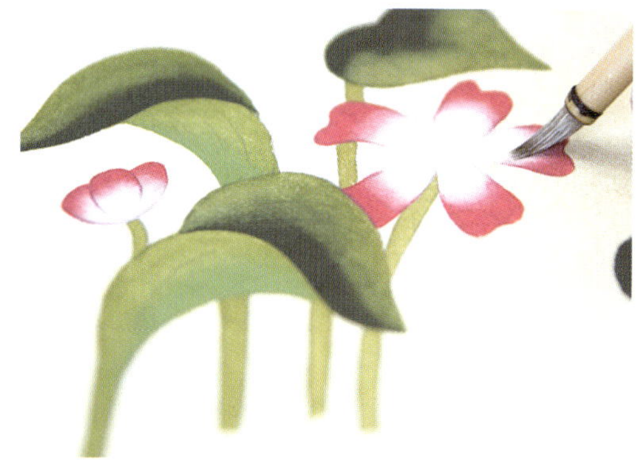

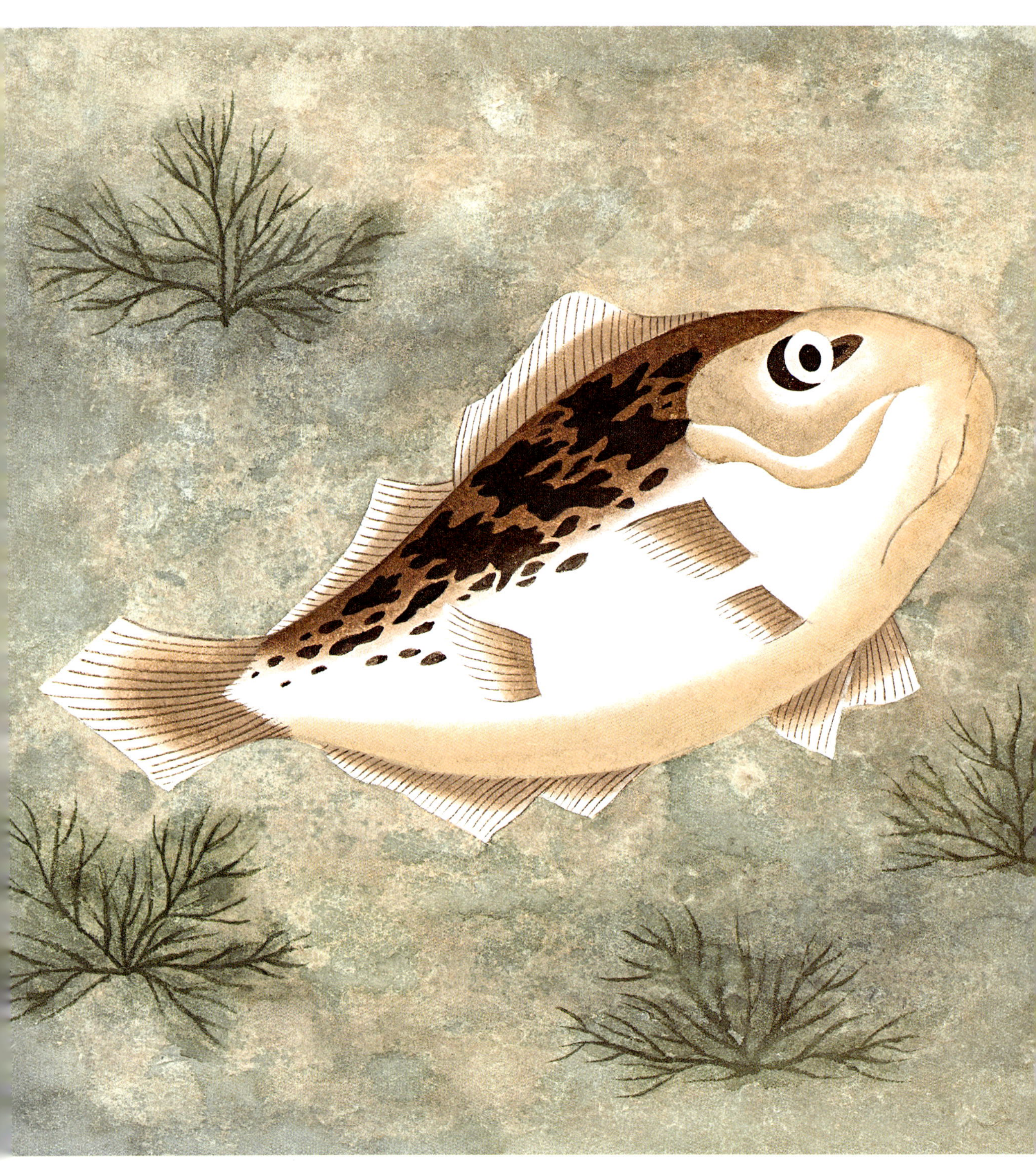

어해도 2

18세기 이전까진 출세와 관련된 약리도나 쏘가리 그림에 한정되었던 어해도는 점차 민물고기뿐 아니라 바닷고기까지 포함해 다양한 어종이 그려지며, 치밀하고 사실적으로 표현된 병풍 그림까지 찾아볼 수 있게 되었어요.

쏘가리 그림을 먼저 살펴보면 쏘가리의 궐(鱖)이 궁궐의 '궐'과 같아 '과거에 급제하여 대궐에 들어가 벼슬살이를 하다'라는 의미를 담아 궐어도(鱖漁圖)라고 불리며 출세와 관련된 그림이 되었어요.

그밖에 물고기 종류별로 담긴 의미를 살펴보면 복어는 복(福), 송사리떼는 다산, 메기는 입신출세, 게는 장원급제, 새우는 부부가 평생 함께 늙어가는 해로(偕老)를 각각 상징해요.

준비물

22x22cm 패널, 연필, 볼펜, 물통, 먹물, 먹접시, 물감접시, 민화붓 2필, 세필붓 1필

필요한 물감색 : 호분, 황토, 맹황, 백록, 군청, 수감, 고동, 흑

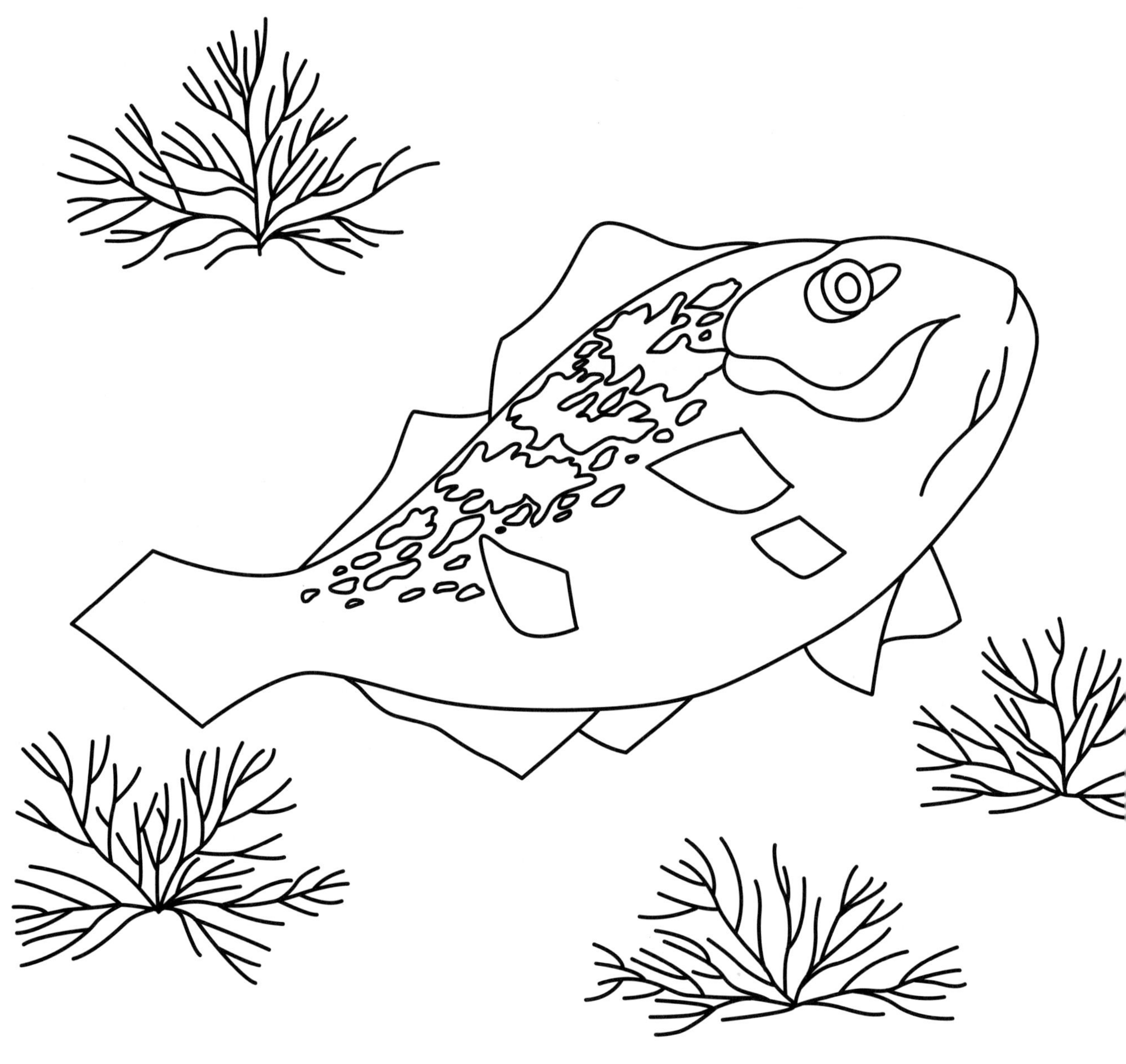

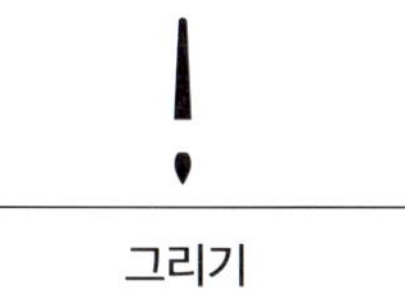

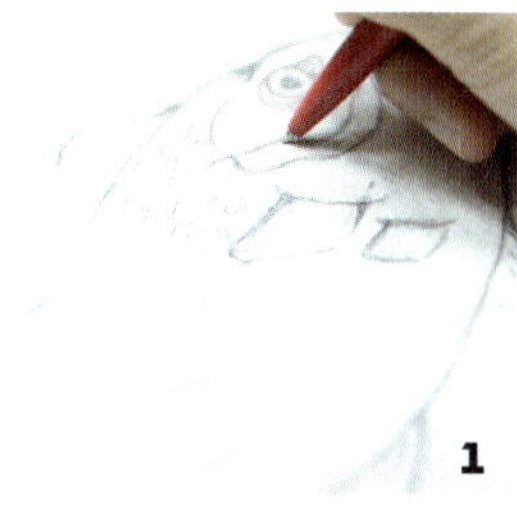

1

먹지 작업이 완성된 도안을 패널에 잘 맞춰 올려주고 힘을 주면서 볼펜으로 꼼꼼히 따라 그려 밑그림이 잘 배겨날 수 있게 해주세요.

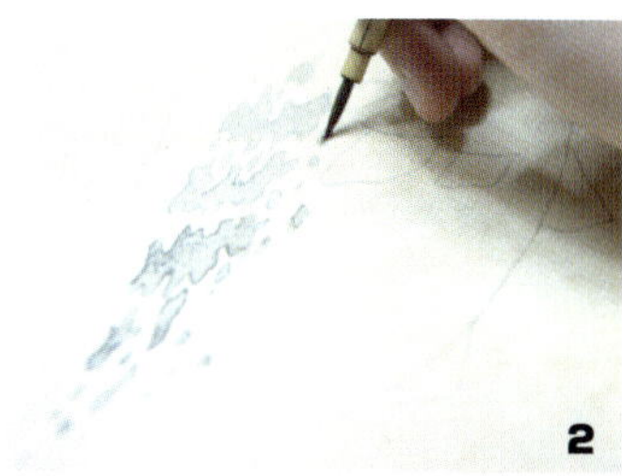

2

연한 먹물로 물고기의 외곽선을 그어주고, 물고기 무늬를 꼼꼼히 채색하세요.

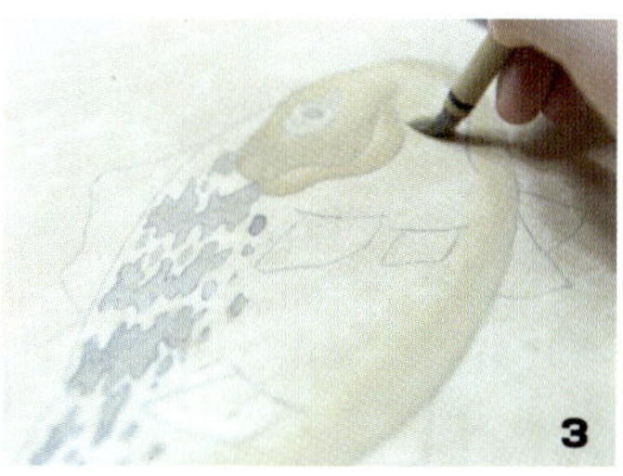

3

호분색, 황토색, 흑색을 섞어 물고기 얼굴과 아래 배 부분을 모양에 따라 채색하고, 물붓을 이용하여 바깥쪽에서 안쪽으로 점점 엷게 풀어주는 바림 과정을 채색하세요.

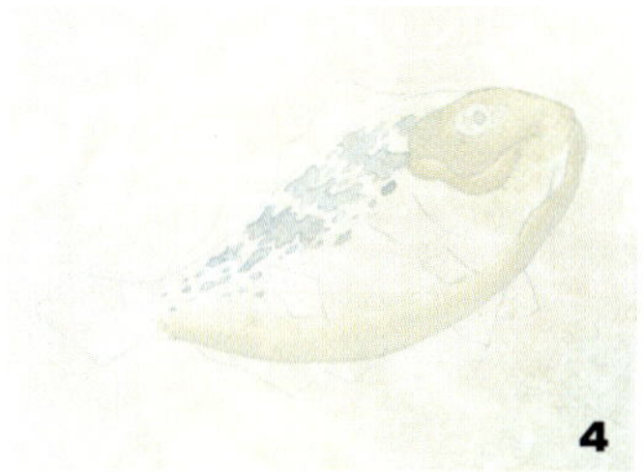

4

3번 과정의 바림채색이 완성된 모습입니다!

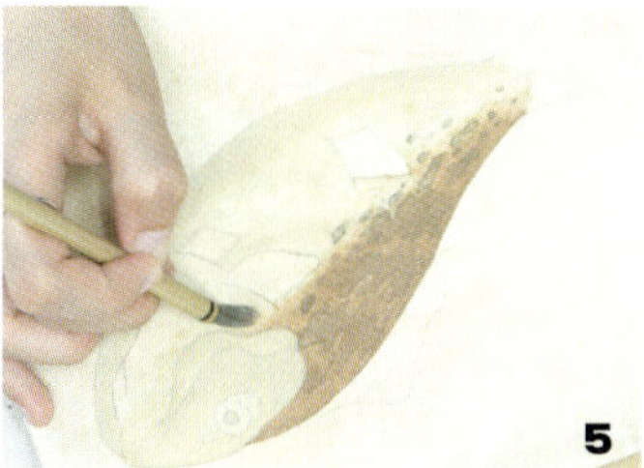

5

황토색과 고동색을 섞어 물고기 등쪽 부분에도 채색하고, 물붓을 이용하여 아래쪽으로 점점 엷게 풀어주는 바림 과정을 채색하세요.

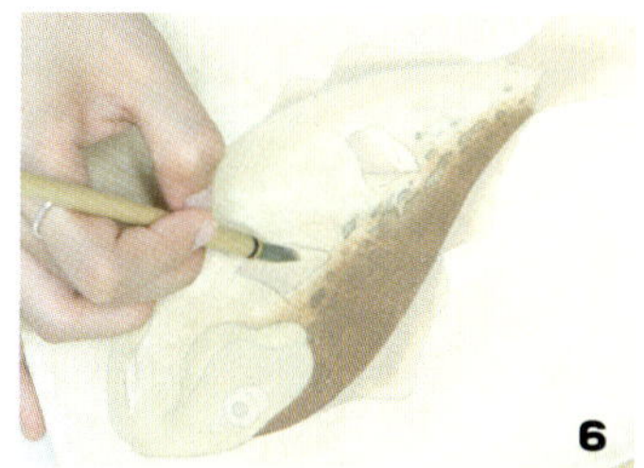

6

호분색, 황토색, 고동색을 섞어 물고기 지느러미와 꼬리의 1/2 부분씩 채색하고, 물붓을 이용하여 안쪽에서 바깥쪽으로 점점 엷게 풀어주는 바림 과정을 채색하세요.

7

6번 과정의 바림채색이 완성된 모습입니다!

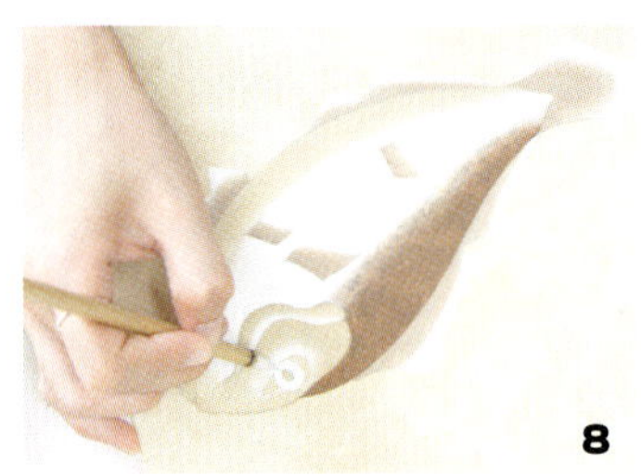

8

물고기의 얼굴, 등, 배, 꼬리, 지느러미 부분(3번, 5번, 6번 과정)에 호분색으로 거꾸로 바림을 넣어 중간에서 자연스럽게 만나도록 풀어줍니다. 눈 부분은 호분색으로 꼼꼼히 채색하세요.

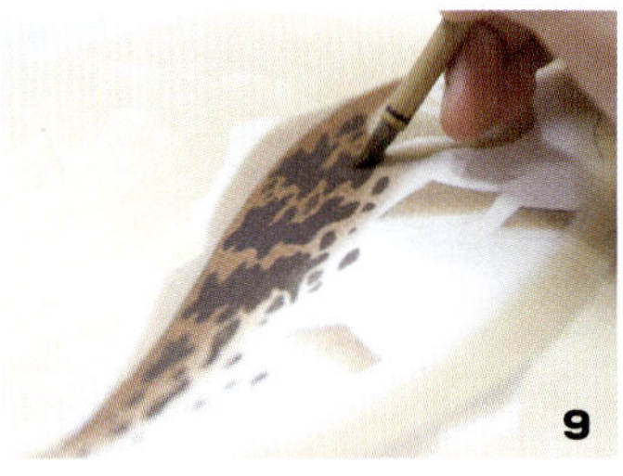

9

고동색과 수감색을 섞어 물고기 무늬를 꼼꼼히 채색하세요.

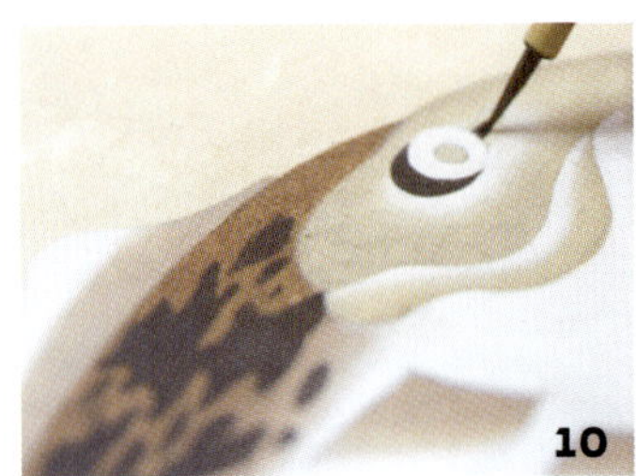

10

9번 과정과 같은 색으로 눈 주변의 무늬도 함께 꼼꼼히 채색하세요.

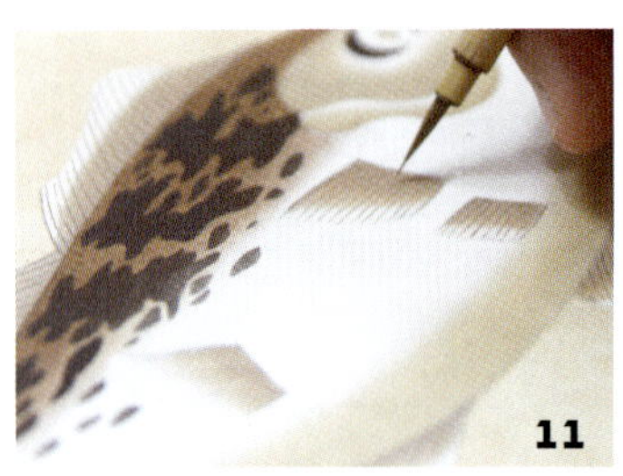

11

6번 과정의 색에 고동색을 좀 더 섞은 색으로 물고기 지느러미에 디테일 선을 그어주세요.

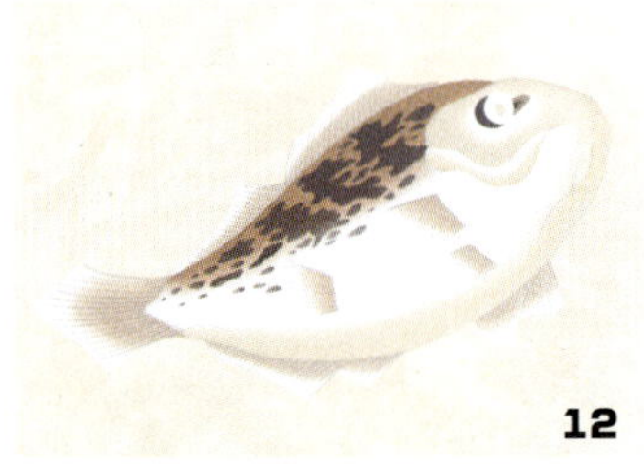

12

어해도 중간 과정 모습입니다.

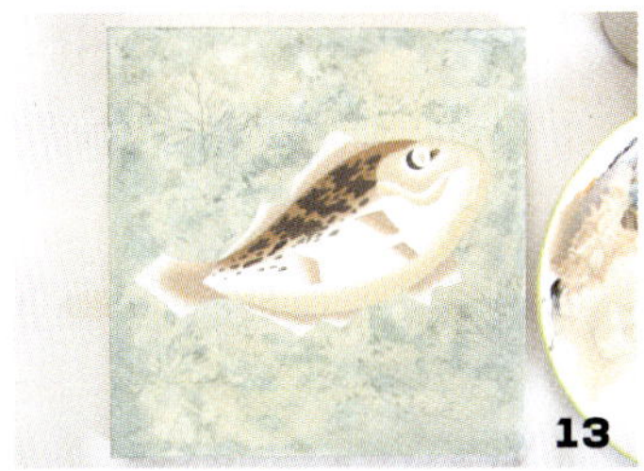

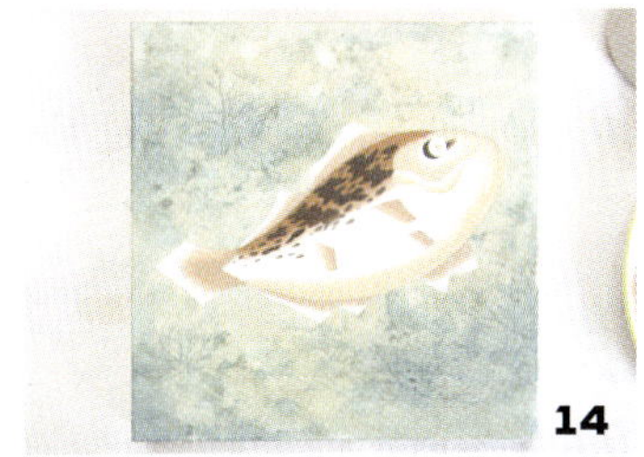

맹황색, 백록색, 군청색, 수감색에 물을 많이 섞어 담하게 물 부분 전체를 채색하세요.

13번 과정의 색에 수감색을 좀 더 섞어 부분 바림을 주어 자연스러운 물 표현을 완성해주세요.

| TIP 1 | 자연스러운 물 표현을 위해 한 번에 진하게 채색하지 않고 연하게 2~3번 반복해줍니다.

| TIP 2 | 자연물 느낌 그대로 고루 똑같은 색보다는 얼룩덜룩한 채색이 더욱 자연스러운 물 느낌을 연출할 수 있습니다.

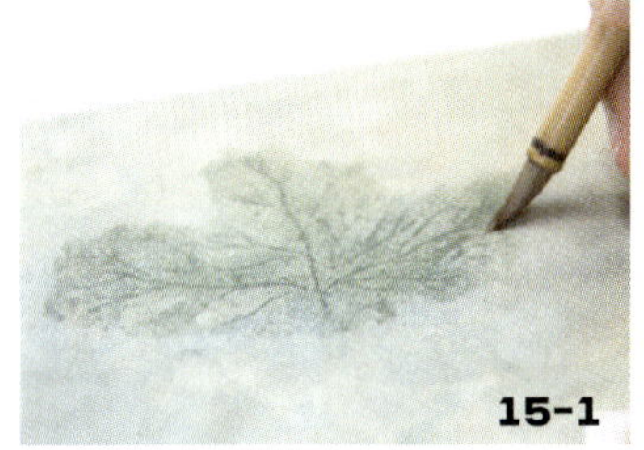

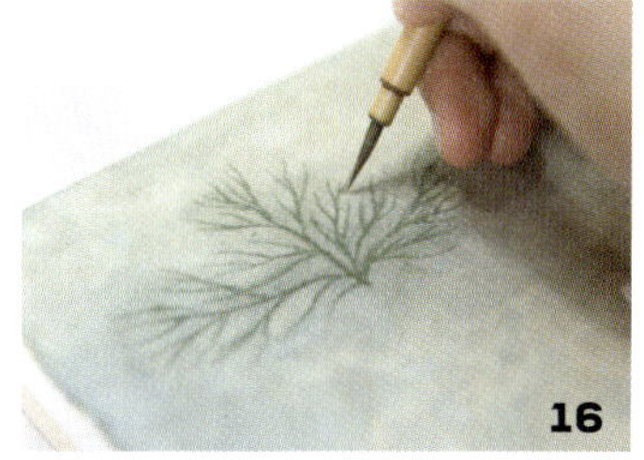

맹황색, 백록색, 수감색을 섞어 물풀 모양을 따라 안쪽에서 바깥쪽으로 점점 엷게 풀어주는 바림 과정을 담하게 채색하세요.

15번 과정에 맹황색을 좀 더 섞어 세필 붓을 이용하여 물풀을 그려주세요.

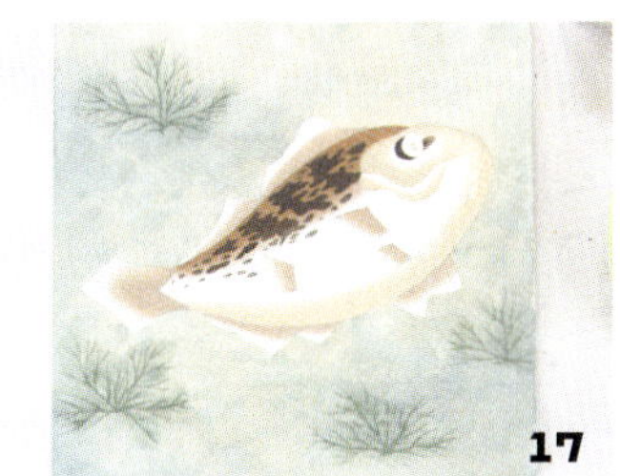

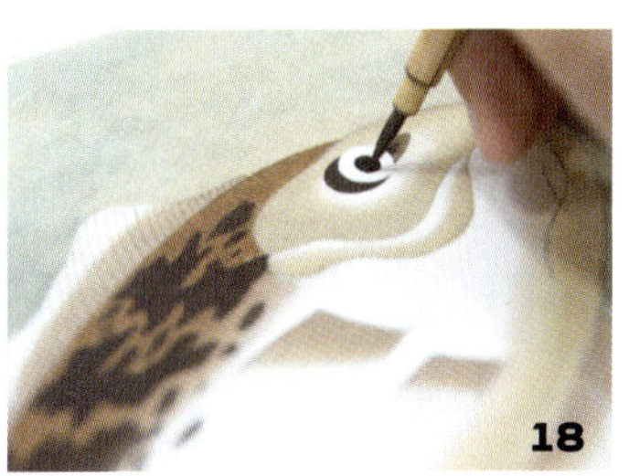

물풀의 표현이 완성된 모습입니다.

흑색으로 물고기의 눈동자를 그려 어해도를 완성해주세요!

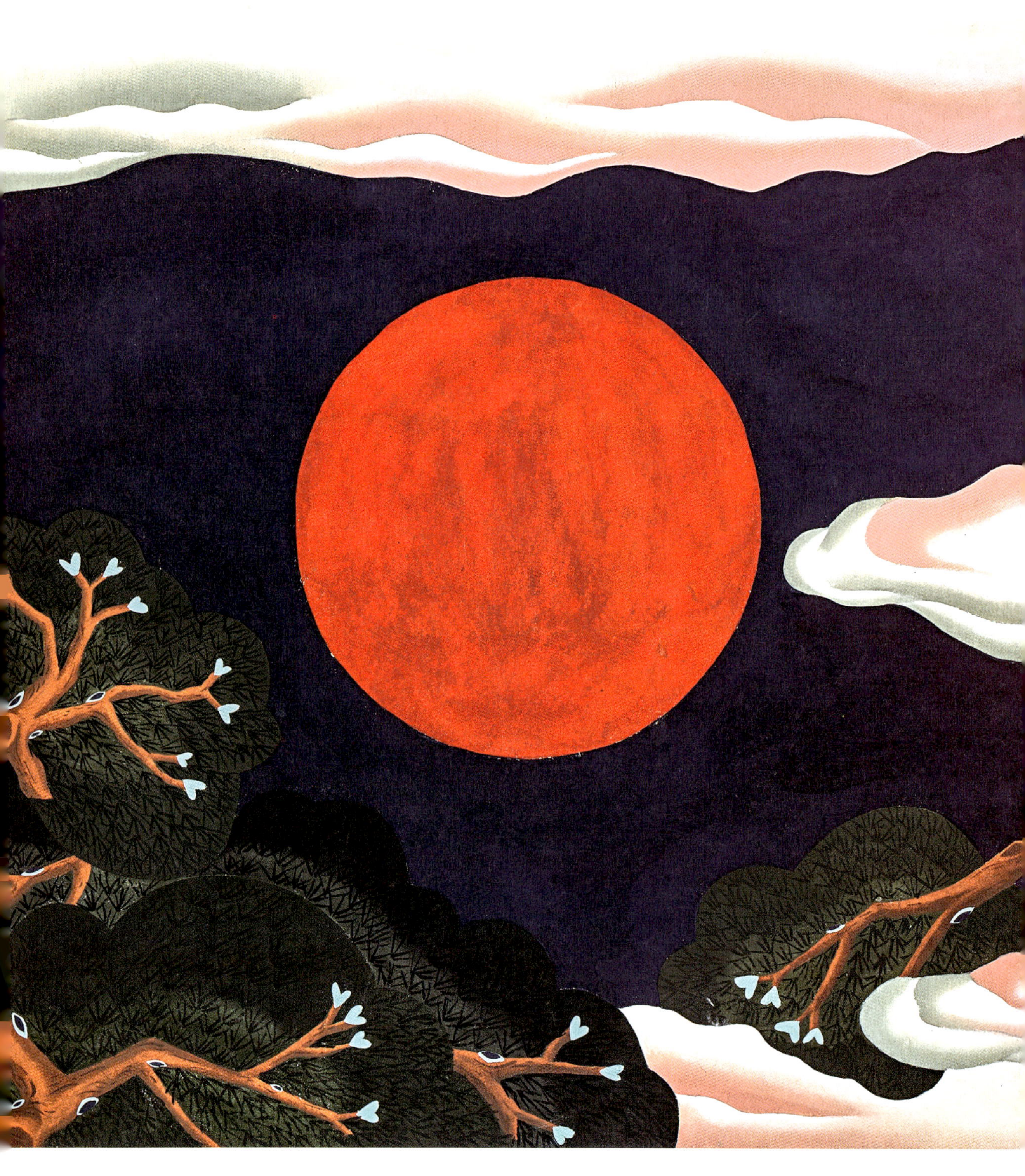

건강하게 오래 살고 싶은 마음, 십장생도 1

십장생도는 해, 구름, 바위, 물, 소나무, 대나무, 학, 사슴, 거북, 불로초 등 불로장생(不老長生)한다고 여겨진 열 가지 동식물을 모두 한 화면에 그려놓아 무병장수의 꿈과 희망을 담은 그림이에요. 과거 선조들이 꿈꾸던 가장 중요한 길상의 내용 중 하나였기에 궁중에서부터 민간까지 모두 사랑받았던 그림이죠.

그러나 이번에 그려볼 그림처럼 열 가지의 장생물이 모두 그려지지 않고, 장생의 일부만을 등장시킨 그림도 있어요. 대표적인 그림으로 일월오봉도를 꼽을 수 있는데, 일월오봉도는 임금이 앉는 용상의 뒤편에 놓여진 장식적인 그림으로 장엄하게 펼쳐진 산수 위로 그려진 우측의 해와 좌측의 달을 함께 그려 밤낮으로 베푸는 임금의 선정을 상징하는 그림이에요. 용상에 위엄을 더해주었던 그림이기 때문에 임금이 있는 곳이면 어디든, 궁궐 밖 행사를 나갈 때도 설치되었어요. 경복궁 근정전을 비롯해 창경궁 명정전, 덕수궁 중화전, 창덕궁 인정전 등 각 궁 정전의 어좌 뒤편에 지금도 남아 있어 실제로 볼 수도 있어요!

준비물

25x25cm 패널, 연필, 볼펜, 물통, 먹물, 먹접시, 물감접시, 민화붓 2필, 세필붓 1필

필요한 물감색 : 호분, 황토, 주황, 홍매, 양홍#2, 맹황, 백록, 군청, 수감, 대자, 고동

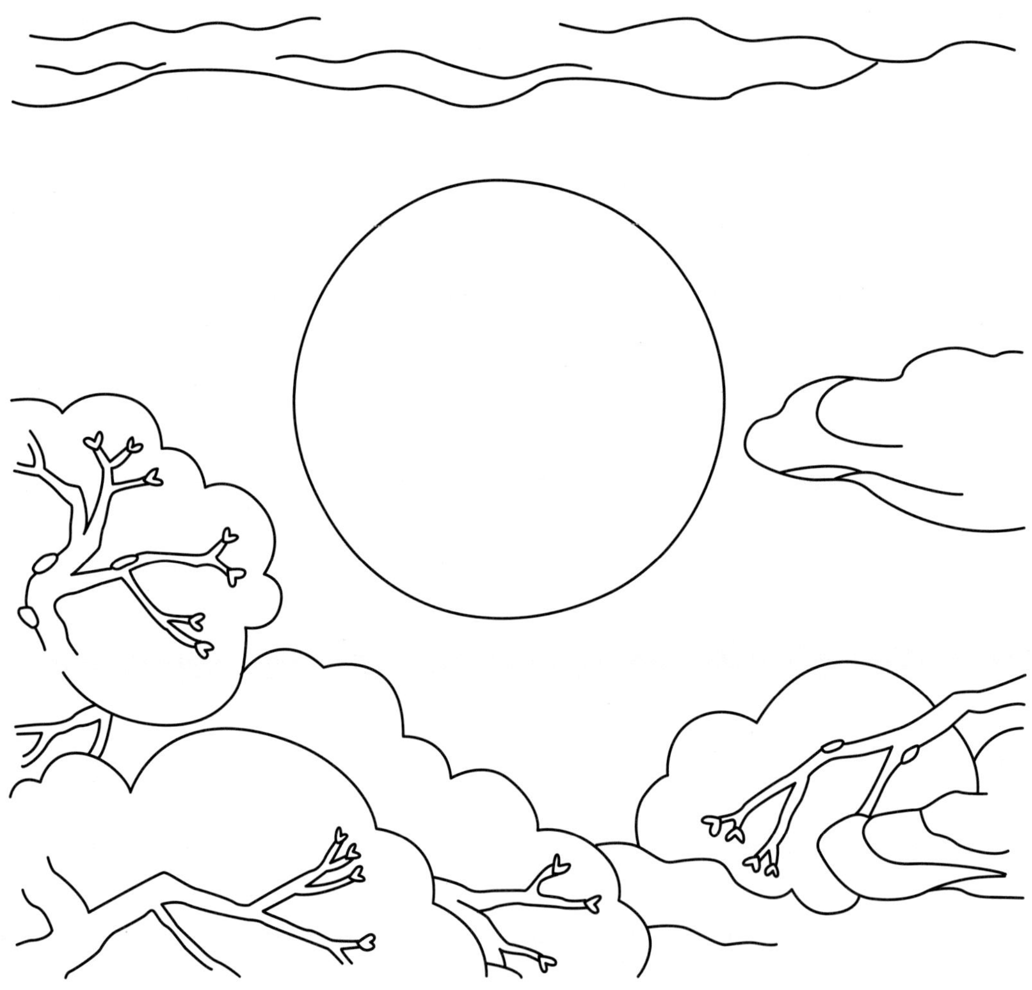

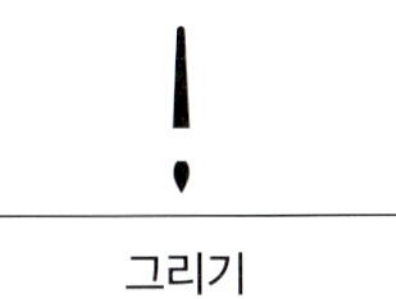

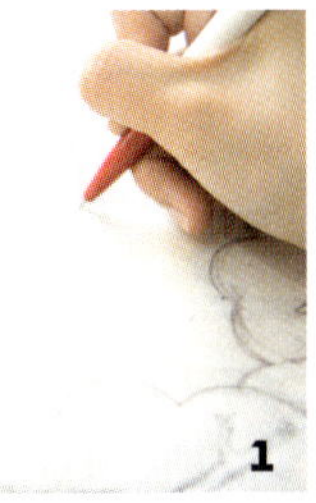

먹지 작업이 완성된 도안을 패널에 잘 맞춰 올려주고 힘을 주면서 볼펜으로 꼼꼼히 따라 그려 밑그림이 잘 배겨날 수 있게 해주세요.

배겨진 자국을 따라 연한 먹물로 테두리 선을 그어주세요.

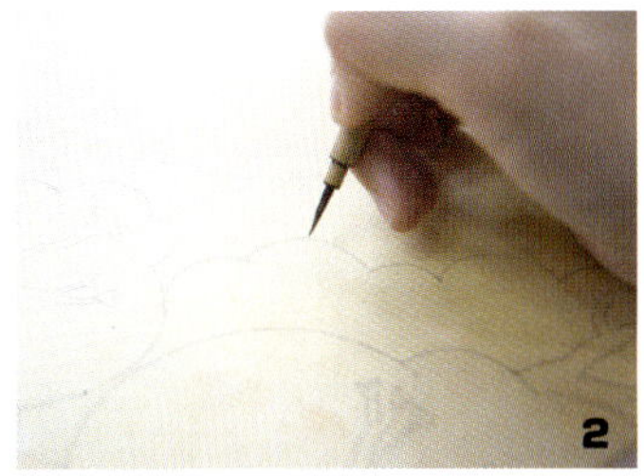

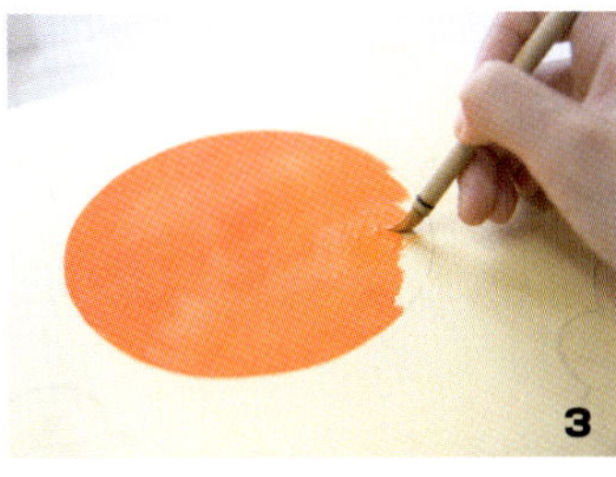

주황색으로 달을 꼼꼼히 초벌채색하세요.

황토색, 대자색, 고동색을 섞어 소나무 가지를 꼼꼼히 채색하세요.

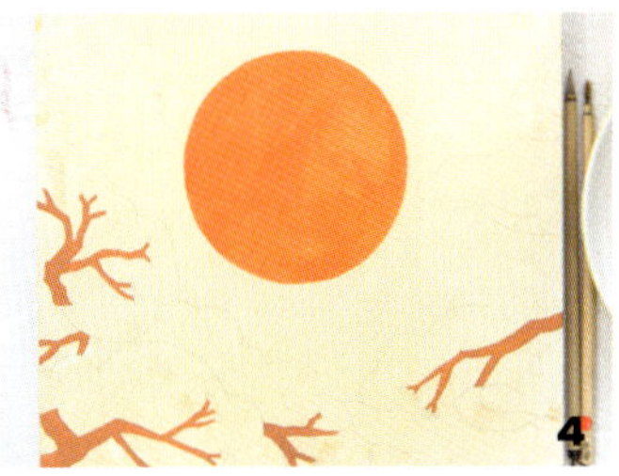

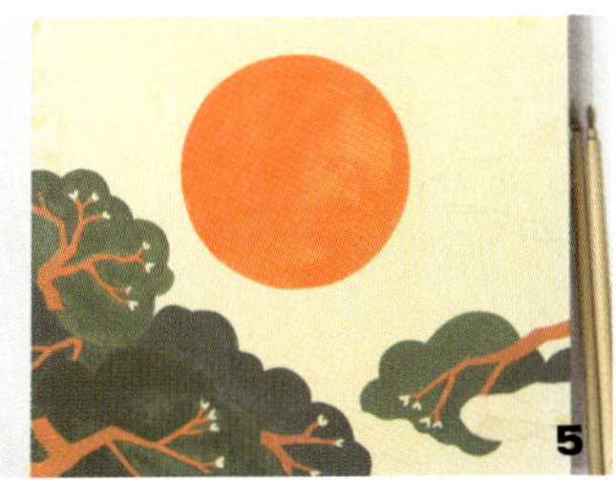

황토색, 맹황색, 수감색을 섞어 왼쪽 제일 뒤편에 있는 소나무 이파리를 제외한 나머지 이파리 부분을 초벌채색하세요. 채색이 끝나면 군청색과 수감색을 좀 더 섞어 더 푸르고 진한색으로 왼쪽 제일 뒤편에 있는 소나무 이파리도 초벌채색하세요.

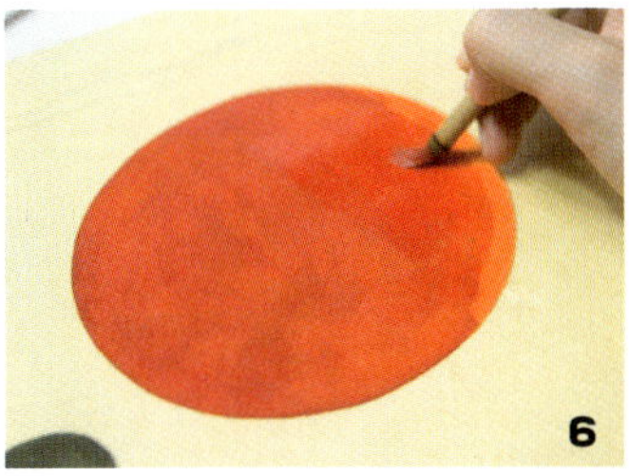

양홍색으로 달을 다시 한 번 꼼꼼히 채색하세요.

| TIP | 양홍색을 두 번 칠하는 것보다 주황색 위에 양홍색을 칠하면 좀 더 화사하게 붉은 느낌을 연출할 수 있습니다.

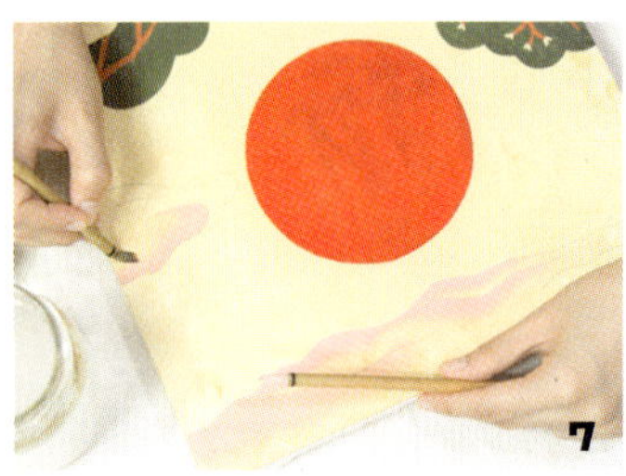

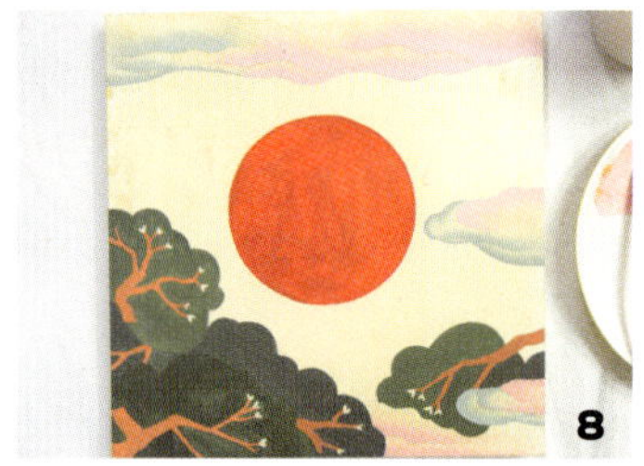

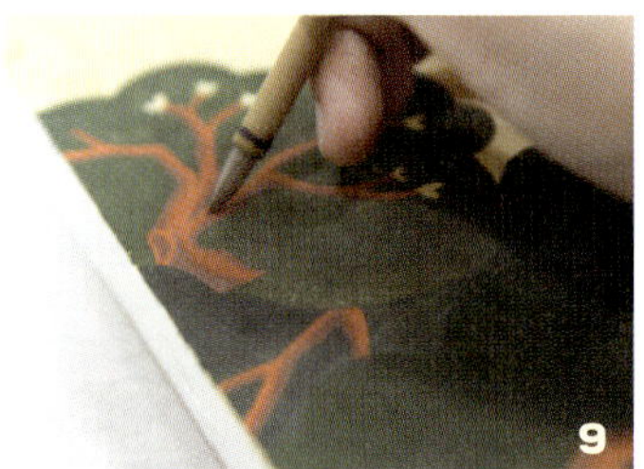

호분색, 황토색, 홍매색을 섞어 분홍색 구름 부분에 각각 1~2cm씩 채색하고, 물붓을 이용하여 각각의 방향대로 점점 얇게 풀어주는 바림 과정을 채색하세요.

| TIP | 바림의 방향은 완성된 이미지를 참조해주세요.

호분색, 맹황색, 백록색을 섞어 나머지 구름 부분에도 7번 과정과 같은 방법으로 바림 과정을 채색하세요.

4번 과정의 색보다 대자색과 고동색을 더 많이 섞은 진한 색으로 소나무 가지 부분에도 각각의 방향대로 바림 과정을 채색하세요.

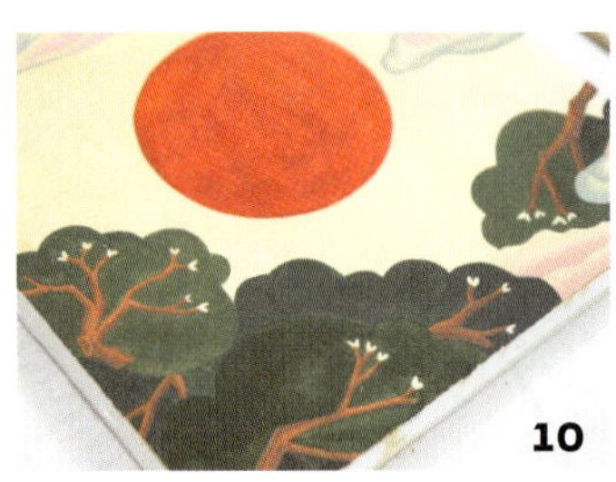

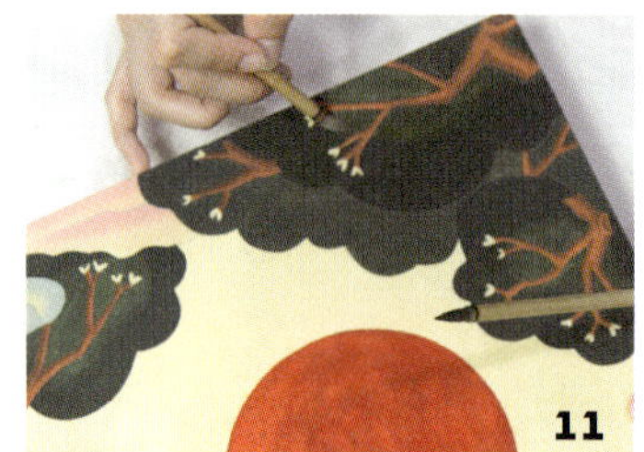

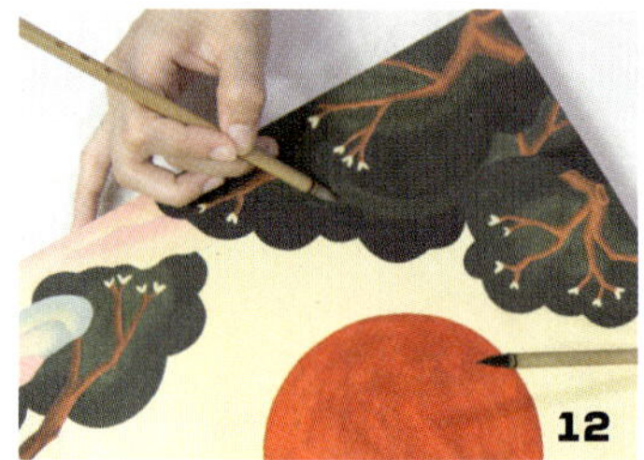

나뭇가지의 바림이 완성되었습니다!

황토색, 맹황색, 군청색, 수감색을 섞어 왼쪽 제일 뒤편에 있는 소나무 이파리를 제외한 나머지 이파리의 2/5 부분씩을 채색하세요. 그리고 물붓을 이용하여 바깥쪽에서 안쪽으로 점점 얇게 풀어주는 바림 과정을 채색하세요.

11번 과정의 색보다 수감색을 좀 더 많이 섞어 왼쪽 제일 뒤편에 있는 마지막 소나무 이파리에도 11번 과정과 같은 방법으로 바림 과정을 채색하세요.

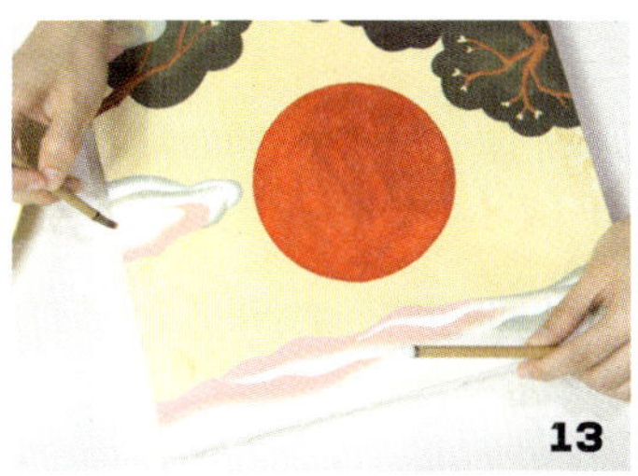

13

7~8번 과정의 물감이 완전히 마르면 호분색으로 거꾸로 바림을 넣어 중간에서 자연스럽게 만나도록 풀어주세요.

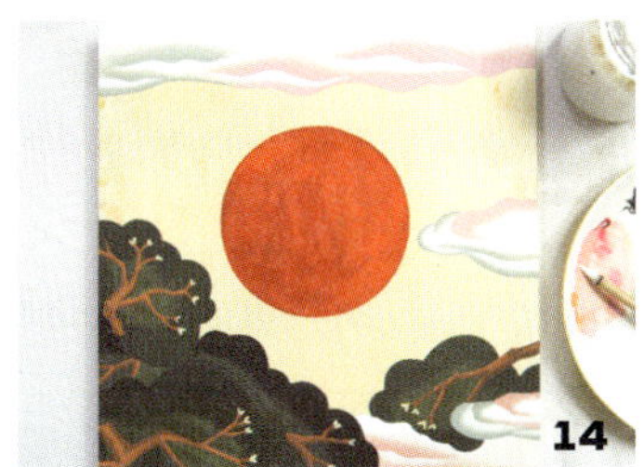

14

자연스러운 바림이 완성되었습니다!

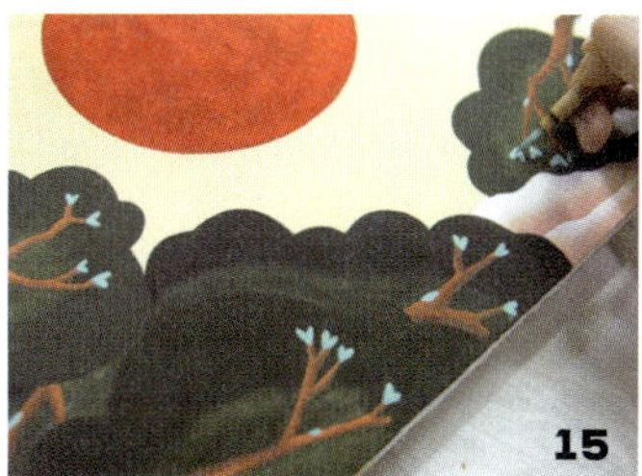

15

백록색으로 나뭇가지 끝부분에 하트 모양 혹은 V자 모양을 그려주고, 같은 색으로 나뭇가지 중간중간에 타원형으로 태점도 함께 그려주세요.

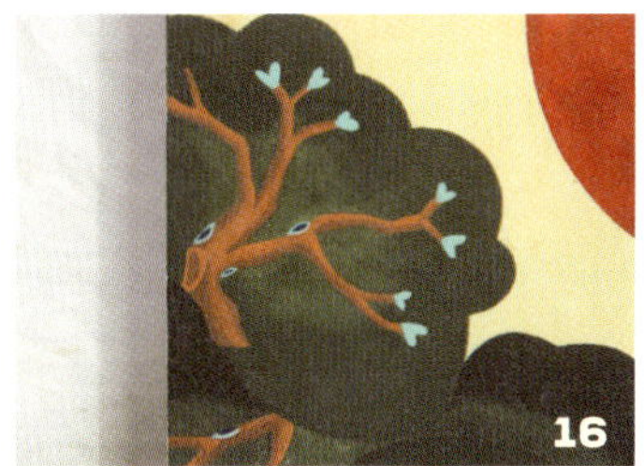

16

세필붓을 이용하여 태점 가운데 부분에 군청색으로 똑같이 원을 한 번 더 그려 마무리하세요. 그리고 9번 과정의 나뭇가지 바림색보다 고동색을 좀 더 섞은 진한 색으로 소나무 줄기에 비늘무늬도 함께 그려주세요.

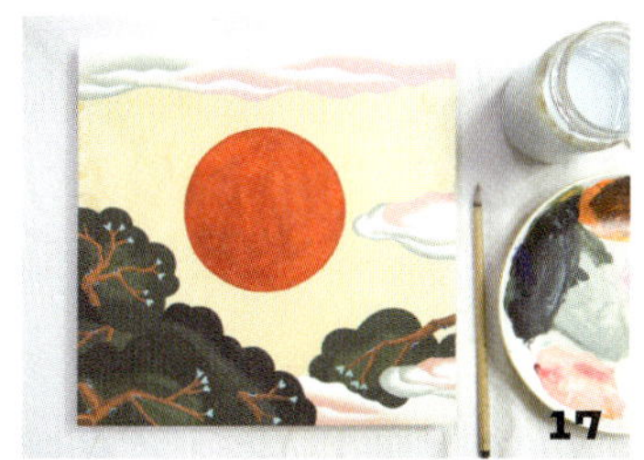

17

중간 과정 모습입니다!

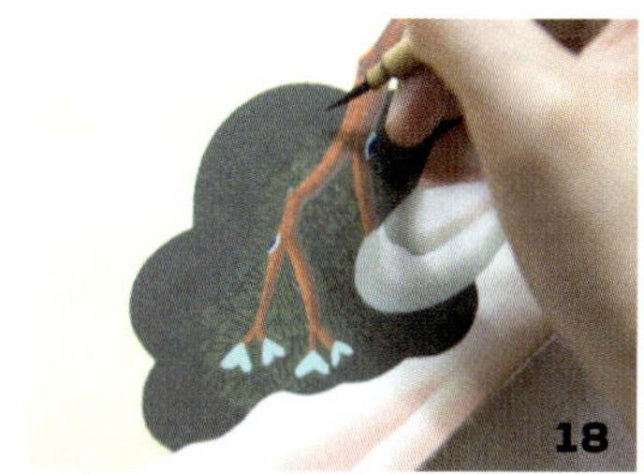

18

11번과 12번 과정의 바림색에 각각 수감색을 좀 더 섞은 진한색으로 솔잎을 그려주세요. 솔잎의 모양은 4개의 선을 한 쌍으로 하고, 방향은 나뭇가지를 중심으로 이파리 바깥쪽으로 각각 둥그렇게 뻗어나갈 수 있도록 그려주세요.

| TIP | 들쭉날쭉 그리지 않고 수평을 맞춰 그려주면 더 깔끔하게 그릴 수 있습니다.

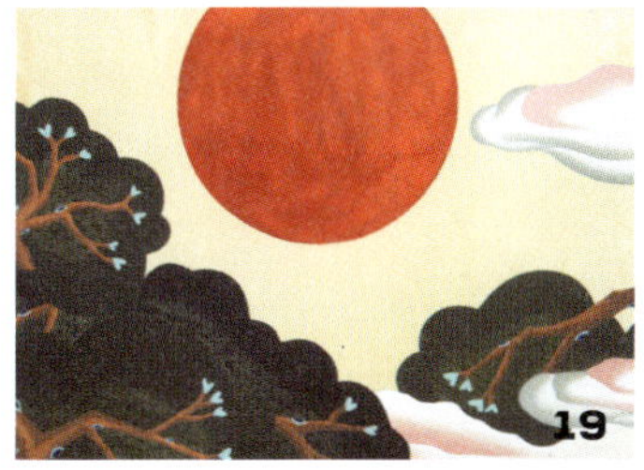

19

솔잎의 묘사가 완성되었습니다!

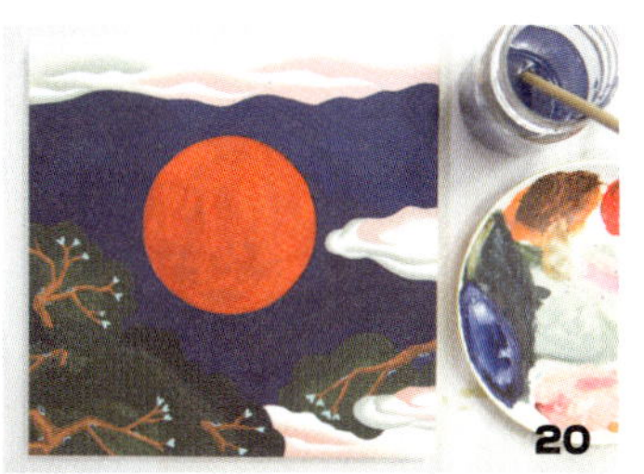

20

군청색과 수감색을 섞어 배경을 꼼꼼히 칠해주면 그림이 완성됩니다.

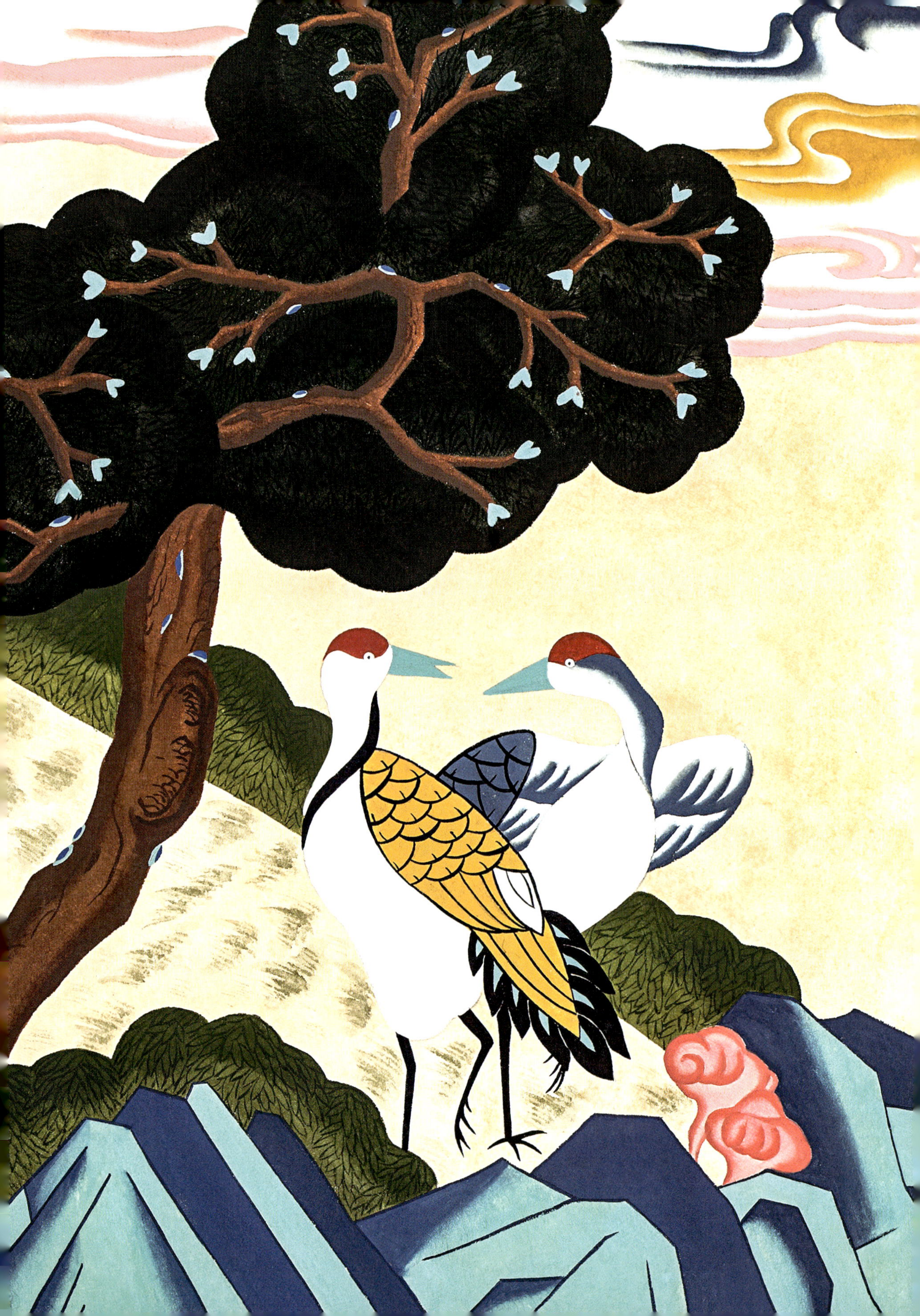

십장생도 2

우리가 십장생도를 생각하면 떠오르는 거대한 크기와 화려한 채색의 솜씨는 대부분 궁중화원들에 의해 그려진 궁중회화일 가능성이 커요. 훌륭한 솜씨의 화원이 아닌 이상 열 가지나 되는 소재를 모두 사용하여 그림을 그린다는 건 쉽지 않은 일이었기 때문이에요. 그래서 민간의 직업 화가들은 궁중 양식을 참고하며 점차 자신만의 개성이 담긴 소박한 십장생도를 그려 왔어요. 그림의 크기가 작아지고, 장생물의 개수도 10개를 다 채우지 않는 그림 '장생도'가 바로 그것이지요! 이러한 그림은 서민들의 생활공간에 매우 적합한 크기의 그림으로 널리 사랑받았습니다.

준비물

26x35cm 패널, 연필, 볼펜, 물통, 먹물, 먹접시, 물감접시, 민화붓 2필, 세필붓 1필

필요한 물감색 : 호분, 황, 황토, 홍매, 맹황, 백록, 군청, 수감, 대자, 고동

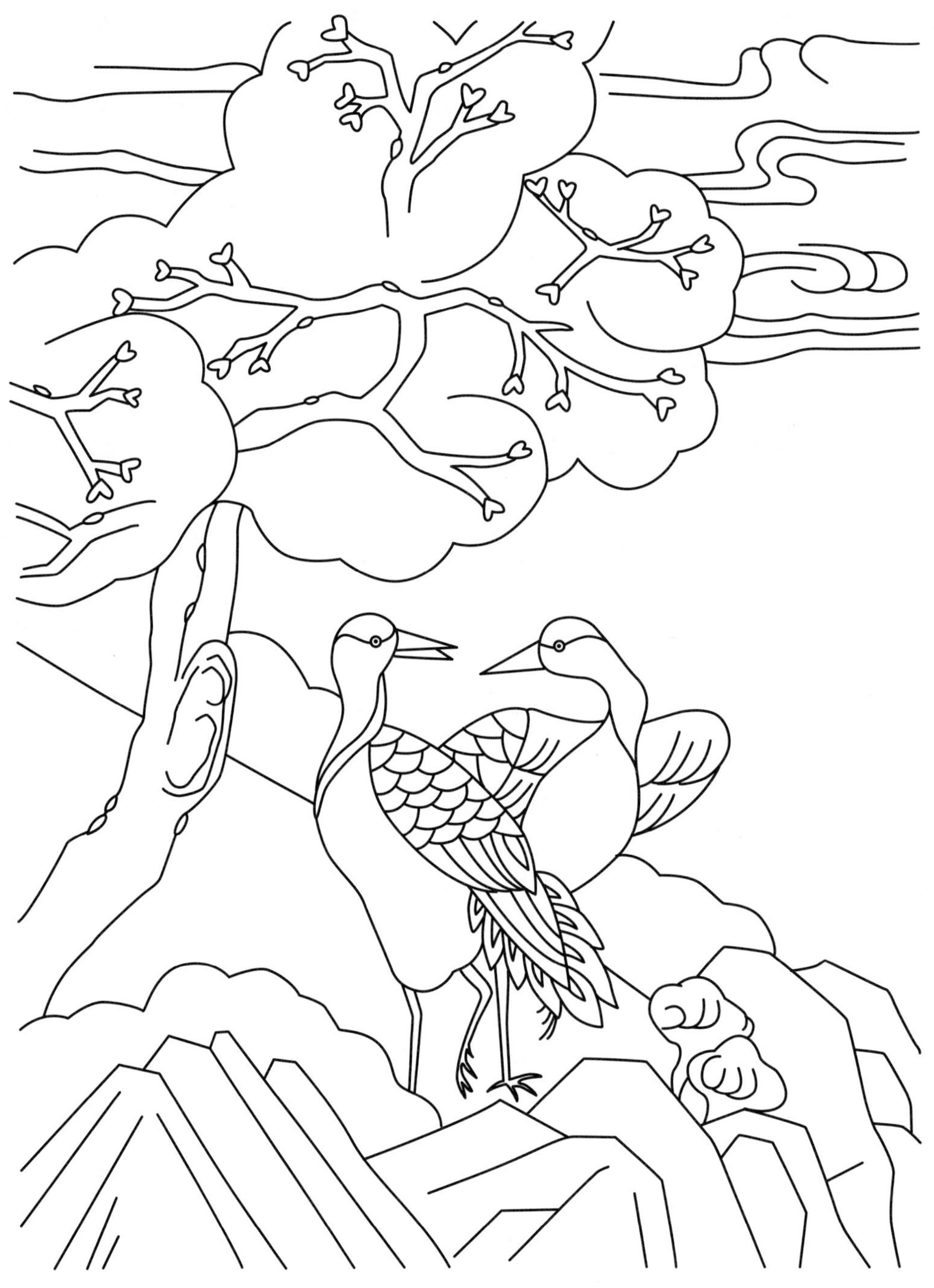

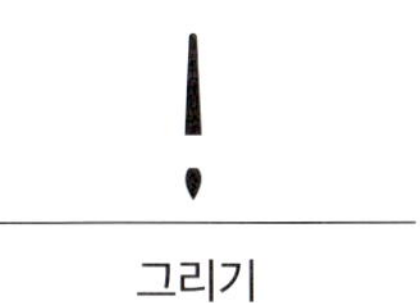

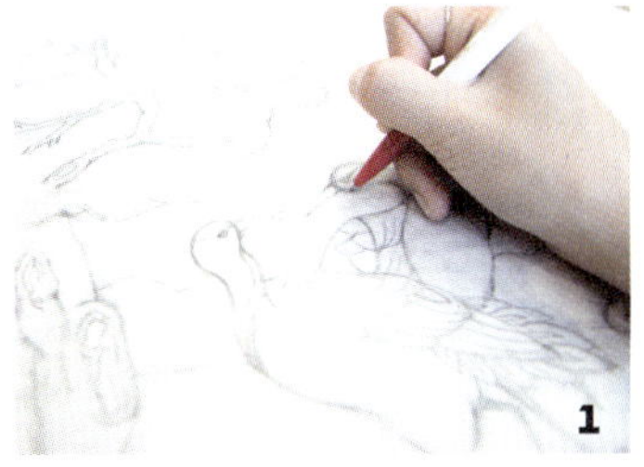

먹지 작업이 완성된 도안을 패널에 잘 맞춰 올려주고 힘을 주면서 볼펜으로 꼼꼼히 따라 그려 밑그림이 잘 배겨날 수 있게 해주세요.

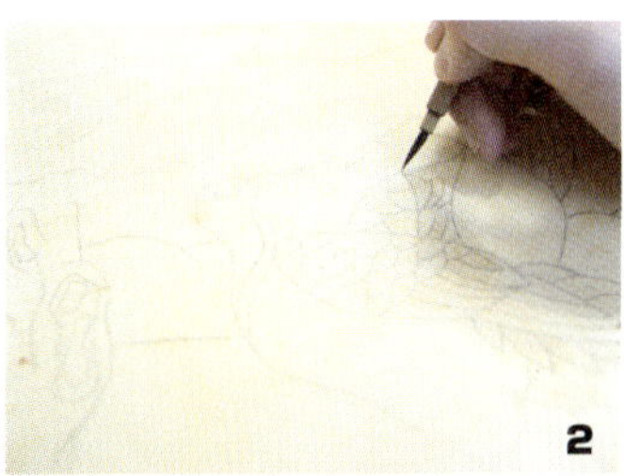

배겨진 자국을 따라 연한 먹물로 테두리 선을 그어주세요.

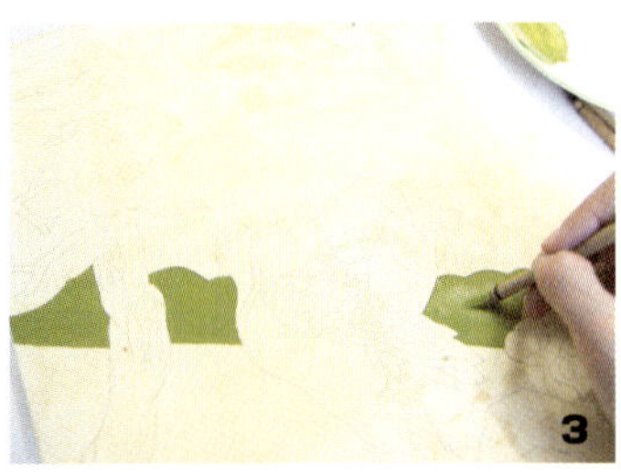

황토색과 맹황색을 섞어 맨 앞과 중간에 위치한 풀들을 꼼꼼하게 채색하세요.

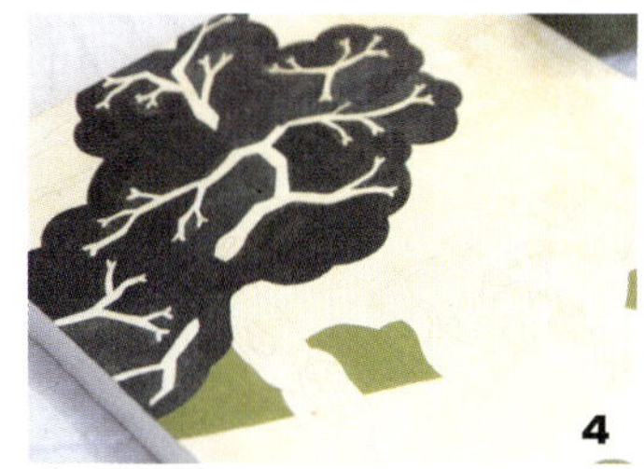

맹황색, 군청색, 수감색을 섞어 소나무 이파리도 꼼꼼히 채색하세요.

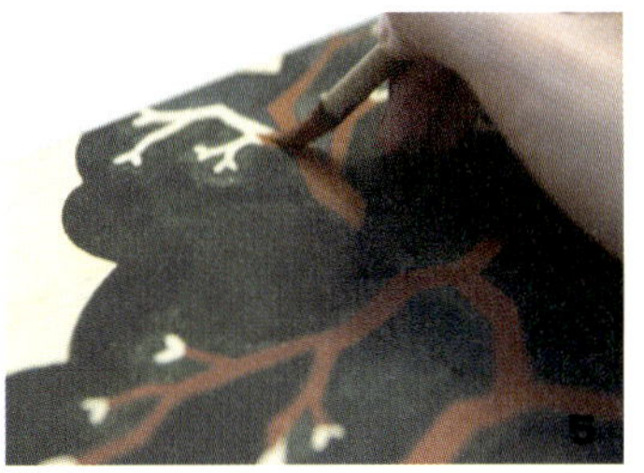

황토색, 대자색, 고동색을 섞어 소나무 줄기와 가지 부분도 꼼꼼히 채색하세요.

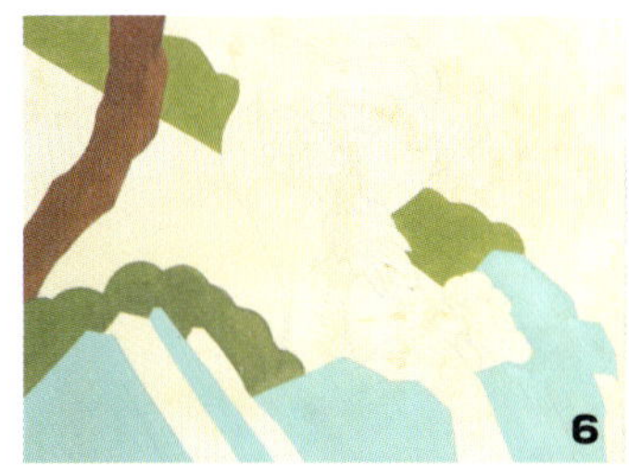

완성된 이미지를 참조하며 백록색으로 밝은 바위 부분을 채색하세요.

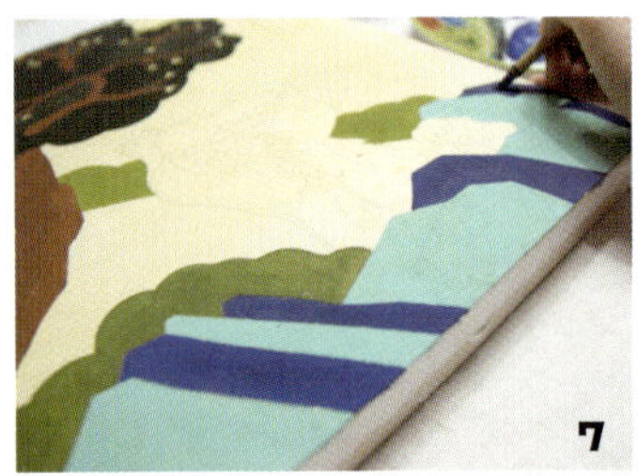

백록색과 군청색을 섞어 남은 바위 부분도 채색하세요.

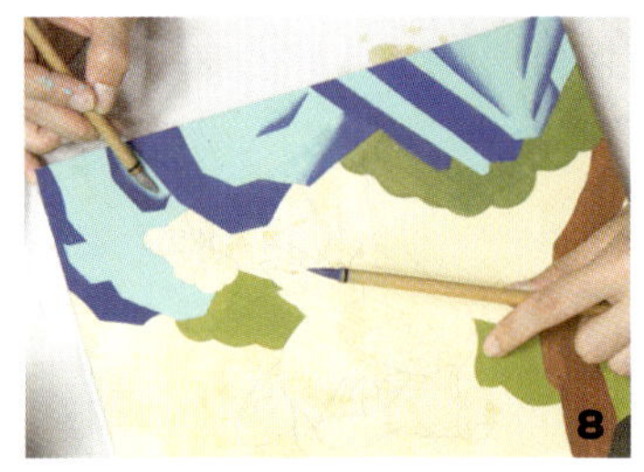

7번 과정과 같은 색으로 밝은 바위 부분 위에 바깥쪽에 채색하고, 물붓을 이용하여 안쪽으로 점점 엷게 풀어주는 바림 과정을 채색하세요.

| TIP | 바림의 모양은 완성된 이미지를 참조해주세요.

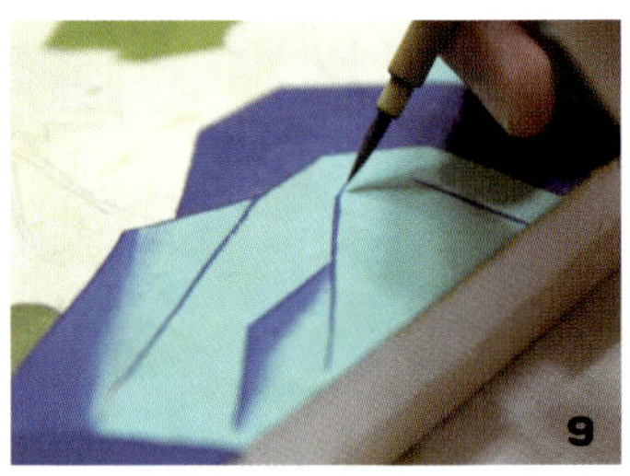

7~8번 과정과 같은 색으로 세필붓을 이용하여 바위 부분에 윤곽선을 그어주세요.

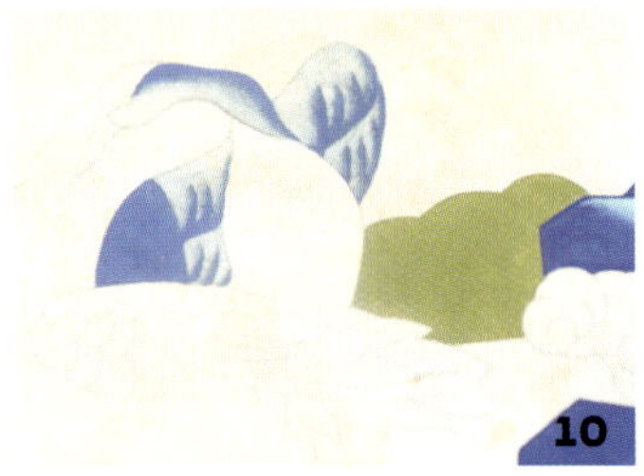

이번에도 7~9번 과정과 같은 색으로 오른쪽 학의 왼쪽 옆 날개를 꼼꼼히 채색하고, 목 부분은 오른쪽에서 왼쪽으로, 날개 부분은 아래쪽에서 위쪽으로 바림 채색을 진행해주세요.

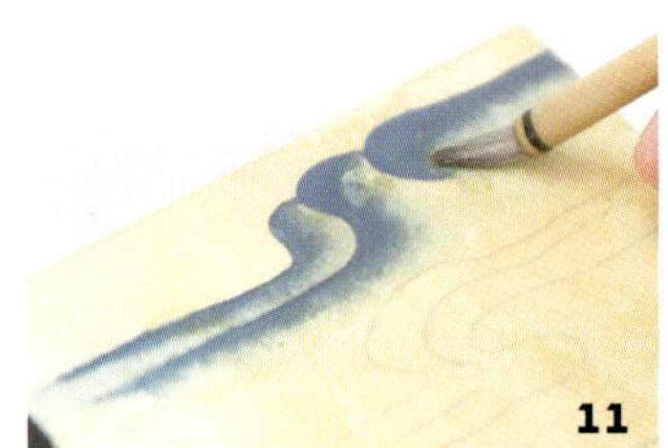

이번에도 백록색과 군청색을 섞은 색으로 그림의 제일 위쪽에 자리한 구름 부분에 모양을 따라 1cm 정도씩 채색하고, 물붓을 이용하여 아래쪽으로 점점 엷게 풀어주는 바림 과정을 채색하세요.

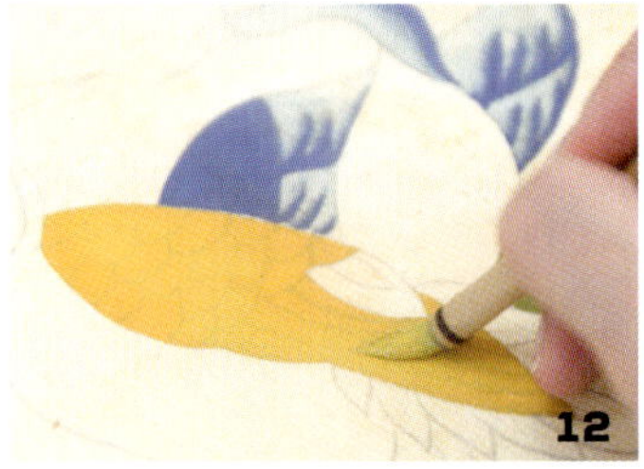

황색과 황토색을 섞어 왼쪽에 위치한 학의 흰색 깃털 부분을 제외한 날개 부분 전체를 꼼꼼히 채색하세요.

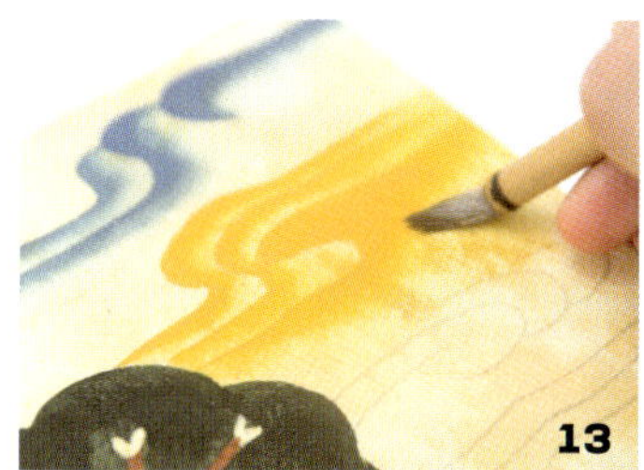

12번 과정과 같은 색으로 가운데 구름
도 모양을 따라 0.5mm~1cm 정도씩 채
색하고, 물붓을 이용하여 아래쪽으로
점점 옅게 풀어주는 바림 과정을 채색
하세요.

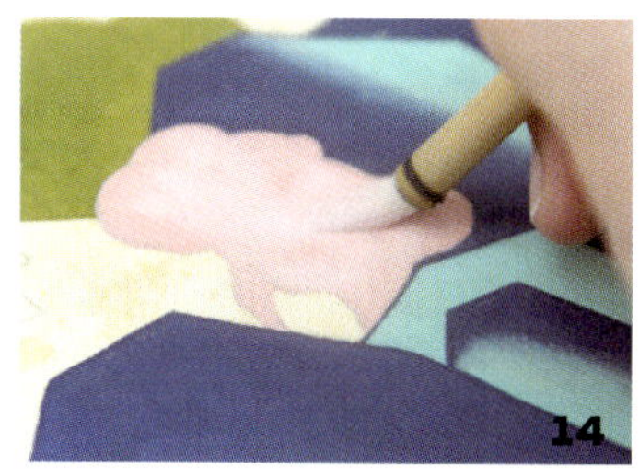

호분색, 황토색, 홍매색을 섞어 바위 뒤
에 위치한 영지버섯을 전체적으로 채색
하세요.

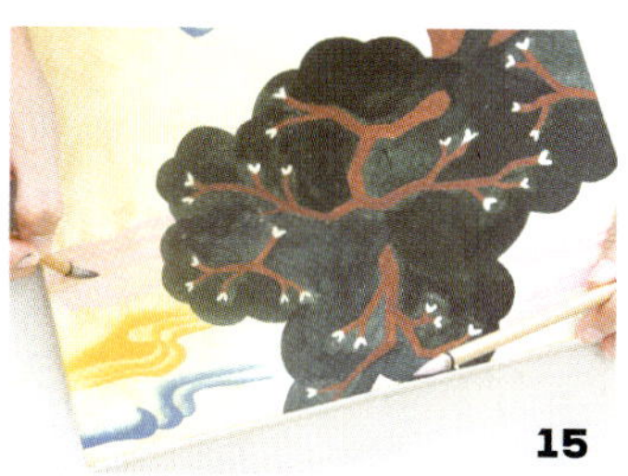

14번 과정과 같은 색으로 아직 채색이
진행되지 않은 구름들도 모양을 따라
0.5mm~1cm 정도씩 채색하고, 물붓을
이용하여 아래쪽으로 점점 옅게 풀어주
는 바림 과정을 채색하세요.

| TIP | 바림의 방향은 완성된 이미지를 참
조해주세요.

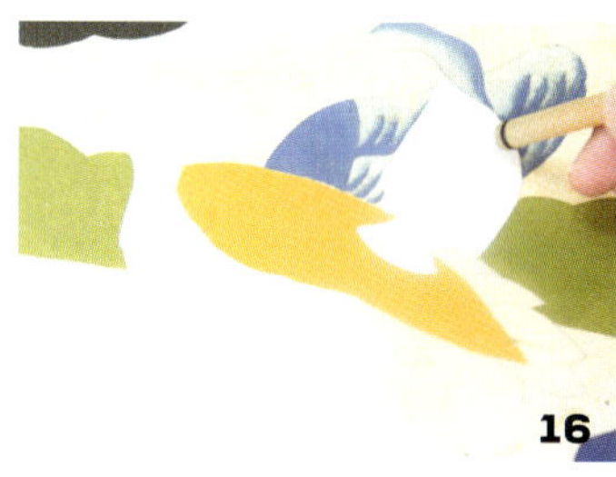

호분색으로 왼쪽 학의 목과 몸통, 흰색
깃털 부분과 오른쪽 학의 몸통 부분을
전체적으로 꼼꼼히 채색하세요.

| TIP | 호분색은 물감 특성상 한 번에 채색
을 마무리할 수 없습니다. 16번 과정을 한
번 더 반복하여 진하게 색을 올려주세요.

10번 과정의 물감이 완전히 마르면 왼
쪽 새의 목과 날개 부분을 호분색으로
거꾸로 바림을 넣어 중간에서 자연스럽
게 만나도록 풀어주세요.

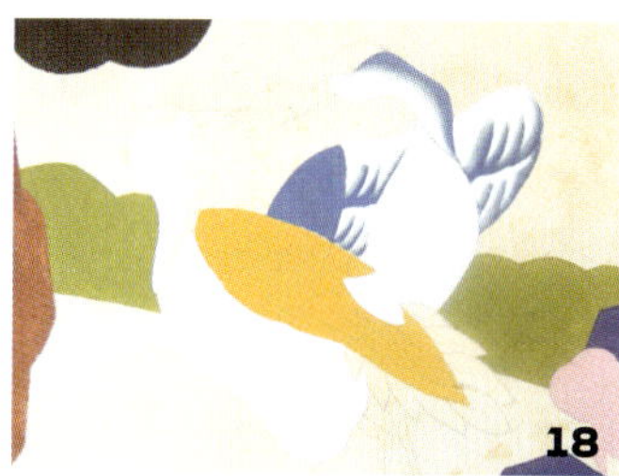

호분 바림이 완성되었습니다!

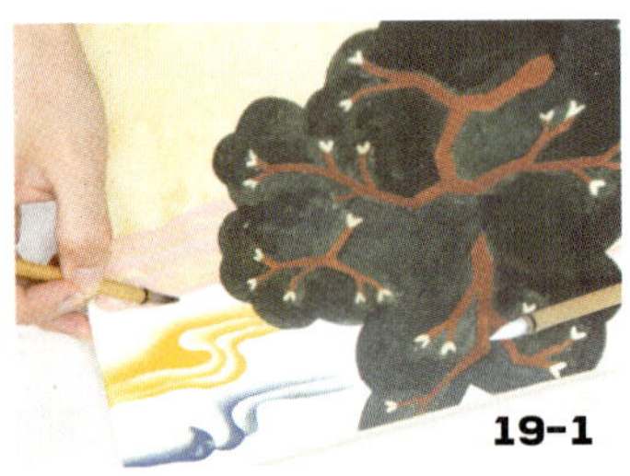

19-1

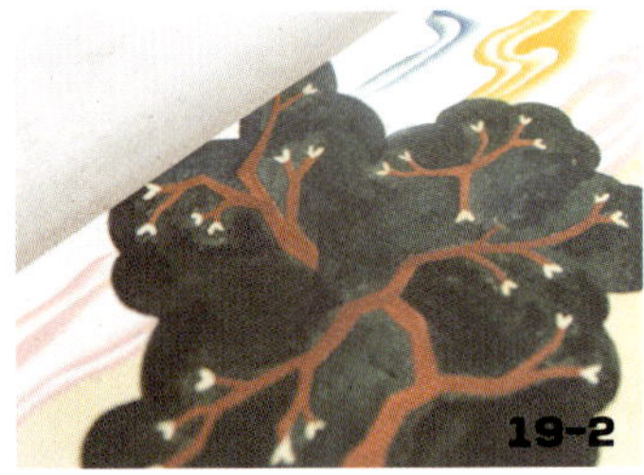

19-2

구름도 호분색으로 거꾸로 바림을 넣어 중간에서 자연스럽게 만나도록 풀어주세요.

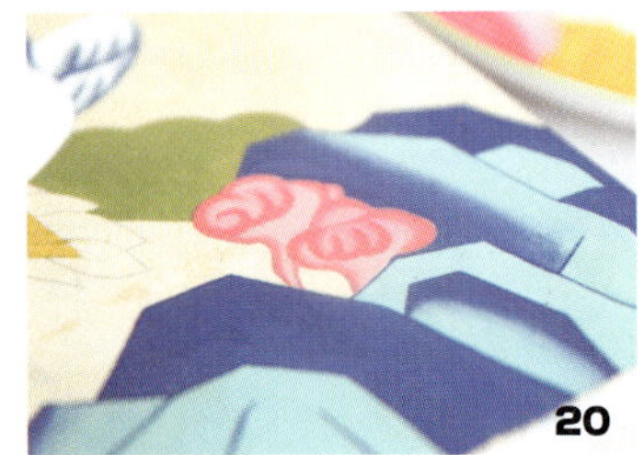

20

14번 과정의 색에 홍매색을 더 섞은 진한 색으로 영지버섯의 모양을 따라 물붓을 이용하여 바깥쪽에서 안쪽으로 점점 얇게 풀어주는 바림 과정을 채색하세요.

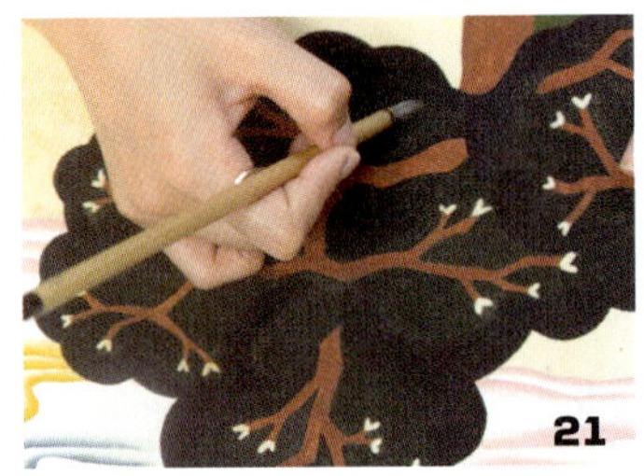

21

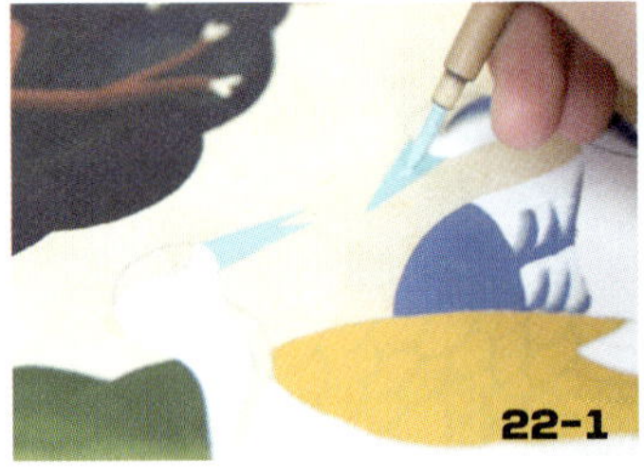

22-1

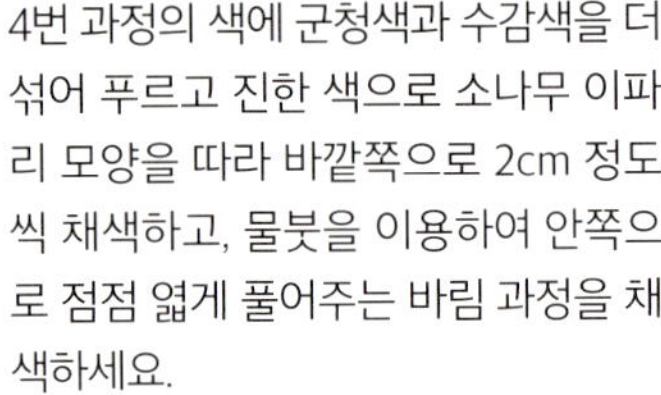

22-2

4번 과정의 색에 군청색과 수감색을 더 섞어 푸르고 진한 색으로 소나무 이파리 모양을 따라 바깥쪽으로 2cm 정도씩 채색하고, 물붓을 이용하여 안쪽으로 점점 얇게 풀어주는 바림 과정을 채색하세요.

| TIP | 바림의 방향은 완성된 이미지를 참조해주세요.

백록색으로 학의 부리와 왼쪽 새의 꼬리 가운데 깃털 부분을 꼼꼼히 채색하세요.

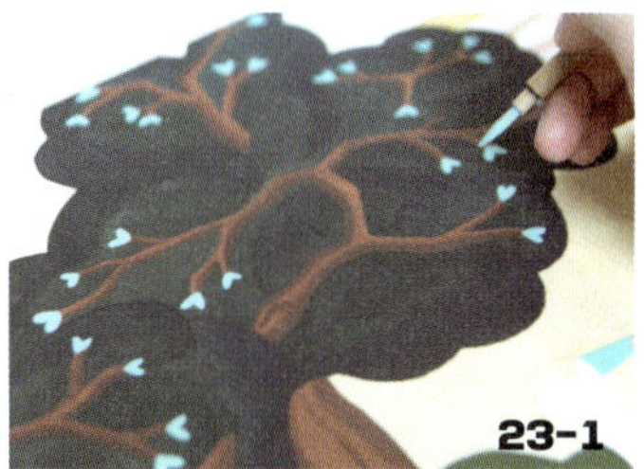

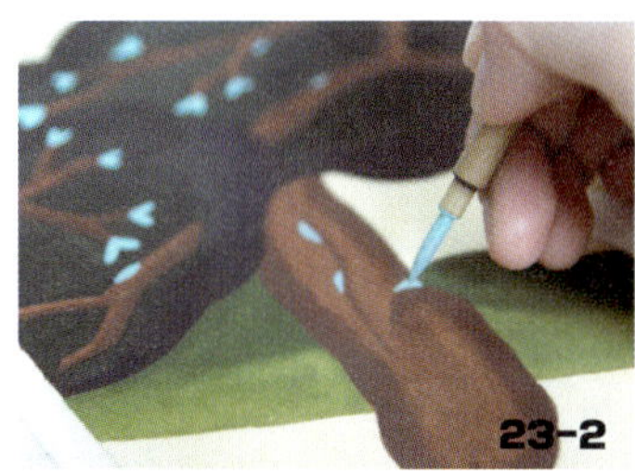

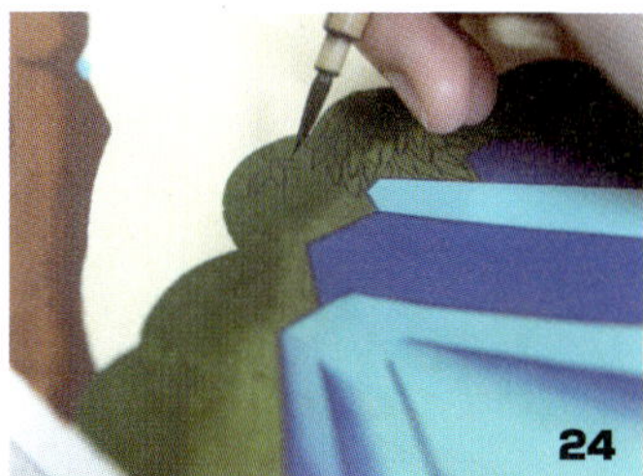

백록색으로 나뭇가지 끝부분에 하트 모양 혹은 V자 모양을 그려주고, 같은 색으로 나뭇가지 중간중간에 타원형으로 태점도 함께 그려주세요. 백록색 채색이 완성되면 5번 과정의 색보다 대자색과 고동색을 더 많이 섞은 진한 색으로 소나무 줄기와 가지 부분에도 각각의 방향대로 바림 과정을 채색하세요.

맹황색으로 위쪽에서 아래쪽으로 점점 옅게 풀어주는 바림 과정을 채색하고, 물감이 완전히 마르면 맹황색에 수감색을 좀 더 섞어 나뭇잎 모양의 선묘를 빼곡히 묘사해주세요.

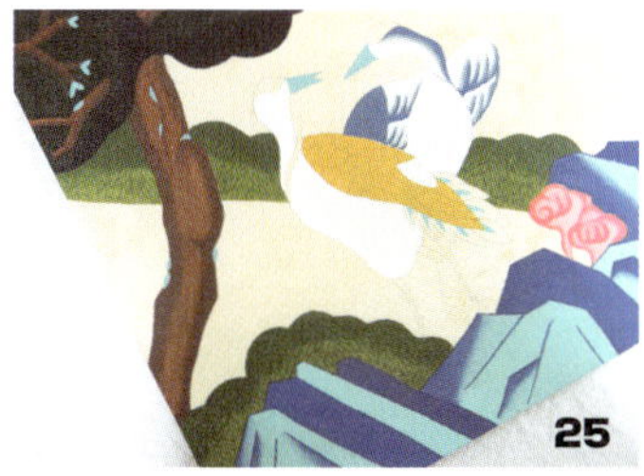

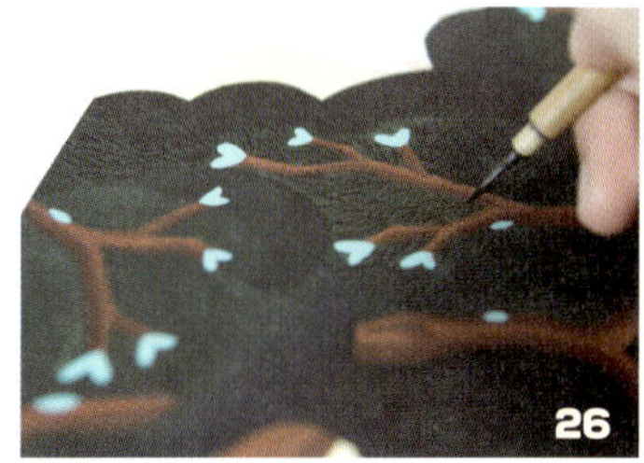

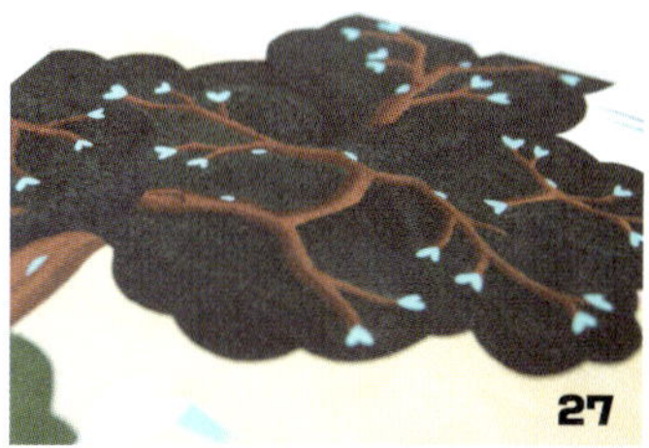

풀의 선묘가 완성되었습니다!

21번 과정의 색에 수감색을 좀 더 섞은 진한 색으로 솔잎을 그려주세요. 솔잎의 모양은 4개의 선을 한 쌍으로 하고, 방향은 나뭇가지를 중심으로 해서 이파리 바깥쪽으로 각각 둥그렇게 뻗어나갈 수 있도록 그려주세요.

| TIP | 들쭉날쭉 그리지 않고 수평을 맞춰 그려주면 더 깔끔하게 그릴 수 있습니다.

솔잎의 선묘가 완성되었습니다!

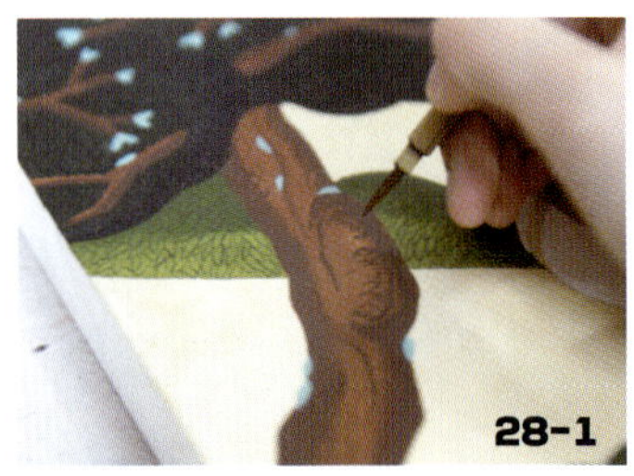

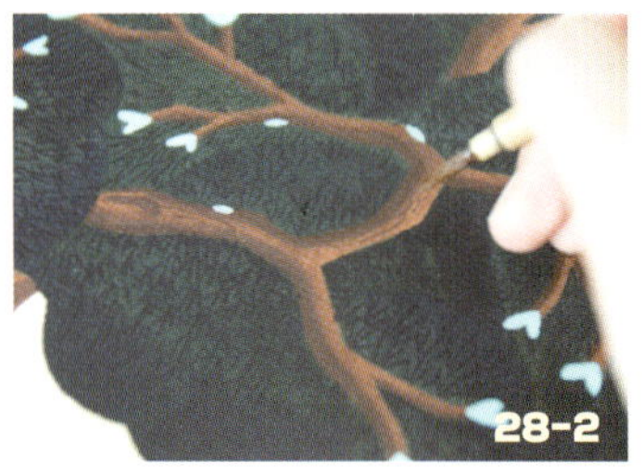

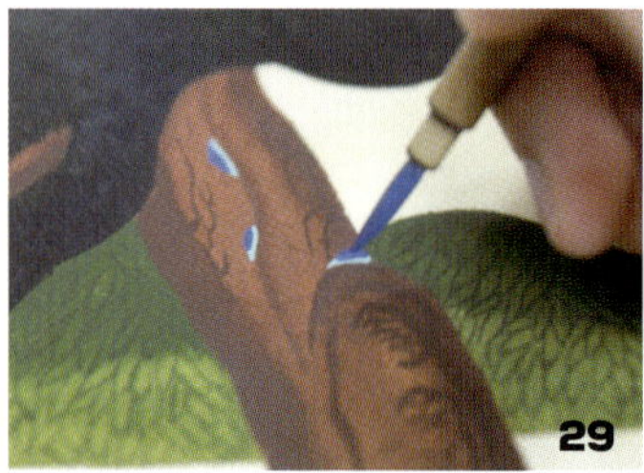

23번 과정의 나뭇가지 바림색보다 고동색을 좀 더 섞은 진한 색으로 소나무 줄기와 가지에 비늘무늬를 그려주세요.

세필붓을 이용하여 태점 가운데 군청색으로 똑같이 원을 한 번 더 그려주세요.

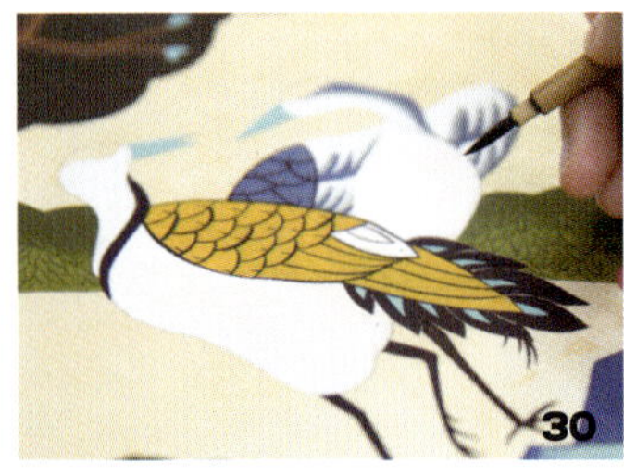

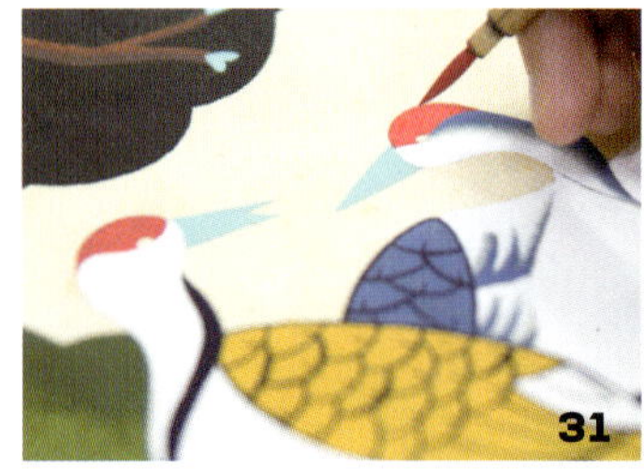

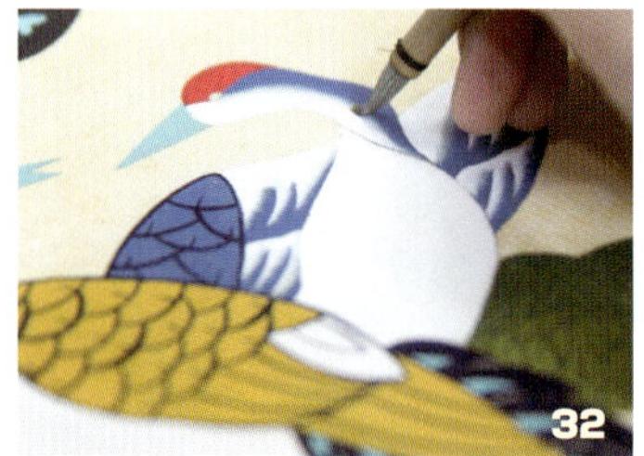

군청색과 수감색을 섞어 왼쪽 학의 목 밑 부분, 꼬리의 큰 깃털 부분을 꼼꼼히 채색하고, 세필붓을 이용하여 날개부분의 테두리 선과 다리도 그려주세요.

홍매색으로 두 마리 학의 머리 부분을 꼼꼼히 채색하세요.

백록색과 군청색을 섞어 10번 과정에서 해주었던 오른쪽 학의 목과 날개 부분 바림을 똑같이 한 번 더 진행하여 채색을 깨끗이 마무리하세요.

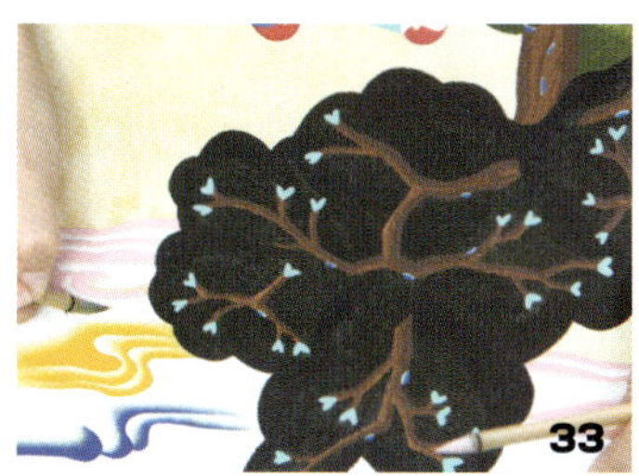

백록색과 군청색을 섞어 제일 위의 구름(11번 과정), 황색과 황토색을 섞어 중간 구름(13번 과정), 호분색과 황토색, 홍매색을 섞어 제일 아래 구름(15번 과정)에도 똑같이 바림을 한 번 더 진행하여 채색을 깨끗이 마무리하세요.

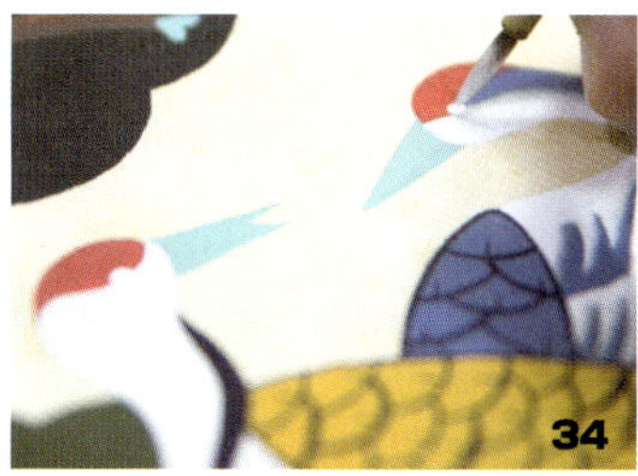

호분색으로 두 마리의 학의 눈을 그려주세요.

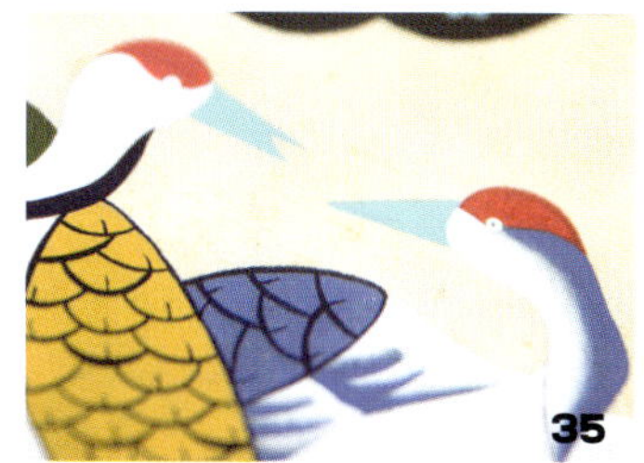

수감색으로 두 마리 학의 눈동자도 그려주세요.

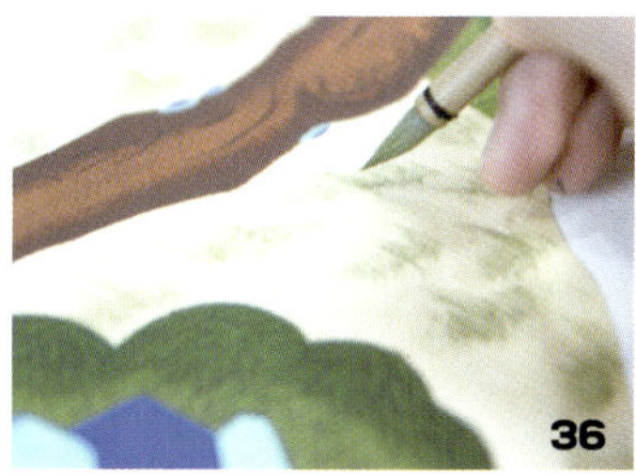

황토색과 맹황색에 물을 많이 섞어 담하게 땅의 풀을 묘사해주세요.

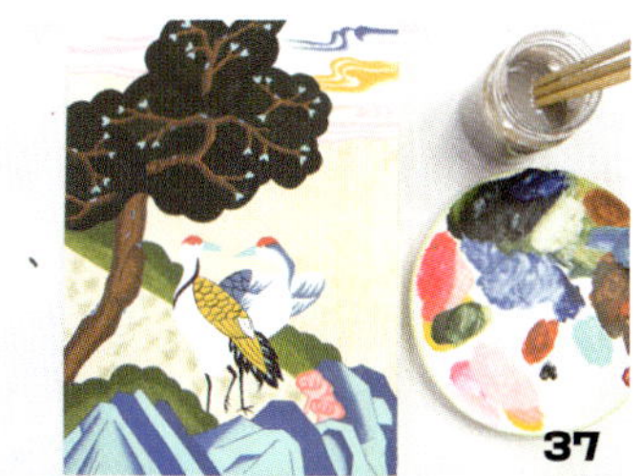

그림이 완성되었습니다!

hope

희망을 그리는 신년 문자도

hope

새해라는 이름은 늘 설렘과 기대감을 주죠. 고흐의 그림에도 등장했던, 희망을 이야기하는 아몬드꽃과 어우러진 hope 문자도, 시린 겨울바람을 뚫고 가장 먼저 피어 1월 1일의 탄생화가 된, 희망에 찬 기대와 새로운 시작의 의미를 품고 있는 스노우드롭꽃과 어우러진 Dream 문자도, 두 가지 문자도를 함께 그려보며 새날을 함께 기대하고 준비해볼까요!

준비물

22x22cm 패널, 연필, 볼펜, 물통, 먹물, 먹 접시, 물감접시, 민화붓 2필, 세필붓 1필

필요한 물감색 : 호분, 황, 황토, 홍매, 맹황, 수감, 대자, 고동

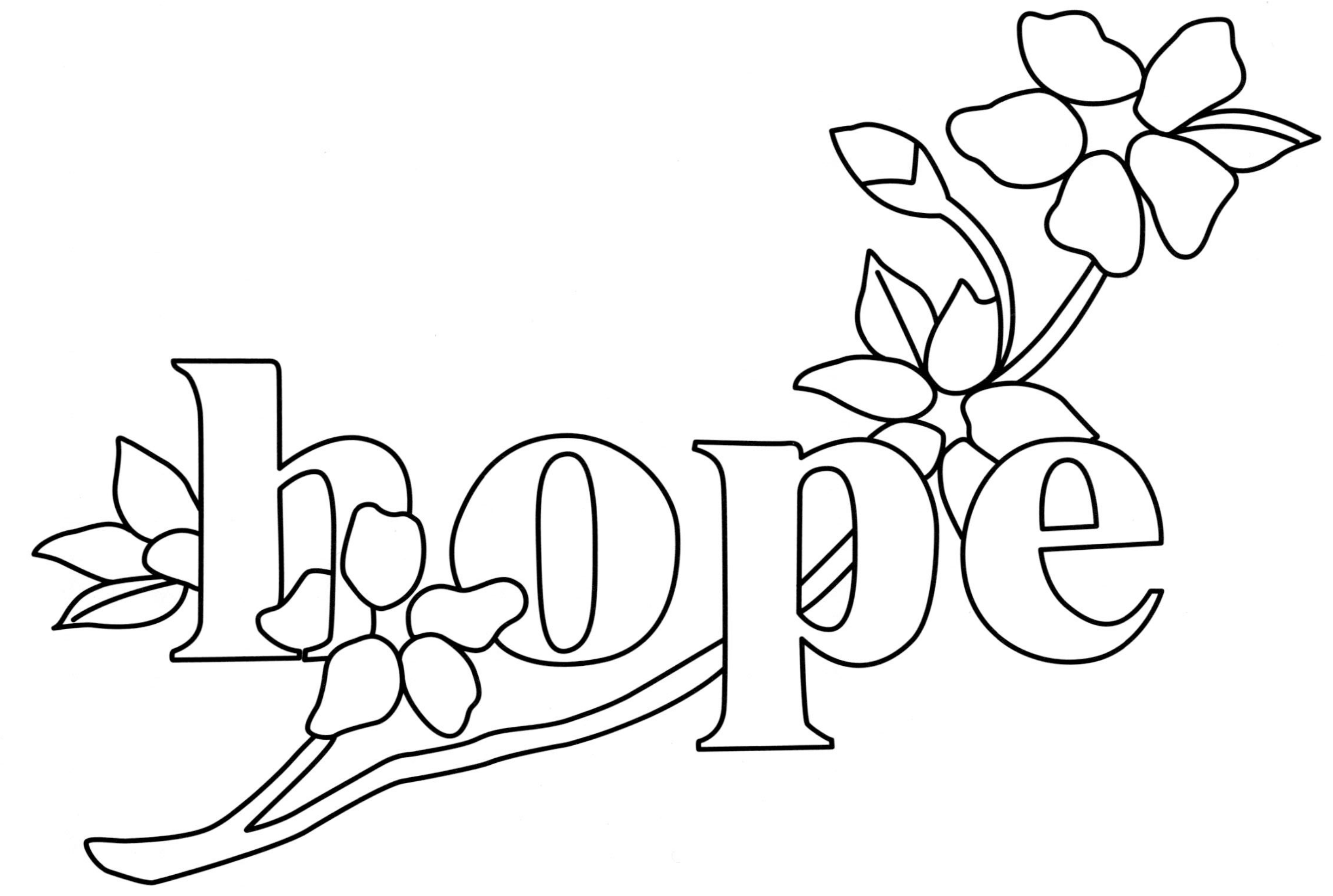

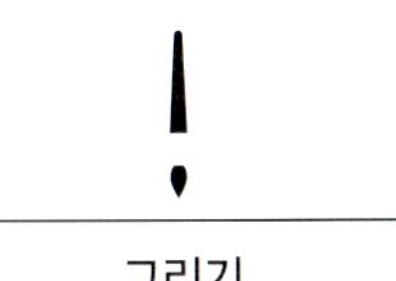

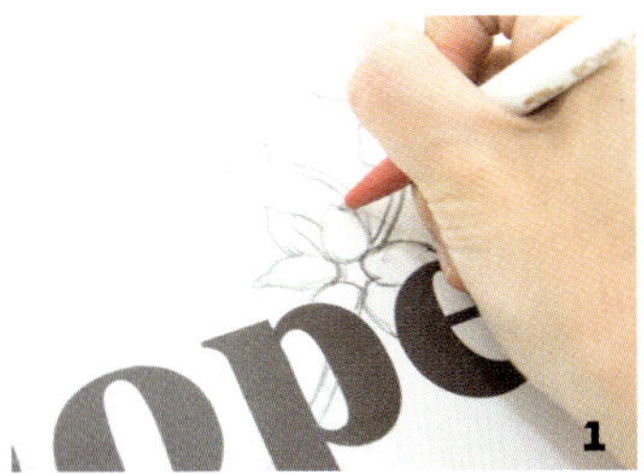

먹지 작업이 완성된 도안을 패널에 잘 맞춰 올려주고 힘을 주면서 볼펜으로 꼼꼼히 따라 그려 밑그림이 잘 배겨날 수 있게 해주세요.

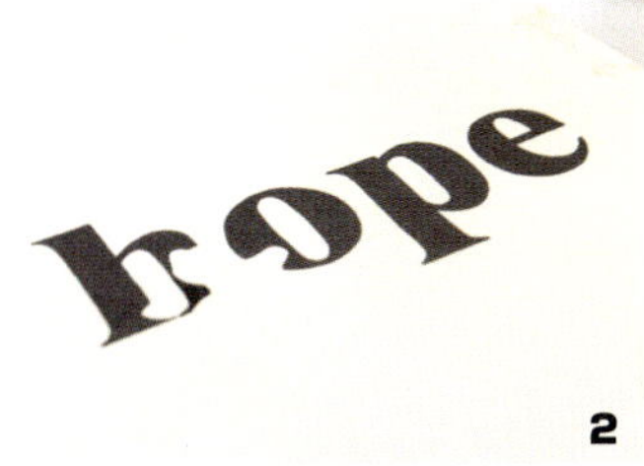

베겨진 자국을 따라 글자 부분을 먹으로 꼼꼼히 채색하세요.

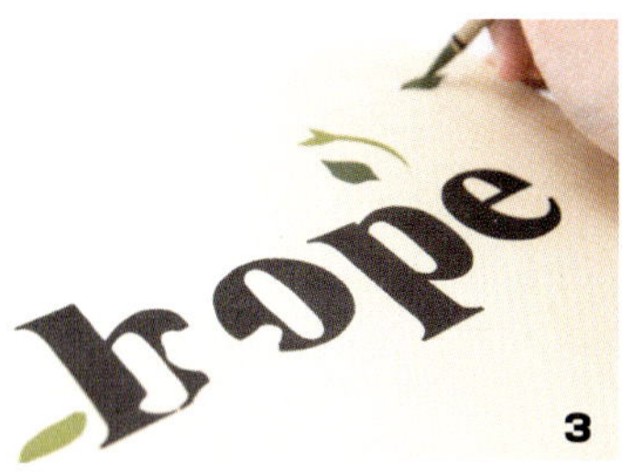

황토색과 맹황색을 섞어 연한 이파리 부분을, 맹황색과 수감색을 섞어 진한 이파리 부분을 채색하세요.

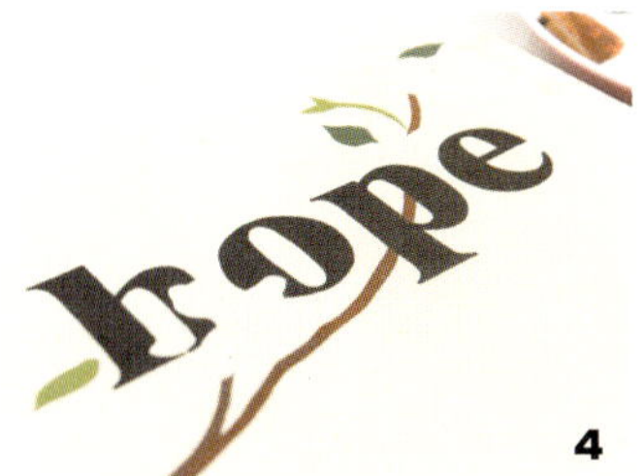

황토색, 대자색, 고동색을 섞어 나뭇가지 부분을 채색하세요.

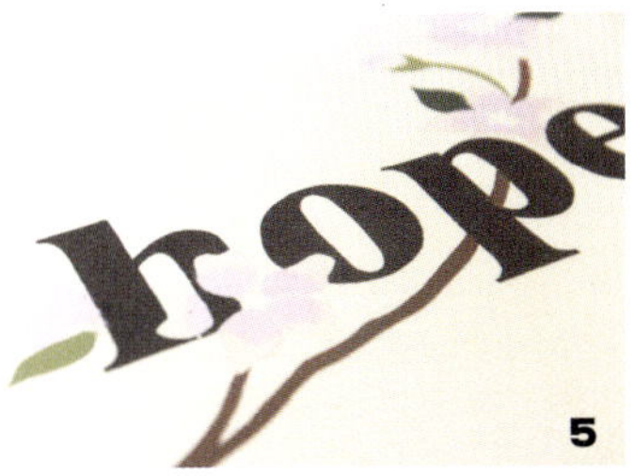

호분색, 황토색, 홍매색을 섞어 아몬드 꽃잎의 1/2 부분씩을 채색하고, 물붓을 이용하여 가운데 부분에서 바깥쪽으로 점점 엷게 풀어주는 바림 과정을 채색하세요.

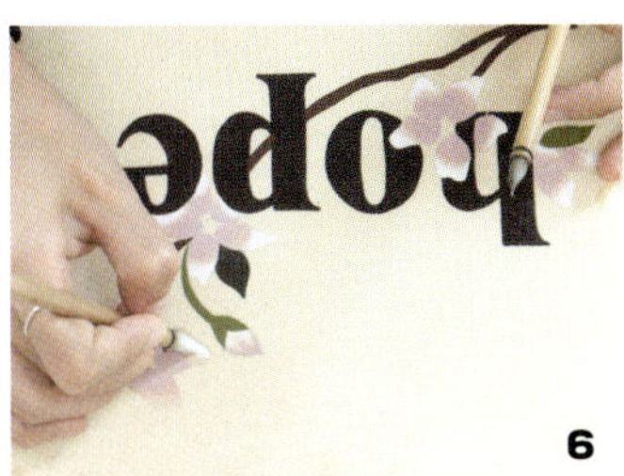

5번 과정의 물감이 완전히 마르면 호분색으로 아몬드 꽃잎에 거꾸로 바림을 넣어 중간에서 자연스럽게 만나도록 풀어주세요.

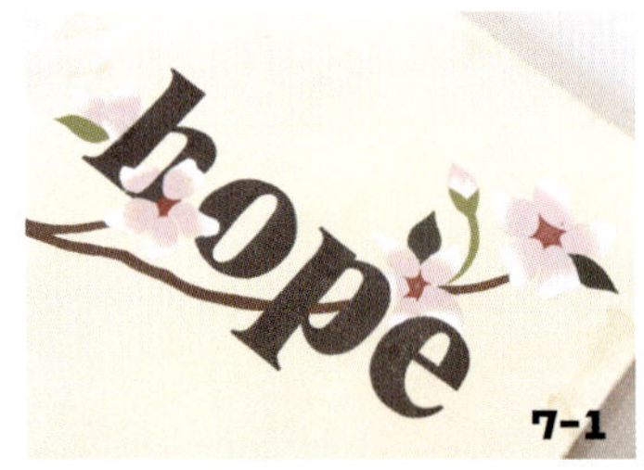

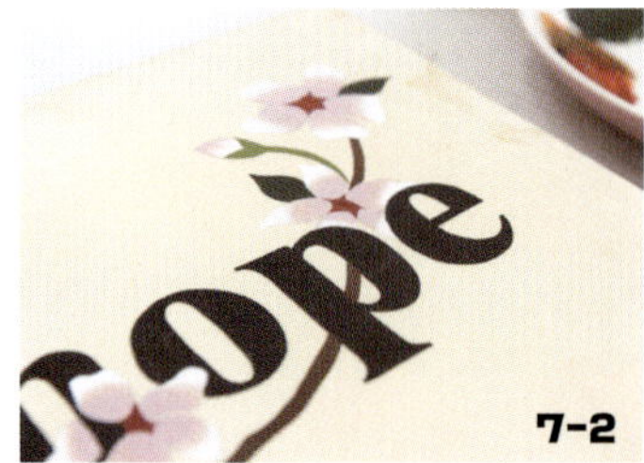

홍매색과 대자색을 섞어 꽃술 안쪽 부분을 꼼꼼히 채색하세요.

황토색과 맹황색을 섞은 색으로 진한
이파리의 잎맥을, 맹황색과 수감색을
섞은 색으로 연한 이파리의 잎맥을 그
려주세요.

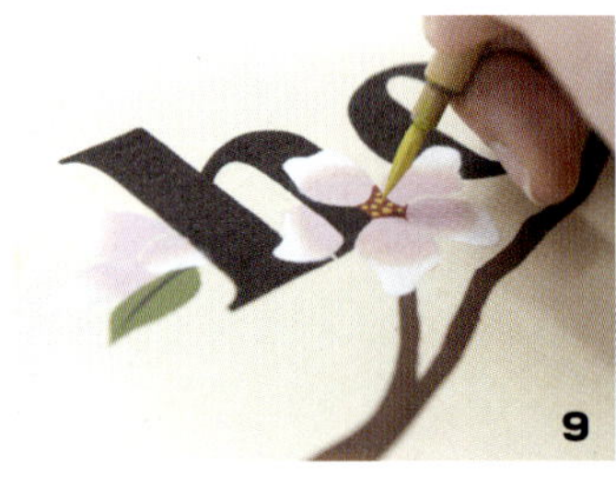

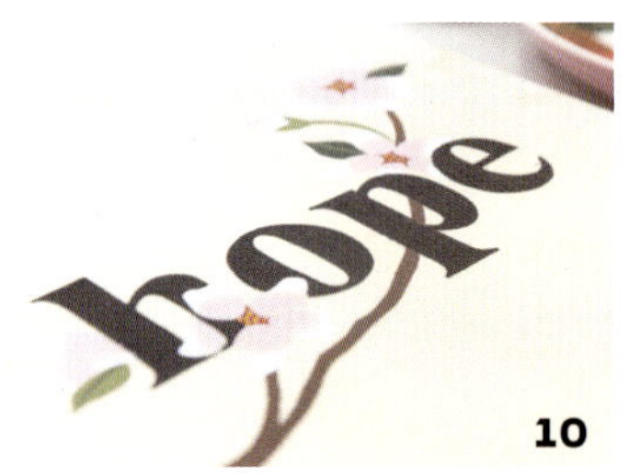

황색과 황토색을 섞어 동그란 꽃술을
묘사해주세요.

신년 문자도가 완성되었습니다!

| TIP | 마지막으로 글자부분의 선을 먹물
로 다시 한 번 정리해 깔끔하게 그림을 완
성할 수 있습니다.

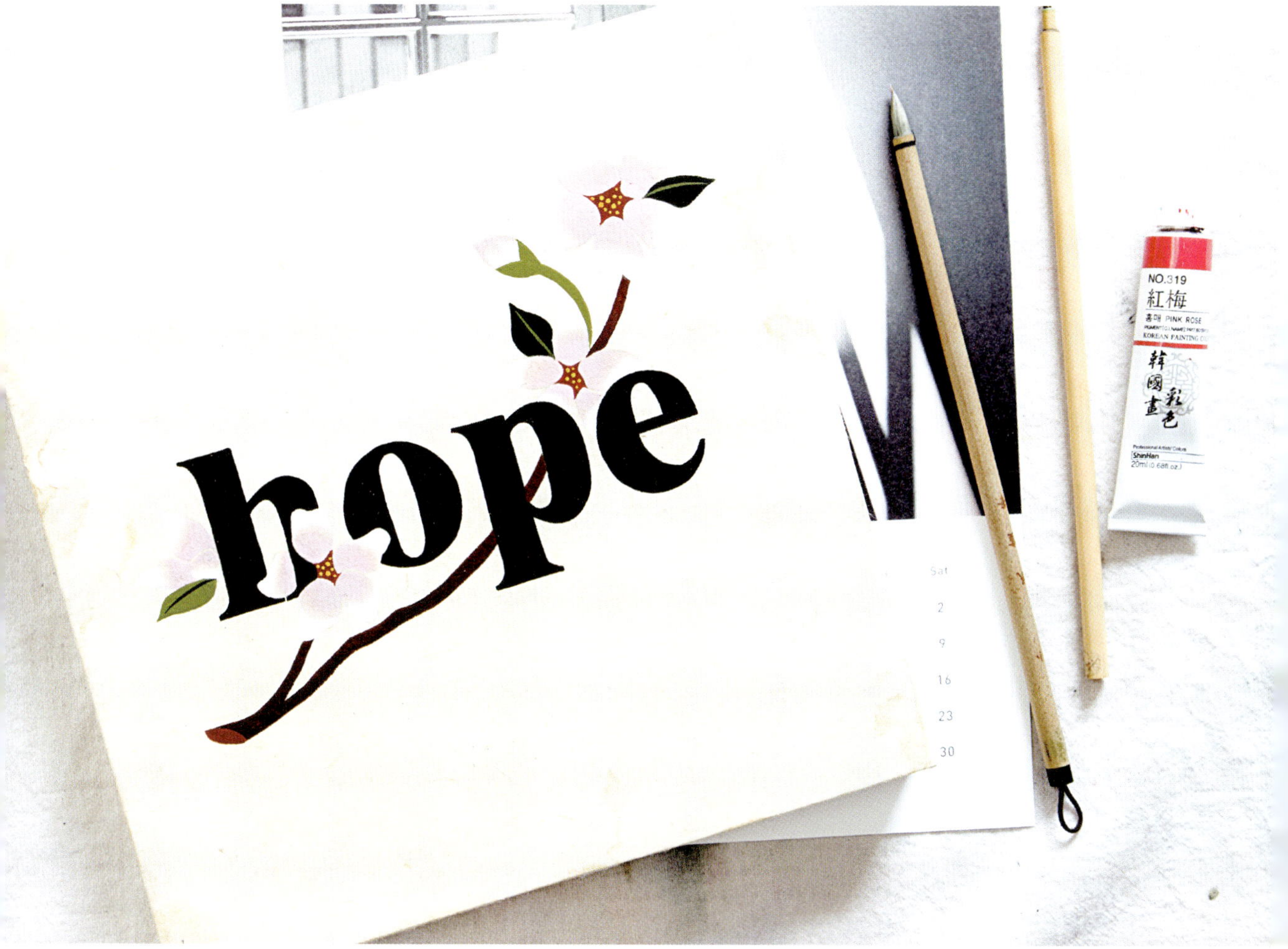

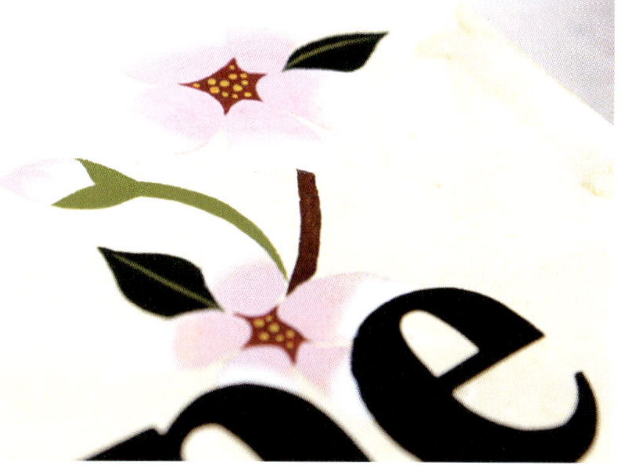

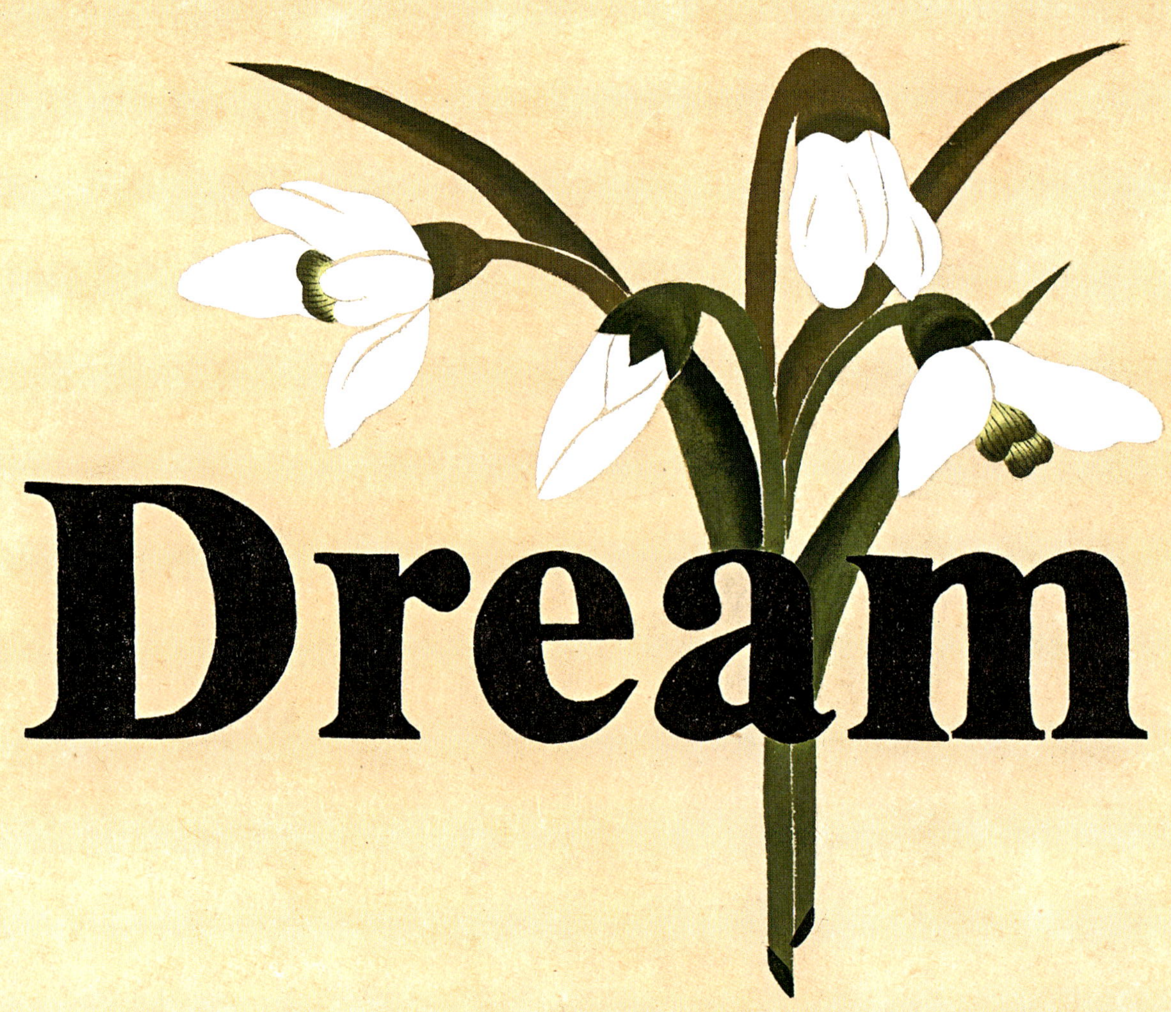

희망을 그리는 신년 문자도

Dream

새해라는 이름은 늘 설렘과 기대감을 주죠. 고흐의 그림에도 등장했던, 희망을 이야기하는 아몬드꽃과 어우러진 hope 문자도, 시린 겨울바람을 뚫고 가장 먼저 피어 1월 1일의 탄생화가 된, 희망에 찬 기대와 새로운 시작의 의미를 품고 있는 스노우드롭꽃과 어우러진 Dream 문자도. 두 가지 문자도를 함께 그려보며 새날을 함께 기대하고 준비해볼까요!

준비물

22x22cm 패널, 연필, 볼펜, 물통, 먹물, 먹접시, 물감접시, 민화붓 2필, 세필붓 1필

필요한 물감색 : 호분, 황토, 맹황, 백록, 수감

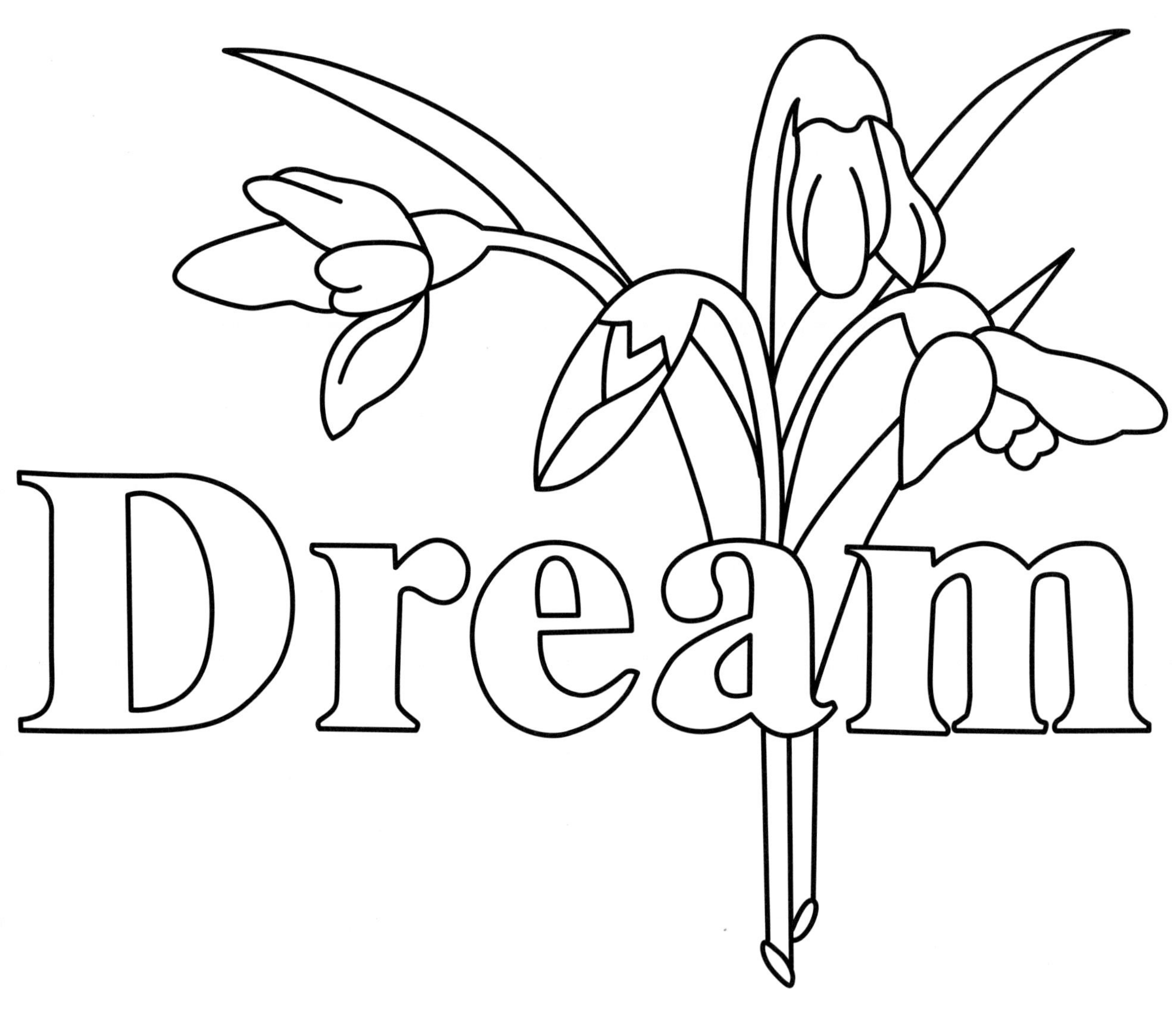
Dream

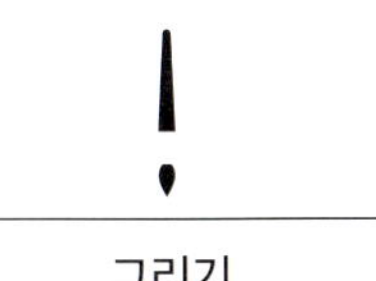

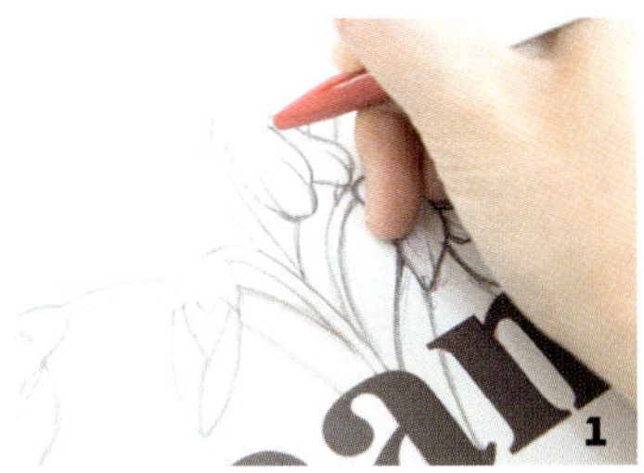

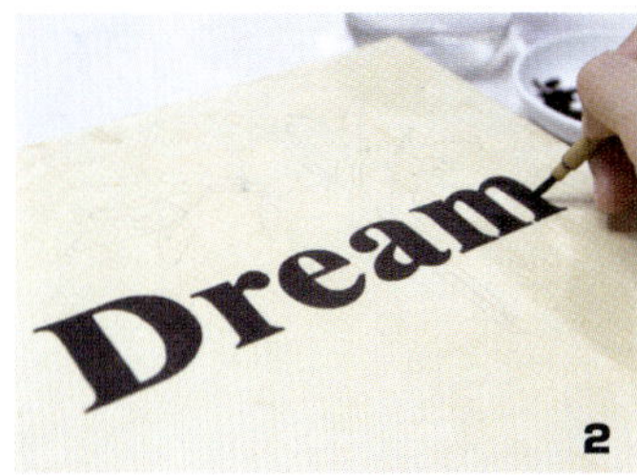

먹지 작업이 완성된 도안을 패널에 잘 맞춰 올려주고 힘을 주면서 볼펜으로 꼼꼼히 따라 그려 밑그림이 잘 배겨날 수 있게 해주세요.

배겨진 자국을 따라 글자 부분을 먹으로 꼼꼼히 채색하세요.

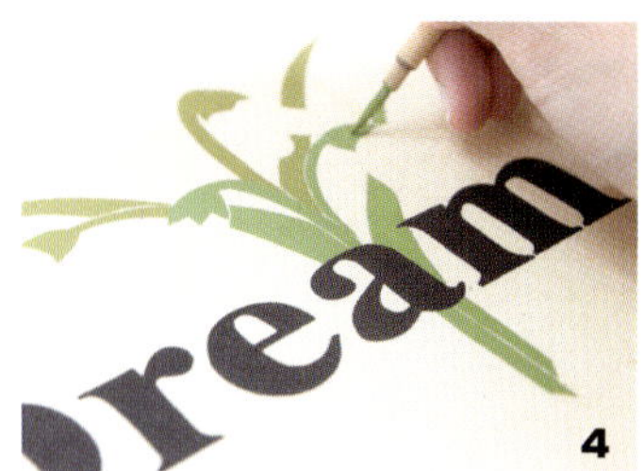

황토색과 맹황색을 섞어 위쪽 두 송이의 꽃받침과 줄기, 이파리 부분을 꼼꼼히 채색하세요.

황토색, 맹황색, 백록색을 섞어 아래쪽 두 송이의 꽃받침과 줄기, 이파리 부분을 꼼꼼히 채색하세요.

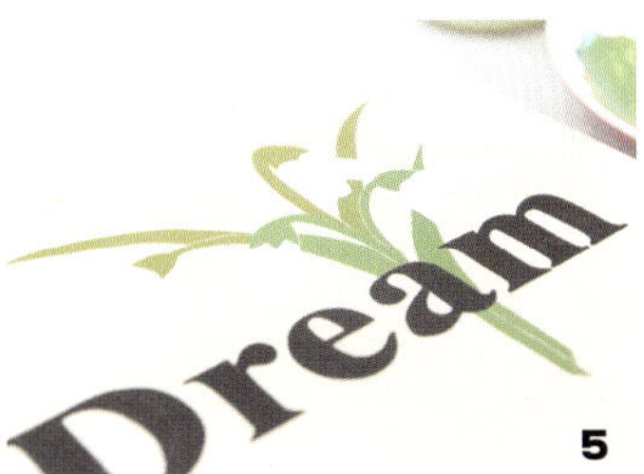

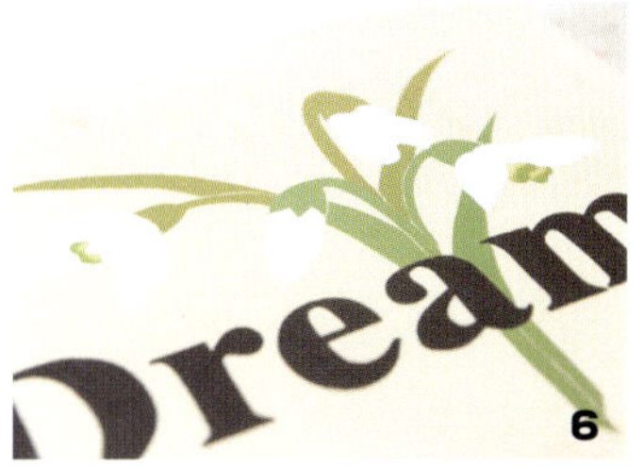

호분색으로 스노우드롭 꽃잎을 선자국을 남겨가며 꼼꼼히 채색하세요.

| TIP | 나중에 꽃잎의 선을 그려주는 것보다 선이 되는 공간을 약간씩 남기며 채색하면 훨씬 더 깔끔하게 그릴 수 있습니다.

4번 과정의 색으로 꽃술 1/2 부분씩을 채색하고, 물붓을 이용하여 바깥쪽에서 안쪽으로 점점 엷게 풀어주는 바림 과정을 채색하세요.

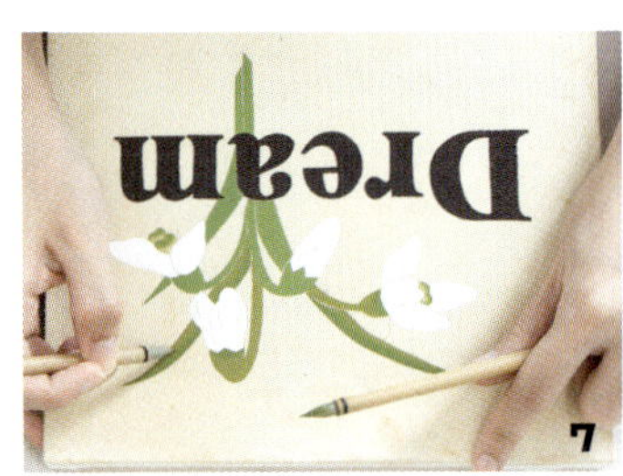

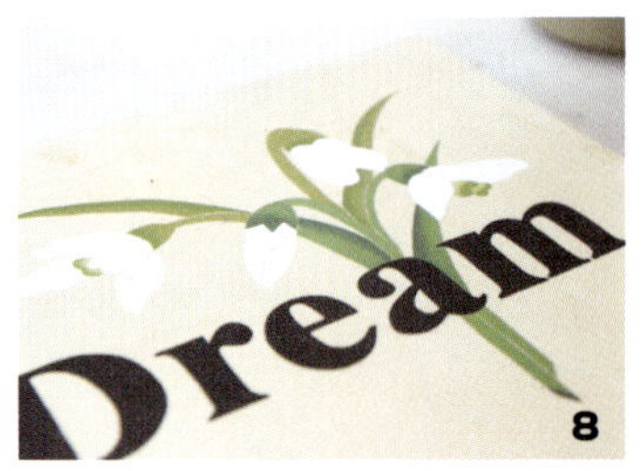

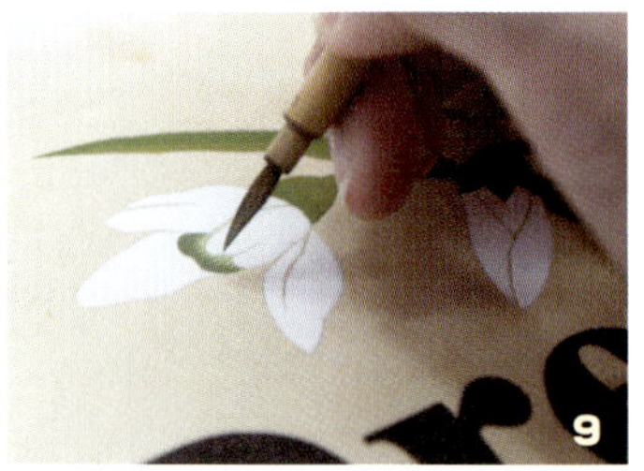

역시 4번 과정의 색으로 위쪽 두 송이의 꽃받침과 이파리 부분도 각 방향대로 1/2 부분씩 채색하고, 물붓을 이용하여 안쪽에서 바깥쪽으로 점점 엷게 풀어주는 바림 과정을 채색하세요.

| TIP | '바림'의 방향은 완성된 이미지를 참고해주세요.

맹황색과 수감색을 섞어 아래쪽 꽃 두 송이의 꽃받침과 이파리 부분도 각 방향대로 1/2 부분씩을 채색하고, 물붓을 이용하여 안쪽에서 바깥쪽으로 점점 엷게 풀어주는 바림 과정을 채색합니다. 그리고 줄기의 아랫면을 꼼꼼히 채색하세요.

맹황색으로 꽃술의 디테일 선을 그려주세요.

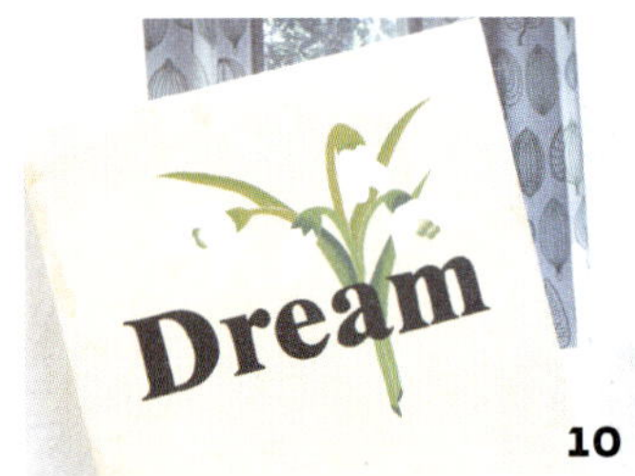

신년 문자도가 완성되었습니다!

| TIP | 마지막으로 글자부분의 선을 먹물로 다시 한 번 정리해 깔끔하게 그림을 완성할 수 있습니다.

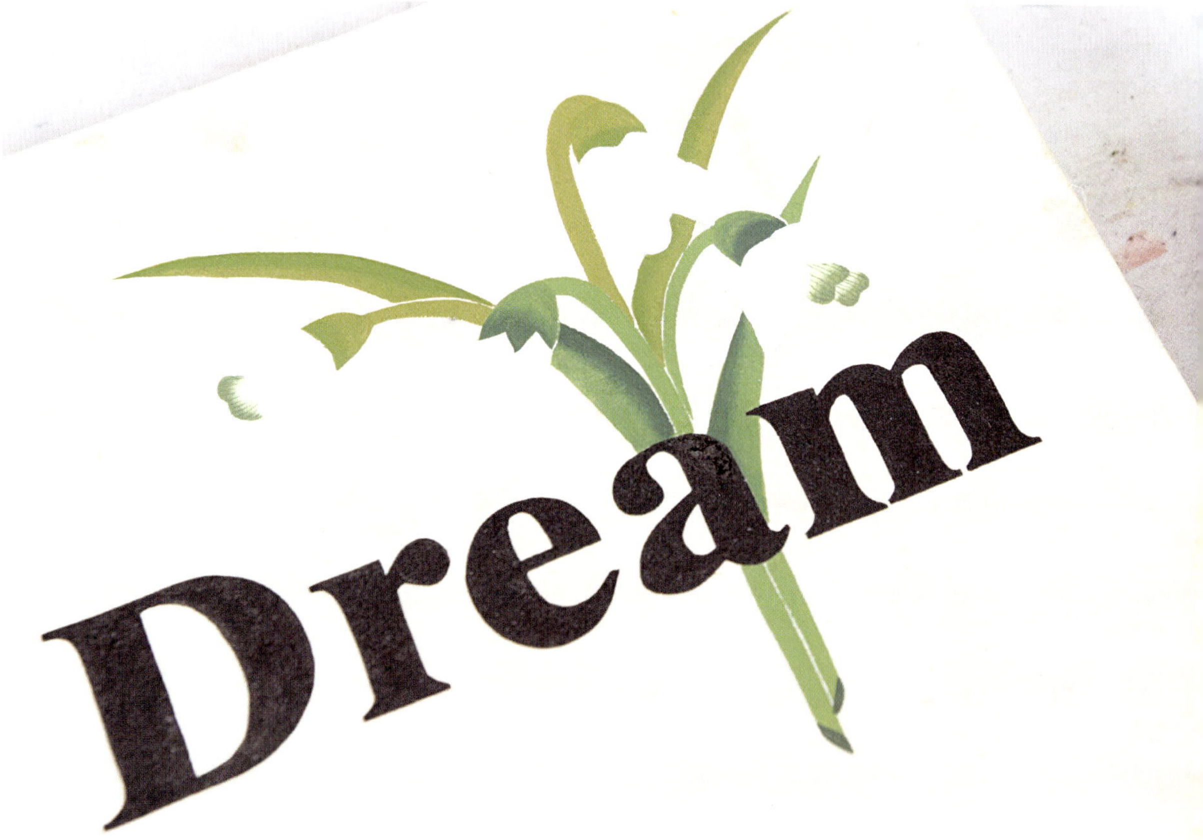

Dream

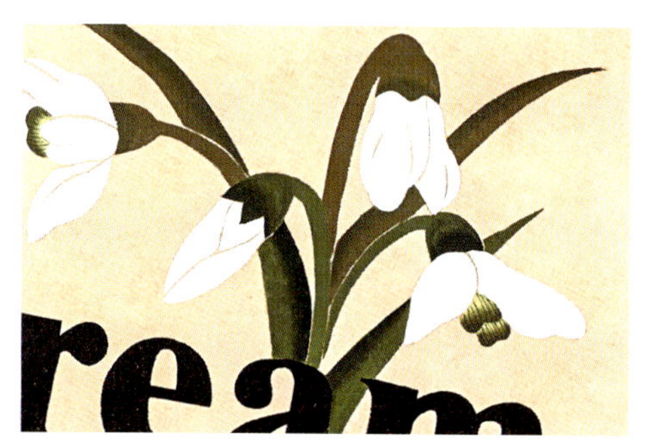

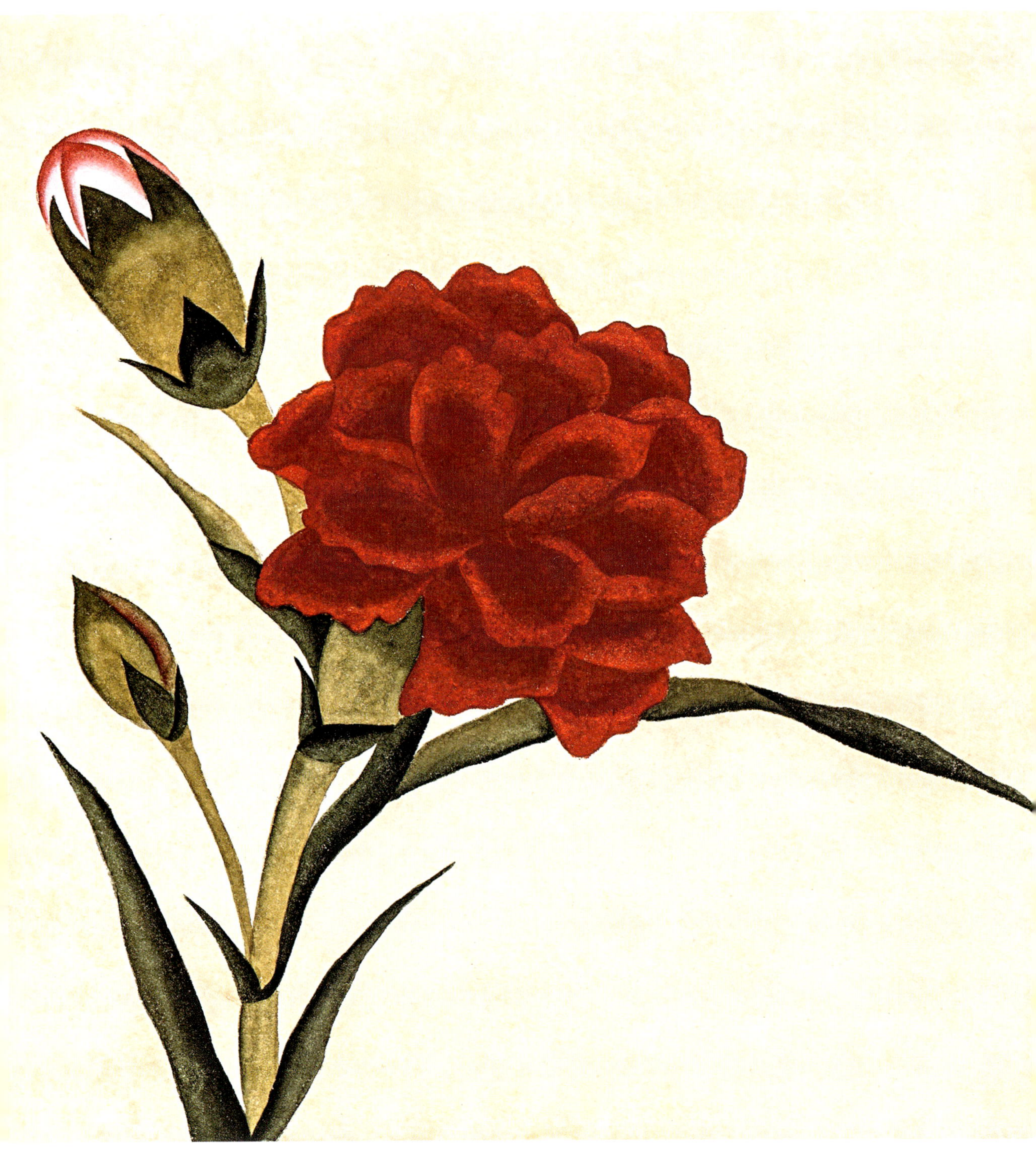

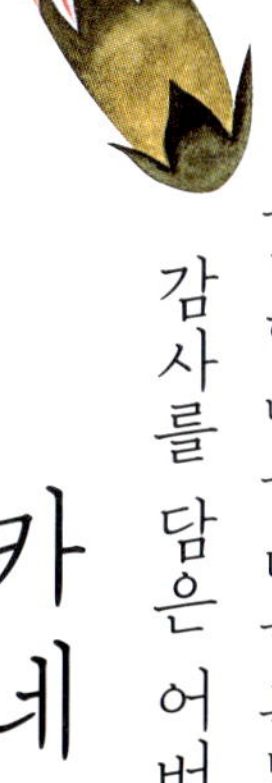

감사를 담은 어버이날

카네이션

매년 5월이 되면 항상 고민하게 되는 숙제가 있죠.
사랑과 감사의 마음이 가득 쌓였지만 막상 표현하긴 좀 쑥스럽거나, 조금 더 특별한 선물을 준비하고 싶지만 무엇으로 마음을 표현할지 아직 결정하지 못했다면 카네이션 꽃잎 한 장 한 장에 정성을 담아 직접 그린 카네이션 민화 그림을 선물해보세요. 역시 마음을 전달하는 데는 직접 손으로 만든 선물이 좋겠죠. 여기에 진심어린 카드 한 장 곁들이면 완벽한 선물이 될 것 같아요!

준비물

22x22cm 패널, 연필, 볼펜, 물통, 먹물, 먹접시, 물감접시, 민화붓 2필, 세필붓 1필

필요한 물감색 : 호분, 황토, 주황, 홍매, 양홍#2, 맹황, 수감, 대자

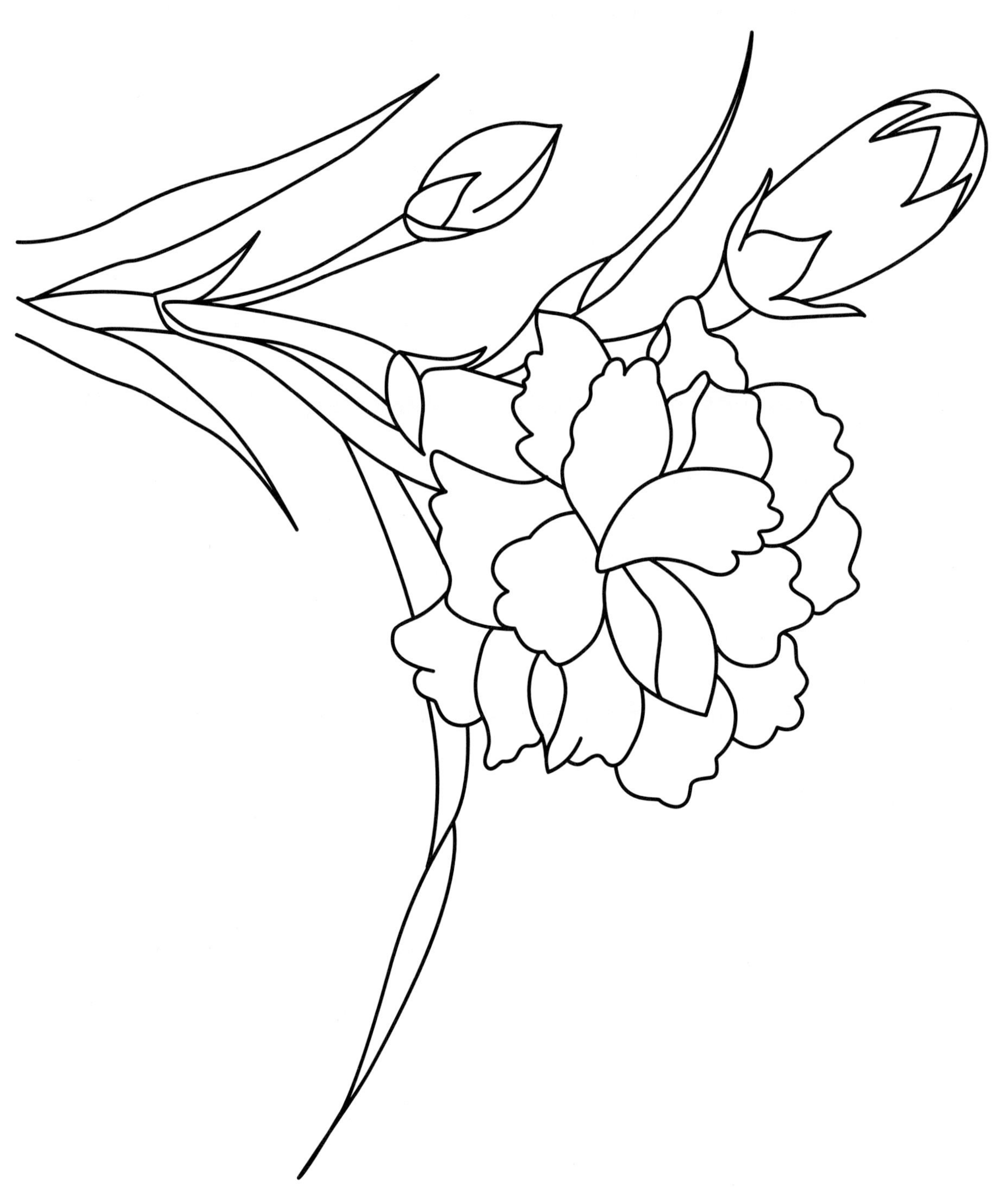

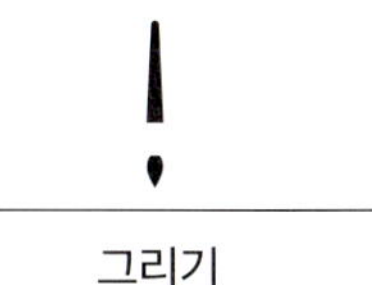

그리기

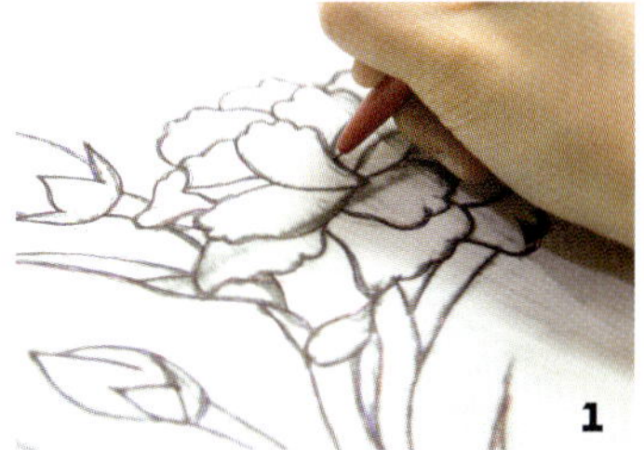

먹지 작업이 완성된 도안을 패널에 잘 맞춰 올려주고 힘을 주면서 볼펜으로 꼼꼼히 따라 그려 밑그림이 잘 배겨날 수 있게 해주세요.

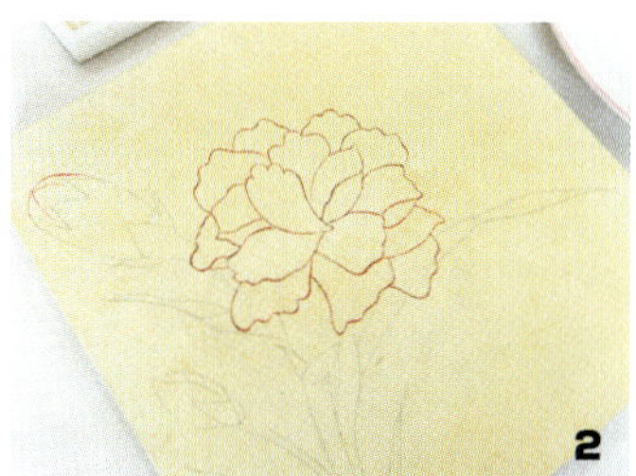

배겨진 자국을 따라 양홍색과 대자색을 섞어 카네이션 꽃송이를, 홍매색으로 꽃봉오리를, 그리고 연한 먹물로 나머지 줄기와 이파리 부분의 외곽선을 그어주세요.

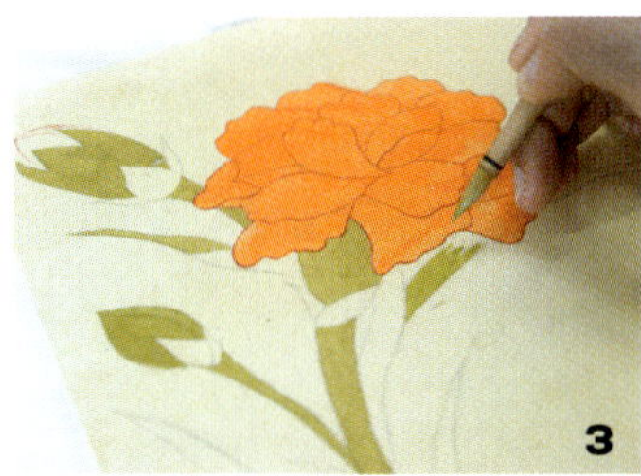

2번 과정의 물감이 완전히 마르면 주황색으로 카네이션 꽃송이를, 황토색과 맹황색을 섞어 줄기와 꽃봉오리 연한 이파리 부분을 초벌채색하세요.

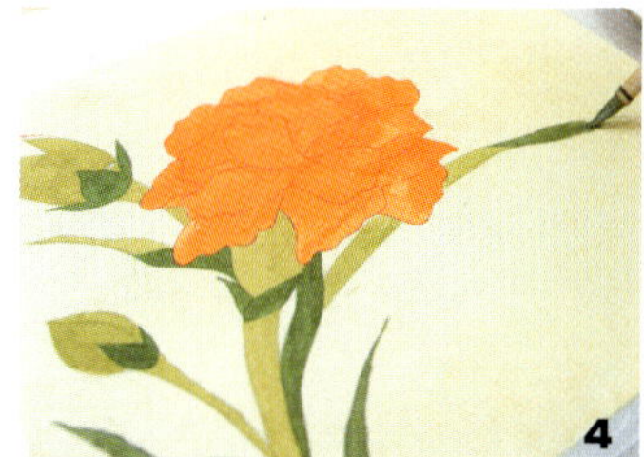

맹황색과 수감색을 섞어 진한 이파리와 꽃받침 부분도 초벌채색하세요.

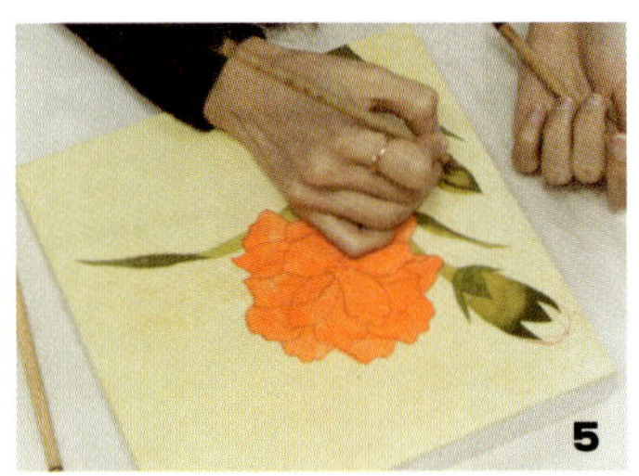

4번 과정의 색으로 줄기와 꽃봉오리,
연한 이파리 부분에 각각의 방향대로
바림채색을 진행해주세요. 꽃봉오리 부
분은 위쪽에서 아래쪽으로 점점 엷게,
줄기는 왼쪽에서 오른쪽으로 점점 엷게
풀어주세요.

3번 과정의 물감이 완전히 마르면 양홍
색으로 카네이션 꽃송이를 한 번 더 채
색 해주세요. 그리고 홍매색으로 꽃봉
오리 잎의 1/3 부분씩을 채색하고 물붓
을 이용하여 위쪽에서 아래쪽으로 점점
엷게 풀어주는 바림 과정을 채색하세
요. 마지막으로 작은 꽃봉오리의 오른
쪽 부분도 홍매색으로 바림채색을 진행
해주세요.

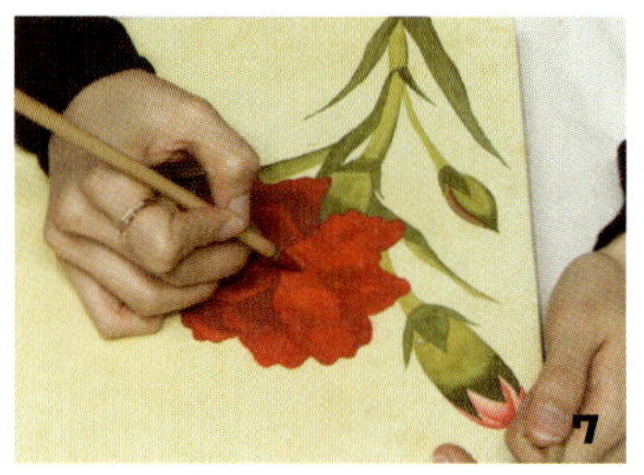

양홍색과 대자색을 섞어 붉은 모란 꽃
송이 각 잎의 2/3 부분씩을 채색하고 물
붓을 이용하여 가운데 부분에서 바깥쪽
으로 점점 엷게 풀어주는 바림 과정을
채색하세요.

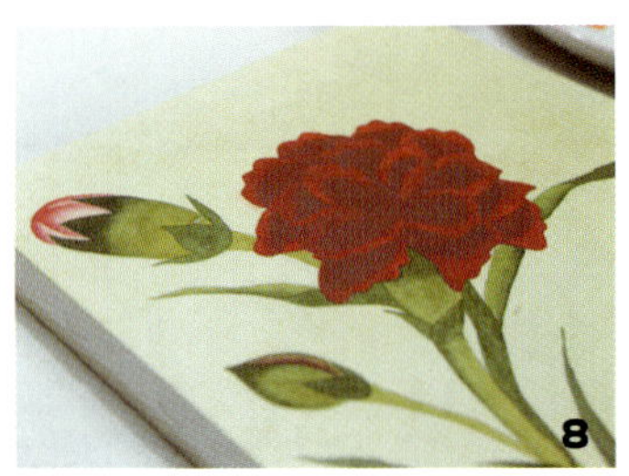

카네이션 꽃송이의 바림채색이 완성되
었습니다!

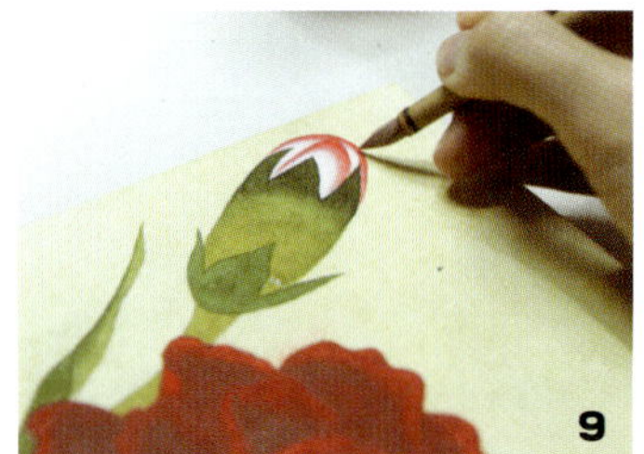

6번 과정의 물감이 완전히 마르면 꽃봉
오리의 각 잎에 호분색으로 거꾸로 바
림을 넣어 중간에서 자연스럽게 만나도
록 풀어주세요.

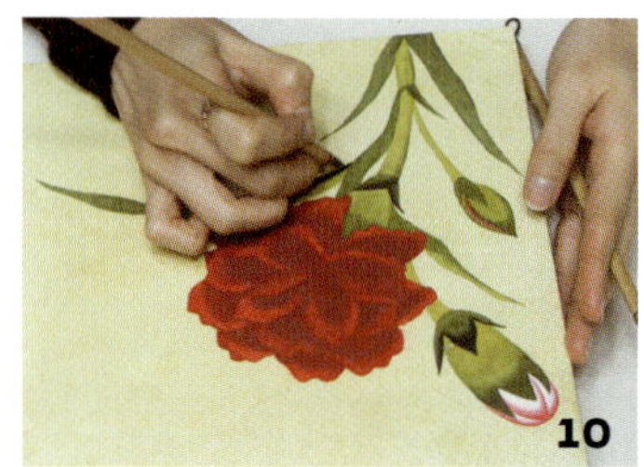

4번 과정의 색에 수감색을 좀 더 섞은
진한 색으로 진한 이파리와 꽃받침 부
분도 각 방향대로 바림 과정을 채색하
세요.

| TIP | 바림의 방향은 완성된 이미지를 참
조해주세요.

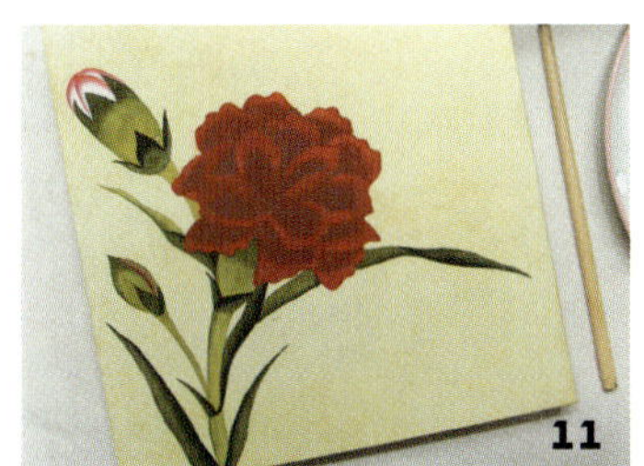

그림이 완성되었습니다!

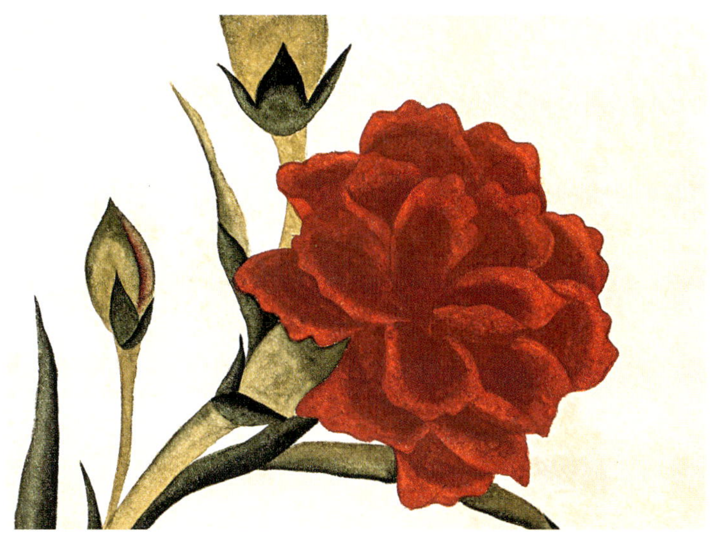

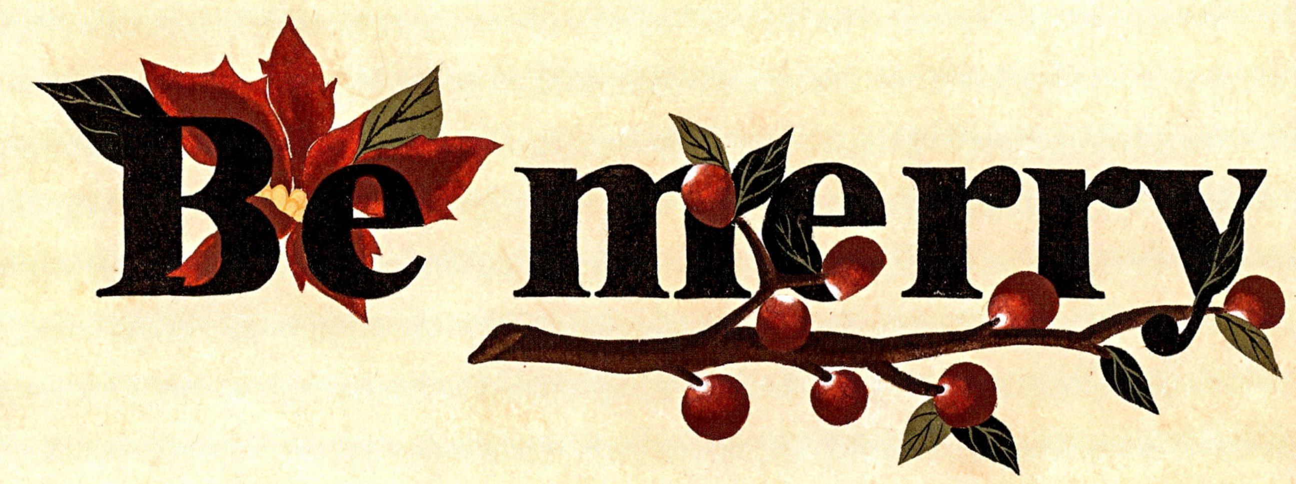

Be merry

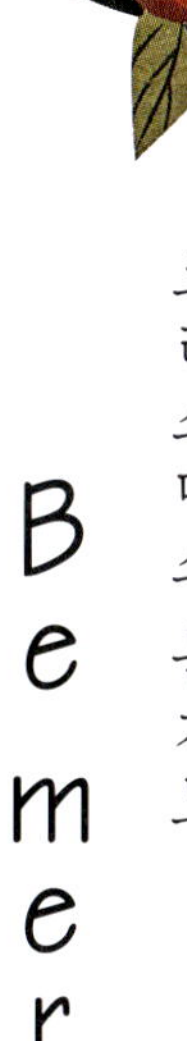

특별한 날을 더욱 특별하게, 기념일 민화

크리스마스 문자도

Be merry

이름만 들어도 설레는 크리스마스의 여운을, 그 신남과 따뜻함을 좀 더 오래오래 간직하기 위해서 화선지 위에 Be merry를 그려보려고 해요.

그림과 함께 올 한 해 쌓였던 부정적인 생각과 마음을 멀리멀리 떨쳐보내고 즐겁고 따뜻하게 마무리해보세요!

Let's all be merry!

준비물

3호 패널, 연필, 볼펜, 물통, 먹물, 먹접시, 물감접시, 민화붓 2필, 세필붓 1필

필요한 물감색 : 호분, 황, 황토, 주황, 양홍#2, 맹황, 수감, 대자 고동

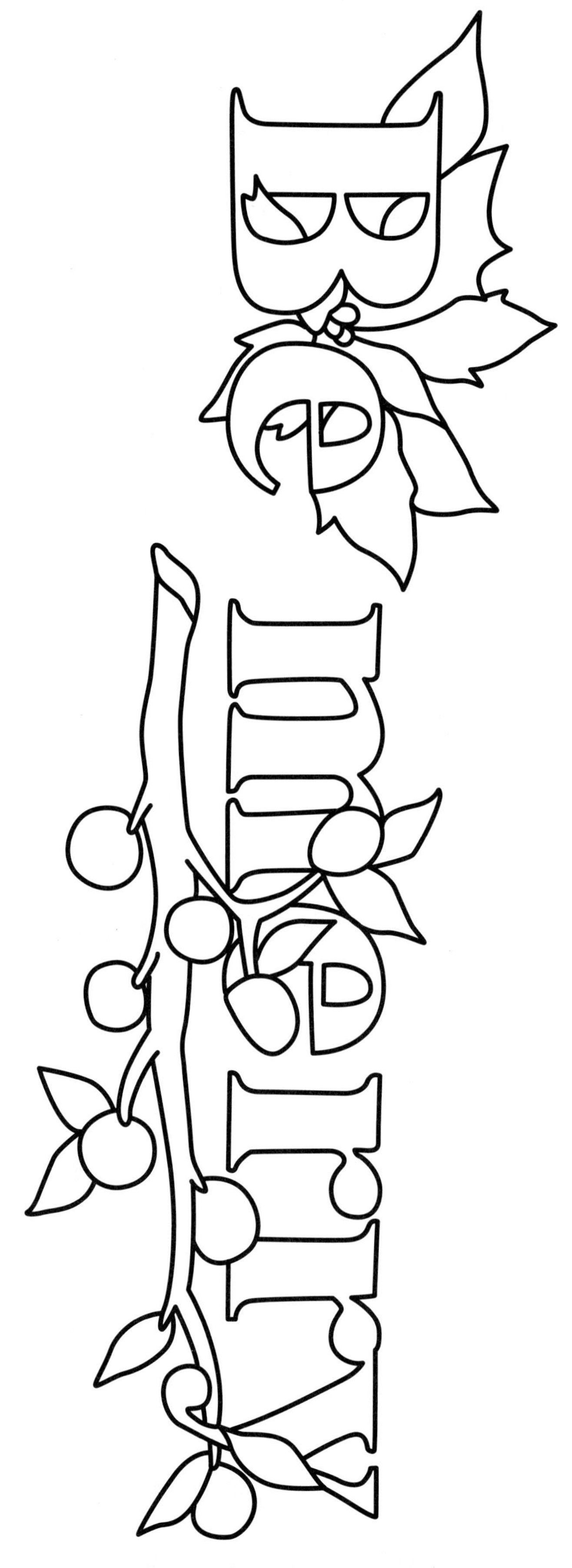

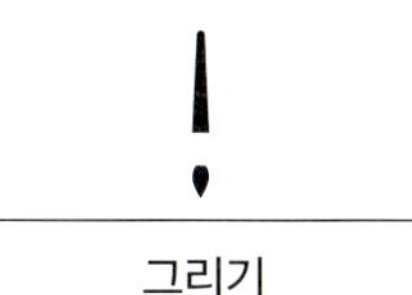

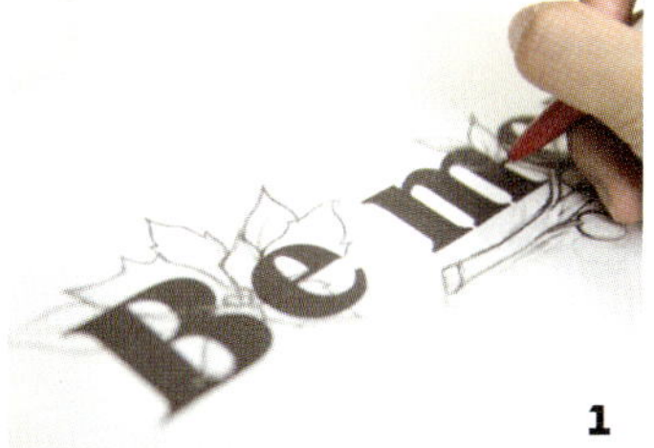

1

먹지 작업이 완성된 도안을 패널에 잘
맞춰 올려주고 힘을 주면서 볼펜으로
꼼꼼히 따라 그려 밑그림이 잘 배겨날
수 있게 해주세요.

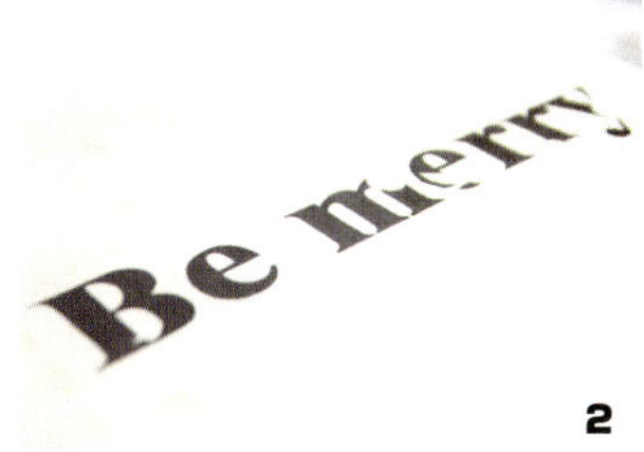

2

배겨진 자국을 따라 글자 부분을 먹으
로 꼼꼼히 채색하세요.

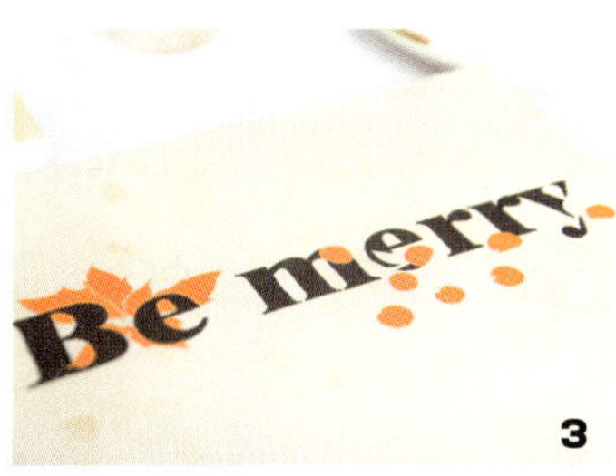

3

주황색으로 포인세티아의 꽃잎과 찔레
나무 열매들을 꼼꼼히 초벌채색하세요.

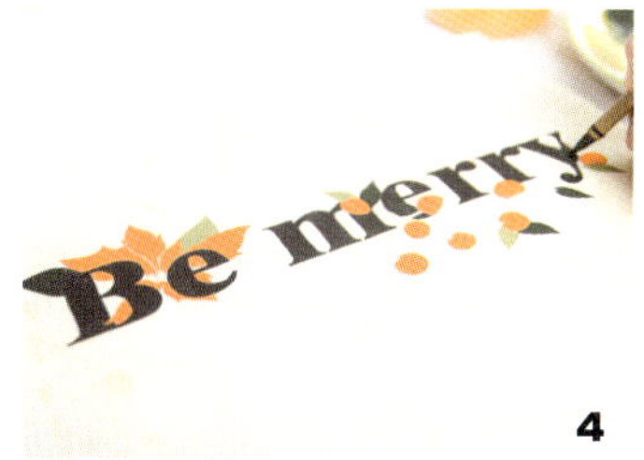

4

황토색과 맹황색을 섞어 연한 이파리
부분을, 맹황색과 수감색을 섞어 진한
이파리 부분을 채색하세요.

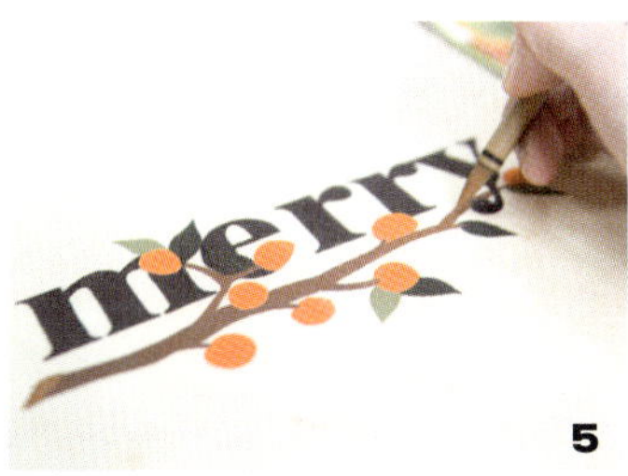

5

황토색, 대자색, 고동색을 섞어 나뭇가
지 부분을 채색하세요. 여기에 황토색
을 좀 더 많이 섞은 연한 색으로 나무의
왼쪽 옆면도 함께 채색하세요.

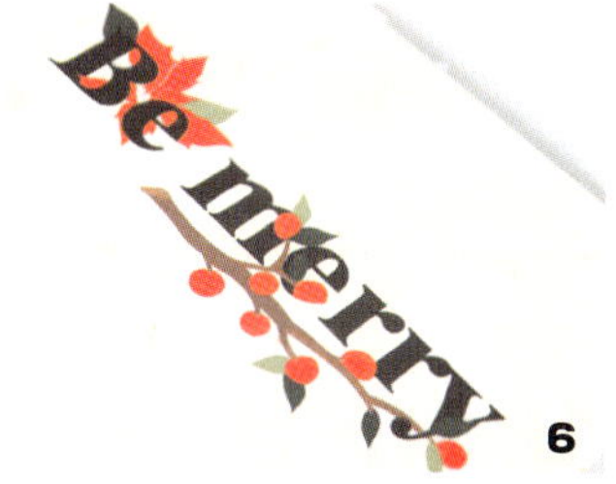

6

양홍색으로 포인세티아의 꽃잎과 찔레
나무 열매들을 한 번 더 초벌채색하세요.

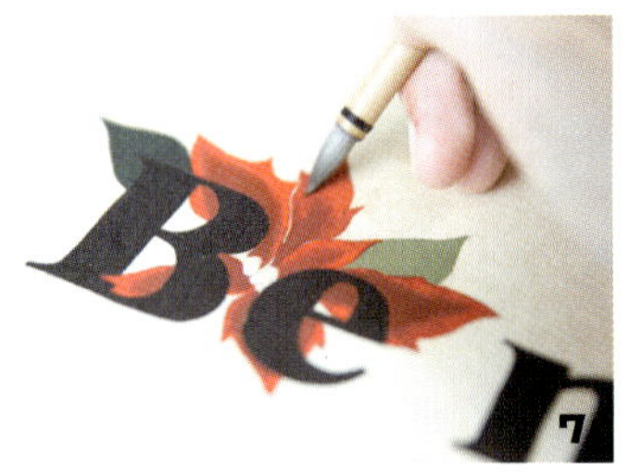

6번의 과정의 물감이 완전히 마르면 양홍색과 대자색을 섞어 포인세티아 각 잎의 2/3 부분씩을 채색하고, 물붓을 이용하여 가운데 부분에서 바깥쪽으로 점점 얇게 풀어주는 바림 과정을 채색하세요.

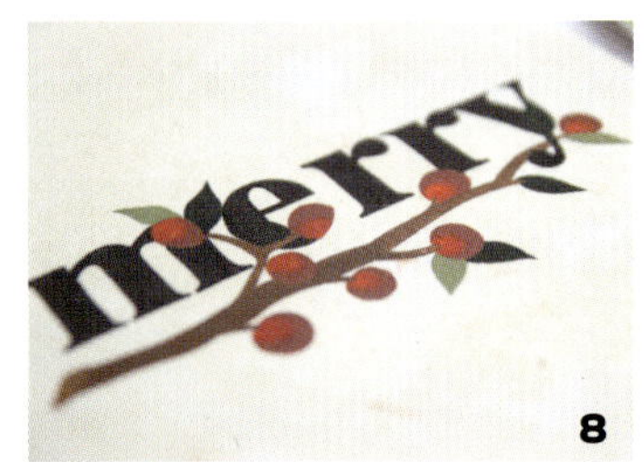

7번 과정과 같은 색으로 찔레 열매들도 각 열매의 1/2 부분을 채색하고 방향대로 점점 얇게 풀어주는 바림 과정을 채색하세요.

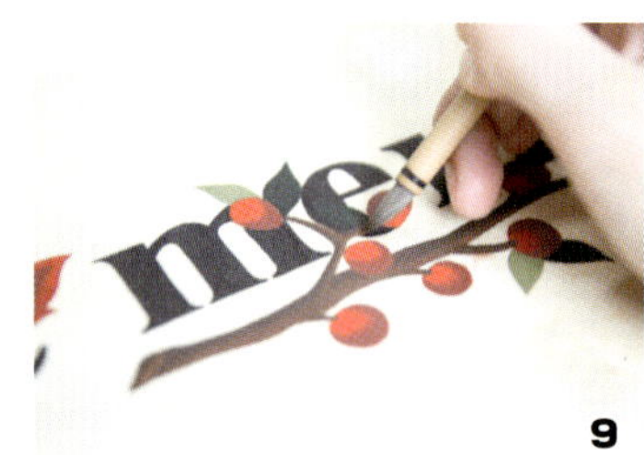

5번 과정의 색에 고동색을 좀 더 섞은 진한 색으로 나뭇가지 위쪽에 1/2 부분을 채색하고, 물붓을 이용하여 아래쪽으로 점점 얇게 풀어주는 바림 과정을 채색하세요.

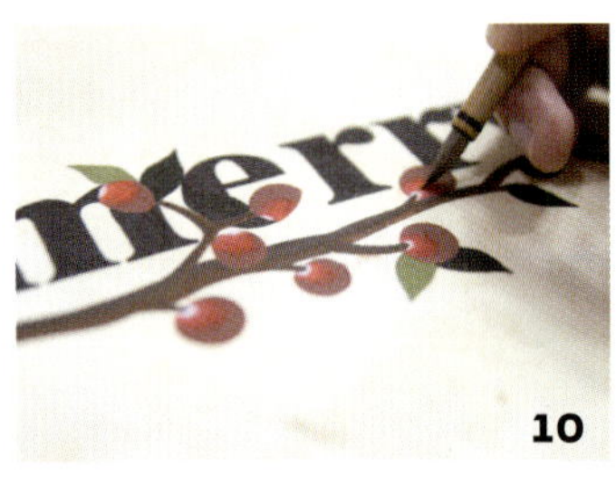

호분색으로 찔레 열매들에 거꾸로 바림을 넣어 중간에서 자연스럽게 만나도록 풀어주세요.

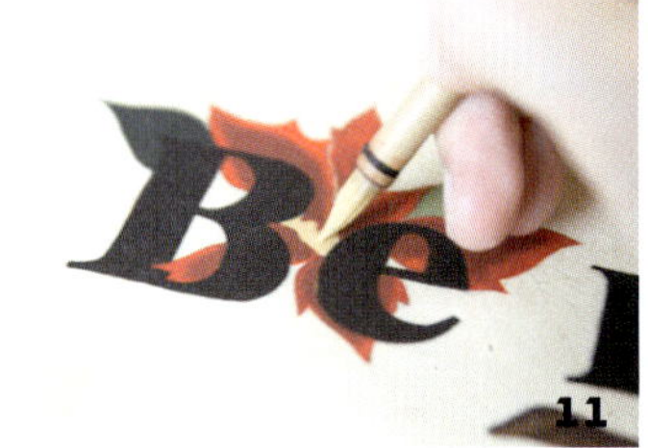

호분색, 황색, 황토색을 섞어 꽃술 부분을 꼼꼼히 채색하세요.

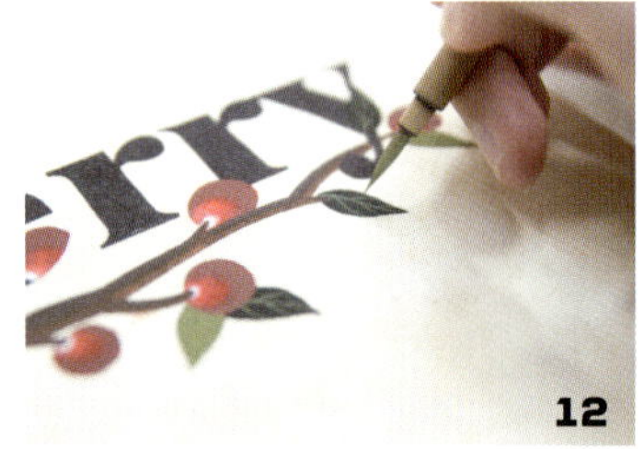

황토색과 맹황색을 섞은 4번 과정의 색으로 진한 이파리의 잎맥을 그려주세요.

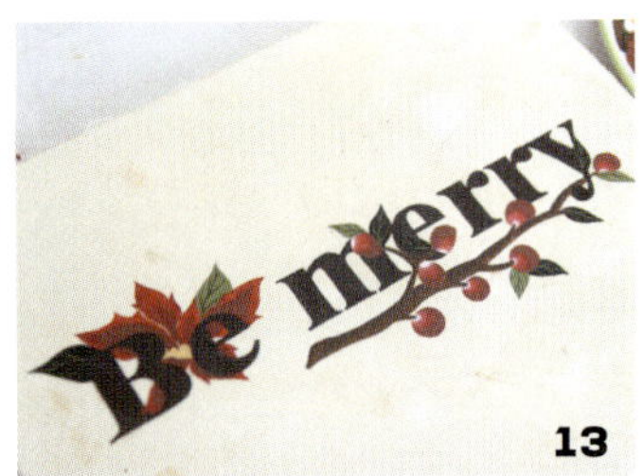

맹황색과 수감색을 섞은 4번 과정의 색으로 연한 이파리의 잎맥을 그려주세요.

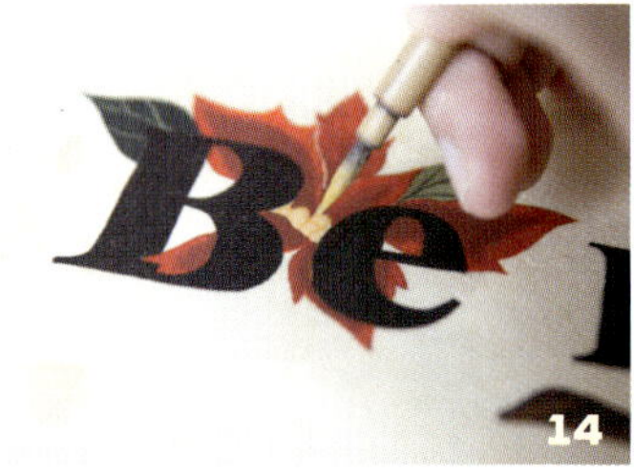

황토색으로 꽃술의 외곽선을 그려주세요.

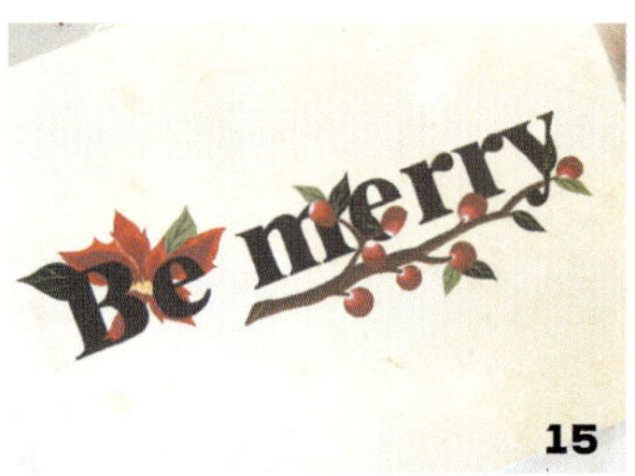

크리스마스 문자도가 완성되었습니다!

| TIP | 마지막으로 글자부분의 선을 먹물로 다시 한 번 정리해 깔끔하게 그림을 완성할 수 있습니다.

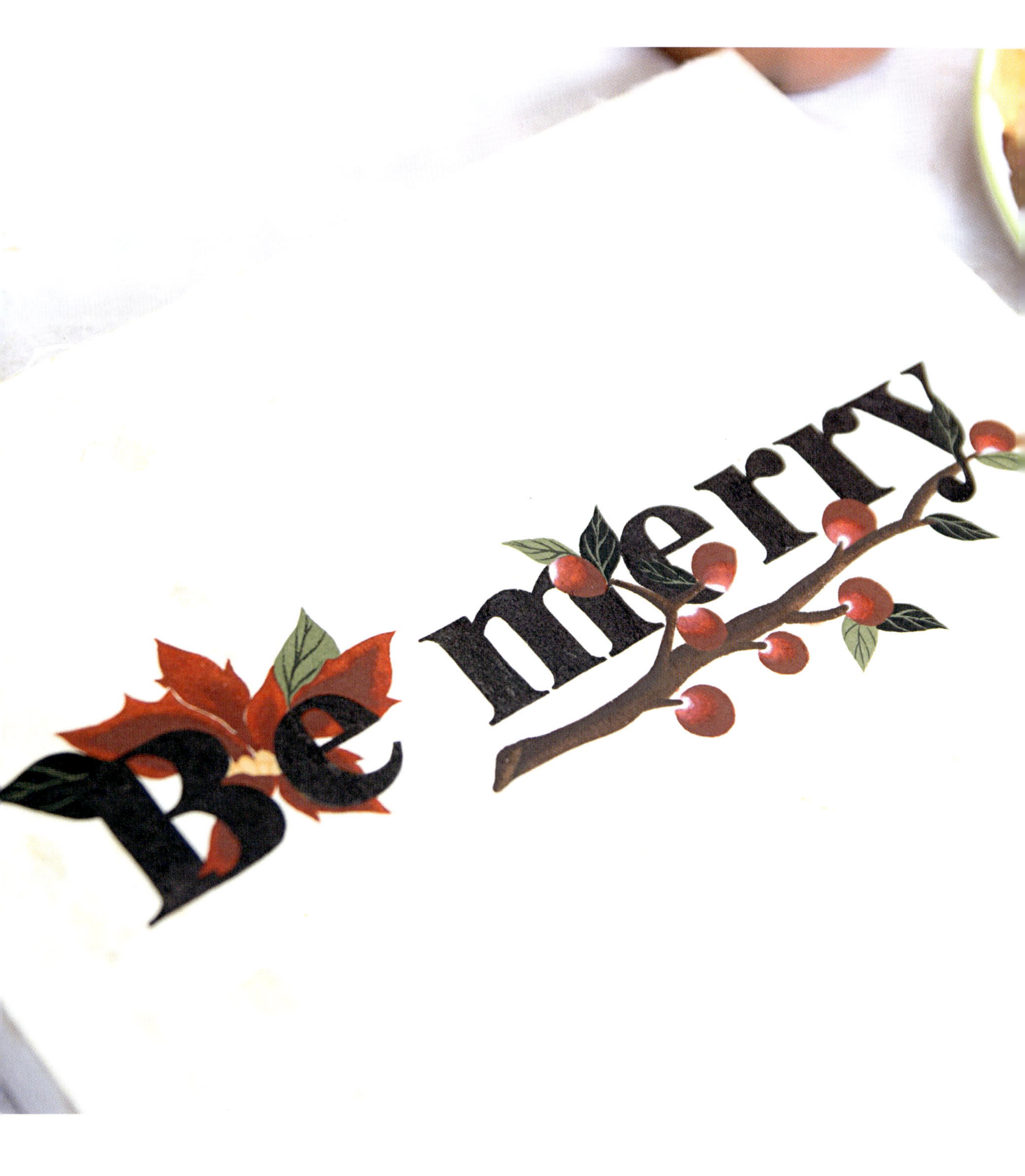
Be merry

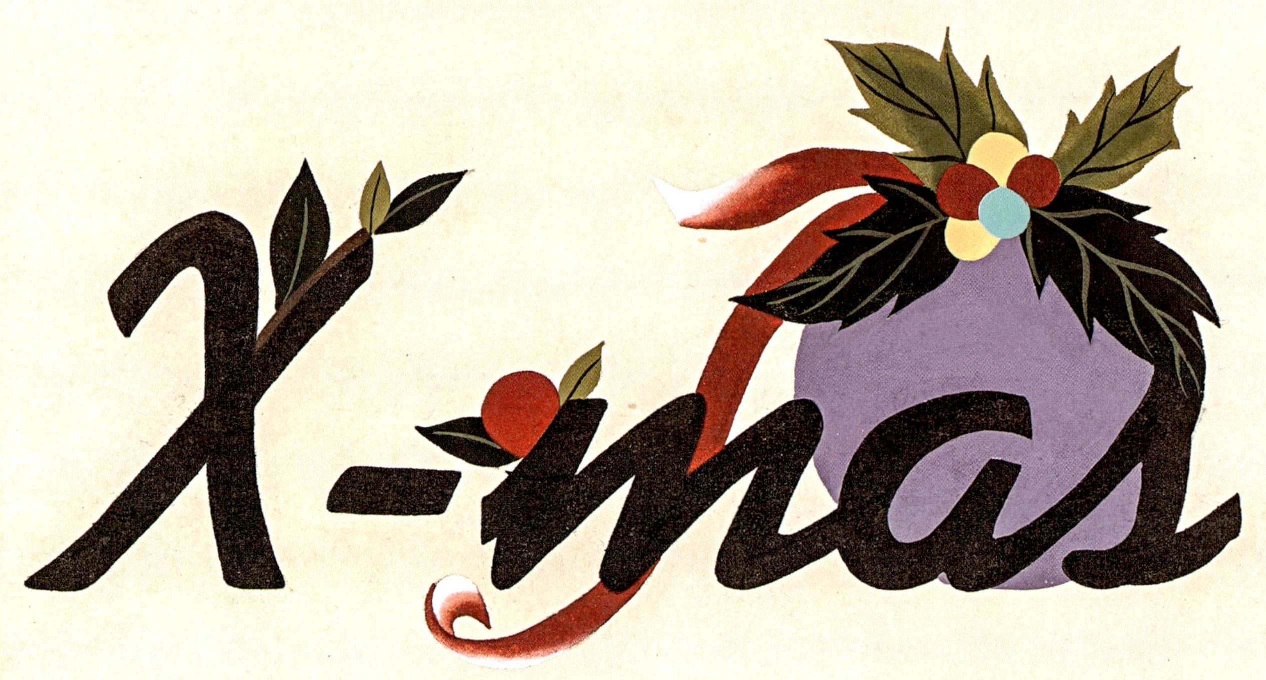

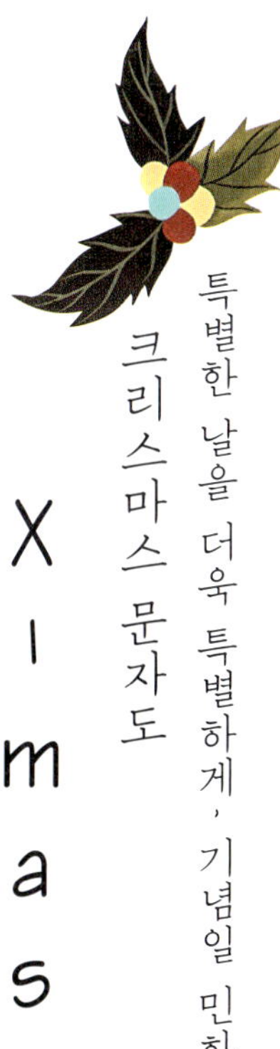

크리스마스 문자도

X-mas

어느새 다가온 연말, 올해도 다가오는 크리스마스!

예쁜 동양화가 주는 따뜻함으로 크리스마스를 더욱 포근하게 만들어볼까요?

연말을 맞아 더 사랑스러워진 민화 도안으로 한지 위에 크리스마스를 물들여보세요!

준비물

22x22cm 패널, 연필, 볼펜, 물통, 먹물, 먹접시, 물감접시, 민화붓 2필, 세필붓 1필

필요한 물감색 : 호분, 황, 황토, 홍매, 양홍#2, 맹황, 백록, 군청, 수감, 고동

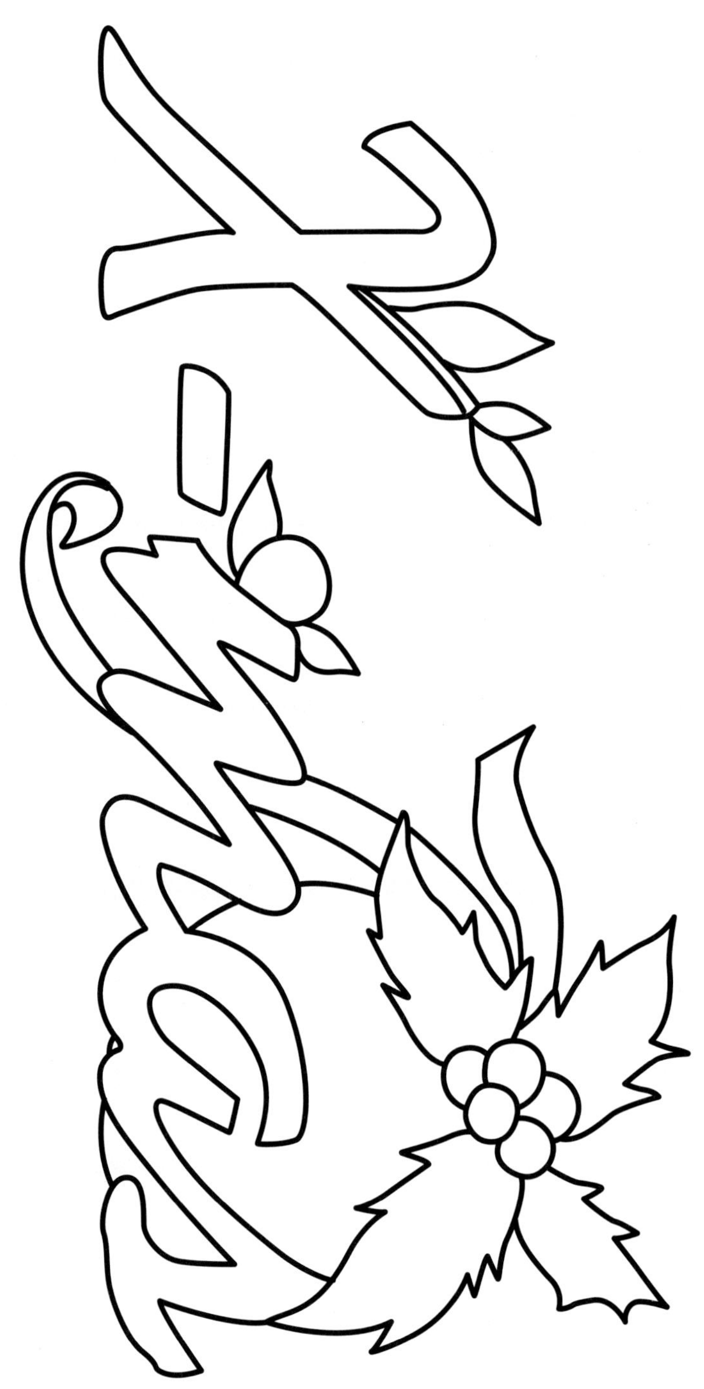

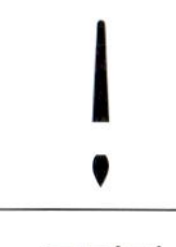

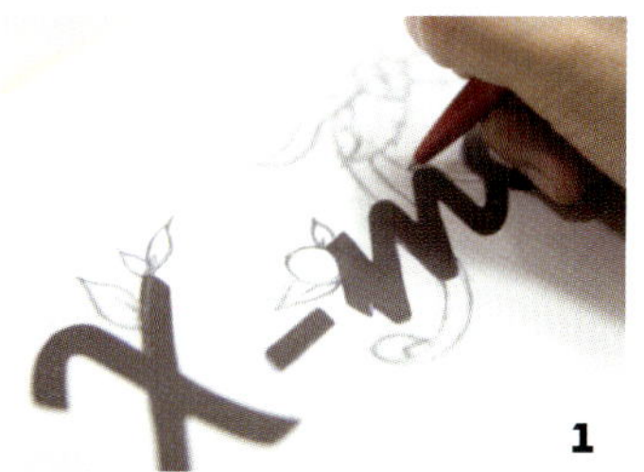

1

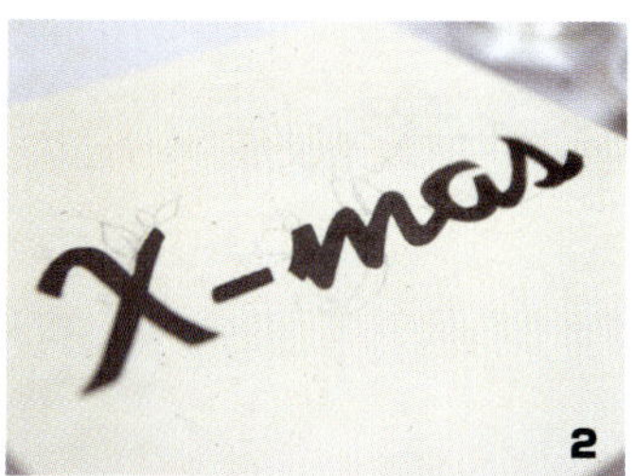

2

먹지 작업이 완성된 도안을 패널에 잘 맞춰 올려주고 힘을 주면서 볼펜으로 꼼꼼히 따라 그려 밑그림이 잘 배겨날 수 있게 해주세요.

배겨진 자국을 따라 글자 부분을 먹으로 꼼꼼히 채색하세요.

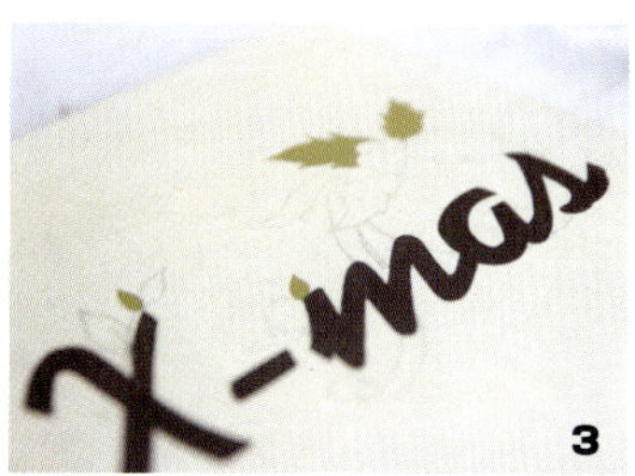

3

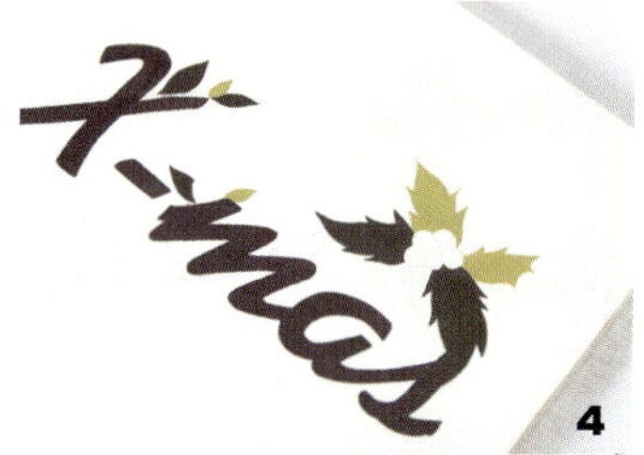

4

황토색과 맹황색을 섞어 연한 이파리 부분을 꼼꼼히 채색하세요.

맹황색과 수감색을 섞어 진한 이파리 부분도 꼼꼼히 채색하세요.

5

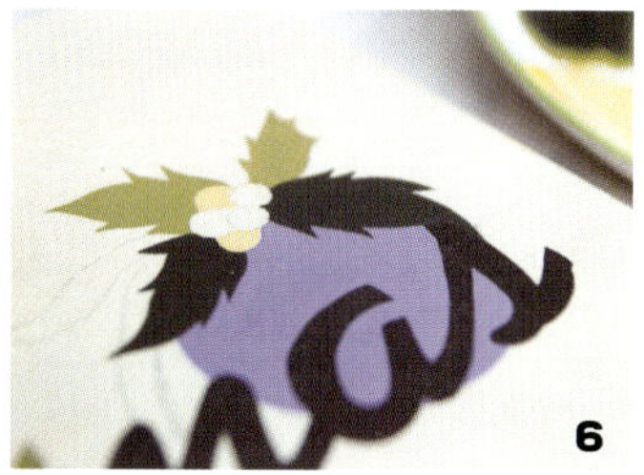

6

호분, 홍매, 군청색을 섞어 크리스마스 볼을 채색하세요.

호분, 황, 황토색을 섞어 크리스마스 볼 위 작은 두 개의 방울을 채색하세요.

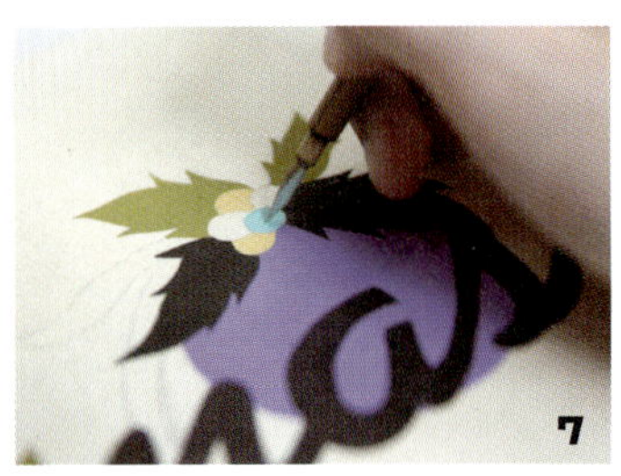

백록색으로 크리스마스 볼 위 가운데 방울도 채색하세요.

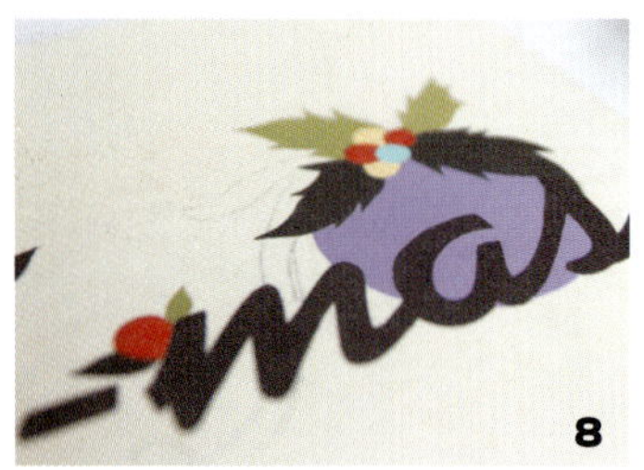

양홍색으로 나머지 방울 두 개와 'm' 글자 옆에 위치한 찔레나무 열매도 꼼꼼히 채색하세요.

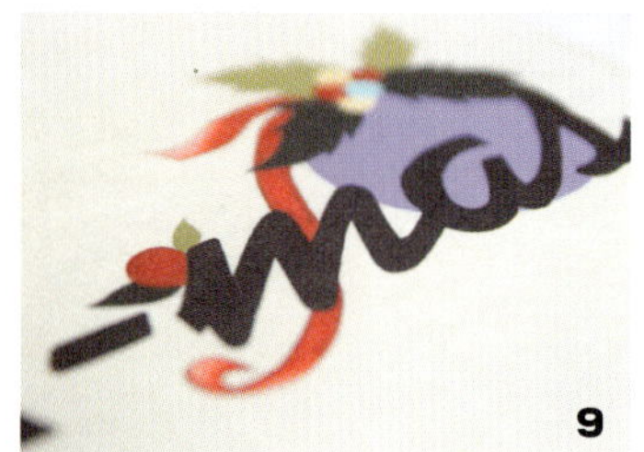

양홍색으로 크리스마스 볼에 달린 리본 끈에 9/10 부분씩 채색하고 물붓을 이용하여 안쪽에서 끝쪽으로 점점 엷게 풀어주는 바림 과정을 채색하세요.

| TIP | 물감을 일자가 아닌 사선으로 넣어주면 말려 있는 자연스러운 끈의 느낌으로 채색할 수 있습니다.

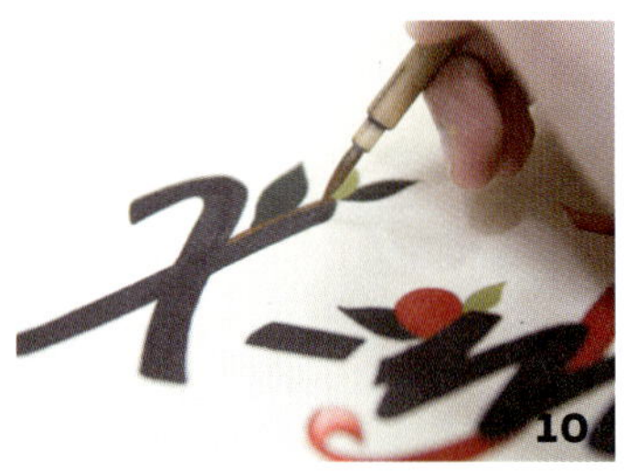

황토색과 고동색을 섞어 'x' 글자 안에 있는 나뭇가지를 채색하세요.

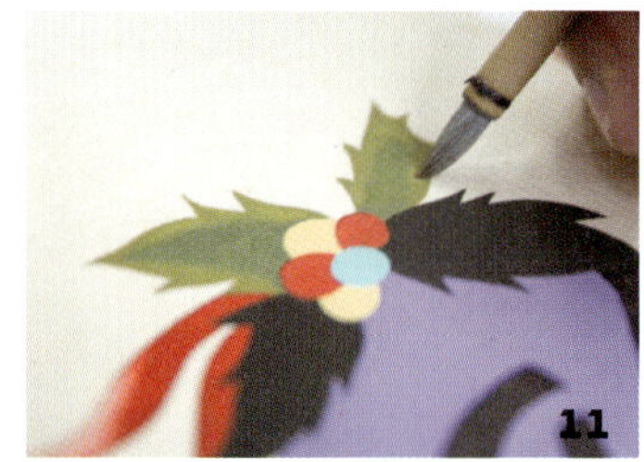

3번 과정의 색보다 맹황색을 좀 더 섞은 진한 색으로 연한 이파리의 가운데 부분을 채색하고, 물붓을 이용하여 바깥쪽으로 점점 엷게 풀어주는 바림 과정을 채색하세요.

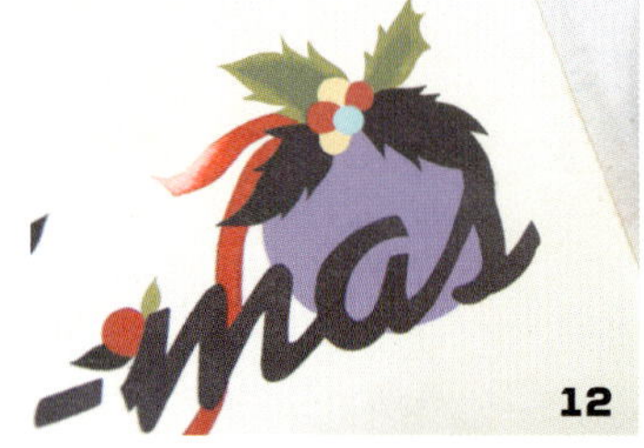

4번 과정의 색보다 수감색을 좀 더 섞은 진한 색으로 진한 이파리의 가운데 부분을 채색하고, 물붓을 이용하여 바깥쪽으로 점점 엷게 풀어주는 바림 과정을 채색하세요.

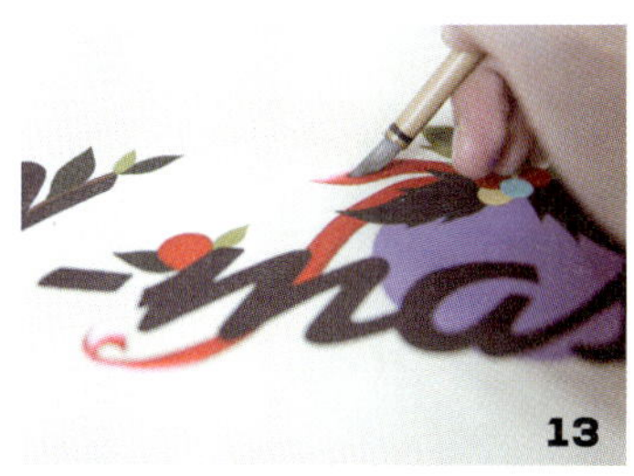

13

9번 과정의 물감이 완전히 마르면 호분
색으로 거꾸로 바림을 넣어 중간에서
자연스럽게 만나도록 풀어주세요.

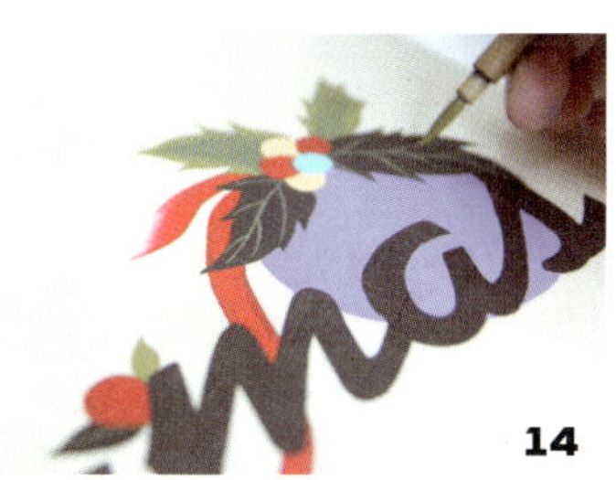

14

3번 과정의 색으로 세필붓을 이용하여
진한 이파리의 잎맥을 그려주세요.

| TIP | 작은 이파리는 가운데 잎맥선만 그
려주세요

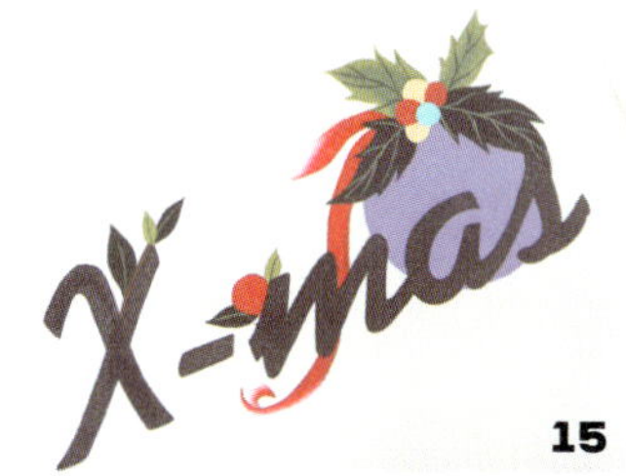

15

4번 과정의 색을 사용하여 14번 과정과
동일한 방법으로 연한 이파리의 잎맥도
그려주세요.

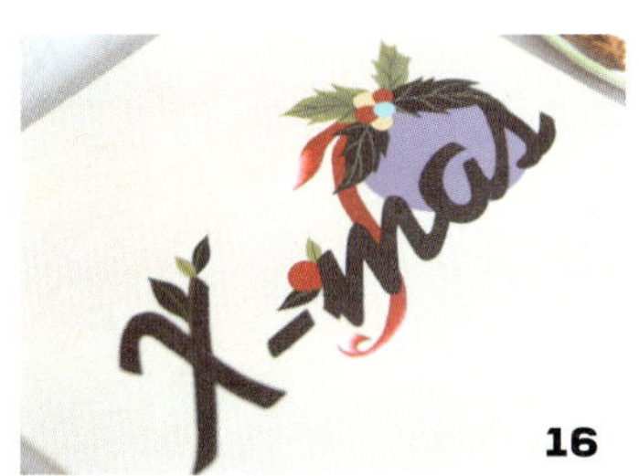

16

크리스마스 문자도가 완성되었습니다!

| TIP | 마지막으로 글자부분의 선을 먹물
로 다시 한 번 정리해 깔끔하게 그림을 완
성할 수 있습니다.

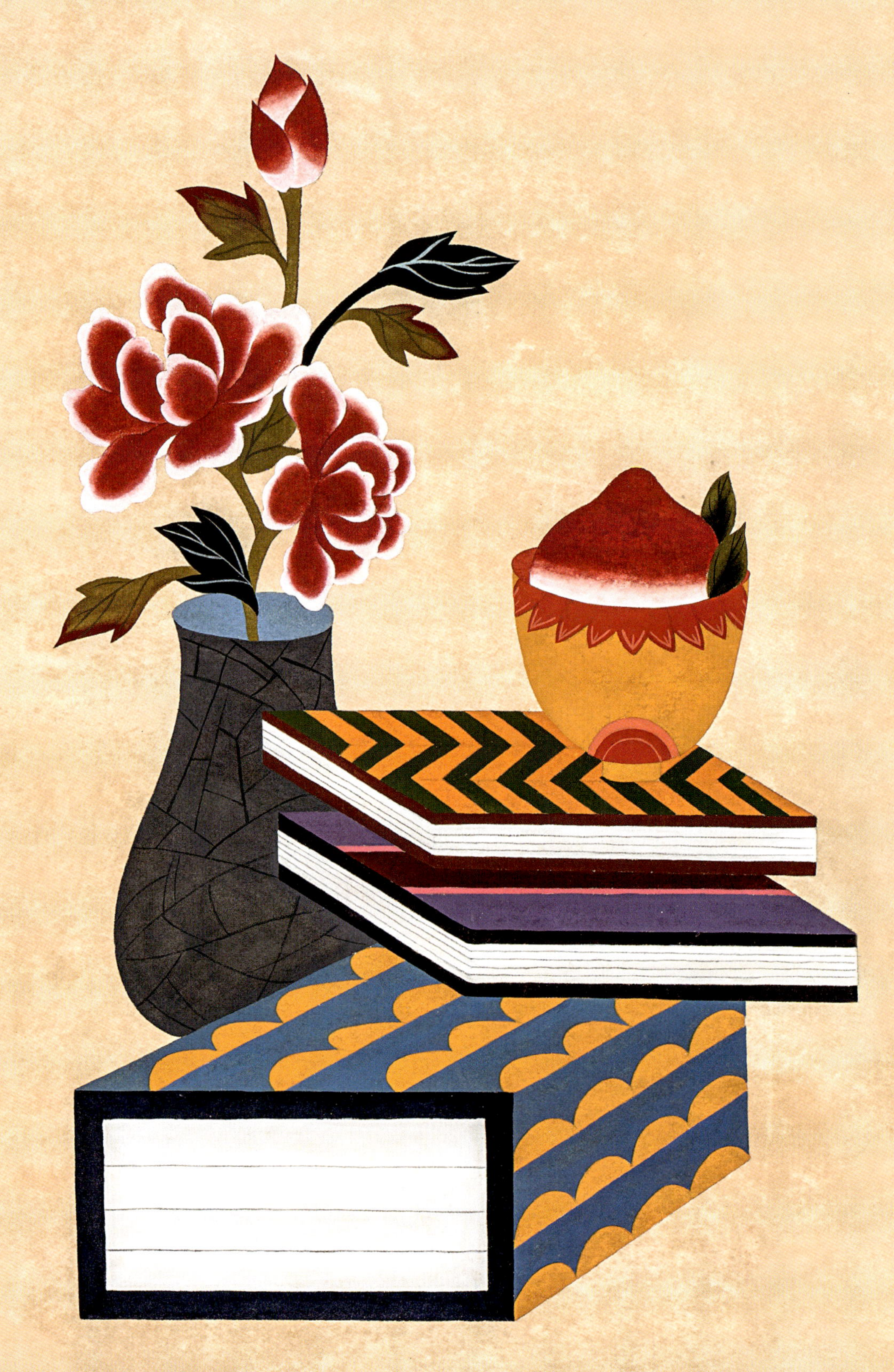

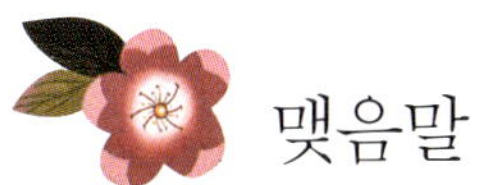

마음을 조용하게 하는 정신적 평화를 위한 공간을 찾아가는 산수 연작 '圓(원)' 시리즈와 삶에 대한 넉넉한 사랑의 기운을 주는 민화의 마음을 오늘날의 이야기로 표현해보는 그림을 그리고 있습니다.

동양화에 담긴 삶의 이야기를 듣는 것이, 그리고 조금 더 번거로울 수 있는 과정이지만 그 이야기를 풀어내는 전통 채색 재료들과 함께하는 시간들이 흥미로워 공부하고 연구하고 그리는 삶을 살아가고 있습니다.

그림을 그린다는 것은 나를 돌아보고 찾아가고 표현하는 과정이라고만 생각했었습니다. 하지만 단지 나를 위한 것이 아니라 나눌수록 아름다워지고, 나눌수록 풍요로워지는 분야라는 것을 여러 사람과 동양화를 함께 그리며, 또 책을 쓰며 배울 수 있었습니다. 동양화에 담긴 따뜻한 이야기들을 함께 나누고 그리는 이 시간을 통해 우리 삶의 온도가 36.5도가 되길 바랍니다.

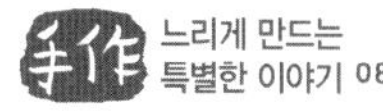 느리게 만드는
특별한 이야기 08

두근두근
민화

초판 1쇄 발행 2017년 1월 25일
초판 3쇄 발행 2018년 11월 10일

지은이 이영선
펴낸이 이지은
펴낸곳 팜파스
기획·진행 이진아
편집 정은아
디자인 박진희
마케팅 정우룡
인쇄 (주)미광원색사

출판등록 2002년 12월 30일 제10-2536호
주소 서울시 마포구 어울마당로5길 18 팜파스빌딩 2층
대표전화 02-335-3681
팩스 02-335-3743
홈페이지 www.pampasbook.com | blog.naver.com/pampasbook
이메일 pampas@pampasbook.com | pampasbook@naver.com

값 20,000원
ISBN 979-11-7026-141-4 13590

이 도서의 국립중앙도서관 출판예정도서목록(CIP)은 서지정보유통지원시스템 홈페이지
(http://seoji.nl.go.kr)와 국가자료공동목록시스템(http://www.nl.go.kr/kolisnet)에서
이용하실 수 있습니다.(CIP제어번호: CIP2017000210)